U0161076

人工智能在生物信息学中的应用

Artificial Intelligence and its Application in Bioinformatics

雷秀娟　潘　毅　著

科 学 出 版 社

北 京

内 容 简 介

本书以人工智能方法和生物组学数据分析为主线，阐述了人工智能中的群智能优化、机器学习、深度学习等算法的基本原理，并探讨了如何将这些算法应用于生物信息学相关问题的研究中，如蛋白质复合物挖掘、关键蛋白质识别、疾病基因预测、多种组学（转录组学、代谢组学、微生物组学）数据与疾病的关联关系预测、circRNA-RBP 结合位点预测、RNA 甲基化位点预测以及药物发现等。本书系统收集整理了生物组学相关数据库，另结合应用问题，从人工智能算法设计到具体流程计算，再到结果分析，均给出了详细步骤，以上均是本书的特色所在。

本书适合人工智能、计算机科学、生物信息学、生命科学、生物统计、生物化学以及其他交叉学科专业的高年级本科生及研究生学习，也可供其他理工科专业研究人员、程序开发人员和生物信息计算爱好者参考。

图书在版编目（CIP）数据

人工智能在生物信息学中的应用/雷秀娟，潘毅著. —北京：科学出版社，2023.10

ISBN 978-7-03-076548-2

Ⅰ. ①人… Ⅱ. ①雷… ②潘… Ⅲ. ①人工智能－应用－生物信息论 Ⅳ. ①Q811.4-39

中国国家版本馆 CIP 数据核字（2023）第 186717 号

责任编辑：赵艳春 高慧元 / 责任校对：宁辉彩
责任印制：赵 博 / 封面设计：蓝 正

科 学 出 版 社 出版

北京东黄城根北街 16 号
邮政编码：100717
http://www.sciencep.com

天津市新科印刷有限公司印刷

科学出版社发行 各地新华书店经销

*

2023 年 10 月第 一 版 开本：720×1000 1/16
2024 年 4 月第二次印刷 印张：29
字数：585 000

定价：**198.00 元**

（如有印装质量问题，我社负责调换）

序

　　勇立潮头，赋能未来。《中华人民共和国国民经济和社会发展第十四个五年规划和 2035 年远景目标纲要》中提出了"瞄准人工智能、生命健康等前沿领域"、"聚焦人工智能关键算法等关键领域"等规划。党的二十大报告明确指出要"推动战略性新兴产业融合集群发展，构建新一代信息技术、人工智能、生物技术等"，着力培育以创新驱动为核心的竞争新优势。

　　2021 年 11 月，*Science* 杂志公布了年度科学突破榜单，AlphaFold 和 RoseTTA-fold 两种基于人工智能预测蛋白质结构的技术位列 2021 年十大科学突破进展之首。2021 年年底，*Nature* 将 AlphaFold2 预测人类蛋白质列入年度十大科学事件。这无疑推动了人工智能关键技术在生物信息领域的应用。

　　世间万物不是孤立的，而是有千丝万缕的联系和相互作用。随着科学研究的发展，人们发现单纯研究某一种组学数据无法解释致病机理，科学家提出应该从多组学数据出发去研究人类组织细胞结构、基因、蛋白质及其分子间的相互作用，为探讨人类疾病的发病机制提供新的思路。

　　生物信息领域的研究主要针对各种组学数据进行分析和处理，如基因组学、蛋白质组学、转录组学、代谢组学、微生物组学、表观遗传组学及时空组学等，多组学数据和疾病的关联关系预测、药物设计等是当前的研究热点，结合人工智能方法进行分析预测为精准医疗与医药研发提供了有效的途径。人工智能在智能药物研发、智能诊疗和智能健康管理等领域的突破指日可待。这方面研究也符合科技革命和国家发展规划的需求，是落实四个面向的重要举措。

　　风劲帆满海天阔，科技创新正当时。《人工智能在生物信息学中的应用》一书的出版恰逢其时，作者结合近年来的研究工作全面系统地总结了这一领域的最新研究成果，具有一定的学术价值和实际意义。该书有望助推人工智能和生物信息交叉学科的蓬勃发展。

　　雷秀娟教授在我的母校陕西师范大学计算机科学学院工作，潘毅教授是我工作单位清华大学的杰出校友。两位教授长期从事人工智能及生物信息计算方面的研究工作，并在该领域有着丰厚的学术积累。该书包含了作者近几年的最新研究成果，主要分为基础篇和应用篇，结构清晰、语言流畅、数据翔实、图文并茂。

　　该书可作为人工智能、计算机科学、生物信息学、生物化学、生物统计等专业高年级本科生、研究生和教师的参考书,也可供人工智能、生物信息领域的科技人员阅读和参考。

习近平总书记高度重视科技工作和家国情怀,家国情怀是新时代高校师生最基本的素养。AI 与生物信息学的研究必须与国家重大需求相结合,必须更加高效地应对科研范式变革所带来的新挑战。相信该书的出版不仅可以为交叉学科的研究添砖加瓦,在人才培养方面也会发挥应有的作用。

武琼海

2022 年 12 月

前　言

本书是一部介绍人工智能（artificial intelligence，AI）与生物信息学研究的专著。书中较全面地阐述了人工智能算法及其在生物组学数据，如基因组学、蛋白质组学、转录组学、代谢组学、微生物组学和表观遗传组学等数据分析以及在药物发现中的应用研究，以期在生物信息领域的人工智能算法研究方面给读者提供一些参考。

随着大数据、物联网和云计算的迅速发展，当今社会已从信息时代逐渐步入智能时代，人工智能技术已经渗透到生命科学研究的各个层面，例如，在生物组学研究领域的成果层出不穷，采用人工智能方法对多组学数据进行整合分析研究，已成为科学家探索生命奥秘和疾病机理的新方向。本书基于作者团队近年来的相关研究成果，运用人工智能方法对组学数据分析问题进行了全新阐述，力图为读者提供一些解决问题的新方法与新思路。

本书首先对多个组学的基础知识和现有数据库进行了详细描述。继而对所涉生物网络构建方法、相似性计算方法等进行了归纳整理，并对研究中所涉及的人工智能算法如群智能优化、机器学习和深度学习等进行了概述，涵盖优化、聚类、统计、图神经网络和算法设计等多方面的知识。本书力求结构清晰、图文并茂、深入浅出，简明易懂，使初学者能在短时间内了解其感兴趣的生物组学数据以及相关人工智能方法的具体应用。

全书共 15 章，分为 3 个部分。第一部分为第 1 章绪论，内容包括人工智能与多组学的发展、融合及应用等。第二部分为第 2～6 章，主要阐述多组学基础知识、数据库及人工智能算法。第三部分为第 7～15 章，采用人工智能方法对多组学数据分析及其应用问题进行探讨，各章所涉及内容具体如下：第 7、8 章探讨蛋白质组学中的蛋白质复合物挖掘与关键蛋白质识别方法；第 9 章探讨人工智能方法在疾病基因预测方面的作用；第 10、11 章探讨其在转录组学中的非编码 RNA 与疾病的关联关系预测、circRNA 和蛋白质结合位点预测中的应用；第 12 章探讨代谢物与疾病关联关系预测的研究；第 13 章探讨微生物与疾病关联关系预测的研究；第 14 章探讨其在表观遗传组学上的应用，侧重于 RNA 甲基化位点预测及模式分析问题；第 15 章探讨人工智能在药物发现方面的研究。

参与本书前期研究工作的人员及分工如下：蛋白质复合物挖掘和关键蛋白质

识别研究：雷秀娟、赵杰、张宇辰、王飞、丁玉连、方铭、王思果、杨晓琴等；疾病基因预测研究：雷秀娟、张宇辰、张文祥等；非编码 RNA 与疾病关联关系预测研究：雷秀娟、张宇辰、樊春燕、丁玉连、卞晨、方增强、杨静、潘毅等；circRNA-RBP 结合位点预测研究：雷秀娟、王政锋、郭雅静等；代谢物与疾病的关联关系预测研究：雷秀娟、帖娇娇、张程、潘毅等；微生物与疾病的关联关系预测研究：雷秀娟、王悦悦、陈亚丽、潘毅等；RNA 甲基化位点预测及模式分析：刘恋、雷秀娟等；人工智能与药物发现研究：潘毅、雷秀娟、张宇辰、马梅、王飞、郭琳、刘健平等。

参与本书整理、编校及统稿的人员及分工如下：第 1 章，雷秀娟、张宇辰、潘毅撰写；第 2 章，雷秀娟、张宇辰等撰写整理；第 3、4、7、8 章，雷秀娟、赵杰、张宇辰等撰写整理；第 5、6 章，雷秀娟、王政锋、赵杰等撰写整理；第 9、10、12、15 章，雷秀娟、张宇辰、郭琳等撰写整理；第 11 章，雷秀娟、郭雅静、王政锋撰写整理；第 13 章，雷秀娟、陈亚丽、王悦悦撰写整理；第 14 章，刘恋、雷秀娟撰写整理。雷秀娟与其部分研究生同时负责书稿的编校工作，雷秀娟和潘毅负责全书的修改和统稿工作。

非常感谢中国人工智能学会理事长戴琼海院士于百忙之中为本书赐序。感谢生物信息计算领域的各位同行一直以来的关心和帮助，特别感谢 Department of Computer Science，University of Virginia 的 Aidong Zhang 教授和 Division of Biomedical Engineering，University of Saskatchewan 的 Fang-Xiang Wu 教授；感谢湖南师范大学的陈明老师在 15.4 节所做的研究工作；感谢西安市食品药品检验所的副主任药师雷成康和陕西师范大学生命科学学院高级实验师郭玲对书稿的校对。本书在撰写过程中得到了陕西师范大学计算机科学学院各位老师的大力支持，本书在出版过程中还得到了国家自然科学基金面上项目（61972451、62272288）、深圳市科技计划项目（KQTD20200820113106007）和国家自然科学基金地区联合重点项目（U22A2041）、中央高校科技领军团队培育项目（GK202302006），特别是陕西师范大学优秀学术著作出版资助，在此一并表示诚挚的谢意！

虽然作者在此领域辛勤耕耘十余年，颇有心得，但是随着现代科技的发展，该领域已呈百花齐放、百家争鸣之势，凭个人一腔热情、一己之力很难窥得该领域全貌并直达其前沿。因此希望各位前辈继续不吝赐教，各位同行与我携手共勉、砥砺前行，在人工智能、计算机科学和生物信息计算领域碰撞融合，潜心研究，攀登科学高峰。

新时代，习近平总书记对广大科技工作者提出殷切期望："我国广大科技工作者要以与时俱进的精神、革故鼎新的勇气、坚忍不拔的定力，面向世界科技前沿、面向经济主战场、面向国家重大需求、面向人民生命健康，把握大势、抢占先机，直面问题、迎难而上，肩负起时代赋予的重任，努力实现高水平科技自立自强！"
我们一线的教育科技工作者应牢记习近平总书记嘱托，以祖国富强、民族复兴为
己任，敢为人先，追求卓越，努力探索科学前沿，发现和解决新的科学问题，为
加快建设科技强国作出新的贡献。不负时代，不负韶华。

陕西师范大学

中国科学院深圳理工大学

2022 年 12 月

目　录

第1章 绪　论

1.1　引　言

近30年，随着高通量分析的系统生物学研究的发展，生物数据资源的膨胀使人们迫切需要一种新的工具去发现其中蕴含的生命规律，而以数据分析处理为本质的计算机科学技术刚好迎合了这一需求。于是，一门崭新的、拥有巨大发展潜力的交叉学科——生物信息学悄然兴起。生物学研究的层面与角度也在这几十年日渐细化和丰富，从最初的基因组学到现在种类丰富的分支组学，"组学"（omics）的概念不断得到扩展。围绕核酸、基因、蛋白质、RNA、代谢物、微生物、表观遗传等形成的诸多组学已经成为系统生物学的重要研究方向，在现代生物医学、医药学、农学等领域具有重要的应用价值。生物信息学的研究已经依赖于多组学的庞大数据。为了全面研究复杂的生物过程，生物信息学需结合多组学数据来突出所涉及的生物分子之间的调控及因果关系，为生物机制提供更多证据。智能时代的到来使基于数据的生物过程分析迎来了新的机遇与挑战。

基于此，一些实用且有前景的工具和方法已经被开发出来用于数据的集成和解释，其中最为亮眼的当属迅猛发展的人工智能技术。人工智能（artificial intelligence，AI）是内容十分广泛的学科，它由不同的领域组成，如计算机科学、数学、心理学和哲学等。人工智能研究的主要目标是使机器能够胜任一些通常需要人类智能才能完成的复杂工作。在生物医疗制药等领域，人工智能可以在多组学中进行虚拟实验完成困难耗时的工作，提供过去需要昂贵的人工实验的大部分数据，以更精准地获取和理解信息，并为临床试验提供初期的目标描述。同时在人们尝试药物之前，这些数据可用于即将进行的药物治疗。可见，人工智能在生物领域或许有着破冰作用。

本章将简要介绍大数据时代背景下生物信息学中各种组学的诞生、组学数据的分类与特点、人工智能技术的发展历史与现状、人工智能与多组学数据的融合及其在生物医药中的应用等。

1.2　人工智能

1.2.1　人工智能的发展历史

人工智能是当前信息学科中十分热门的研究领域，其一系列研究成果已取得世界瞩目的成就，使公众的生活方式发生了很大的改变。人工智能的本质是让机器实现与人类智能相仿的应答机制，并借助机器强大的运算能力，提高生产效率。

1950年，伟大的计算机科学家艾伦·图灵发表了一篇划时代的论文，预言了创造具有真正智能的机器的可能性。1956年，美国计算机科学家McCarthy等在美国达特茅斯学院开会研讨"如何用机器模拟人的智能"，首次提出了"人工智能"这一概念[1]，这是公认的人工智能的开端。在这次讨论会上，人工智能的研究领域被确立。1958年，美国认知心理学家罗森布拉特（Rosenblatt）发明感知器算法，它被认为是人工神经网络的前身[2]。20世纪50~70年代是人工智能高速发展的黄金时代。其间，首台人工智能机器人Shakey被世人所知。自1965年世界上第一个专家系统DENDRAL问世，专家系统的技术和应用获得了长足的进步和发展。1966年，最早的聊天机器人程序ELIZA诞生，由麻省理工学院的约瑟夫·魏泽鲍姆（Joseph Weizenbaum）开发，用于临床模拟罗杰斯心理治疗的BASIC脚本程序。虽然人工智能被看作应用系统中的一门新兴技术科学，但由于当时计算机性能的限制和算法的局限性，人工智能的效果也饱受质疑，并遭遇过严重的打击。

在20世纪70~80年代，人工智能的发展进入了低谷期，随着人工智能技术和算法的不断发展，当时的计算机性能和技术尚不具备处理并解决相应的实际问题的能力。直到1982年，Hopfield提出了人工神经网络[3]，1986年Hinton等就输入与输出之间隐藏单元的引入会使得计算复杂这一缺陷，提出了采用反向传播的方法学习神经网络[4]，人工智能技术的发展才开始回春。1997年，超级计算机"深蓝"击败了国际象棋世界冠军，在世界范围引起了不小的轰动。

2006年，Hinton等提出了深度学习的概念[5]。在接下来的若干年内，借助深度学习技术，包括语音识别、计算机视觉等在内的诸多领域都取得了突破性的进展。2012年，基于人工智能技术的"沃森"在智力抢答节目中，击败了两位人类冠军，赢得大奖，人工智能技术再一次受到世界瞩目。2016年AlphaGo与围棋世界冠军、职业九段棋手李世石进行围棋人机大战，以4∶1的总分胜利，2017年又对阵当今世界围棋第一人柯洁，连胜三局，这一系列事件都使人工智能成为当下炙手可热的研究领域。

2020年12月，AlphaFold2蛋白质结构预测模型诞生，在预测单个蛋白质结构域时，能达到2.1Å的精度，基本上解决了蛋白质结构预测问题，AlphaFold2的突破展示了人工智能在蛋白质结构预测方面的巨大潜力，并为生命科学和药物研发带来了新的机遇。2021年底，*Nature*将AlphaFold2预测人类蛋白质列入年度十大科学事件。2022年11月，基于GPT-3.5架构的大型语言模型ChatGPT诞生，是人类互联网科技又一次质的飞跃。同时，在无人车技术、元宇宙等前沿领域，也已有大量科技公司蜂拥而入，如百度 Apollo 在北京市高级别自动驾驶示范区 60 平方公里范围内，首批投入 10 辆第 5 代无人车 Apollo Moon。2023 年 9 月，第二届世界元宇宙大会在上海召开，大会以"虚实相生，产业赋能"为主题，展示了元宇宙关键技术成果和应用场景。人工智能主要发展阶段见图 1.1。

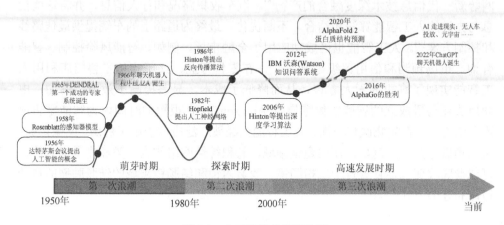

图 1.1　人工智能的发展阶段

1.2.2　人工智能的发展现状

近年来，人工智能掀起了新一轮的高潮，主要在于驱动人工智能的三大要素：数据、算法、算力（见图 1.2）。机器学习算法[6]一直是人工智能发展的核心，尤其是近几年发展的深度学习技术，直接推动了本轮人工智能的高潮。此外，人类已经进入了大数据时代，为人工智能提供了源源不断的学习样本。再加上分布式并行计算技术的进步，使大量芯片可以同时用于模型训练。由此形成了强大的计算能力，强有力地推动了人工智能的发展，在各个方面取得了重要突破，正处于从"不能用"到"可以用"的技术拐点。同时，人工智能一直存在两种目标，即弱人工智能和强人工智能。弱人工智能，类似于高级仿生学，即希望借鉴人类的智能行为，研制出更好的工具以减轻人类智力劳动。强人工智能，实则可谓人造智能，是希望研制出达到甚至超越人类智慧水平的人造物，具有心智和意识，能根据自己的意图开展行动。弱人工智能本身不能发现问题，也不能定义问题，而是由人来告诉人工智能必要的知识，完成人事先定义好的任务。这是目前大多人工智能的现状。强人工智能则是通过对人脑的高级神经活动规律的研究，去分析创意、灵感、想象力、情感这些东西到底从何而来，但目前该技术处于初级阶段，尚未形成体系化的理论科学，仍有很多难以理论化解决的难题[7]。

人工智能正在从专用智能向通用智能发展，从人工智能向人机混合智能发展，从"人工＋智能"向自主智能系统发展，同时人工智能将加速与其他学科领域的交叉渗透。

目前人工智能在各个领域均有应用，并在各个领域均有自己的算法设计和工作方案。在汽车行业，以自动驾驶为例，自动驾驶是汽车工业、人工智能、物联网等新一代信息技术深度融合的产物[8]。汽车收集路况和行人信息，并将这些信息与先进的人工智能算法相结合，不断优化，最终为道路上的车辆提供最佳路线和控制方案[9]。人工智能也已成功应用于金融市场，例如，智能风险控制、智能咨询、市场预测和信用评级等方面[10]。在零售行业，线下实体零售门店利用人工智能实现了真正的无人零售，从而降低了成本，显著提高了效率。例如，电商巨头亚马逊成立的智能实体零售店 AmazonGo 在很短的时间内为智能零售增添了活力[11]。在生物医疗方面，人工智能已经被广泛应用于电子病历、图像诊断、疾病预后等方面。例如，在内窥镜领域，卷积神经网络作为一类深度学习方法，可能彻底改变包括食管胃十二指肠镜、胶囊内镜和结肠镜领域的结肠肿瘤的自动检测和分类方式[12]。

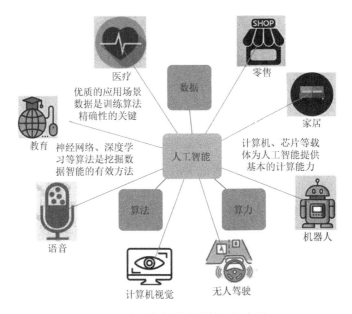

图 1.2　人工智能技术的核心与应用

现有的人工智能尽管在各个领域都取得了重大的成果，但也面临着瓶颈。在当前人工智能的研究过程中，深度学习是其研究核心，但深度学习需要大量的数据，数据的可获得性、质量以及数据标注成本仍制约着人工智能的发展。现有的人工智能方法也存在无法取得理想泛化的问题，将训练好的模型用在变化的环境或领域，其泛化性会明显下降，并且与人脑相比，现有的任何人工智能系统消耗很高。同时，可解释性对于人工智能来说十分重要，目前的人工智能只有从"知其然"到"知其所以然"，才能实现深层智能。这些问题仍需要科技工作者不懈地努力。

当前，中国制造正迈向中国创造、中国速度正迈向中国质量、中国产品正迈向中国品牌，而人工智能技术是其中的核心因素。作为人工智能领域的研究者，更应奋发图强、努力进取，练就过硬本领，并引领和培养下一代科技工作者的科技报国精神、创新创造能力，以中华民族伟大复兴中国梦的实现作为使命和担当，为国家人工智能事业的发展贡献自身力量。

1.3　大数据时代下的生物信息学

1.3.1　生物信息学

生物信息学（bioinformatics）是一门研究生命科学中所采集数据的学科，是研究生物信息的采集、处理、存储、传播、分析的学科，也是随着计算机科学的迅猛发展，与多学科结合形成的一门新的交叉学科。生物信息学可以分为三个主要部分：建立可以存放和管理大量生物学数据的数据库；研发可以有效分析和挖掘生物学数据的技术、算法和软件工具；使用这些工具去分析和解释不同类型的生物学数据，包括基因、DNA、RNA、蛋白质等各个层面。

由此可见，生物信息学是一种数据驱动的学科。现如今，生物学领域的数据越来越庞大。传统的人工操作显然不能应对这么庞大的数据，所以必须在生物学领域引入工程技术的方法对这些庞大的数据进行高效的处理。显然这样的工程技术与数据科学相关。生物信息学其实就是数据科学在生物学领域的一个分支。生物信息学的重点不在"生物"，而是结合具体生命科学领域，将数据科学的技术和方法应用其中来发现和解释生命现象。

随着生物科学研究的细分，各种层面的数据被获得。从高通量测序技术的出现，人类基因图谱的完成，到蛋白质组织计划的实施，再到目前的人类空间测序图谱的产生。每个层面的研究都日渐丰富，构成了多种的组学，如基因组学、转录组学、蛋白质组学、代谢物组学等。每个组学都具有海量的实验数据，而生物信息学是在这些数据上的研究，可以说生物信息学是依托多组学数据的研究。

1.3.2　组学大数据的诞生

随着科学研究的发展，人们发现单纯研究某一方向无法解释全部生物医学问题，科学家提出从整体的角度出发去研究人类组织细胞结构、基因、蛋白质及其分子间的相互作用，通过整体分析反映人体组织器官功能和代谢的状态，为探索人类疾病的发病机制提供新的思路。在研究任何一个生物实体时都可以用不同组学的视角去研究和分析。如图 1.3 所示，在研究某一生物实体时，可以通过基因组学来研究其主要的遗传基因、密码子等信息，同时可以分析其转录的 RNA 和表达的蛋白质。通过蛋白质与代谢物，也可以知道生物的主要通路。通过单细胞的测序可以发现基因组、转录组、蛋白质组在各个细胞中的差异性。通过影像组学能够衡量整个生物个体的宏观影像，分析肿瘤的发展等。下面将介绍本书涉及的几种组学知识。

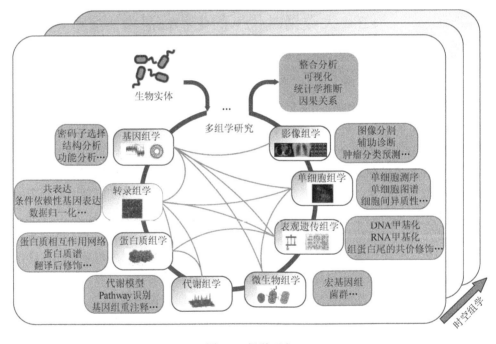

图 1.3　组学研究

1. 基因组学

1920 年，德国汉堡大学植物学家 Winkler 第一次提出了"基因组"这个单词，意为基因与染色体的组合，之后在分子生物学和遗传学领域的发展中，基因组指生物体所有遗传物质的总和。1986 年美国遗传学家 Roderick 提出了第一个组学的概念：基因组学[13]。狭义的基因组学是指以全基因组测序为目标的结构基因组学，广义上还包括以基因功能鉴定为目标的功能基因组学（也称后基因组学，post-genomics）。在系统生物学研究中，基因组学的研究起步最早，也是目前最为基础的一种组学，在此过程中，人类基因组计划（human genome project，HGP）[14]的实施对于基因组学的研究起到了巨大的推进作用[15]。此后，转录组学、蛋白质组学、代谢组学、微生物组学、表观遗传组学等各种组学技术蓬勃发展，进而推动了生命科学、医学从个体研究到系统研究的策略改变。

2. 蛋白质组学

蛋白质是生理功能的执行者，是生命现象的体现者，对蛋白质的研究将直接阐明生命在生理和疾病条件下的变化机制。"蛋白质组"一词是澳大利亚科学家Williams 和 Wilkins 于 1995 年最先提出的[16]，是指一个细胞、一个组织或一种生物的基因组所表达的全部蛋白质总和，是对应于一个基因组的所有蛋白质构成的整体，而不仅局限于一个或几个。由于同一基因组在不同细胞、不同组织中的表达情况各不相同，因此，蛋白质组是一个动态的、变化着的整体[17]。蛋白质组学是指利用各种技术手段来研究蛋白质组的一门新学科，其主要目的是研究生物体内所有蛋白质的种类、表达水平、修饰状态，了解蛋白质之间的相互作用与联系，揭示蛋白质功能与细胞生命活动规律。人类蛋白质组织（human proteome organization，HUPO）于 2003 年 12 月 15 日宣布国际人类蛋白质组计划（human proteome program，HPP）正式成立。HPP 的目标是整合全世界尽可能多的实验室资源，使用现有的技术手段，穷尽人类所有蛋白质的种类，揭示蛋白质组在不同组织、不同器官、不同细胞等发挥的生理、病理功能。

3. 转录组学

转录组（transcriptome）的概念是由 Velculescu 等[18]在 1997 年首先提出的。转录组学则是对细胞在某种条件下所有转录产物进行的系统研究学，它从一个细胞中的基因组全部信使 RNA（messenger RNA，mRNA）水平出发来研究基因表达情况。转录组学的研究作为一种宏观的整体论方法改变了以往选定单个基因或少数几个基因零打碎敲式的研究模式，将基因组学带入了一个全新的高速发展时代[19]。以 DNA 为模板合成 RNA 的转录过程是基因表达的第一步，也是基因表达调控的关键环节。基因表达是指基因携带的遗传信息转变为可辨别的表型的整个过程。与基因组不同的是，转录组的定义中包含了对时间和空间的限定。同一细胞在不同的生长时期及生长环境下，其基因表达情况是不完全相同的。

4. 代谢组学

2004 年，Goodacre 提出了代谢组学的概念[20]，它是对某一生物或细胞在一特定生理时期内所有低分子量代谢产物同时进行定性和定量分析的一门新学科。代谢组作为系统生物学的重要组成部分,在临床医学领域具有广泛的应用前景。代谢产物是基因表达的最终产物,在代谢酶的作用下生成。虽然与基因或蛋白质相比,代谢产物较小,但是不能形成代谢产物的细胞是死细胞,因此不能小看代谢产物的重要性。

5. 微生物组学

微生物组是特定时间特定生存环境中所有微生物有机体的总称,其组成包括非细胞结构的病毒、原核生物中的真细菌和古细菌,以及真核细胞微生物。随着高通量测序技术和生物信息学[21]的发展,尤其是宏基因组在人类肠道微生物鉴定方面的应用,微生物组学应运而生[22]。2015 年,美国科学家提出"联合微生物组计划"(unified microbiome initiative,UMI)的建议[23],中、德、美三国科学家则呼吁在 UMI 基础上启动国际微生物组计划(national microbiome initiative,NMI)[24],我国科技工作者强调精细挖掘微生物组(宏基因组)的信息[25]。在生命科学领域,微生物组学将与"精准医学"和"脑科学"共同成为 21 世纪上半叶最受瞩目的三大科学计划。微生物组学是揭示微生物多样性与人和生态稳定性之间关系的新兴学科,其研究成果将应用于工业、农业、水产和医药等领域,为人类解决食品、环境、能源、健康等方面所面临的危机。

6. 表观遗传组学

表观遗传组学这个术语在 1942 年被正式提出后,几近被遗忘,直到英国分子生物学家 Holiday 根据 DNA 甲基化可改变基因活性这个共识[26],1987 年在一篇学术论文中重新提出"epigenetic"才引起了研究人员的极大关注。顾名思义,表观遗传组学是对染色质结构的影响的研究,包括高阶染色质折叠和附着在核基质,DNA 在核小体周围的包装,组蛋白尾部的共价修饰(乙酰化、甲基化、磷酸化、泛素化)和 DNA 甲基化对细胞遗传物质的影响[27]。

7. 影像组学

影像组学(radiomics)这一概念最早由荷兰马斯特里赫特大学精准医学系Lambin 等在 2012 年提出[28, 29],是指从医学影像中高通量地提取大量描述肿瘤特征的影像特征,通过机器学习建立预测模型对海量影像特征进行更深层次的挖掘、预测和分析。影像组学作为一种无创的检查方式,可以从医学影像中提取大量肉眼不可见的图像特征,它可以代替活检进行预后评估、根据疗效预测疾病情况,是一种简便的检查方式。在 2014 年,Aerts 等对影像组学方法进行了完善,将影像组学的处理流程总结归纳为以下步骤：影像数据的获取、肿瘤区域的分割、特征提取和特征选择、构建预测模型分类和预测[30]。

8. 单细胞组学

细胞作为生命最基本的一个单元概念，是生命活动的基石。单细胞组学使用单细胞转录组等多组学联合分析，全面体现细胞生命进程的变化。相比常规的细胞群体研究，单细胞组学研究可以揭示更多细胞类型和亚群的多样性。通过使用转录组测序技术（RNA-seq）测定不同时刻细胞的转录本，有可能弄清复杂的细胞事件和不同生物学过程所需的时间。2017 年，Regev 等帮助推进了继人类基因组计划之后又一个重磅项目：人类细胞图谱（human cell atlas，HCA）计划。HCA 想要表征一切人体细胞，覆盖所有组织和器官，描绘健康人体的微观参考图[31]。

9. 空间组学

空间组学技术正在提供一个新的视角。通过量化数十到数百个基因、转录物或蛋白质，空间组学能够在自然组织或细胞结构的背景下收集有价值的分子、细胞和微环境信息。2020 年 5 月，来自美国的研究人员在 *Matrix Biology* 发表综述论文[32]，该论文概述了目前可用的空间转录组学和空间蛋白质组学方法，并进一步描述了应用这些方法来提高对细胞外基质和成纤维细胞生物学的理解的最新研究。多重空间组学将有助于通过从多个空间尺度获得信息来揭示细胞复杂性，有助于理解整体细胞表型/状态，细胞与细胞之间的相互作用，以及这些分子特性如何与各自的组织结构相联系。空间转录组学方法允许在空间中检测 RNA 转录物，这些方法已被用于研究各种组织和器官中基因表达的空间分布，包括大脑、心脏、胰腺和皮肤[33]。然而，空间组学技术还需要继续提升和发展，例如，在基于空间图像的蛋白质组学中，每个图像周期的构建库受到条形码、荧光染料或稀有金属等数量的限制；目前的空间组学方法都不能在活体外或活体内对活细胞进行多重空间组学研究等。

10. 时空组学

时空组学则是当前组学研究中的最新进展，是一种将不同时刻、不同位置细胞上组学表达的信息整合起来研究的组学。过去人们知道生命是按照遗传信息也就是 DNA 来规划自己的生命活动的，但无法知道在什么时间段、什么位置、细胞是按什么规律工作的，而时空组学弥补了这一研究空白。这一组学将有益于人们去研究遗传疾病在病人身上是何时由何种刺激导致基因突变并转录的，时空组学将尝试寻找并跟踪这一变化。2020 年 5 月，深圳华大基因研究院联合多家机构，利用华大基因研究院自主研发的堪称"超广角百亿像素生命照相机"的时空组学技术 Stereo-seq，首次绘制了小鼠、斑马鱼、果蝇、拟南芥四种模式生物胚胎发育或器官的时空图[34-37]。2021 年 1 月，时空组学被 *Nature Methods* 评为 2020 年度技术[38]，相比国际上的同类技术，Stereo-seq 能同时实现亚细胞级分辨率和厘米级全景视场，并可以实现基因与影像同时分析。

1.3.3　组学数据的类型与特点

多组学数据包含大量的不同种类的动态数据，如基因组、转录组、蛋白质组、代谢组、微生物组、表观遗传组等数据。以人为例，成年人的体细胞数量约有 10^{13} 个，其中绝大多数细胞都含有一套基因组，即 30 亿个碱基对。在不同时间（如发育阶段，昼夜节律）、不同空间（不同组织/器官）以及不同条件（如疾病/健康、锻炼前后、不同饮食、不同气候等）下，基因转录组、蛋白质组、代谢组、甲基化组的数据都是不同的。同时在每个研究层面、视角下也有多组学的体现。例如，人体实际是一个复杂的生态细胞，寄生在人体的微生物数量约为人体细胞数量的 10 倍，据估计，成年人肠道微生物的重量就有 3～5 千克，而这些微生物每个又都有基因组、转录组、蛋白质组和代谢组等。正所谓"一花一世界，一叶一菩提"，世间万物没有孤立的，而是有千丝万缕的联系和相互作用，因此就有各种各样的相互作用组合网络，如基因调控网络、蛋白质相互作用（protein-protein interaction，PPI）网络、代谢网络、微生物网络、通路网络、细胞信号转导网络等。

多组学数据的主要特点如下[39]。

（1）大数据量。以著名的美国国立生物技术信息中心（National Center for Biotechnology Information，NCBI）的高通量基因表达（gene expression omnibus，GEO）数据库和欧洲生物信息研究所（EMBL-European Bioinformatics Institute，EMBL-EBI）的 ArrayExpress 数据库为例，截止到 2022 年 11 月，GEO 收录了 18 万套数据，来自 24530 个平台，包含 539 万多个样本，其中人类的数据有 83592 套，来自 6110 个平台，包含近 279 万个样本。ArrayExpress 数据库收录了 71250 套数据，包含 229 万多个样本，数据量达 46.83TB。

（2）高维数、小样本。以人类为例，目前已发现人体中有上万个 mRNA、微小 RNA（micro RNA，miRNA）、长非编码 RNA（long non-coding RNA，lncRNA）以及环状 RNA（circular RNA，circRNA）。一套普通的 mRNA 转录组数据，对于每个样本来说，其维数为 3 万多，但由于人类样本（如乳腺癌组织）的难以获得性、转录组检测费用高以及人力成本高昂等因素，一套转录组数据的样本数往往都不大，如 GEO 包含人类数据 42628 套，包含近 141 万个样本，平均每套数据只有约 33 个样本，即对每个基因来说，其维数为 33。其他生物学数据（如基因组、蛋白质组、转录组、微生物组等）大多数也有"高维数、小样本"的特点。这给数据分析带来很大的困难，甚至会引起所谓的"维数灾难"，基于这样的数据建立的预测模型，也非常容易陷入过拟合学习的问题。

（3）非线性。大部分组学数据本质上都是非线性的，其情形多种多样，这为数据分析带来了很大的计算复杂性。遗憾的是转录组数据以及其他大多数生物学数据本质上都是非线性的。

（4）高噪声。无论转录组数据还是其他大多数生物学数据，另一个重要特点是高噪声。生物组学数据产生过程的每一步，如样本制备、实验操作、机器和人员等，都会引入噪声。

（5）数据分布不均衡。在数据处理中，希望数据分布是均衡的，如果数据分布不均衡容易带来麻烦或错误。而在生物学实验中，不同种类的样本获得难度可能相差很大，造成某类容易获得的样本（如乳腺癌组织）数量过多，而某类不易获得的样本（如正常乳腺组织）数量又过少。

1.3.4 多组学数据融合研究

由 1.3.2 小节可知，多组学的生物实体之间往往存在着大量交互，鉴于此，可以使用融合策略来预测任意不同子网络中两个结点之间的关联。具体的融合策略有以下几种方式。①可以利用基因、miRNA、lncRNA、circRNA、代谢物、微生物和 DNA 甲基化等内部特征计算相似性，构建子网络，根据关联的数据库，将多模态数据合并，形成异构网络或相关的生物组合。两个独立的子网可以使用当前数据库建立结点之间的关联。对于不同的数据，如遗传数据和病理数据，也可以通过现有的数据库或实验证据进行绑定。②可以从生物体本身及其相关网络中提取多种数据类型的特征，并进行融合或特征嵌入，将智能算法应用于多组学异构网络，从而实现对数据的预测与分析。这种多组学数据交互融合的研究如图 1.4 所示。在图 1.4 中，内圈（a）表示生物实体之间存在的关系，它包含了生物分子之间的关系，每个关系都用相应的数据库进行标记。外环（b）则包含生物实体的属性特征和一些相似性计算方法，如基因序列、RNA 和蛋白质、各种基因和 RNA 的表达谱、本体注释、疾病语义树、组织和细胞图、放射学图像的轮廓特征、药物结构特征、暴露组相互作用云图等。外环（c）则展示了对生物实体的网络特征的提取方法。例如，图嵌入技术、网络传播技术、图卷积网络（graph convolution network，GCN）技术等[40]。

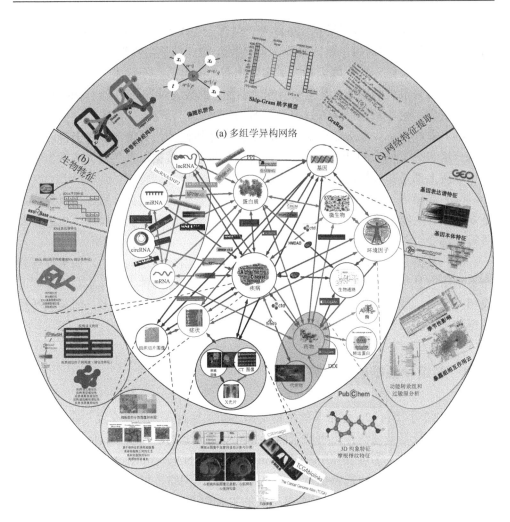

图 1.4　多组学数据的交互融合研究

1.4　人工智能在生物信息领域中的应用

1.4.1　人工智能与生物医药

近年来，人工智能技术正深入地融入生命科学的各个领域，如利用人工智能技术进行高通量生物数据筛选、优化算法开发、多组学计算分析平台搭建等。

在临床诊疗方面，运用人工智能可以进行辅助诊断，这是至关重要的，人工智能正在成为医学诊断中的重要工具，可以用于建立诊断模型、计算机断层扫描等[41]。由 Intuitive Surgical 公司开发的“达·芬奇”机器人手术系统彻底改变了外科领域，特别是在泌尿外科和妇产外科。该系统的机械臂以更好的精度模仿外科医生的手部运动，并具有 3D 视图和放大选项，允许外科医生进行微小的切口[42]。自 2018 年以来，Health 和波士顿儿童医院正在合作开发一个基于 Web 界面的人工智能系统，创建的虚拟医生可对患者进行诊断，并提供相应的医疗教育。通过询问患儿症状以及是否需要药物，来提供相应的建议[43]。

在分子细胞机理层面，基于人工智能中的深度学习方法可以建立高效的分子相互作用模型，帮助人们了解复杂疾病背后的机理[44]。用计算机生物学、基因本体论、生物本体论、自然语言处理、知识库等方法研究蛋白质之间的语义关系[45]，在电子健康记录数据库中识别疾病[46]。在生物模型算法发展方面，可以使用一组如生成对抗网络的图神经网络方法将高维单细胞数据映射到低维隐空间，在低维空间进行聚类分析，再利用另一组图神经网络方法将低维数据映射回高维空间，从而为单细胞数据分析提供集数据降维、生成与细胞聚类于一体的智能算法[47]。DeepMind 公司也曾宣布，它已经使用人工智能系统预测了人类表达的几乎所有蛋白质的结构，以及其他 20 种生物的几乎完整的蛋白质组。

新药研发是一个成本高昂、周期漫长、充满风险的过程。通常，一个新药物从实验室启动研发到获批上市销售需要 10～15 年的时间[48]。计算机辅助药物设计自 20 世纪 60 年代被提出，以计算化学、计算机科学和生物学等学科为基础，对靶标蛋白质与配体药物的结合过程进行计算模拟、预测，评估药物分子结构与其生物活性、毒性和代谢等性质的相互关系，进行药物分子的发现与优化。高通量技术的发展和应用产生了丰富的药物、疾病、基因和蛋白质等数据，使得人工智能药物发现成为可能。人工智能技术与计算物理、量子化学、分子动力学等技术的结合，将有助于提高药物发现与发展这一关键环节的效率与成功率，从而降低新药研发成本，为新药研发带来了新的发展动力[49]。

人工智能驱动的药物设计主要分为三大类：从头药物设计、现有数据库的虚拟筛选和药物再利用。从头药物设计主要由深度生成学习模型实现。2012 年，Besnard 等提出了针对多靶点复杂药物配体的自动化设计流程，为复杂疾病的药物设计提供了强大的新方法[50]。2018 年，Waller 等将深度学习用于化学分子逆合成路线分析，相比传统的搜索方法效率提高了数 10 倍[51]。2020 年以来，以 Google 公司 AlphaFold 为代表的人工智能系统在生命科学领域取得了重要突破，推动了人工智能等关键领域在药物研发上的应用。2022 年，Baker 团队提出了从头设计蛋白质序列的原型方法[52, 53]，为未来分子药物的研发提供了新的可能。应用人工智能赋能的超大规模虚拟筛选，从数十亿分子中筛选出成功的苗头化合物。2022 年 8 月，赛诺菲与 Atomwise 公司合作进行了一项价值可能高达 12 亿美元的药物设计交易，基于卷积神经网络的原子网络模型适合药物的结构设计[54]，能够快速、人工智能地搜索 Atomwise 的超过 3 万亿种可合成化合物的专有库。使用再利用策略来发现支持 AI 的药物，主要使用自然语言处理模型和机器学习，并通过分析大量非结构化文本数据，如研究文章和专利、电子健康记录以及其他类型的数据来构建和搜索"知识图谱"。这种支持 AI 的可搜索本体允许为先前已知的候选药物以及批准的药物选择新的适应证或患者群体。人工智能不仅是发现新分子的工具，也是发现新靶点的工具。深度神经网络从多模态数据（如组学数据）中建立本体的能力被认为是人工智能在药物发现中最具颠覆性的领域之一。

　　人工智能技术在药物发现过程中的应用结合情况见图 1.5。从图中可知，在药物发现的三个主要阶段（药物研发、临床研究、审批上市阶段），使用人工智能方法有助于缩短药物发现所耗的时间，提高药物发现效率。在药物研发阶段，利用机器学习、深度学习等算法可以识别药物靶点，筛选先导化合物，并进行结构学习与药理预测，进而生成新的药物化合物；在临床研究阶段，人工智能的图像处理等技术能及时跟踪病人的体内变化，宏观了解健康状况；在审批上市阶段，则可以利用大数据智能计算来为新药找寻市场定位。

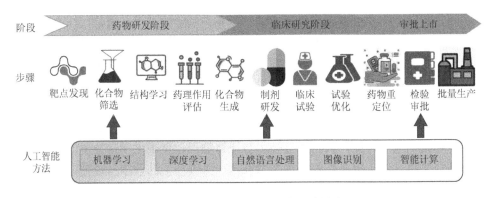

图 1.5　人工智能技术在药物发现中的应用

　　医药界知名公司辉瑞（Pfizer）于 2016 年就与 IBM Watson 合作，以加速免疫肿瘤学领域的药物发现。非医药出身领域的百度、腾讯、华为、字节跳动等科技巨头也纷纷布局 AI 医药领域。2023 年年初，百度创始人李彦宏牵头百图生科发起"百万领军计划"及"百万青年领军计划"，吸引生物技术＋AI 技术跨界融合人才。

1.4.2　人工智能在多组学数据分析中的应用

　　多组学融合技术是指结合两种或者两种以上组学数据集，探究生物系统中多种物质之间的相互作用。将多组学数据进行整合，能够从大量并且繁杂的多组学数据中找到多源数据间的内在联系，帮助人们全面地认识生命系统，对研究生命科学问题具有重要意义[55]。由于组学数据是异质异构的，具有不同的类型和格式，因此很难整合。现有的整合研究手段主要有基于统计的方法、基于机器学习的方法、基于深度学习的方法[56]，后两种方法则为人工智能方法，见图 1.6。

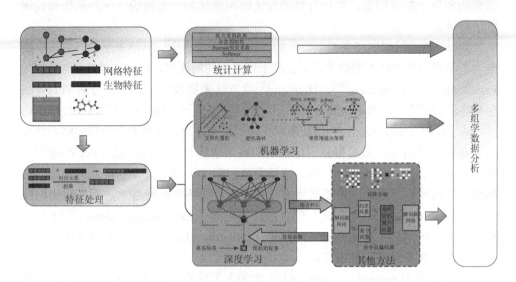

图 1.6 多组学数据整合分析的人工智能方法分类

基于统计的方法是早期针对大规模的数据进行收集、整合、分析后，根据其反映的问题给出一定统计结论的方法，在一定程度上比分析单一组学数据的准确率要高，但稳定性较差、计算速度慢，容易受到资源限制。

基于机器学习的多组学数据融合主要利用聚类算法、随机森林、支持向量机以及群智能优化算法等来为多组学数据的融合分析提供支持，它们具有较高的准确率，但不易处理具有较大噪声、独立数据较多、数据样本小的情况。

基于深度学习的方法则为多组学融合研究提供了新思路，这类方法的优点是在特征学习方面性能较高，能有效避免分割和手工设计特征提取给模型带来的误差。但是，也存在一些缺点，例如，因数据高维、训练数据集小、交互次数不够、不同事件数据集数量不平衡以及大量噪声导致过拟合问题；数据异质性、特异性导致预测精度无法提高的问题等[56]。

从图 1.6 不难看出，在利用统计方法、机器学习方法、深度学习方法进行多组学数据融合时，通常首先需要提取多组学数据的特征。特征提取主要分为自身的生物属性特征和从关联网络中提取到的特征。前者主要考虑生物学意义，后者主要考虑网络中结点的拓扑信息。

生物的属性特征主要表征生物分子自身的特性，例如，基因的特征可以通过基因表达数据或基因本体信息来获得；RNA 的特征可以通过将序列信息编码为数字特征向量来获得；蛋白质的特征可以通过挖掘基因和蛋白质关联的数据或自身的 PPI 网络来获得；药物和代谢物的本质是具有分子结构，因此，基于三维化合物结构和分子指纹信息，将化合物的分子结构量化为一系列的值作为药物和代谢物的特征。

此外，基于组学网络来提取特征的方法也备受关注[57]。网络表示学习算法主要是为了学习网络中结点的低维表示。基于网络之间的连接，可以使用随机游走[58]、PageRank[59]、LeaderRank[60]、HeteSim[61]等方法来提取特征。矩阵分解类的方法也被广泛使用[62]，如概率矩阵分解和归纳矩阵完备化[63]。同时受自然语言处理的启发，跳字模型（skip-gram）[64]常被应用于随机游走序列，充分考虑异构网络中结点的局部和全局信息，从而得到广泛使用的网络表示学习算法，如 DeepWalk[65]、Node2vec[66]、Metapath2vec[67]等。特征变换和网络传播的融合也可以用于从异构网络中提取特征，进而图神经网络方法被引入，如图卷积网络[68]、图注意力网络（graph attention network，GAT）[69]、图自编码器（graph autoencoders，GAE）[70]和图生成对抗网络（generative adversarial network，GAN）[71]等，图 1.7 中列出了网络特征挖掘方法的分类情况。

知识图谱（knowledge graph，KG）作为人工智能的一个分支，也引起了学术界和工业界的广泛关注，其构建与应用也得到了迅速发展。例如，Freebase[72]、NELL[73]等知识图谱已经被成功创建并应用于许多现实世界。在知识图谱中，每个有向边连同其头实体与尾实体构成了一个三元组，即头实体、关系、尾实体，表示头实体与尾实体通过关系进行连接。但这种三元组的基本符号性质使 KG 难以操作。近年来提出了一个新的研究方向，称为知识图谱嵌入（knowledge graph embedding，KGE）或知识表示学习（knowledge representation learning，KRL），旨在将 KG 的组成部分（包括实体和关系）嵌入连续的向量空间中，在简化操作的同时保留 KG 的固有结构。与传统的表示方法相比，KGE 为 KG 中的实体和关系提供了更加密集的表示，降低了应用中的计算复杂度。

基于人工智能的多组学数据整合分析的应用也十分广泛，它为精准医疗与医药研发提供了有效的途径，能够获取更全面的相关信息，弥补单组学数据的片面性，帮助医生进行更精准的诊疗与研发。基于人工智能的多组学整合分析可以更深入地了解肿瘤从一个组学级别到下一个组学级别信息流的变化，揭示更多的生物信息[74]。例如，郭茂祖等[75]利用聚类算法集成多组学生物数据，发现了关键基因模块及其异常调控的基因集合，有助于癌症研究。当前，利用多组学数

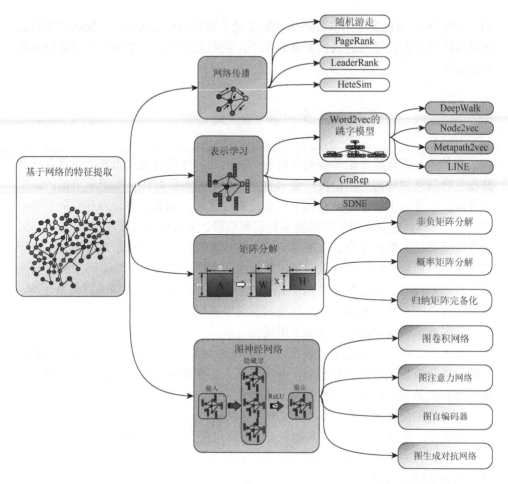

图 1.7 基于网络的多组学特征提取方法

据进行整合分析有利于传染病的诊疗。以新型冠状病毒感染（Corona Virus Disease 2019，COVID-19）的研究为例，Su 等对 139 例 COVID-19 患者的临床检测、免疫细胞和血浆多组学（代谢组、蛋白质组）进行了综合分析，可解析轻度和中度 COVID-19 之间的急剧变化状态，中度 COVID-19 可能为治疗干预提供最有效的环境[76]。众所周知，新冠疫情期间，陈薇院士团队率先研制出新冠疫苗，令全国甚至全世界人民为之振奋，我国成为世界上最早研发出安全有效疫苗的国家。在药物研究方面，也可以利用多种组学，如基因组学、蛋白质组学、代谢物组学等来进行综合研究。例如，Chiu 等[77]利用 DeepDR 模型学习药物组学特征，预测肿瘤的药物反应，能确定新药的耐药性，有助于新药研发等。目前 AI 和多组学数据的研究如火如荼，通过 AI 和多组学数据，我们可以加速新药研发，

AI 生物制药公司也在利用其独特的优势推动个性化医疗的发展[78]，我国生物信息领域的研发能力已经接近或领先世界水平，我们正在进入一个由人工智能驱动的崭新时代。

1.5　章 节 安 排

本书从人工智能多组学数据分析的角度出发，介绍目前人工智能热点方法及其在生物信息领域的应用情况。全书首先概述了大数据时代下多组学数据的诞生与发展，以及人工智能方法在其中起到的推进作用。本书主要分为基础篇和应用篇，在基础篇，主要介绍组学的基本知识和数据、生物网络的特性与相似性计算、智能优化算法、机器学习、深度学习等人工智能算法。在应用篇，讲述人工智能算法在蛋白质复合物挖掘、关键蛋白质识别、疾病基因预测、非编码 RNA 与疾病关联关系预测、circRNA 和 RBP 结合位点识别、代谢物与疾病关联关系预测、微生物与疾病关联关系预测及其在药物发现中的应用等。

本书章节结构和内容安排如下所述。

第 1 章：绪论。概述了大数据时代背景下，组学研究的诞生、发展、组学数据特点以及数据融合的研究进展，并介绍了人工智能的历史与发展现状及其在生物信息领域的应用情况。该章是全书的概念引入。

基础篇主要分为 5 章，其框架如图 1.8 所示。

第 2 章：生物多组学知识与数据库介绍。主要介绍了基因组学、蛋白质组学、转录组学、代谢组学、微生物组学、表观遗传组学、单细胞组学和时空组学的几种概念和数据库信息。

第 3 章：生物网络特性与相似性。主要描述了生物网络的构建方法、生物网络结点的度量标准以及相似性计算方法。在相似性计算方法上，主要从基于拓扑结构、基于序列、基于表达数据、基于语义本体、基于关联关系、基于分子结构、基于网络传播的角度分别进行了介绍。

第 4 章：智能优化算法。主要介绍了粒子群优化算法、人工鱼群算法、人工蜂群算法、萤火虫算法、布谷鸟搜索算法、果蝇优化算法、花授粉算法、鸽群优化算法等。

第 5 章：机器学习。介绍了本书中应用的几个基础机器学习方法，如逻辑回归、支持向量机、决策树和随机森林、神经网络、多种聚类算法等。

第 6 章：深度学习。主要描述了本书中用到的几个经典深度学习方法，如卷积神经网络、循环神经网络、自编码器、图神经网络、图卷积网络、图注意力网络、Word2vec 词嵌入算法等。

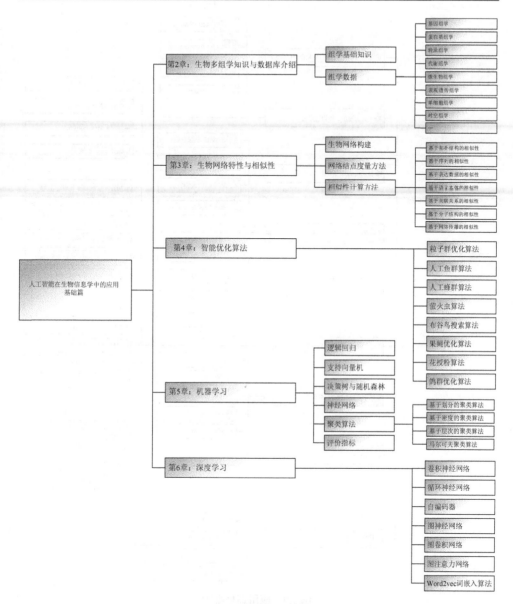

图 1.8 基础篇框架图

应用篇主要有 9 章内容，其框架如图 1.9 所示。

第 7 章：PPI 网络及蛋白质复合物挖掘方法。该章首先介绍了蛋白质复合物的概念，之后介绍了基于群智能优化算法的蛋白质复合物挖掘方法、基于网络拓扑结构的蛋白质复合物挖掘方法、基于聚类算法的蛋白质复合物挖掘方法、基于商空间的蛋白质复合物挖掘方法等。

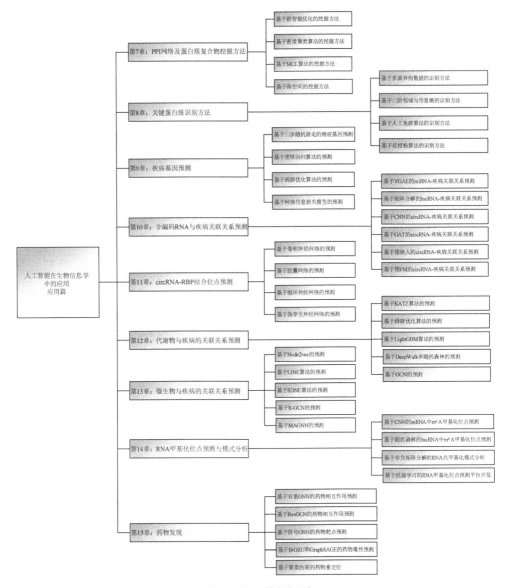

图 1.9　应用篇框架图

第 8 章：关键蛋白质识别方法。该章从多源异构数据融合的角度、从基于二阶邻域与信息熵的角度、从群智能优化的角度分别介绍了几种识别关键蛋白质的方法。

第 9 章：疾病基因预测。该章主要基于二步随机游走算法、逻辑回归算法、鸽群优化算法以及网络信息损失模型提出了几种疾病基因的预测方法。

第 10 章：非编码 RNA 与疾病关联关系预测。该章主要讲述了利用机器学习和深度学习算法来预测几种非编码 RNA 与疾病关联关系，如利用变分自编码器预测 miRNA-疾病关联关系，利用矩阵分解方法预测 lncRNA-疾病关联关系，利用卷积神经网络、图注意力网络、图嵌入、图因子分解机等方法来预测 circRNA-疾病关联关系。

第 11 章：circRNA-RBP 结合位点预测。该章主要介绍了利用卷积神经网络、胶囊网络、循环神经网络、伪孪生神经网络等深度学习方法来识别 circRNA-RBP 结合位点。

第 12 章：代谢物与疾病的关联关系预测。该章主要讲述了代谢物与疾病关联关系预测的方法。主要有基于 KATZ、基于蜂群优化算法、基于 LightGBM 算法、基于 DeepWalk 和随机森林算法、基于图卷积网络算法的预测方法。

第 13 章：微生物与疾病的关联关系预测。该章主要讲述了微生物与疾病关联关系预测的方法。主要有基于 Node2vec、基于大规模信息网络嵌入、基于结构深度网络嵌入、基于元路径聚合图神经网络、基于去噪自编码器和卷积神经网络、基于关系图卷积神经网络的预测方法等。

第 14 章：RNA 甲基化位点预测及模式分析。该章主要介绍了几种 m^6A 甲基化位点预测与分析方法，有基于卷积神经网络的 mRNA 中 m^6A 甲基化位点预测、基于随机森林的 lncRNA 中的 m^6A 甲基化位点预测、基于非负矩阵分解的 RNA 共甲基化模式分析，以及基于机器学习的 RNA 甲基化位点预测平台开发。

第 15 章：药物发现。该章主要讲述关于药物相互作用预测、药物靶点预测、药物毒理以及药物重定位方面的研究。例如，利用双重图神经网络的药物相互作用预测、基于残差图卷积网络的药物相互作用预测、基于符号图神经网络的药物-靶点预测、基于双向门循环单元和 GraphSAGE 的药物毒性预测以及基于聚类约束的药物重定位研究等。

1.6　小　　结

本章简要介绍了人工智能与多组学数据在生物医药上的研究现状，阐述了基因组学、蛋白质组学、转录组学、代谢组学、微生物组学、表观遗传组学的起源、发展过程及其数据特点，介绍了人工智能的发展历史和现状，以及人工智能方法在各个领域的应用，着重阐述了人工智能在多组学数据分析中的研究与应用。多组学数据的融合分析能从更深层面来解释人类生命机理[79, 80]，可为研究疾病的发生发展情况，疾病的诊断、预后和治疗提供可靠依据。人工智能在药物发现、药物设计、临床前研究、个性化医疗等领域发挥着越来越重要的作用，相信我们的研究在改善人类健康方面将会发挥重要作用。

参 考 文 献

[1]　汪子尧，贾娟. 人工智能的前生、今世与未来[J]. 软件，2018，39（2）：223-226.

[2]　Rosenblatt F. The perceptron：A probabilistic model for information storage and organization in the brain[J]. Psychological Review，1958，65（6）：386-408.

[3]　Zupan J. Basics of Artificial Neural Networks[M]. Amsterdam：Elsevier，2003：199-229.

[4]　Rumelhart D E，Hinton G E，Williams R J. Learning representations by back-propagating errors[J]. Nature，1986，323（6088）：533-536.

[5]　Hinton G E，Osindero S，Teh Y-W. A fast learning algorithm for deep belief nets[J]. Neural Computation，2006，18（7）：1527-1554.

[6]　周志华. 机器学习[M]. 北京：清华大学出版社，2016.

[7]　钟义信. 人工智能理论：从分立到统一的奥秘[J]. 北京邮电大学学报，2006，(3)：1-6.

[8]　Li H X，Xu L D. Feature space theory-a mathematical foundation for data mining[J]. Knowledge-based Systems，2001，14（5/6）：253-257.

[9]　Ding R X，Palomares I，Wang X，et al. Large-scale decision-making：Characterization，taxonomy，challenges and future directions from an artificial intelligence and applications perspective[J]. Information Fusion，2020，59：84-102.

[10]　Feng S，Li L，Cen L. An object-oriented intelligent design tool to aid the design of manufacturing systems[J]. Knowledge-based Systems，2001，14（5/6）：225-232.

[11]　Lu F，Yamamoto K，Nomura L H，et al. Fighting game artificial intelligence competition platform[C]. 2013 IEEE 2nd Global Conference on Consumer Electronics，Tokyo，2013：320-323.

[12]　Okagawa Y，Abe S，Yamada M，et al. Artificial intelligence in endoscopy[J]. Digestive Diseases and Sciences，2022，67（5）：1553-1572.

[13]　Nicholson J K，Lindon J C，Holmes E. Metabonomics：Understanding the metabolic responses of living systems to pathophysiological stimuli via multivariate statistical analysis of biological NMR spectroscopic data[J]. Xenobiotica，1999，29（11）：1181-1189.

[14]　Green E D，Watson J D，Collins F S. Human genome project：Twenty-five years of big biology[J]. Nature，2015，526（7571）：29-31.

[15]　刘瑞瑞. 现代生物学研究中的"组学"[J]. 中国农学通报，2009，25（18）：61-65.

[16]　Wasinger V C，Cordwell S J，Cerpa-Poljak A，et al. Progress with gene-product mapping of the mollicutes：Mycoplasma genitalium[J]. Electrophoresis，1995，16（7）：1090-1094.

[17]　Anonymous. The promise of proteomics[J]. Nature，1999，402（6763）：703.

[18]　Velculescu V E，Zhang L，Zhou W，et al. Characterization of the yeast transcriptome[J]. Cell，1997，88（2）：243-251.

[19]　Mahan M J，Slauch J M，Mekalanos J J. Selection of bacterial virulence genes that are specifically induced in host tissues[J]. Science，1993，259（5095）：686-688.

[20]　Goodacre R. Metabolic profiling：Pathways in discovery[J]. Drug Discovery Today，2004，9（6）：260-261.

[21]　李霞，雷健波. 生物信息学[M]. 2版. 北京：人民卫生出版社，2015.

[22]　张超蕾，周瑾洁，姜莉莉，等. 微生物组学及其应用研究进展[J]. 微生物学杂志，2017，37（4）：74-81.

[23]　Alivisatos A P，Blaser M J，Brodie E L，et al. MICROBIOME. A unified initiative to harness Earth's

microbiomes[J]. Science, 2015, 350 (6260): 507-508.

[24] Zhang F, Cui B, He X, et al. Microbiota transplantation: Concept, methodology and strategy for its modernization[J]. Protein & Cell, 2018, 9 (5): 462.

[25] Wang J, Jia H. Metagenome-wide association studies: Fine-mining the microbiome[J]. Nature Reviews Microbiology, 2016, 14 (8): 508-522.

[26] Holliday R. The inheritance of epigenetic defects[J]. Science, 1987, 238 (4824): 163-170.

[27] Wang K C, Chang H Y. Epigenomics: Technologies and applications[J]. Circulation Research, 2018, 122 (9): 1191-1199.

[28] Lambin P, Rios-Velazquez E, Leijenaar R, et al. Radiomics: Extracting more information from medical images using advanced feature analysis[J]. European Journal of Cancer, 2012, 48 (4): 441-446.

[29] Gillies R J, Kinahan P E, Hricak H. Radiomics: Images are more than pictures, they are data[J]. Radiology, 2016, 278 (2): 563-577.

[30] Huynh E, Hosny A, Guthier C, et al. Artificial intelligence in radiation oncology[J]. Nature Reviews Clinical Oncology, 2020, 17 (12): 771-781.

[31] Regev A, Teichmann S A, Lander E S, et al. The human cell atlas[J]. Elife, 2017, 6: e27041.

[32] Bingham G C, Lee F, Naba A, et al. Spatial-omics: Novel approaches to probe cell heterogeneity and extracellular matrix biology[J]. Matrix Biology, 2020, 91-92: 152-166.

[33] Li B, Zhang W, Guo C, et al. Benchmarking spatial and single-cell transcriptomics integration methods for transcript distribution prediction and cell type deconvolution[J]. Nature Methods, 2022, 19 (6): 662-670.

[34] Chen A, Liao S, Cheng M, et al. Spatiotemporal transcriptomic atlas of mouse organogenesis using DNA nanoball-patterned arrays[J]. Cell, 2022, 185 (10): 1777-1792.

[35] Wang M, Hu Q, Lv T, et al. High-resolution 3D spatiotemporal transcriptomic maps of developing drosophila embryos and larvae[J]. Developmental Cell, 2022, 57 (10): 1271-1283.

[36] Xia K, Sun H X, Li J, et al. The single-cell stereo-seq reveals region-specific cell subtypes and transcriptome profiling in arabidopsis leaves[J]. Developmental Cell, 2022, 57 (10): 1299-1310.

[37] Liu C, Li R, Li Y, et al. Spatiotemporal mapping of gene expression landscapes and developmental trajectories during zebrafish embryogenesis[J]. Developmental Cell, 2022, 57 (10): 1284-1298.

[38] Method of the year 2020: Spatially resolved transcriptomics[J]. Nature Methods, 2021, 18 (1): 9-14.

[39] 付旭平. 基因芯片数据分析[D]. 上海: 复旦大学, 2005.

[40] Pan Y, Lei X, Zhang Y. Association predictions of genomics, proteinomics, transcriptomics, microbiome, metabolomics, pathomics, radiomics, drug, symptoms, environment factor, and disease networks: A comprehensive approach[J]. Medicinal Research Reviews, 2022, 42 (1): 441-461.

[41] Cha Y J, Jang W I, Kim M S, et al. Prediction of response to stereotactic radiosurgery for brain metastases using convolutional neural networks[J]. Anticancer Research, 2018, 38 (9): 5437-5445.

[42] Hamet P, Tremblay J. Artificial intelligence in medicine[J]. Metabolism, 2017, 69: S36-S40.

[43] Barlett J. Buoy health has announced that it will broaden its self-diagnostic tool into pediatric illnesses through a partnership with boston children's hospital[R]. Boston Business Journal, 2018.

[44] Maslova A, Ramirez R N, Ma K, et al. Deep learning of immune cell differentiation[J]. Proceedings of the National Academy of Sciences of the USA, 2020, 117 (41): 25655-25666.

[45] Ikram N, Qadir M A, Afzal M T. Investigating correlation between protein sequence similarity and semantic similarity using gene ontology annotations[J]. IEEE/ACM Transactions on Computational Biology and

Bioinformatics，2018，15（3）：905-912.

[46] Redman J S，Natarajan Y，Hou J K，et al. Accurate identification of fatty liver disease in data warehouse utilizing natural language processing[J]. Digestive Diseases and Sciences，2017，62（10）：2713-2718.

[47] Liu Q，Chen S，Jiang R，et al. Simultaneous deep generative modeling and clustering of single cell genomic data[J]. Nature Machine Intelligence，2021，3（6）：536-544.

[48] Réda C，Kaufmann E，Delahaye-Duriez A. Machine learning applications in drug development[J]. Computational and Structural Biotechnology Journal，2020，18：241-252.

[49] Jing Y，Bian Y，Hu Z，et al. Deep learning for drug design：An artificial intelligence paradigm for drug discovery in the big data Era[J]. AAPS Journal，2018，20（3）：58.

[50] Besnard J，Ruda G F，Setola V，et al. Automated design of ligands to polypharmacological profiles[J]. Nature，2012，492（7428）：215-220.

[51] Segler M H S，Preuss M，Waller M P. Planning chemical syntheses with deep neural networks and symbolic AI[J]. Nature，2018，555（7698）：604-610.

[52] Dauparas J，Anishchenko I，Bennett N，et al. Robust deep learning-based protein sequence design using protein MPNN[J]. Science，2022，378（6615）：49-56.

[53] Wicky B I M，Milles L F，Courbet A，et al. Hallucinating symmetric protein assemblies[J]. Science，2022，378（6615）：56-61.

[54] Stafford K A，Anderson B M，Sorenson J，et al. Atomnet poseranker：Enriching ligand pose quality for dynamic proteins in virtual high-throughput screens[J]. Journal of Chemical Information and Modeling，2022，62（5）：1178-1189.

[55] 梁春燕，张琛，杜伟，等. 生物信息学中的数据挖掘方法及应用[M]. 北京：科学出版社，2011.

[56] 钟雅婷，林艳梅，陈定甲，等. 多组学数据整合分析和应用研究综述[J]. 计算机工程与应用，2021，57（23）：1-17.

[57] Yi H C，You Z H，Huang D S，et al. Learning representations to predict intermolecular interactions on large-scale heterogeneous molecular association network[J]. iScience，2020，23（7）：101261.

[58] Pearson K. The problem of the random walk[J]. Nature，1905，72（1867）：342.

[59] Page L，Brin S，Motwani R，et al. The pagerank citation ranking：Bringing order to the web [R]. Stanford Digital Library Technologies Project，1998.

[60] Xu S，Wang P. Identifying important nodes by adaptive leaderrank[J]. Physica A：Statistical Mechanics and its Applications，2017，469：654-664.

[61] Shi C，Kong X，Huang Y，et al. Hetesim：A general framework for relevance measure in heterogeneous networks[J]. IEEE Transactions on Knowledge and Data Engineering，2013，26（10）：2479-2492.

[62] Lei X，Tie J，Fujita H. Relational completion based non-negative matrix factorization for predicting metabolite-disease associations[J]. Knowledge-based Systems，2020，204：106238.

[63] Li J，Zhang S，Liu T，et al. Neural inductive matrix completion with graph convolutional networks for miRNA-disease association prediction[J]. Bioinformatics，2020，36（8）：2538-2546.

[64] Guthrie D，Allison B，Liu W，et al. A closer look at skip-gram modelling[C]. Proceedings of the The Fifth International Conference on Language Resources and Evaluation，Genoa，2006.

[65] Perozzi B，Al-Rfou R，Skiena S. Deepwalk：Online learning of social representations[C]. Proceedings of the Proceedings of the 20th ACM SIGKDD International Conference on Knowledge Discovery and Data Mining，New York，2014：701-710.

[66] Grover A，Leskovec J. Node2vec：Scalable feature learning for networks[C]. Proceedings of the Proceedings of the 22nd ACM SIGKDD International Conference on Knowledge Discovery and Data Mining，San Francisco，2016.

[67] Dong Y，Chawla N V，Swami A. Metapath2vec：Scalable representation learning for heterogeneous networks[C]. Proceedings of the Proceedings of the 23rd ACM SIGKDD International Conference on Knowledge Discovery and Data Mining，Halifax，2017.

[68] Kipf T N，Welling M. Semi-supervised classification with graph convolutional networks[C]. International Conference on Learning Representations，Toulon，2017：1-14.

[69] Veličković P，Cucurull G，Casanova A，et al. Graph attention networks[C]. 6th International Conference on Learning Representations，Vancouver，2018：1-12.

[70] Kipf T N，Welling M. Variational graph auto-encoders[C]. Thirtieth Conference on Neural Information Processing Systems（2016），Barcelona，2016：1-3.

[71] Wang H，Wang J，Wang J，et al. GraphGAN：Graph representation learning with generative adversarial nets[C]. Proceedings of the Thirty-Second AAAI Conference on Artificial Intelligence，New Orleans，2018.

[72] Bollacker K，Evans C，Paritosh P，et al. Freebase：A collaboratively created graph database for structuring human knowledge[C]. Proceedings of the Proceedings of the 2008 ACM SIGMOD International Conference on Management of Data，2008.

[73] Carlson A，Betteridge J，Kisiel B，et al. Toward an architecture for never-ending language learning[C]. Proceedings of the Proceedings of the AAAI Conference on Artificial Intelligence，Washington DC，2010.

[74] 龙智平，王帆. 多组学整合分析的设计及统计方法在肿瘤流行病学研究中的应用[J]. 中华流行病学杂志，2020，41（5）：788-793.

[75] 郭茂祖，武雪剑，赵宁，等. 一种基于多组学生物网络的癌症关键模块挖掘方法[J]. 中国科学：信息科学，2017，47（11）：1510-1522.

[76] Su Y，Chen D，Yuan D，et al. Multi-omics resolves a sharp disease-state shift between mild and moderate COVID-19[J]. Cell，2020，183（6）：1479-1495.

[77] Chiu Y C，Chen H H，Zhang T，et al. Predicting drug response of tumors from integrated genomic profiles by deep neural networks[J]. BMC Medical Genomics，2019，12（1）：143-155.

[78] Cong Y，Endo T. Multi-omics and artificial intelligence-guided drug repositioning：Prospects，challenges，and lessons learned from COVID-19[J]. OMICS：A Journal of Integrative Biology，2022，26（7）：361-371.

[79] Babu M，Snyder M. Multi-omics profiling for health[J]. Molecular & Cellular Proteomics，2023，22（6）：100561.

[80] Natalini J G，Singh S，Segal L N. The dynamic lung microbiome in health and disease[J]，Nature Reviews Microbiology，2023，21：222-235.

第 2 章　生物多组学知识与数据库介绍

2.1　引　　言

随着科学研究的发展，人们发现单纯研究某一方向如基因组、蛋白质组或转录组等，无法解释全部生物医学问题出现的缘由，科学家就提出从整体的角度出发去研究人类组织细胞结构、基因、蛋白质及其分子间的相互作用，通过整体分析反映人体组织器官功能和代谢的状态，为探索人类疾病的发病机制提供新的思路。组学（omics）主要包括基因组学（genomics）、蛋白质组学（proteomics）、转录组学（transcriptomics）、微生物组学（microbiome）、表观遗传组学（epigenetics）、代谢组学（metabolomics）和影像组学（radiomics）等[1]。本章将从组学的概念、研究范围简要介绍各个组学，并阐述相关的组学数据库。

2.2　组学基础知识

2.2.1　基因组学

基因组从不同学科的角度来看有不同的定义：从经典的孟德尔遗传学的角度来说，基因组是一个生物所有基因（遗传和功能单位）的总和；从细胞遗传学的角度来说，基因组是一个生物体（单倍体）所有染色体的总和；从分子遗传学的角度来说，基因组是一个生物体或一个细胞器所有 DNA 分子的总和[2]，而基因组学是生命科学中的基础，也是 21 世纪生命科学的前沿和新的起点。

人类疾病的出现直接或间接与基因密切相关。因此，可以认为人类的疾病都是基因病。正因如此，长期以来人们一直不遗余力地寻找某一基因和某一疾病的对应关系。受概念和技术局限的影响，把这种寻找变成了一对一的简单线性关系的研究，称为"零敲碎打"式研究[3]。单个基因对于疾病的影响是十分有限的，许多复杂疾病如恶性肿瘤、心血管疾病、糖尿病、中风和精神疾病等通常受多个基因和环境共同作用[4]。最常用的识别疾病基因的方法有两类：连锁分析和关联研究。一种是利用基因连锁原理研究疾病基因与参考位点的关系。基因连锁是指同一染色体上的多个邻近基因在细胞分裂时具有一起遗传的趋势。另一种方法是根据某些间接的线索来确定候选基因与患病状态或数量性状之间的关系[5]。有学者指出，关联研究更适合研究复杂疾病的致病基因和位点[6]。全基因组的关联分析（genome-wide association study，GWAS）通过疾病与对照样本的基因组学对比分析获得疾病相关的基因[7]。

随着高通量、高灵敏度、高特异性的技术平台的快速应用和发展，传统的研究技术已无法适应新的要求，采用数学、计算机、生物信息学和现代分子生物学多学科融合的方法，将基因组及其他组学数据整合分析，构建数字化精准预测模型已成为新的研究方向。

2.2.2 蛋白质组学

蛋白质组的概念最先由 Wilkins 提出，指由一个基因组，或一个细胞、组织表达的所有蛋白质[8]。蛋白质组学是采用大规模、高通量和系统化的方法，研究某一类型细胞、组织或体液中的所有蛋白质组成、功能及其蛋白质之间相互作用的学科。蛋白质组学主要包括三方面的研究内容：对某个体系的蛋白质进行鉴定，详细阐述其翻译后的修饰特性；以重要生命过程或人类重大疾病为对象，进行重要生理和病理体系过程的蛋白质表达比较；通过各种技术研究蛋白质的相互作用，绘制某个体系的蛋白质作用网络图谱等[9]。

许多病理机制和生理机制共同作用的疾病，会有多种蛋白质的异常表达。因此，通过蛋白质组学方法分析疾病状况下蛋白质表达谱的变化，能为疾病的发病机制、寻找诊断的相关特异性标志物和药物靶点的治疗等开辟新的研究思路。蛋白质之间的复杂相互作用使人们开始更加关注蛋白质的模块功能性，与基因对疾病造成的影响相比，蛋白质的研究更为复杂，需要考虑其在疾病机体不同组织成分及生命周期的不同阶段的作用。在多种疾病的研究中，蛋白质组学技术被广泛应用。例如，在 2 型糖尿病（是一种在遗传、环境等因素刺激下导致糖毒性、抗胰岛素和糖脂代谢紊乱等多重危害机体慢性代谢性疾病）中，蛋白质组学技术被用来筛选鉴定疾病标志物、寻找新的治疗靶点、疗效评估及预后判断。Werner 等对帕金森病患者的黑质密部的蛋白质进行检测，在检测的 44 种蛋白质中，有 9 种蛋白质存在差异表达[10]，可见蛋白质的研究对于疾病的机理发现有重要意义。

与此同时，网络科学的快速发展，为生物信息学探索复杂的生命过程提供了新的研究方式，通过构建网络并分析网络的成分关系，达到对生物系统深入理解的目的。一个生物体内所有的蛋白质之间的相互作用关系可以抽象为一个网络，称为蛋白质相互作用（protein-protein interaction，PPI）网络，通过该网络，人们可以更清晰地了解蛋白质分子的相互作用和功能、识别关键蛋白质、挖掘蛋白质复合物和功能模块、寻找候选的致病基因以及识别复杂疾病的生物标志物等。

2.2.3 转录组学

转录组是指细胞内转录产物的集合，包括信使 RNA（messenger RNA，mRNA）、核糖体 RNA、转运 RNA 以及非编码 RNA（non-coding RNA，ncRNA）。对于能被翻译成蛋白质的编码部分和非编码部分的功能及相互关系的研究就是转录组的任务。

人类的基因组仅有 1.5%的核酸序列能编码为蛋白质，其余不编码蛋白质的核酸序列大多转录为非编码 RNA。RNA 是负责信息传递及基因调控的重要物质，微小 RNA（microRNA，miRNA）、长链非编码 RNA（long non-coding RNA，lncRNA）以及环状 RNA（circular RNA，circRNA）等都属于此。细胞内存在上千种特异的ncRNA，在早年的研究中，人们认为 ncRNA 是一种并不重要的转录物，但随着研究的逐渐深入和高通量技术的诞生，人们发现它是介导细胞过程的功能调控分子。ncRNA 参与的调控网络可以影响许多分子靶点，进而驱动特定的生物反应和应答。在疾病领域，ncRNA 已经被鉴定为高发癌症中的癌症驱动因子和肿瘤抑制因子。

miRNA 是一种长 21～25 个核苷酸的单链 ncRNA，是基因表达的重要调节剂。miRNA 突变、miRNA 的生物合成和 miRNA 与其靶 mRNA 的功能失调可能会导致各种疾病。研究发现，miRNA 的表达改变与癌症的发生发展相关[11]。miRNA具有组织特异性和表达阶段性，一半以上定位在染色体容易发生改变的区域，具有高度的序列保守性，调控着人类大量的基因，参与了如先天性心脏病、肾脏疾病、帕金森病、智力缺陷等疾病的病理生理过程。

lncRNA 是长度大于 200 个核苷酸的 ncRNA，具有 mRNA 样结构，经过剪接，具有 polyA 尾巴与启动子结构。目前认为 lncRNA 可以从三个水平参与基因表达的调控，即表观修饰水平调控、转录水平调控、转录后水平调控[12]。lncRNA 可通过 DNA 甲基化（DNA methylation）或去甲基化、RNA 干扰、组蛋白修饰及依赖于靶基因的相对位置等调控基因的表达。同时，lncRNA 能够通过基因印记、染色质重塑、细胞周期调控及 mRNA 降解等方法参与到胚胎发育、干细胞维护、细胞的增殖分化及其肿瘤的发生发展过程中[13]。研究表明，lncRNA 与心血管疾病、中枢神经系统疾病、肿瘤以及肿瘤耐药性均有密切的关系[14]。

circRNA 是单链共阶闭合的环状结构 RNA。1976 年首次在植物中被发现，目前被认为主要存在于细胞质中，少量位于细胞核中[15]。circRNA 的表达在真核生物中极其丰富，可稳定分布在不同的组织中，进化保守，并且它们的结构特性决定了某些 RNA 的折叠。circRNA 曾一度被认为是转录错误，但近年来越来越多的证据表明，它们具有重要的调节作用。一些 circRNA 可能具有 miRNA 反应元件并且可以与 miRNA 相互作用，由于其高表达水平和稳定性，circRNA 可以作为竞争性内源 RNA（competing endogenous RNA，ceRNA）。circRNA 可与 RNA 结合蛋白质（RNA binding proteins，RBP）相互作用，RBP 通过转录后调节（如 RNA 选择性剪接、稳定性、转运和翻译）参与多种生物活性（如细胞增殖、分化、运动、凋亡、衰老和对氧化应激的细胞应答等）。同样，circRNA 可与和肿瘤相关的 miRNA、蛋白质和基因相互作用，其异常表达可能会引起细胞的癌变[16]，并且其在哺乳动物的脑组织中大量存在，尤其在神经元突触结构中，近几年就有学者发现其与阿尔茨海默病有关[17]。同时 circRNA 也可能应用于药物开发，浙江大学智能创新药物研究院周展教授团队开发了一个工具——DeepCIP，该工具采用多模式深度学习方法专门对 circRNA IRES 进行预测，能高效地挖掘 circRNA 的编码潜力以及提升 circRNA 药物的设计能力[18]。目前对于 circRNA 的了解十分有限，但随着学界的关注，越来越多的研究者正致力于揭开 circRNA 神秘的面纱，cricRNA 的研究方法和数据库也逐渐趋于成熟。

2.2.4　代谢组学

代谢组学是 20 世纪 90 年代后期发展起来的一门新兴学科，是效仿基因组学和蛋白质组学的研究思想，对生物体内被扰动后（如基因改变或环境变化后）产生的代谢产物进行分析，并寻找代谢物与生理病理变化的对应关系的学科[19]，其研究对象大都是相对分子质量 10000 以内的分子物质。一级代谢物直接参与细胞的正常生长、发展和繁殖，二级代谢物不直接参与这些过程，但通常具备重要的生态功能，如抗生素和色素，所有代谢物构成了一个巨大的代谢物反应网络。

代谢组学的研究处于生物信息流的中游，介于基因、蛋白质、细胞和组织之间，起到承上启下的作用。生物体和细胞的生命活动大多发生在代谢层面，与基因组学、转录组学、蛋白质组学相比，代谢物的种类远小于基因、蛋白质的数量，其分子结构也简单得多。基因和蛋白质表达的微小变化，都会在代谢物中被放大，使实验更加容易被观察。

由于机体的病理变化，机体的代谢产物也会相应地产生某种变化，代谢组学不仅可以阐明潜在的分子致病机制，而且在发现用于疾病诊断的代谢特征（生物标志物）方面也获得了广泛的认可[20]。同时，代谢组学作为一种系统的研究方法，能在鉴别和确认药理和疾病模型上发挥作用。许多药物，往往并不是仅与作用单一的靶点相关，其对机体的作用可能是多靶点、多途径的，采用寻常的方法往往不能奏效，但如果采用代谢组学技术对其总体作用进行评价，可能会从整体的视角发现药物的真正疗效[21]。

2.2.5　微生物组学

微生物是一类个体微小、肉眼看不见、结构相对简单的单细胞、多细胞和无细胞结构的微小生物的总称。随着生物信息学的发展，尤其是宏基因在人类肠道微生物鉴定方面的应用，微生物组学应运而生。微生物组学是指研究动植物体共生或病理的微生物生态群体。微生物组包括细菌、古菌、原生动物、真菌和病毒。研究表明其在宿主的免疫、代谢和激素等方面非常重要，在人体健康、农作物生长、畜牧业发展、环境治理等方面均有广泛应用。

人类肠道中正常菌群与宿主之间的相互作用构成了肠道微生态，在参与机体代谢、调节机体免疫等方面均有重要作用，同时也会对中枢神经系统造成影响[22]。研究还发现，肠道菌群与肥胖、糖尿病、心脑血管疾病、炎症性肠炎、胃肠道癌症和自身免疫性疾病等具有一定的关系[23]。例如，肠道微生物有助于改善食用红肉较多者的心血管疾病的发病率[24]。Anders 等发现了免疫调节对慢性肾病和终末期肾病患者肠道微生物的作用，解释了如何通过代谢改变尿毒症患者肠道病原体的过度生长[25]。

2.2.6　表观遗传组学

Waddington[26]首次把 DNA 序列不改变、表型或基因表达发生可遗传变化的现象称为表观遗传学。Bird[27]于 2007 年提出在后基因组学的表观遗传学时代，从表观遗传学的角度防治疾病是当前研究的主要方向。应用表观遗传学方法，不但可以充分了解和研究人类各种疾病的发病机制，而且可以发现和找到疾病发生的预警和防治靶分子，在疾病的诊断和防治中发挥重大作用。表观遗传学是研究基因的核苷酸序列不发生改变的情况下，基因表达可遗传变化的一门遗传学分支学科。表观遗传的现象很多，已知的有 DNA 甲基化、基因组印记（genomic imprinting）、母体效应（maternal effects）、基因沉默（gene silencing）、核仁显性、休眠转座子激活和 RNA 编辑（RNA editing）等。

所谓的 DNA 甲基化是指在 DNA 甲基化转移酶的作用下，在基因组 CpG 二核苷酸的胞嘧啶第 5 个碳原子结合一个甲基团。正常情况下，人类基因组"垃圾"序列的 CpG 二核苷酸相对稀少，并且总是处于甲基化状态，与之相反，人类基因组中大小为 100～1000bp 且富含 CpG 二核苷酸的 CpG 岛则总是处于未甲基化状态，并且与 56%的人类基因组编码基因相关。人类基因组序列草图分析结果表明，人类基因组 CpG 岛约为 28890 个，大部分染色体 1Mb 就有 5～15 个 CpG 岛，平均值为 1Mb 含 10.5 个 CpG 岛，CpG 岛的数目与基因密度有良好的对应关系[9]。基于 DNA 甲基化与人类发育和肿瘤疾病的密切关系，特别是 CpG 岛甲基化所致抑癌基因转录失活问题，DNA 甲基化已经成为表观遗传学和表观基因组学的重要研究内容。

2.2.7 单细胞组学

细胞是目前所发现的生物体基本的结构和功能单位，是一切生命活动的基础。大量科学家不断地进行探索，期望借助有效的技术手段，可以完整地检查单个细胞的成分，包括在细胞，甚至分子水平上鉴定和治疗疾病，因此单细胞技术应运而生。单细胞组学是一类综合的分子生物学技术，旨在研究单个细胞的结构和功能，是一种高分辨率的方法，用于分析和比较单个细胞中的基因表达，分子变化和功能。它使用如流式细胞术、微流控芯片、基因组测序、基因芯片、细胞图像学、细胞基因组学等技术来检测和比较单个细胞中的基因表达模式和功能，使研究者可以更深入地了解分子系统的组成和行为。

单细胞组学使得研究人员可以从基因水平到细胞水平，甚至到组织水平来探索新的疾病机制并为个体病人提供个性化治疗方案。它也可以用于优化医学诊断和治疗，以适应新疾病和应对药物耐药性。通过对单个细胞活动的解析，单细胞组学可以提供有用的信息，以指导细胞正确地运作，从而改进整个细胞组织的功能。此外，单细胞组学还能够了解细胞发生退化和变异的发生机制，更好地指导和优化治疗。

2.2.8 时空组学

以往的研究能够知道某一个生物体内的基因是如何转录的，也能知道相应的 mRNA 是如何翻译成蛋白质的，但并不清楚某一时刻，在一个组织或者生物体内它们是如何进行的。为了研究这一情况，空间组学应运而生。例如，2021 年斯坦福医学院和哈佛医学院合作，利用 Phenocycler 和 PhenoImager HT 技术围绕着皮肤 T 细胞淋巴瘤（CTCL）展开了研究[28]。由于传统的研究如免疫组化、基因表达和质谱分析没有太大差异，该研究考虑了分布上的差异。这项研究提出了空间评分的概念，为 CTCL 的免疫治疗响应提供了一种有效的衡量指标，可以极大地预测患者的治疗效果。而这一研究也显示出了空间组学的强大力量，可以帮助研究和探索一些以往难以注意到的空间层面上的信息，而许多关键的信息很可能就隐藏在其中。Zeng 等联合了深度学习里的 Transformer 模型从图像中进行空间转录组学的预测，提出了 Hist2ST 方法[29]。该模型主要分为 Convmixer、Transformer 和图神经网络。具体而言，在每个测序点，相应的组织学图像被裁剪成图像块。

图像块被送到 Convmixer 模块中，以通过卷积操作捕获图像块内的 2D 视觉特征。学习的特征被送到 Transformer 模块中，通过自注意力机制捕获全局空间相关性。然后，Hist2ST 通过图神经网络显式捕获邻域关系。最后，通过遵循零膨胀负二项分布来预测基因表达。为了减轻小空间转录组学数据的影响，采用自蒸馏机制对模型进行有效学习。

　　时空组学的研究是在空间组学基础上拓展了时间维度，不仅关注不同位置上的生物组学研究，还要衡量不同时间点上的情况。2022 年 5 月，深圳华大生命科学研究院联合多家机构，利用华大自主研发的堪称"超广角百亿像素生命照相机"的时空组学技术 Stereo-seq（spatio-temporal enhanced resolution omics-sequencing），首次绘制了小鼠、斑马鱼、果蝇、拟南芥四种模式生物胚胎发育或器官的时空图谱[30, 31]。2022 年 9 月又首次绘制了再生模式动物的大脑时空单细胞图谱，并进一步在时空转录组水平描述了端脑再生过程，详细解析了墨西哥钝口螈端脑再生的细胞和分子机制，对理解哺乳动物大脑再生研究具有重要的指导意义[32]。时空组学使研究人员可以在细胞甚至亚细胞分辨率下，观察到正常状态和疾病状态下分子和细胞的分布，以及细胞之间的相互作用情况，推动研究人员对生命复杂性和人类疾病的全面认知。

2.3　生物数据资源

2.3.1　生物信息学常用数据库

　　生物信息学（bioinformatics）是研究生物信息的采集、处理、存储、传播、分析和解释等各方面的学科，也是随着生命科学和计算机科学的迅猛发展，生命科学和计算机科学相结合形成的一门新学科。同时也涵盖了大量的生物医学数据库，这里着重介绍其中几种数据库。

　　美国国立生物技术信息中心（National Center for Biotechnology Information，NCBI）的工作人员通过整理来自各个实验室递交的序列和同国际核酸序列数据库交换所得的数据建立起数据库，除序列数据外，NCBI 还为医学和生命科学研发提供了多种资源平台，整合了科学文献、序列数据、基因组、结构数据和表达数据等（图 2.1）。

　　高通量基因表达（gene expression omnibus，GEO）数据库[33]是由 NCBI 在 2000 年创建的基因表达数据库，收录了世界各国研究机构提交的基因表达数据，主要包括基因芯片和高通量测序数据等。目前已发表的论文中涉及基因表达检测的数据都可以通过 GEO 数据库找到，并且可以免费使用。

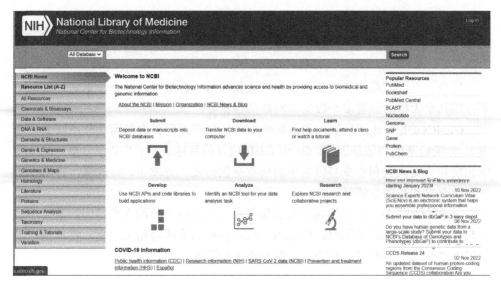

图 2.1　NCBI 数据库界面

癌症基因组图谱（the cancer genome atlas，TCGA）[34]项目由美国国家癌症研究所（National Cancer Institute，NCI）和美国人类基因组研究所（National Human Genome Research Institute）于 2006 年创建，在过去十几年间，该数据库收录了 33 种癌症的 20000 多个样本的多种相关数据，包括转录组表达数据、基因组变异数据、甲基化数据和临床数据等。作为目前最大的癌症基因数据库，庞大的样本量、多样化的数据类型以及规范的数据格式，使得 TCGA 成为癌症研究中的首选。其他相关数据库信息见表 2.1。

表 2.1　生物信息学综合数据库

数据库名称	特点	网站链接
NCBI	保管 GenBank 的基因测序数据和 Medline 的生物医学研究论文索引等，集成了大量生物医学数据库	https://www.ncbi.nlm.nih.gov
GEO	基因表达数据	https://www.ncbi.nlm.nih.gov/geo
TCGA	临床样本信息、转录组测序数据	https://www.cancer.gov/about-nci/organization/ccg/research/structural-genomics/tcga
AmiGO$_2$	基因本体语义信息	http://amigo.geneontology.org/amigo
EMBOSS	欧洲分子生物学开放软件包，主要包含序列比对，数据库搜索，蛋白模块分析和功能域分析，序列模式搜索等功能	http://emboss.sourceforge.net
KEGG	整合了基因组、化学和系统功能信息的数据库	https://www.kegg.jp
UCSC	包含了人类、小鼠、果蝇等多种常见动物的基因信息	http://genome.ucsc.edu
DDBJ	收集 DNA 序列信息并赋予其数据存取号，信息来源主要是日本的研究机构，也接受其他国家呈递的序列	https://www.ddbj.nig.ac.jp/index-e.html

2.3.2　基因数据资源与常用工具

如今，专门收集和处理基因组学的数据库与工具数量已经十分丰富，这里主要介绍几个大型的涵盖多个数据库网站的数据库。

GENCODE[35]计划包括人和小鼠的注释，包括编码蛋白基因（有不同的转录本）、非编码基因和假基因等。GENCODE 项目的目标是基于生物学证据，高精度地识别和分类人类和小鼠基因组中的所有基因特征，并发布这些注释，以造福生物医学研究和基因组解释。

GenCards[36]是一个全面综合地收集所有已知的或者预测人类基因的数据库。它整合与基因相关的基因组、转录组、蛋白质组和临床等相关信息，收集整理了超过 100 个网站的数据。相关数据库如表 2.2 所示。

表 2.2　基因组数据库

数据库名称	特点	网站链接
GENCODE	其涵盖了 20 多种公开的基因组学数据库	https://www.gencodegenes.org
GenCards	提供了关于所有注释和预测的人类基因的全面的、用户友好的信息。该知识库自动集成了来自约 150 个网络来源的基因中心数据，包括基因组、转录组、蛋白质组、遗传、临床和功能信息	https://www.genecards.org
GigaDB	发表生命科学和医学领域的大数据研究，并将文章本身与其研究对象（软件、工作流等）相关联	http://gigadb.org/#myCarousel

2.3.3　蛋白质数据资源

欧洲分子生物学实验室（European Molecular Biology Laboratory，EMBL）总部位于德国海德堡，1974 年由欧洲的 14 个国家和亚洲的以色列共同发起建立，现在由欧洲 30 个成员国政府支持组成，目的在于促进欧洲国家之间的合作来发展分子生物学的基础研究、改进仪器设备和教学工作等。欧洲生物信息学研究所（European Bioinformatics Institute，EBI）是非营利性学术组织 EMBL 的一部分，1982 年建立了先进的核苷酸序列数据库（EMBL-DNA），可进行核苷酸序列检索及序列相似性查询。综合起来的 EMBL-EBI 数据库是一款针对人类蛋白基因本体（gene ontology，GO）功能分析的综合注释数据库。GO 分为生物过程（biological process，BP）、分子功能（molecular function，MF）和细胞组成（cellular component，CC）三个部分。蛋白质或者基因可以通过 ID 对应或者序列注释的方法找到与之对应的 GO 号，而 GO 号可对应到 Term，即功能类别或者细胞定位。

蛋白质三维结构数据库（protein data bank，PDB）[37]自 1971 年以来一直是蛋白质、核酸和复杂组合的三维结构信息数据库。PDB 以文本格式给出信息，每一行信息称为一个记录（record）。一个 PDB 文件通常包括很多不同类型的记录，它们以特定的顺序排列，用以描述其结构。相关数据库如表 2.3 所示。

表 2.3　蛋白质数据库

数据库名称	特点	网站链接
EMBL-EBI	人类蛋白 GO 功能分析的综合注释数据库	https://www.embl.org
PDB	包含了蛋白质、核酸、蛋白质复合物的 3D 结构	http://www.wwpdb.org
PIR	经过注释的、非冗余的蛋白质序列数据库，包含超过 142000 条蛋白质序列	https://proteininformationresource.org
InterPro	蛋白质结构域和功能位点数据库，包含蛋白质家族、域和作用位点等数据资源，包含蛋白质家族、结构域、重复区域、活性位点、结合位点、保守基序、后转录修饰位点等信息	http://www.ebi.ac.uk/interpro
PredictProtein	蛋白质二级结构预测平台	https://www.predictprotein.org
SWISS-PROT	由蛋白质序列条目构成，每个条目包含蛋白质序列、引用文献信息、分类学信息、注释等，注释中包括蛋白质的功能、转录后修饰、特殊位点和区域、二级结构、四级结构、与其他序列的相似性、序列残缺与疾病的关系、序列变异体和冲突等信息	https://web.expasy.org/docs/swiss-prot_guideline.html
HPRD	存储与人类相关且被实验验证的蛋白质组学数据。该数据库主要包含 PPI 网络、蛋白质表达谱、结构域和亚细胞定位等	http://www.hprd.org
UniProt	包含蛋白质序列，功能信息，研究论文索引的蛋白质数据库，整合了包括 EBI、SIB（the swiss institute of bioinformatics）、PIR（protein information resource）三大数据库的资源	https://www.uniprot.org
TargetP-2.0	预测蛋白质前导肽细胞定位	https://services.healthtech.dtu.dk/service.php?TargetP-2.0
BioGRID	生物学互作数据库	https://thebiogrid.org

2.3.4　非编码 RNA 数据库

miRBase（http://www.mirbase.org）[38]数据库提供了较全面的 miRNA 序列、

注释信息和预测的基因靶标等信息。用户可以在该数据库下载 miRNA 前体和成熟序列等,用于基因组中的定位和挖掘 miRNA 序列间的关系。分为 miRbase Registry、miRBase Database 和 miRBase Targets 三部分内容,miRBase Registry 主要用于研究者提交新发现的 miRNA 数据信息至数据库;在 miRBase Database 中可以搜索、对比目前已知的 miRNA 相关信息;miRBase Targets 主要存放了已知 miRNA 的靶基因信息,以方便查询、对比相关 miRNA 信息的靶基因。

LncRBase(http://bicresources.jcbose.ac.in/zhumur/lncrbase/index.html)[39]是人类和小鼠 lncRNA 的存储库,总共包含 216562 个 lncRNA 转录物条目。在该数据库中,已广泛收集了基本的 lncRNA 转录特征、基因组位置、重叠小非编码 RNA、相关重复元件、相关印记基因和 lncRNA 启动子信息。

circBase 数据库[40]由 Glažar 等建立,包含 2013 年前人、小鼠等多个物种的 circRNA 信息,为用户提供了一个以标准化格式收集、注释 circRNA 的存储库,使用户可以通过简单的界面与数据库内容进行交互。该数据库中包含了每个 circRNA 的名称、基因组位置、最佳转录本、细胞系或组织来源以及参考文献等信息。circBase 设计了多种搜索方式,并提供了多种格式方便用户下载 circRNA 相关信息。此外,circBase 还为用户提供了使用测序数据识别 circRNA 的脚本 finder_circ。

CircR2Disease 数据库[41]详细地记录了 circRNA 和疾病关系资源,收录了 725 个文献验证的 circRNA 和疾病的关联关系,覆盖了 661 个 circRNA 和 100 个疾病信息。主要包含 circRNA 名称、circRNA 的来源基因、疾病名称、circRNA 的异常表达模式、检测 circRNA 的实验技术、疾病相关 circRNA 的简要描述、文献的发表时间及 PMID 号。

CircR2Disease V2.0 版本[42]包括 3077 个 circRNA 和 312 种疾病亚型之间的 4201 项关系,同时,人工收集了各种疾病的 circRNA-miRNA、circRNA-miRNA-target 和 circRNA-protein 的信息。CircR2Disease V2.0 关联了多种组学数据库,同时给出了数据的出处和相关证据。该数据库能够为探究 circRNA 在疾病中的作用机理提供支持。为了说明 CircR2Disease V2.0 数据库的应用,作者还提出了一种基于图卷积网络(graph convolutional network,GCN)和梯度提升决策树(gradient boosting decision tree,GBDT)的 AI 方法来预测 circRNA 和疾病的关联关系。数据库 Web 网页如图 2.2 所示。

其他非编码 RNA 数据库如表 2.4 所示。

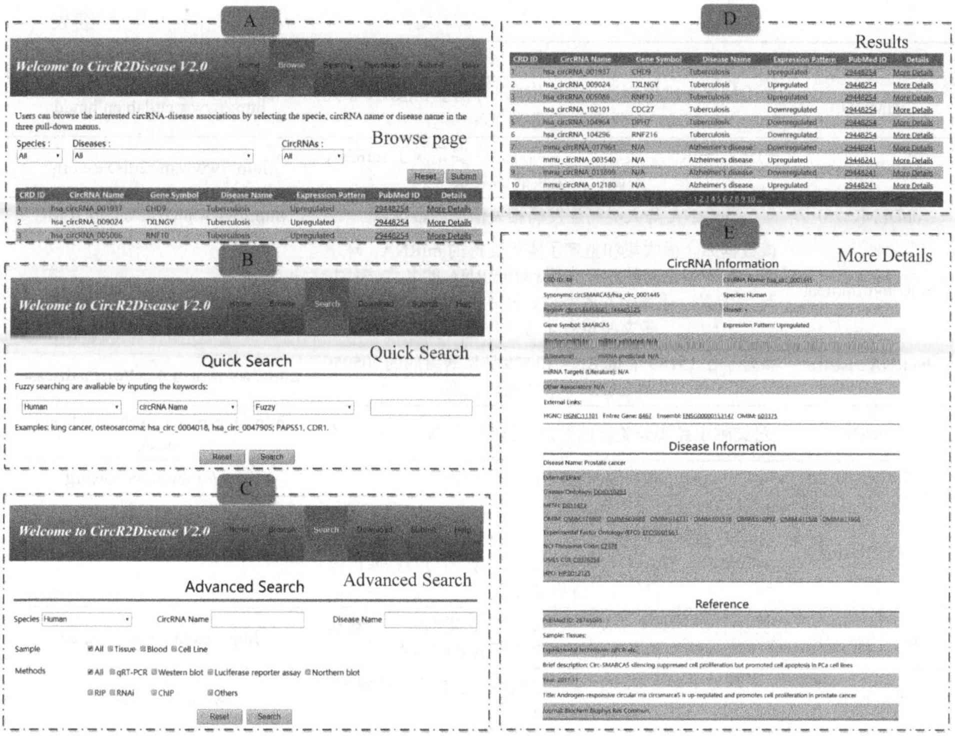

图 2.2　CircR2Disease V2.0 数据库界面

表 2.4　非编码 RNA 数据库

数据库名称	特点	网站链接
miRBase	提供了较全面的 miRNA 序列、注释信息、预测的基因靶标等信息。用户可以在该数据库下载 miRNA 前体和成熟序列等	http://www.mirbase.org
microRNA.org	一个 miRNA 预测靶点和表达谱数据库	http://www.microrna.org
TarBase	是一个存储了有实验证据支持的 miRNA 靶基因数据库，用户可以通过选择物种、miRNA 名称、基因名称对 miRNA 靶基因进行搜索	https://dianalab.e-ce.uth.gr/html/diana/web/index.php？r = tarbasev8
TargetScan	基于靶 mRNA 序列进化保守特性寻找动物 miRNA 靶基因的软件	http://www.targetscan.org/vert_72
RNAhybrid	寻找长 RNA 和短 RNA 的最小自由能杂交的工具	https://bibiserv.cebitec.uni-bielefeld.de/rnahybrid
miRDB	预测 miRNA 靶基因数据库	http://mirdb.org
TransMiR	转录因子（transcription factors，TF）-miRNA 调控数据库，通过它可以发现转录因子和 miRNA 之间的调控关系	http://www.cuilab.cn/transmir
ChIPBase	ChIPBase 数据库收集了来自 10 个物种共 10200 个数据集的 ChIP-seq 数据，整理出了转录因子和各种基因之间的转录调控网络	http://rna.sysu.edu.cn/chipbase

续表

数据库名称	特点	网站链接
HMDD	人工搜索文献得到的开源数据库, 存储了 miRNA 和人类疾病之间的关系	http://www.cuilab.cn/hmdd
miR2Disease	构建的 miRNA-疾病关系数据库, 主要记录了 miRNA 失调和人类疾病的关系	http://www.mir2disease.org
dbDEMC 2.0	miRNA 与人类癌症发病相关信息的数据库	http://www.picb.ac.cn/dbDEMC
miREnvironment	该数据库全面收集和整理了实验支持的 miRNA、环境因子和表型之间的相互作用。对 miRNA 的名称、表型、环境因素、环境因素的条件、样本、物种、证据和参考文献进行了进一步注释	http://www.cuilab.cn/miren
lncRNADisease 2.0	整合了由 19166 个 lncRNA 和 529 种疾病组成的 205959 条 lncRNA-疾病关联关系	http://www.rnanut.net/lncrnadisease
LincSNP	对文献中经实验验证的致瘤和抑瘤 miRNA 进行注释	http://bio-bigdata.hrbmu.edu.cn/lincsnp
NONCODE	非编码 RNA 的综合知识库	http://www.noncode.org
CircBase	包含 2013 年前人、小鼠等多个物种的 circRNA 信息, 为用户提供了一个以标准化格式收集、注释 circRNA 的存储库, 使用户可以通过简单的界面与数据库内容进行交互	http://www.circbase.org
circAltas 2.0	整合了 6 个物种（人、猕猴、小鼠、褐家鼠、野猪和鸡）和多个组织中数百万的 circRNA	http://circatlas.biols.ac.cn
Circbank	一种基于宿主基因、染色体起始位置和终止位置的 circRNA 命名方式	www.circbank.cn
starBase	利用 CLIP-seq 数据系统地鉴定了 RNA-RNA 以及蛋白质-RNA 相互作用网络。通过分析 RBP 结合位点, 该数据库收录了 miRNA-circRNA、miRNA-假基因、miRNA-lncRNA、miRNA-ceRNA 以及蛋白质-RNA 等多种调控关系	http://starbase.sysu.edu.cn
LncRNADisease	数据库整合了由 914 个 lncRNA 和 329 种疾病组成的 3000 条 lncRNA-疾病关联关系	http://www.cuilab.cn/lncrnadisease
CircR2Disease	收录了 725 个文献验证的 circRNA 和疾病的关联关系, 覆盖了 661 个 circRNA 和 100 个疾病信息	http://bioinfo.snnu.edu.cn/CircR2Disease
CircR2Disease V2.0	包括 3077 个 circRNA 和 312 种疾病亚型之间的 4201 项关系。其次, 人工收集了各种疾病的 circRNA 和 miRNA, 以及 circRNA-miRNA-target、circRNA 和 protein 的信息	http://bioinfo.snnu.edu.cn/CircR2Disease_v2.0; https://github.com/bioinforlab/CircR2Disease-v2.0

2.3.5　代谢物数据资源

　　人体代谢物是指在人体内发现的小分子, 包括肽、脂类、氨基酸、核酸、碳水化合物、有机酸、生物胺、维生素、矿物质、食品添加剂、药物、化妆品、污染物, 以及人类摄入、代谢、分解或接触的任何其他化学物质。

　　人类代谢组学数据库（human metabolome database, HMDB）[43]被认为是人体代谢研究的标准代谢资源, 包含人体小分子代谢产物的详细信息。该数据库可以应用于代谢组学、临床化学和生物标志物发现等。该数据库包含三种数据，即化学数据、临床数据和分子生物学或生物化学数据。该数据库包含 115518 个代谢物条目，包括水溶性和脂溶性代谢物，以及被认为是丰富的（＞1μmol/L）或相对稀少的（＜1nmol/L）代谢物。此外，5702 个蛋白质序列与这些代谢物相关。HMDB数据库支持广泛的文本、序列、化学结构和关系查询搜索。

代谢组学数据库（metabolite link，METLIN）[44]是由美国 Scripps 研究院 Patti 和 Siuzdak 开发的用来描述已知代谢物特征的数据库，该数据库包含超过 100 万个分子，包括脂类、氨基酸、碳水化合物、毒素、小肽和天然产品等。METLIN 的高分辨率串联质谱（MS/MS）数据库来自于标准品及其标记的稳定同位素类似物生成的数据，在鉴定代谢物过程中起着关键作用，并且 METLIN 可通过 MS/MS 数据和片段相似度搜索功能识别未知代谢物。METLIN 被用来描述已知和未知分子的特性。相关数据库如表 2.5 所示。

表 2.5　代谢组学数据库

数据库名称	特点	网站链接
HMDB 5.0	被认为是人体代谢研究的标准代谢资源，包含人体小分子代谢产物的详细信息	http://www.hmdb.ca
METLIN Gen2	描述已知代谢物特征的数据库，该数据库包含超过 100 万个分子，包括脂类、氨基酸、碳水化合物、毒素、小肽和天然产品等	https://metlin.scripps.edu landing_page.php？pgcontent＝mainPage
BiGG Models	基因组及代谢网络重建的知识库	http://bigg.ucsd.edu
HumanCyc	关于人类代谢途径、人类基因组和人类代谢物的数据库	https://humancyc.org

2.3.6　微生物数据库

人类微生物和疾病关联关系数据库（human microbe-disease association database，HMDAD）[45]包含微生物和疾病的关联信息，该数据库中的微生物数据是在属类水平通过 16SrRNA 基因测序确定的。该数据库包含 39 种疾病和 292 种微生物以及 450 个已经验证关联的微生物和疾病数据。

微生物和药物关联关系数据库（microbe-drug association database，MDAD）[46]收集了临床或实验支持的微生物和药物之间的关联，从多个药物数据库和相关出版物中收集了 5055 条条目，包括 1388 种药物和 180 种微生物。而且，该数据库为每条记录提供了详细的注释，包括来自 DrugBank 的药物分子形式或超链接，来自 Uniprot 的微生物靶标信息以及原始参考链接。MDAD 是深入了解微生物与药物相互作用的有用资源，也有助于药物设计、疾病治疗和人类健康。相关数据库如表 2.6 所示。

表 2.6　微生物数据库

数据库名称	特点	网站链接
HMDAD	收录了 483 个微生物和疾病的关联信息	http://www.cuilab.cn/hmdad
Disbiome	涵盖了从不同文献和数据库中收集到的已经证实的微生物和疾病的关联关系，是一个持续更新的数据库	https://disbiome.ugent.be/home
gutMGene	收集了 332 种人类肠道微生物、207 种微生物代谢物和 223 种基因之间的 1331 个关系	http://bio-annotation.cn/gutmgene
MDAD	收集了临床或试验支持的微生物和药物之间的关联，从多个药物数据库和相关出版物中收集了 5055 条条目，包括 1388 种药物和 180 种微生物	http://chengroup.cumt.edu.cn/MDAD；https://github.com/Sun-Yazhou/ MDAD
drugVirus	收集了靶向 83 种人类病毒的 118 种药物的活性和发展状态，共收集到 1281 个关联信息	https://drugvirus.info
Taxonomy	包含所有生物的分类和命名的分类数据库，用来规范微生物的名称	https://www.ncbi.nlm.nih.gov/guide/taxonomy

2.3.7　表观遗传组学数据库

表观基因组数据库（Epigenomics）[47]为研究人员提供了通过高通量测序技术测定的基因组范围的 DNA 甲基化、组蛋白修饰和转录因子结合位点等表观遗传修饰数据。该数据库是在 NCBI 的 GEO、SRA 等其他数据库的基础上，将其中的表观遗传组的数据进行系统的整理和存储，该数据库涵盖了小鼠、果蝇、线虫和拟南芥等多个模式生物基因组。

人类疾病甲基化数据库（DiseaseMeth）[48]是一个专注于人类疾病的异常甲基化数据库，不仅包括多种癌症，还包括神经发育和退行性疾病、自身免疫疾病等数据集。通过整合包括 TCGA、IHEC 等公共的疾病甲基化大数据，重新识别了疾病中的异常甲基化基因，并人工搜索了近些年文献报道的新异常甲基化基因，包含 32701 个甲基化谱样本数、88 种疾病和 679602 对甲基化相关的疾病基因关系。

RNA 修饰靶标的综合数据库（RM2Target）[49]是一个 RNA 修饰的 writer、erasers、readers（WER）的靶标数据库。对 WER 的扰动可能选择性地影响不同的靶基因集。因此，识别 WER-target 关联对于研究 RNA 修饰在各种生理病理条件下的功能和调控机制尤为重要。RM2Target 则提供了人类和小鼠中所包含的 9 种 RNA 修饰的 1619653 个 WER-target 关联，包括 m^6A、m^6Am、m^5C、m^5U、m^1A、m^7G、伪尿碱、2′-O-Me 和 A-to-I 等。相关数据库如表 2.7 所示。

表 2.7　表观遗传组学数据库

数据库名称	特点	网站链接
Epigenomics	提供了通过高通量测序技术测定的基因组范围的 DNA 甲基化、组蛋白修饰、转录因子结合位点等表观遗传修饰数据	https://www.ncbi.nlm.nih.gov/geo；https://ftp.ncbi.nlm.nih.gov/pub/geo/DATA/projects/NCBI_Epigenomics_metadata.xlsx
DiseaseMeth 2.0	人类疾病的异常甲基化数据库，不仅包括多种癌症，同时还包括神经发育和退行性疾病、自身免疫疾病等数据集	http://bio-bigdata.hrbmu.edu.cn/diseasemeth
RM2Target	RNA 修饰的 WER-靶标的数据库	http://rm2target.canceromics.org/#/home
MethHC	提供了 18 种癌症相关的 DNA 甲基化、microRNA 表达谱和基因表达谱的数据	https://awi.cuhk.edu.cn/MethHC/methhc_2020/php/index.php
RMBase v2.0	拥有最全面的 RNA 修饰位点集合，RMBase v2.0 扩展了 13 个物种、47 个研究的 566 个数据集和 1397244 个修饰位点	http://rna.sysu.edu.cn/rmbase
RMVar	收集了 941955 个修饰位点以及 1678126 个 RNA 修饰相关突变的数据，也整合了与变异相关的 RBP 结合区、miRNA-靶点和剪接位点等	http://m6avar.renlab.org
MODOMICS	目前最全面的 RNA 修饰来源，修饰信息包含其基本化学性质、化学结构的信息，包含 340 个参与 RNA 修饰的功能特征蛋白	https://iimcb.genesilico.pl/modomics
REPIC	专门为研究 m^6A 修饰的潜在功能和机制提供新的资源，包含 50 项公共研究的约 700 个样本，还包含 ENCODE 组蛋白 ChIP-seq 和 DNase seq 数据，以关联 m^6A 修饰	https://repicmod.uchicago.edu/repic

2.3.8　单细胞组学数据库

scRNASeqDB[50]是由美国的研究人员开发的第一个人类单细胞转录组数据库。覆盖 200 个人类细胞系或细胞类型和 13440 个样本。用户可根据基因或者细胞类型搜索基因表达的信息，scRNASeqDB 还提供可查询和可视化工具，包括基因、细胞类型或群体差异表达基因的注释信息。

人类细胞图谱（human cell atlas，HCA）计划[51]，是目前规模比较大、覆盖比较全面的单细胞数据库，致力于建立一个健康人体所包含的所有细胞的参考图谱。由欧洲 EBI、BROAD 研究所、Chan Zuckerberg Initiative（CZI）和加州大学圣克鲁兹分校共同牵头，全球超过 327 个实验室参与。主要聚焦于人体正常组织，获取人体各个组织器官的单细胞层面数据均可从这个网站进行下载。包括 2500 个供者、33 种组织器官和 2000 万个细胞，DCP2.0 还加入了小鼠的图谱数据。目前总计包括 36 个人类图谱项目和 13 个小鼠的图谱项目。

单细胞表达图谱（single cell expression atlas，SCEA）[52]是欧洲 EMBL-EBI

的单细胞数据库，收录了各种疾病类型的单细胞数据，包括 18 个物种（species）、229 个研究（study）、597 万个细胞（cell）。可以根据基因（gene）和实验（experiment）检索实验设计、分析参数、下载 marker 基因和表达数据矩阵等。单细胞组学的相关数据库如表 2.8 所示。

表 2.8　单细胞组学相关数据库

数据库名称	特点	网站链接
scRNASeqDB	第一个人类单细胞转录组数据库，覆盖了 200 个人类细胞系或细胞类型和 13440 个样本	http://bioinfo.uth.edu/scrnaseqdb
HCA	包括 2500 个供者、33 种组织器官、2000 万个细胞，DCP2.0 还加入了小鼠的图谱数据。目前总计包括 36 个人类图谱项目、13 个小鼠的图谱项目	http://data.humancellatlas.org
SCEA	欧洲 EMBL-EBI 的单细胞数据库，收录了各种疾病类型的单细胞数据，包括 18 个物种、229 个研究、597 个细胞	http://www.ebi.ac.uk/gxa/sc/home
HCL	数据库包含来源于 702968 个单细胞转录组数据鉴定的人体 102 种细胞大类和 843 种细胞亚类的可视化数据资源,同时 scHCL 单细胞比对系统可用于人体细胞类型的鉴定	http://db.cngb.org/HCL
CancerSEA	提供了一个破译癌症单细胞功能状态的数据库，并在单细胞水平上将这些功能状态与蛋白质编码基因（PCG）和 lncRNA 联系起来	http://biocc.hrbmu.edu.cn/CancerSEA
SCP	查询不同实验设计或基因在不同细胞类型中的表达情况。目前收录 419 个研究、超过 1934 万个细胞的单细胞数据库	http://singlecell.broadinstitute.org/single_cell
CDCP	国家基因库生命大数据平台（CNGBdb）上线的一个数据库，包括 7015 个样本和 1775570 个细胞	http://db.cngb.org/cdcp
PanglaoDB	瑞典和美国的研究人员共同开发，是 2019 年年初发布的一个单细胞转录组数据库，包含了超过 1000 个单细胞实验的预处理和预计算分析	http://panglaodb.se/index.html
Cell Blast	自带高质量参考数据库的 scRNA-seq 数据检索/注释工具，能做细胞类型鉴定、发现新细胞类型、注释连续细胞状态	http://cblast.gao-lab.org

2.3.9　时空组学数据库

STOmicsDB（https://db.cngb.org/stomics）[53]，是由深圳国家基因库和深圳华大生命科学研究院共同研发的时空组学数据库，其 V1.0 版本于 2022 年 10 月在国家基因库生命大数据平台（China National GeneBank DataBase，CNGBdb）正式上线，致力于促进时空组学的数据探索和学术研究。STOmicsDB 率先建立时空组数据归档标准，实现时空组学不同层次数据的整合，并形成时空组学数据生态圈，是国际领先的时空组学综合平台。STOmicsDB 对公共数据库的 6000 多篇文献进行数据挖掘，联合时空数据汇交系统，策划了 141 个时空组学数据集，收录超过 1000 张时空切片数据，覆盖全面的时空组文献和数据资源。面对全新的时空组数据类型，STOmicsDB 率先建立时空组数据归档标准，以数据驱动的形式，为时空组数据的统一汇交和开放共享建立基础。

2.3.10　疾病及疾病靶点数据库

在线人类孟德尔遗传数据库（online Mendelian inheritance in man，OMIM）[54]收录了人类基因和各种遗传性疾病的信息，包括疾病性状、致病基因编号、染色体定位和功能结构等信息。研究人员可以将病人的表型输入到 OMIM 数据库查找相关的疾病信息，也可以针对特定的基因或疾病进行搜索。

统一医学语言系统（unified medical language system，UMLS）[55]是美国国立医学图书馆于 1986 年开始建设的一体化医学知识语言。UMLS 标准主要由泛索引词典、语义网络、信息来源图和专家词语录组成。UMLS 可用于设计信息检索或病历系统，促进不同系统之间的通信交流，或者用于开发能够解析生物医学文献的系统。相关数据库如表 2.9 所示。

表 2.9　疾病相关数据库

数据库名称	特点	网站链接
OMIM	收录了人类基因和各种遗传性疾病的信息，包括疾病性状、致病基因编号、染色体定位、功能结构等信息	https://omim.org
UMLS	一体化医学知识语言。UMLS 标准主要由泛索引词典、语义网络、信息来源图和专家词语录组成	https://www.nlm.nih.gov/research/umls/index.html
DISEASE	收集了文献以及当前部分数据库中的基因-疾病关联关系	http://diseases.jensenlab.org
DisGeNET	人类疾病相关最大基因和突变位点数据库之一。DisGeNET 集成了来自专家管理的存储库、GWAS 目录、动物模型和科学文献的数据	http://www.disgenet.org
Disease ontology	与人类疾病相关生物医学数据集成的开源本体数据库	http://www.disease-ontology.org

2.3.11　药物数据库

药物学研究涉及分子化学、生物学、医学等诸多领域，这里着重介绍生物信息学中涉及药物分子研究的部分。

DrugBank 数据库[56]，是加拿大阿尔伯塔大学研究人员将详细的药物数据和全面的药物目标信息结合起来而建立的真实可靠的生物信息学和化学信息学数据库。DrugBank 包含 50 万种药物信息，其中包括 2653 种经批准的小分子药物、1417 种经批准的生物技术（蛋白质/肽）药物、131 种营养品和 6451 种实验药物。

有机小分子生物活性数据库（PubChem）[57]是一种化学模组的数据库，PubChem 数据库包括 3 个子数据库：PubChem BioAssay 库用于存储生化实验数据，实验数据主要来自高通量筛选实验和科技文献；PubChem Compound 库用于存储整理后的化合物化学结构信息；PubChem Substance 库用于存储机构和个人上传的化合物原始数据。

比较毒理基因组学数据库（comparative toxicogenomics database，CTD）[58]整合大量化学物质、基因、功能表型和疾病之间的相互作用数据，为疾病相关环境暴露因素及药物潜在作用机制研究提供了极大便利，自 2004 年发布以来一直广受好评。该数据库目前更新至 2021 年版本，总计包括超过 4664 万上述相互作用数据，其中有超过 230 万种化学物质、46689 个基因、4340 个表型和 7212 种疾病信息。其他相关数据库如表 2.10 所示。

表 2.10　药物数据库

数据库名称	特点	网站链接
DrugBank	生物信息学和化学信息学资源，将详细的药物数据和全面的药物目标信息结合起来	https://www.drugbank.com
PubChem	有机小分子生物活性数据库	https://pubchem.ncbi.nlm.nih.gov
Drugs.com	提供超过 24000 种处方药和非处方药的详细和准确信息	https://www.drugs.com
CTD	包含疾病相关的基因；疾病相关的化学物质；与基因或蛋白相互作用的化学物质；与化学物质相互作用的基因或蛋白；基因/蛋白与化学物质相互作用参考文献；化学物质相关 GO 功能条目	http://ctdbase.org
Chemical Toxicity Database	收载约 15 万个化合物的有关毒理方面的数据，如急性毒性、长期毒性、遗传毒性、致癌与生殖毒性及刺激性数据等	https://www.drugfuture.com/toxic
MedPeer Drugs Database	美国、欧盟、日本、加拿大等国家（或地区）药物、疾病、靶点数据	https://pharmacy.medpeer.cn
Pharmgkb	药物遗传学和药物基因组学知识库是目前最权威最完善的药物基因组专用数据库	https://www.pharmgkb.org
SymMap	通过内部分子机制和外部症状映射，将传统中药与现代医学相结合，为药物筛选工作提供大量关于草药/成分、靶点、临床症状和疾病的信息	http://www.symmap.org
ChEMBL	临床试验药物和批准药物的治疗靶标和适应证	https://www.ebi.ac.uk/chembl

2.4　小　　结

人类基因组计划的完成大力推动了现代测序技术的发展，产生了海量的多组学数据，形成了丰富的数据资源。通过对这些数据资源的分析和使用，为生物信息学和生物医学的研究以及进一步的产业转化等提供了丰富的生物数据资源。本章主要介绍了基因组、转录组、蛋白质组、代谢组、微生物组和表观遗传组等组学基础知识，并介绍了经常使用的生物序列、疾病数据库和资源，对生物信息学相关的科学研究、教学过程和产业开发具有重要意义。

参 考 文 献

[1]　Li W, Huang Y, Zhuang B W, et al. Multiparametric ultrasomics of significant liver fibrosis: A machine learning-based analysis[J]. European Radiology, 2019, 29 (3): 1496-1506.

[2]　杨焕明. 基因组学[M]. 北京: 科学出版社, 2016.

[3]　方福德. 从基因组到疾病[J]. 中国医院, 2004, 8 (1): 61-64.

[4]　Weeks D E, Lathrop G M. Polygenic disease: Methods for mapping complex disease traits[J]. Trends in Genetics, 1995, 11 (12): 513.

[5]　Sudha S, Fitzpatrick A L, Arfan M I, et al. Genome-wide analysis of genetic loci associated with Alzheimer disease[J]. The Journal of the American Medical Association, 2010, 303 (18): 1832.

[6]　Tabor H K, Risch N J, Myers R M. Candidate-gene approaches for studying complex genetic traits: Practical considerations[J]. Nature Reviews Genetics, 2002, 3 (5): 391-397.

[7]　Botstein D, Risch N. Discovering genotypes underlying human phenotypes: Past successes for Mendelian disease, future approaches for complex disease[J]. Nature Genetics, 2003, 33 (33 Suppl): 228-237.

[8]　Swinbanks D. Government backs proteome proposal[J]. Nature, 1995, 378 (6558): 653.

[9]　刘红, 刘艳, 胡又佳. 比较蛋白质组学与疾病研究及药物开发[J]. 世界临床药物, 2011, 32 (5): 290-294.

[10]　Werner C J, Haussen H V, Mall G, et al. Proteome analysis of human substantia nigra in Parkinson's disease[J]. Proteomics, 2008, 6 (1): 3943-3952.

[11]　Croce C M, Calin G A. MiRNAs, cancer, and stem cell division[J]. Cell, 2005, 122 (1): 6-7.

[12]　Li Q, Zhu Q W, Yuan Y Y, et al. Identification of SLC26A4 c.919-2A>G compound heterozygosity in hearing-impaired patients to improve genetic counseling[J]. Journal of Translational Medicine, 2012, 10 (1): 1-6.

[13]　Batista P, Chang H. Long noncoding RNAs: Cellular address codes in development and disease[J]. Cell, 2013, 152 (6): 1298-1307.

[14]　杨峰, 易凡, 曹慧青, 等. 长链非编码 RNA 研究进展[J]. 遗传, 2014, 36 (5): 456-468.

[15]　Dostie J, Mourelatos Z M, Sharma A, et al. Numerous micrornps in neuronal cells containing novel micrornas[J]. RNA, 2003, 9 (2): 180-186.

[16]　陈炳南, 张遥, 王雪莲. 环状 RNA 与疾病关系的研究进展[J]. 中国病原生物学杂志, 2018, 13 (6): 664-667.

[17]　Lukiw W J. Circular RNA (circRNA) in Alzheimer's disease (AD)[J]. Frontiers in Genetics, 2013, 4 (4): 307.

[18]　Zhou Y, Wu J, Yao S, et al. DeepCIP: A multimodal deep learning method for the prediction of internal ribosome

entry sites of circrnas[J]. bioRxiv，2022.

[19] Maddox J F，Luyendyk J P，Cosma G N，et al. Metabonomic evaluation of idiosyncrasy-like liver injury in rats cotreated with ranitidine and lipopolysaccharide[J]. Toxicology & Applied Pharmacology，2006，212（1）：35-44.

[20] Nicholson J K，Lindon J C. Systems biology：Metabonomics[J]. Nature，2008，455（7216）：1054-1056.

[21] 贾伟. 医学代谢组学[M]. 上海：上海科学技术出版社，2011.

[22] 郭慧玲，邵玉宇，孟和毕力格，等. 肠道菌群与疾病关系的研究进展[J]. 微生物学通报，2015，42（2）：400-410.

[23] Zackular J P，Baxter N T，Iverson K D，et al. The gut microbiome modulates colon tumorigenesis[J]. mBio，2013，4（6）：e00692.

[24] Koeth R A，Zeneng W，Levison B S，et al. Intestinal microbiota metabolism of l-carnitine，a nutrient in red meat，promotes atherosclerosis[J]. Nature Medicine，2013，19（5）：576-585.

[25] Anders H J，Andersen K，Stecher B. The intestinal microbiota，a leaky gut，and abnormal immunity in kidney disease[J]. Kidney International，2013，83（6）：1010-1016.

[26] Waddington C H. The epigenotype[J]. International Journal of Epidemiology，2012，41（1）：10-13.

[27] Bird A. Perceptions of epigenetics[J]. Nature，2007，447（7143）：396.

[28] Phillips D，Matusiak M，Gutierrez B R，et al. Immune cell topography predicts response to PD-1 blockade in cutaneous T cell lymphoma[J]. Nature Communications，2021，12（1）：6726.

[29] Zeng Y，Wei Z，Yu W，et al. Spatial transcriptomics prediction from histology jointly through transformer and graph neural networks[J]. Briefings in Bioinformatics，2022，23（5）：bbac297.

[30] Chen A，Liao S，Cheng M，et al. Spatiotemporal transcriptomic atlas of mouse organogenesis using DNA nanoball-patterned arrays[J]. Cell，2022，85（10）：1777-1792.

[31] Sampath K，Tian L，Bolondi A，et al. Spatiotemporal transcriptomic maps of whole mouse embryos at the onset of organogenesis[J]. Nature Genetics，2023，55（7）：1176-1185.

[32] Wei X，Fu S，Li H，et al. Single-cell stereo-seq reveals induced progenitor cells involved in axolotl brain regeneration[J]. Science，2022，377（6610）：eabp9444.

[33] Clough E，Barrett T. The gene expression omnibus database[J]. Methods in Molecular Biology，2016，1418：93-110.

[34] Tomczak K，Czerwińska P，Wiznerowicz M. The cancer genome atlas（TCGA）：An immeasurable source of knowledge[J]. Contemporary Oncology，2015，19（1）：68-77.

[35] Frankish A，Diekhans M，Jungreis I，et al. Gencode 2021[J]. Nucleic Acids Research，2021，49（1）：916-923.

[36] Stelzer G，Rosen N，Plaschkes I，et al. The genecards suite：From gene data mining to disease genome sequence analyses[J]. Current Protocols in Bioinformatic，2016，54：1.30.1-1.30.33.

[37] Berman H M，Westbrook J，Feng Z，et al. The protein data bank[J]. Nucleic Acids Research，2000，28（1）：235-242.

[38] Kozomara A，Birgaoanu M，Griffiths-Jones S. MiRBase：From microRNA sequences to function[J]. Nucleic Acids Research，2019，47（1）：155-162.

[39] Das T，Deb A，Parida S，et al. LncRBase V.2：An updated resource for multispecies lncRNAs and clinicLSNP hosting genetic variants in lncRNAs for cancer patients[J]. RNA Biology，2021，18（8）：1136-1151.

[40] Glažar P，Papavasileiou P，Rajewsky N. CircBase：A database for circular RNAs[J]. RNA，2014，20（11）：1666-1670.

[41] Fan C，Lei X，Fang Z，et al. CircR2Disease：A manually curated database for experimentally supported circular RNAs associated with various diseases[J]. Database，2018：bay044.

[42] Fan C，Lei X，Tie J，et al. CircR2Disease v2.0：An updated web server for experimentally validated circRNA-disease associations and its application[J]. Genomics Proteomics Bioinformatics，2022，20（3）：435-445.

[43] Wishart D S，Guo A，Oler E，et al. HMDB 5.0：The human metabolome database for 2022[J]. Nucleic Acids Research，2022，50（1）：622-631.

[44] Montenegro-Burke J R，Guijas C，Siuzdak G. METLIN：A tandem mass spectral library of standards[J]. Methods in Molecular Biology，2020，2104：149-163.

[45] Ma W，Zhang L，Zeng P，et al. An analysis of human microbe-disease associations[J]. Briefings in Bioinformatics，2017，18（1）：85-97.

[46] Sun Y Z，Zhang D H，Cai S B，et al. MDAD：A special resource for microbe-drug associations[J]. Frontiers in Cellular and Infection Microbiology，2018，8：424.

[47] Wang K C，Chang H Y. Epigenomics：Technologies and applications[J]. Circulation Research，2018，122（9）：1191-1199.

[48] Xing J，Zhai R，Wang C，et al. DiseaseMeth version 3.0：A major expansion and update of the human disease methylation database[J]. Nucleic Acids Research，2022，50（1）：1208-1215.

[49] Deng S，Zhang H，Zhu K，et al. M6A2Target：A comprehensive database for targets of M6A writers，erasers and readers[J]. Briefings in Bioinformatics，2021，22（3）：bbaa055.

[50] Andrews T S，Hemberg M. Identifying cell populations with scRNASeq[J]. Molecular Aspects of Medicine，2018，59：114-122.

[51] Hay S B，Ferchen K，Chetal K，et al. The human cell atlas bone marrow single-cell interactive web portal[J]. Experimental Hematology，2018，68：51-61.

[52] Moreno P，Fexova S，George N，et al. Expression atlas update：Gene and protein expression in multiple species[J]. Nucleic Acids Research，2022，50（1）：129-140.

[53] Xu Z，Wang W，Yang T，et al. STOmicsDB：A database of spatial transcriptomic data[J]. BioRxiv，2022：2022.2003.2011.481421.

[54] Amberger J S，Hamosh A. Searching online Mendelian inheritance in man（OMIM）：A knowledgebase of human genes and genetic phenotypes[J]. Current Protocols in Bioinformatics，2017，58：1-12.

[55] Zheng L，He Z，Wei D，et al. A review of auditing techniques for the unified medical language system[J]. Journal of the American Medical Informatics Association，2020，27（10）：1625-1638.

[56] Wishart D S，Feunang Y D，Guo A C，et al. DrugBank 5.0：A major update to the drugbank database for 2018[J]. Nucleic Acids Research，2018，46（1）：1074-1082.

[57] Kim S，Chen J，Cheng T，et al. PubChem in 2021：New data content and improved web interfaces[J]. Nucleic Acids Research，2021，49（1）：1388-1395.

[58] Davis A P，Grondin C J，Johnson R J，et al. Comparative toxicogenomics database（CTD）：Update 2021[J]. Nucleic Acids Research，2021，49（1）：1138-1143.

第3章 生物网络特性与相似性

3.1 引　言

随着人类基因组计划及其他多种模式生物基因计划的顺利进行和高通量生物实验技术的进步，可以获得大量的生物"组学"数据，如 2.2 节介绍的基因组、蛋白质组、转录组、代谢组、微生物组等，为认识生命现象、揭示生命体的构建、运作和进化原理、发现生命体的功能、衰老和疾病等过程提供了重要的材料。

实际上，基因与蛋白质很少单独发挥作用，它们倾向于组成相互作用网络来行使生物学功能[1]。在生物系统中用网络的形式表征基因、分子的调控以及相互作用关系，这样的网络称为生物网络（biological network）。在生物系统中包含很多不同层面和不同组织形式的网络，最常见的生物网络有蛋白质相互作用网络（protein-protein interaction network）、基因调控网络（gene regulatory network）、基因共表达网络（gene co-expression network）、转录调控网络（transcription regulatory network）、生物代谢网络（metabolic network）、脑网络（brain network）等。生物网络对于理解复杂的生物系统至关重要，可以通过分析生物网络的网络结构特性、拓扑结构和动力学特性来表征生物特性，从网络水平认识生命现象、理解细胞内的生物学过程或功能，为生物现象提供实验基础和理论依据。

本章介绍了生物网络基本特性以及生物网络构建、网络结点的度量方法以及结点间的相似性计算方法。相似性计算方法包括基于拓扑结构的相似性、基于序列的相似性、基于表达数据的相似性、基于语义本体的相似性、基于关联关系的相似性、基于分子结构的相似性和基于网络传播的相似性。

3.2　生物网络概述

3.2.1　生物网络的构建

生物网络通常用图 $G = (V, E)$ 表示，其中 V 是网络结点的集合，代表研究的对象，可以是分子、基因或蛋白质；E 是边的集合，代表两个对象之间特定的关系。如果两个结点之间存在相互作用关系，则两个结点之间存在一条边，否则两个结点之间不存在边。例如，在 PPI 网络中，结点表示蛋白质，边表示对应的两个蛋白质之间具有相互作用关系；在基因调控网络中，结点表示基因或蛋白质，边表示调控关系；在脑网络中，结点表示神经元，边可以表示神经元结构或功能上的联系。例如，酵母蛋白质相互作用网络示意图见图 3.1。

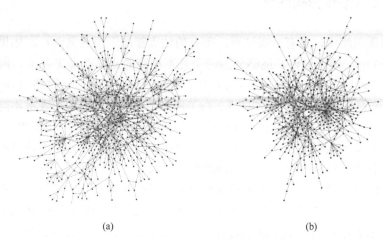

(a)   (b)

图 3.1　酵母蛋白质相互作用网络示意图

一般情况下，生物网络中结点的相对位置、边的长短和曲直对反映结点之间的关系并不重要。如果在相互作用关系中，两个结点不存在先后顺序关系，对应的生物网络中连接边没有方向，这种网络称为无向网络。如果结点之间具有先后顺序关系，这样的生物网络称为有向网络，例如，基因调控网络主要用于描述生物体内控制基因表达机制，具有调控功能的生物分子可以激活或抑制基因的表达，调控关系具有方向性。为了表示相互关系的强弱，可以给连边赋予权重来代表连接强度，构建加权的生物网络。

研究表明，生物网络属于无尺度（scale free）网络和小世界网络（small-world network）。1999 年，Barabasi 等在研究万维网分布特性时发现，万维网基本上是由少数高连通性的页面串联起来的，80%以上的页面连接数不到 4 个，而占结点总数不到万分之一的极少数结点，却和 1000 个以上的结点连接，结点的连接度服从幂律分布。把结点度服从幂律分布的网络称为无尺度网络，并称这种结点度的幂律分布为网络的无尺度特性[1]。

1998 年，Watts 和 Strogatz 通过以某个很小的概率切断规则网络中原始的边，并随机选择新的端点重新连接，构造出了一种介于规则网络（高聚集性）和随机网络（小直径）之间的网络，同时具有大的聚集系数和小的平均距离[2]。1999 年，Newman 和 Watts 给出了一种新的网络构造方法，不破坏原来的连接边，以一个很小的概率在原有规则网络上添加新的连接边，从而缩短网络的平均距离。把大的聚集系数和小的平均距离两个统计特征合在一起称为小世界效应，具有这种效应的网络就是小世界网络[3]。

3.2.2　二分网络和异构网络

在蛋白质网络中，只有一类结点，所有的结点都属于顶点集合 V，如果在网络 $G=(V,E)$ 中，顶点集合 V 能够分为两个互不相交的非空子集 X 和 Y，网络中的边 $e_{ij} \in E$ 满足 $i \in X, j \in Y$ 或 $i \in Y, j \in X$，这种网络称为二分网络（bipartite network），记为 $G=(X,Y,E)$，如图 3.2（a）所示，椭圆和圆角矩形表示不同的顶点子集。例如，疾病和基因、疾病和通路、疾病和 miRNA、疾病和 circRNA、药物和靶蛋白之间的关联关系都可以用二分网络来表示。构建二分网络是目前利用计算系统生物学方法研究复杂生物问题的重要方式。

在生物网络研究中，通常需要研究和分析不同组学数据之间的相互联系，需要考虑多个生物网络之间的关系，从而利用多个生物网络构建异构网络系统，网络间连接关系表示不同网络数据之间的联系，如图 3.2（b）所示为 3 个子网络构成的异构网络系统。

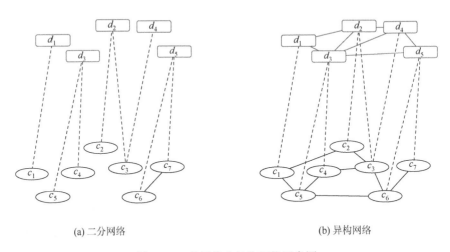

(a) 二分网络　　　　　　　　　　　　　　　　(b) 异构网络

图 3.2　二分网络和异构网络示意图

3.3　生物网络结点的度量方法

生物网络对于理解复杂的生物系统起着非常重要的作用，可以根据生物网络的拓扑特性来表征生物特征，为生物现象提供实验基础和理论依据。网络的拓扑特性是描述网络本身及其内部结点或边结构特征的度量，本节主要讨论网络结点度量方法。

3.3.1　中心性度量方法

在网络分析中，通常用中心性度量方法衡量一个结点在网络中处于核心地位的程度，是结点重要性或影响力的量化。常用的有度中心性（degree centrality，DC）[4]、介数中心性（betweenness centrality，BC）[4]、紧密度中心性（clossness centrality，CC）[5]、子图中心性（subgraph centrality，SC）[6]、特征向量中心性（eigenvector centrality，EC）[6]和信息中心性（information centrality，IC）[7]等。

1. 度中心性

DC 是最早被提出的一个中心性度量指标，用结点的度来度量结点的中心性，一个结点的度越大意味着这个结点的度中心性越高，该结点在网络中就越重要。结点 i 的度中心性 DC_i 为

$$\text{DC}_i = \frac{d_i}{N-1} \tag{3.1}$$

其中，d_i 表示结点 i 的度；N 表示网络中结点的数量，后面同。

2. 介数中心性

结点的介数（betweenness）表示一个网络中通过结点的最短路径条数，BC 以经过某个结点的最短路径数目来刻画结点重要性。例如，在社会网络中，有些结点的度虽然很小，但它可能是多个社团的中间联系人，如果去掉该结点，会导致这几个社团的联系中断，这类结点在网络中起到极其重要的作用。可以用 BC 来衡量结点在整个网络中的作用和影响力。结点 i 的介数中心性 BC_i 为

$$\text{BC}_i = \sum_{s \neq i \neq t} \frac{n_{st}^i}{g_{st}} \tag{3.2}$$

其中，g_{st} 表示结点 s 到 t 的最短路径数量；n_{st}^i 表示结点 s 到 t 的最短路径中经过结点 i 的数量，标准化后为

$$\text{BC}_i = \frac{1}{(N-1)(N-2)/2} \sum_{s \neq i \neq t} \frac{n_{st}^i}{g_{st}} \tag{3.3}$$

3. 紧密度中心性

CC 反映网络中某一结点和其他结点之间的接近程度，表达了某结点到达其他结点的难易程度，定义为结点到其他结点的距离之和的倒数。结点 i 的紧密度中心性 CC_i 为

$$CC_i = \frac{N}{\sum\limits_{j=1}^{N} d_{ij}} \tag{3.4}$$

其中，d_{ij} 表示结点 i 到其余各结点的距离。

4. 子图中心性

SC 是对结点度中心性的改进，基于结点对所在网络局部子图的参与程度来确定结点的重要性，结点 i 的子图中心性 SC_i 为

$$SC_i = \sum_{k=0}^{\infty} \frac{u_k(i)}{k!} \tag{3.5}$$

其中，$u_k(i)$ 表示以 i 作为起点和终点，并且长度为 k 的封闭通路的数量。

5. 特征向量中心性

EC 用来度量结点之间的传递影响和连通性，结点的重要性取决于其相邻结点的重要性，一个结点的中心性是相邻结点中心性的函数。结点 i 的特征向量中心性 EC_i 为

$$EC_i = c\sum_{j=1}^{n} a_{ij} x_j \tag{3.6}$$

其中，c 为比例常数；$A = (a_{ij})$ 为网络的邻接矩阵。

6. 信息中心性

IC 基于网络中任意两个结点之间的传输信息，本质上是指该结点到网络中其他结点的路径的调和平均长度。设 A 是网络的邻接矩阵，D 是每个结点的度的对角矩阵，J 是单位矩阵，可以得到矩阵 $C = (D - A + J)^{-1}$，进一步得到信息矩阵 $I_{ij} = (C_{ii} + C_{jj} - C_{ij})^{-1}$，结点 i 的信息中心性 IC_i 为[8]

$$IC_i = \left(\frac{1}{N}\sum_j \frac{1}{I_{ij}}\right)^{-1} \tag{3.7}$$

3.3.2　PageRank 算法

PageRank 算法，即网页排名算法，由 Google 创始人 Larry Page 提出，用于衡量特定网页相对于其他网页的重要程度，根据网页的重要性进行排序，排名高的网页表示该网页被访问的概率高[9]。该算法的主要思想有两点：①如果多个网页指向网页 A，则网页 A 的排名较高；②如果排名高的网页 A 指向网页 B，则网页 B 的排名也较高，即网页 B 的排名受到指向 B 的网页的排名影响。PageRank

算法是一个迭代求解算法，适用于解决有向图表示的图数据，可以处理网络结点重要性、影响力等问题。

PageRank 算法是在图上执行一个随机游走（random walk，RW）过程，根据随机游走者在有向图上对结点访问次数或访问概率的高低来判断各个结点的重要程度。对于结点 u，其重要程度或被访问概率可以按照式（3.8）迭代计算得出

$$PR(u) = \frac{1-d}{N} + d \sum_{v \in N_u} \frac{PR(v)}{L(v)} \tag{3.8}$$

其中，$PR(u)$ 表示结点 u 被访问到的概率，算法迭代结束后，$PR(u)$ 表示结点 u 的重要程度值；d 表示阻尼系数，指遍历到达当前结点后，挑选任一邻居结点继续游走的概率；N 是网络中结点个数；N_u 表示指向结点 u 的结点集合；$L(v)$ 表示结点 v 的出度。

3.4 相似性计算方法

3.3 节通过挖掘网络中结点自身的分布特性以及连接状态来评估结点在网络中的作用。在生物网络中，结点和结点之间存在着密切的关联关系和相关性，本节讨论相似性计算方法。

3.4.1 基于拓扑结构的相似性

1. 基于共享邻居结点的相似性

共享邻居的结点相似性认为两个结点的共同邻居个数越多，结点越相似[10]。最简单的基于共享邻居结点的相似性计算方法为

$$S(X,Y) = \frac{|N(X) \bigcap N(Y)|}{|N(X) \bigcup N(Y)|} \tag{3.9}$$

其中，$N(X)$ 表示结点 X 的邻居结点的集合。

2. 聚集系数相似性

聚集系数是表示一个图中结点或边聚集程度的系数，已经被用作分析 PPI 网络拓扑结构的有效工具[11]，Filippo 等提出了边聚集系数（edge clustering coefficient，ECC）[12]，在网络中，边 $e(v_i, v_j)$ 的聚集系数为

$$ECC_{ij} = \frac{Z_{ij}}{\min(|N_i|-1, |N_j|-1)} \tag{3.10}$$

其中，Z_{ij} 表示网络中由边 $e(v_i, v_j)$ 构成的三角形的数量；$|N_i|$ 和 $|N_j|$ 分别表示结点

v_i 和 v_j 的度；边聚集系数是一个局部变量，用来衡量两个结点的接近程度。

3. 基于路径的相似性

基于路径的相似性在共享邻居结点的相似性基础上又考虑了更高阶的邻居：

$$S = A^2 + \alpha A^3 \tag{3.11}$$

其中，α 为可调参数；A 为网络的邻接矩阵；A^n 给出了结点之间长度为 n 的路径数。

还有一些算法在考虑结点之间的路径信息的同时，结合了网络信息在路径中的传播，如重启随机游走（random walk with restart，RWR）算法[13]等。

3.4.2　基于序列的相似性

序列比对是生物信息学中最基本的也是最重要的操作之一，通过序列比对可以反映出生物序列所具有的功能、结构和进化信息，从而反映出两条序列在哪些部位相似及在那些部位的相似程度，即序列相似性[14]。基于序列的相似性可以定量地定义两个序列的函数，值的大小取决于两个序列对应位置上相同字符的个数，值越大表示两个序列越相似[15]。

3.4.3　基于表达数据的相似性

表达数据可以提供丰富的生物医学信息用于临床诊断标志物的发现、临床治疗效果的评价以及药物靶点的寻找等。可以通过计算表达数据的相似性衡量两个样本之间的相似性和差异性。

1. Pearson 相关系数

Pearson 相关系数用于度量两个变量 X 和 Y 之间的线性相关关系，其值介于 $-1 \sim 1$。相关系数为 0，表示两个变量不相关；相关系数为正，表示两个变量为正相关；相关系数为负，表示两个变量为负相关。相关系数绝对值越大，表示相关性越强[16]。变量 $X = (x_1, x_2, \cdots, x_n)$ 和 $Y = (y_1, y_2, \cdots, y_n)$ 之间的 Pearson 相关系数为

$$\text{PCC}(X, Y) = \frac{\sum_{k=1}^{n} \left(x_k - \mu(X)\right)\left(y_k - \mu(Y)\right)}{\sqrt{\sum_{k=1}^{n} \left(x_k - \mu(X)\right)^2} \sqrt{\sum_{k=1}^{n} \left(y_k - \mu(Y)\right)^2}} \tag{3.12}$$

其中，$\mu(X)$、$\mu(Y)$ 分别表示变量 X、Y 的均值。

2. Spearman 相关系数

Spearman 相关系数根据特征等级度量两个变量间的相似性。如果两个变量的观测值是成对的等级评定数据，或者是由连续变量观测数据转化得到的等级数据，无论两个变量的总体分布形态、样本容量的大小如何，可以用 Spearman 相关系数来衡量两个变量之间的相似性。变量 $X = (x_1, x_2, \cdots, x_n)$ 和 $Y = (y_1, y_2, \cdots, y_n)$ 之间的 Spearman 相关系数为

$$\rho = 1 - \frac{6 \sum d_i^2}{n(n^2 - 1)} \tag{3.13}$$

其中，d_i 为 x_i 和 y_i 之间的等级差；n 为等级数。

3. Jaccard 相似性

Jaccard 相似性主要用于计算符号度量或布尔值度量的样本间的相似度。Jaccard 相似性关心的是样本间共同具有的特征，Jaccard 相似性值越大说明相似度越高，样本 A 和样本 B 的 Jaccard 相似性 $J(A, B)$ 为

$$J(A, B) = \frac{|A \cap B|}{|A \cup B|} \tag{3.14}$$

4. 余弦相似性

余弦（cosine）相似性是 n 维空间中两个 n 维向量之间夹角的余弦，通过计算两个向量的夹角余弦值来评估它们的相似性，两个向量之间的夹角越小代表两个向量越相似，夹角越大代表两个向量的相似度越小。余弦相似性值的范围为 $[-1, 1]$，其中 -1 表示两个向量完全不相似，1 表示完全相似。向量 $A = (A_1, A_2, \cdots, A_n)$ 和向量 $B = (B_1, B_2, \cdots, B_n)$ 的余弦相似性为

$$\cos(A, B) = \frac{A \cdot B}{\|A\| \|B\|} = \frac{\sum_{i=1}^{n} A_i \times B_i}{\sqrt{\sum_{i=1}^{n} A_i^2} \times \sqrt{\sum_{i=1}^{n} B_i^2}} \tag{3.15}$$

3.4.4　基于语义本体的相似性

语义本体相似性是相似性的一种，目的是通过计算本体中术语的相似性，得出被注释的基因或者基因产物的语义相似性[17]。

以疾病之间的语义相似性为例，疾病之间的语义相似性可以通过基因本体库（disease ontology，DO）或人类表型本体库（human-phenotype-ontology，HPO）

数据来进行计算[18]。DO 的目标是整合与人类疾病相关的医学数据的本体论，是人类疾病的综合知识库，帮助人们理解疾病的状态[19]。DO 按照有向无环图（directed acyclic graph，DAG）的形式组织，具有层次结构，每个结点代表一个疾病名称或者疾病相关概念，有一个对应的 DOID。它们都被一些信息注释，通过对两个结点包含的注释信息比较，可以得到两个结点的关系，这种关系就是语义相似性。HPO 数据是根据 OMIM 中的疾病表型信息建立的，不仅给出了疾病表型之间的关系，同样设计出了有向无环图的结构，便于研究者使用计算方法分析该数据[18]。

计算本体中术语的相似性的算法有很多，可以分为两类：基于术语之间关系的算法和基于术语的算法。

基于术语之间关系的算法主要是计算有向无环图中两个术语之间边的个数，当两个术语之间有多条路径存在时，通常会选取最短的路径或平均路径作为两个术语之间的距离，最终转化为语义相似性，如 Wang 算法[20]。

基于术语的算法主要是计算术语本身以及祖先或后代术语的特征，通常用信息量（information content，InC）来衡量一个术语所包含信息的详细程度。在一个本体中，所有疾病表型注释的基因总数为 N，疾病表型 A 及后代疾病表型注释的基因总数为 $\mathrm{freq}(A)$，疾病表型 A 的信息量为 $\mathrm{InC}(A) = -\log\left(\mathrm{freq}(A)/N\right)$，通过量化两个术语共享信息的大小，计算它们的语义相似性，如 Resnik 算法[21]、Lin 算法[22]、Relevance 算法[23]和 SimIC 算法[24]等。

1. Wang 算法

Wang 算法认为，一个疾病表型所包含的语义信息都是由该疾病表型的祖先疾病表型赋予的，而且包含的语义信息的详细程度是由该疾病表型在 DAG 中的位置决定的。Wang 算法给每条边都赋予了权重。疾病表型 A 和疾病表型 B 的语义相似性为

$$S(A,B) = \frac{\sum\limits_{t \in T_A \cap T_B} (S_A(t) + S_B(t))}{\mathrm{SV}(A) + \mathrm{SV}(B)} \tag{3.16}$$

其中，$T_A \cap T_B$ 表示疾病表型 A 和 B 的公共祖先疾病表型；$S_A(t)$ 表示祖先疾病表型对 A 的语义贡献度；$\mathrm{SV}(A) = \sum S_A(t), t \in T_A$ 表示疾病表型 A 的语义值。

2. Resnik 算法

Resnik 算法是计算疾病语义相似性较早的算法之一，认为两个疾病表型共享的信息越多，越相似，将两个疾病表型之间的最低共同祖先疾病表型的信息量作为这两个疾病表型的语义相似性。最低共同祖先疾病表型是指该疾病表型是两个疾病表型的共同祖先，并且该疾病表型的任何后代疾病表型不是这两个疾病表型

的共同祖先。在 DAG 中，两个疾病表型可能存在多个最低共同祖先疾病表型，Resnik 取最低共同祖先疾病表型的信息量的最大值作为两个疾病表型的语义相似性，疾病表型 A 和疾病表型 B 的语义相似性为

$$S_{\text{Resnik}}(A,B) = \max(\text{InC}(T_{AB})) \qquad (3.17)$$

其中，T_{AB} 表示疾病表型 A 和疾病表型 B 的最低共同祖先。

3. Lin 算法

Lin 算法是对 Resnik 算法的改进，同时考虑了疾病表型之间的共性和差异性，将两个疾病表型的最低共同祖先疾病表型的信息量定义为它们的共性，而将两个疾病表型的信息量之和定义为它们的差异性，因此，两个疾病表型的语义相似性定义为共性与差异性之比。疾病表型 A 和疾病表型 B 的语义相似性为

$$S_{\text{Lin}}(A,B) = \frac{2 \times \text{InC}(T_{AB})}{\text{InC}(A) + \text{InC}(B)} \qquad (3.18)$$

4. Relevance 算法

Relevance 算法是在 Resnik 和 Lin 算法的基础上发展而来的，该算法综合考虑了两个疾病表型到其最低共同祖先疾病表型的距离以及最低共同祖先疾病表型所包含的信息量。疾病表型 A 和疾病表型 B 的语义相似性为

$$S_{\text{Rel}}(A,B) = \frac{2 \times \text{InC}(T_{AB})}{\text{InC}(A) + \text{InC}(B)} \times \left(1 - \frac{\text{freq}(T_{AB})}{N}\right) \qquad (3.19)$$

5. SimIC 算法

信息相似系数（information coefficient similarity，SimIC）同时考虑了疾病表型信息量和疾病表型之间的结构信息对相似性的影响，疾病表型 A 和疾病表型 B 的语义相似性为

$$S_{\text{SimIC}}(A,B) = \frac{2 \times \text{InC}(T_{AB})}{\text{InC}(A) + \text{InC}(B)} \times \left(1 - \frac{1}{1 + \text{InC}(T_{AB})}\right) \qquad (3.20)$$

3.4.5　基于关联关系的相似性

由于生物分子之间存在大量的相互作用和关联关系，因此还可以利用这些关联关系计算某种生物分子之间的相似性，具体类型如下所述。

1. 高斯核相似性

核函数在机器学习以及许多生物信息学分类中被证实是高效有用的方法。高

斯核函数是一种常用的径向基函数，是一种沿径向对称的标量函数，通常是空间中任意一点 x 与某一中心位置之间的欧氏距离的单调函数。高斯核函数的形式为

$$K(x, x_c) = \exp\left(-\frac{\|x - x_c\|^2}{2h^2}\right) \quad (3.21)$$

其中，x_c 为高斯核函数中心；h 为高斯核函数的频宽参数，用来控制核函数径向的作用范围。

与结构相似性计算类似，高斯相互作用轮廓核（Gaussian interaction profile kernel）相似性，简称高斯核相似性（后面简称 GIP），需要构建目标生物分子与其他生物分子间的相互作用谱向量 IP[25]，若目标生物分子与其他生物分子之间存在关联关系，则 IP 向量对应元素为 1，反之则为 0。以 miRNA 为例，在获得了 miRNA 与疾病关联关系后，miRNA 之间的高斯核相似性可以计算为

$$M_s(i, j) = \exp(-\sigma_m \| IP_{m(i)} - IP_{m(j)} \|^2) \quad (3.22)$$

$$\sigma_m = \sigma_m^* \Bigg/ \left(\frac{1}{N_m} \sum_{i=1}^{N_m} \| IP_{m(i)} \|^2\right) \quad (3.23)$$

其中，$IP_{m(i)}$ 表示 miRNA 和疾病 i 之间的关联关系；σ_m^* 表示调整内核频宽的影响因子；N_m 表示所有 miRNA 的数量。

2. 调控相似性

调控相似性根据某个生物分子对其他分子的调控作用来计算相似性，具有相同调控作用的生物分子之间应该具有较高的相似性[26]。以 circRNA 对 miRNA 的调控为例，构建调控矩阵 R_m，R_m 中的每个元素表示对应的 circRNA 与 miRNA 的调控关系，若 circRNA i 对 miRNA j 具有调控作用，则 $R_{m_{i,j}}$ 为 1，反之则为 0。circRNA 的调控相似性计算公式如下：

$$C_s(i, j) = \frac{\text{card}(R_{m_i} \bigcap R_{m_j})}{\sqrt{\text{card}(R_{m_i})} \cdot \sqrt{\text{card}(R_{m_j})}} \quad (3.24)$$

其中，R_{m_i} 表示 circRNA i 与 miRNA 的调控关系；card($\cdot$)表示集合中非 0 元素的个数。

3. 模块相似性

由于分子之间构成的生物网络往往存在模块性质，那么与它们关联的其他分子也可以利用这种性质来计算相似性。例如，一个疾病可以用基因网络中与疾病相关的基因组成的子图来表示。ModuleSim[27]方法通过它们的基因模块来测量疾病相似性。首先用基因相互作用网络 G 中的最短路径来度量基因之间的相似性，如下所示：

$$sim(g_1,g_2)=\begin{cases}1, & g_1=g_2 \\ A\times e^{-b\times sp(g_1,g_2)}, & g_1\in PPIN; g_2\in PPIN \\ 0, & 其他\end{cases} \tag{3.25}$$

其中，$sp(g_i,g_j)$ 表示基因 g_i 和 g_j 之间的最短路径。它们分别包含了 k 和 s 个关联基因，模块之间的相似性为

$$spsim(D_i,D_j)=\frac{\sum\limits_{1<l<k}F_{D_j}(g_{il})+\sum\limits_{1<m<s}F_{D_i}(g_{jm})}{k+s} \tag{3.26}$$

$$F_D(g)=avg\left(\sum\limits_{g_x\in D}sim(g,g_x)\right) \tag{3.27}$$

其中，$D_i=\{g_{i1},g_{i2},\cdots,g_{ik}\}$ 和 $D_j=\{g_{j1},g_{j2},\cdots,g_{js}\}$ 表示疾病 i 和 j 的模块。

由于与某些疾病相关的基因数量较少，疾病模块具有不完全性。为了克服这一缺点，使疾病相似度计算稳定，将疾病模块 D_i 与 D_j 的相似性进行归一化：

$$ModuleSim(D_i,D_j)=\frac{2\times spsim(D_i,D_j)}{spsim(D_i,D_i)+spsim(D_j,D_j)} \tag{3.28}$$

4. 线性邻居相似性

线性邻居相似性算法本质上也是一种学习算法，用一个生物分子的周围邻居对该分子进行线性表示[28]。以 circRNA 和疾病为例，计算 circRNA 之间的线性邻居相似性 S_R。矩阵 A 表示 circRNA 与疾病之间的关联关系矩阵，则相似性矩阵应该满足如下性质：

$$\begin{cases}\min\limits_{S_R}\dfrac{1}{2}\left\|A-(C\odot S_R)A\right\|_F^2+\dfrac{\mu}{2}\sum\limits_{i=1}^{n}\left\|(C\odot S_R)_{i\cdot}\right\|_1^2 \\ s.t.\ (C\odot S_R)e=e,\quad S_R\geqslant 0\end{cases} \tag{3.29}$$

其中，C 为每个 circRNA 选定的 k 个邻居的情况，若 $C_{ij}=1$，则认为在相似性学习中，circRNA i 可以被 circRNA j 表示；$\odot$ 为阿达马积；e 为 $n\times1$ 的全 1 向量；n 为 circRNA 的个数。优化迭代求解过程如下：

$$S_R(i,j)=\begin{cases}S_R(r_i,r_j)\dfrac{(AA^T+\lambda ee^T)_{ij}}{((C\odot S_R)AA^T+\mu(C\odot S_R)ee^T)_{ij}}, & i\neq j \\ 0, & i=j\end{cases} \tag{3.30}$$

其中，λ 为拉格朗日系数，通常设置为 1。

3.4.6　基于分子结构的相似性

分子结构相似性主要衡量代谢物分子、药物分子在结构上的相似程度。这里以药物为例，在 PubChem 数据库[29]中，药物的结构用 881 个亚结构来描述，一个亚结构是化学结构的一个片段。分子指纹是二进制位（1/0）的有序列表，每个位的布尔值表示了其亚结构存在与否，指纹的长度为 111 字节，其中包括在最后 1 字节填充的 7 位 0 值。PubChem 数据库在存储时，增加了 4 字节前缀，因此存储空间为 115 字节。用 N_{sub} 表示所有的亚结构数量，N_{drug} 表示所有药物分子的数量，可以利用自然语言分析方法构建一个药物-结构矩阵 $M_{drug-sub}$ 如下：

$$M_{drug-sub} = tf(i, j) \cdot idf(i, N_{sub}) \tag{3.31}$$

$$idf(i, N_{sub}) = \lg \frac{N_{sub}}{\left| \{ j \in substructure : tf(i, j) \neq 0 \} \right|} \tag{3.32}$$

其中，$tf(i, j)$ 表示第 i 个药物分子拥有第 j 种亚结构的数量。在构建了 $M_{drug-sub}$ 矩阵后，可以使用多种相似性计算方法来计算药物结构相似性，如余弦相似性、Pearson 相关系数、Spearman 相关系数等。

3.4.7　基于网络传播的相似性

本质上来说，基于网络传播的相似性计算方法也属于基于网络拓扑结构的方法，该方法的优点在于采用迭代的方法，使信息特征在网络路径中不断传播，最终达到稳定状态，来评估结点的接近程度，已经广泛地应用于社会网络、生物网络等复杂网络中。常见的网络传播算法有 RWR 算法[13]、PageRank 算法（见3.3.2 节）、SimRank 算法[30]、HeteSim 算法[31]等，这里对这几种算法的原理做简单介绍。

1. RWR 算法

RWR 算法通过迭代地搜索网络的整体结构，估计网络中两个结点之间的接近度。RWR 算法是在 RW 算法的基础上改进的，从图中的某一个结点出发，每一步面临两个选择，随机选择相邻结点，或者返回开始结点。算法包含一个参数 α 表示重启概率，$1 - \alpha$ 表示移动到相邻结点的概率。不断迭代到达平稳，平稳后得到的概率分布包含所有结点与起点的接近度分数。迭代过程可以表示如下：

$$P^{t+1} = (1 - \alpha) W P^t + \alpha P^0 \tag{3.33}$$

其中，$\alpha \in [0,1]$ 为重启概率；$P^0 = (p_1, p_2, \cdots, p_N)$ 为初始分布；W 为转移矩阵。

2. SimRank 算法

SimRank 是一种基于链路信息来衡量任意两个对象间相似程度的算法，该算法由 MIT 实验室的 Jeh 和 Widom 教授首先提出[32]。近年来已经被成功应用于协同过滤、网页排名、近似查询处理和孤立点检测等领域。SimRank 算法的主要思想为如果两个对象被相似的对象所引用，即它们具有相似的邻边结构，则这两个对象也是相似的[33]。SimRank 是继 PageRank 之后一种非常经典的基于链路信息求相似度的算法。SimRank 的数学表达如下[32, 34]：

$$S(a,b) = \begin{cases} 1, & a = b \\ \dfrac{c}{|I(a)||I(b)|} \displaystyle\sum_{x \in I(a)} \sum_{y \in I(b)} S(x,y), & a \neq b \\ 0, & I(a) = \varnothing \text{ 或 } I(b) = \varnothing \end{cases} \quad (3.34)$$

其中，c 表示 [0,1] 之间的阻尼系数，一般取 [0.6, 0.8]；$I(a)$ 表示结点 a 的入边邻接点；$|I(a)|$ 表示结点 a 的入边邻接点的个数。

3. HeteSim 算法

HeteSim 是一种基于双向随机游走（bi-random walk）的相关性计算方法，它将元路径 P 分割成 2 条相等长度的路径 P_L 和 P_R，之后将对象 A 和 B 分别沿着路径 P_L 和 P_R 进行随机游走，最后对象 A 和 B 走到相同的中间结点的概率作为 A 和 B 的相关性[35]。

3.5　小　　结

生物网络对于理解复杂的生物系统很重要，生物网络将生物系统看成一个整体，所反映的整体观和中医有相通之处，体现了"整体大于部分之和"的哲学思想。本章首先对生物网络的构建进行了描述，生物网络具有无尺度和小世界特性，在具体的生物信息计算模型中，通常以二分网络或异构网络的形式出现。其次，对生物网络中结点的重要性度量方法进行了详细描述。最后，对生物网络中对象间的相似性进行了介绍。生命系统是一个非常复杂的系统，生物网络只能从一个角度静态地反映某个生命活动或生命过程，因此，基于生物网络的结点重要性度量以及结点相似性的计算方法具有一定的局限性，在实际应用过程中，需要根据生物数据和网络的具体情况具体分析，选择合适的方法。

参 考 文 献

[1]　陈铭. 生物信息学[M]. 北京：科学出版社，2022.

[2]　Watts D J，Strogatz S H. Collective dynamics of "small-world" networks[J]. Nature，1998，393：440-442.

[3]　Newman M E J，Watts D J. Renormalization group analysis of the small-world network model[J]. Physics Letters A，1999，263：341-346.

[4]　Hahn M W，Kern A D. Comparative genomics of centrality and essentiality in three eukaryotic protein-interaction networks[J]. Molecular Biology and Evolution，2005，22（4）：803-806.

[5]　Stefan W，Stadler P F. Centers of complex networks[J]. Journal of Theoretical Biology，2003，223（1）：45-53.

[6]　Ernesto E，Rodríguez-Velázquez J A. Subgraph centrality in complex networks[J]. Physical Review E Statistical Nonlinear and Soft Matter Physics，2005，71（5）：056103.

[7]　Stephenson K，Zelen M. Rethinking centrality: Methods and examples[J]. Social Networks，1989，11（1）：1-37.

[8]　丛君兹，罗永，成礼智. 蛋白质相互作用网络的多参数模糊关系分析[J]. 模糊系统与数学，2010，24（5）：161-167.

[9]　Page L，Brin S，Motwani R，et al. The pagerank citation ranking: Bringing order to the web[R]. Stanford InfoLab，Palo Alto，1999.

[10]　王炳波. 复杂网络拓扑结构度量指标及应用研究[D]. 西安：西安电子科技大学，2014.

[11]　Friedel C C，Zimmer R. Inferring topology from clustering coefficients in protein-protein interaction networks[J]. BMC Bioinformatics，2006，7（1）：1-15.

[12]　Filippo R，Claudio C，Federico C，et al. Defining and identifying communities in networks[J]. Proceedings of the National Academy of Sciences of the United States of America，2004，101（9）：2658-2663.

[13]　Tong H，Faloutsos C，Pan J Y. Random walk with restart: Fast solutions and applications[J]. Knowledge and Information Systems，2008，14（3）：327-346.

[14]　雷秀娟. 群智能优化算法及其应用 [M]. 北京：科学出版社，2012.

[15]　李霞，雷健波. 生物信息学[M]. 2 版. 北京：人民卫生出版社，2015.

[16]　Shang X，Wang Y，Chen B. Identifying essential proteins based on dynamic protein-protein interaction networks and RNA-Seq datasets[J]. Science China Information Sciences，2016，59（7）：070106.

[17]　Lord P W，Stevens R D，Brass A，et al. Semantic similarity measures as tools for exploring the gene ontology[J]. Biocomputing，2003：601-602.

[18]　王刚. 基于疾病表型的基因语义相似性分析与应用[D]. 西安：西安电子科技大学，2013.

[19]　李江. 基于 DISEASE ONTOLOGY 的疾病相似性和基因相似性研究[D]. 哈尔滨：哈尔滨医科大学，2011.

[20]　Wang J Z，Du Z，Payattakool R，et al. A new method to measure the semantic similarity of GO terms[J]. Bioinformatics，2007，23（10）：1274-1281.

[21]　Resnik P. Using information content to evaluate semantic similarity in a taxonomy[C]. Proceeding of the 14th International Joint Conference on Artificial Intelligence，Tahoe City，1995：448-453.

[22]　Lin D. An information-theoretic definition of similarity[C]. ICML 98: Proceedings of the Fifteenth International Conference on Machine Learning，Madison，1998：296-304.

[23]　Schlicker A F D. A new measure for functional similarity of gene products based on gene ontology[J]. BMC Bioinformatics，2006，7（1）：1-16.

[24]　Li B，Wang J Z，Feltus A，et al. Effectively integrating information content and structural relationship to improve

the GO-based similarity measure between proteins[J]. BMC Bioinformatics，2009.

[25]　van Laarhoven T，Nabuurs S B，Marchiori E. Gaussian interaction profile kernels for predicting drug-target interaction[J]. Bioinformatics，2011，27（21）：3036-3043.

[26]　Ge E，Yang Y，Gang M，et al. Predicting human disease-associated circRNAs based on locality-constrained linear coding[J]. Genomics，2020，112（2）：1335-1342.

[27]　Ni P，Wang J，Zhong P，et al. Constructing disease similarity networks based on disease module theory[J]. IEEE-ACM Transactions on Computational Biology and Bioinformatics，2018，17（3）：906-915.

[28]　Zhang W，Yu C，Wang X，et al. Predicting circRNA-disease associations through linear neighborhood label propagation method[J]. IEEE Access，2019，7：83474-83483.

[29]　Kim S，Chen J，Cheng T，et al. PubChem in 2021：New data content and improved web interfaces[J]. Nucleic Acids Research，2021，49（D1）：1388-1395.

[30]　Jeh G，Widom J. Simrank：A measure of structural-context similarity[C]. Proceedings of the Eighth ACM SIGKDD International Conference on Knowledge Discovery and Data Mining，New York，2002：538-543.

[31]　Shi C，Kong X，Huang Y，et al. HeteSim：A general framework for relevance measure in heterogeneous networks[J]. IEEE Transactions on Knowledge and Data Engineering，2014，26（10）：2479-2492.

[32]　Brodie E L，Singh Navjeet N S，Alekseyenko A V，et al. Simrank：Rapid and sensitive general-purpose K-mer search tool[J]. BMC Ecology，2011，11（1）：11.

[33]　王玉龙. 基于 SimRank 相似性度量的图中 Top-k 查询[D]. 西安：西安电子科技大学，2019.

[34]　张良富，李翠平，陈红. 大规模图上的 SimRank 计算研究综述[J]. 计算机学报，2019，42（12）：2665-2682.

[35]　马毅，郭杏莉，孙宇彤，等. 基于 HeteSim 的疾病关联长非编码 RNA 预测[J]. 计算机研究与发展，2019，56（9）：1889-1896.

第 4 章　智能优化算法

4.1　引　　言

　　长久以来，优化问题一直是人们不断研究与探讨的充满活力与挑战的领域。许多实际优化问题往往是 NP-hard 问题，传统的优化方法如共轭梯度法、牛顿迭代法、拟牛顿法、拉格朗日乘子法、动态规划法等存在着易过早陷入局部最优解、计算效率低等一些难以克服的局限性，无法满足人们的需求。近年来，群智能优化算法作为一类新兴的优化方法，受到了众多研究学者的关注。群智能优化算法是一类特殊的启发式优化算法，借鉴生物体或自然现象的各种机制和原理，模仿自然和生物现象，同时具有自适应环境的能力，利用群体中个体之间的信息交互与合作来达到寻优的目的，这类算法具有复杂度低、运行效率高、求解精度高等特点[1-3]。群智能优化算法不要求拟解决的问题必须预先确知优化问题的解的数学特征，所以它们既适用于连续型的优化问题，也适用于离散型的优化问题[4, 5]。群智能优化算法对拟处理问题的规模也没有要求，规模越大，越能体现出群智能优化算法的优越性，依靠概率搜索，仅仅涉及简单的数学操作，算法操作简单、复杂度低[6, 7]。

　　近十多年，群智能优化算法得到了飞速发展，各种基于仿生计算的优化算法相继被提出，并被成功应用于诸多工程领域解决相关问题[8, 9]，如资源分配、工程调度[10-13]以及机器人路径优化[4]等。本章对近年来出现的 8 种高效群智能优化算法：粒子群优化（particle swarm optimization，PSO）算法、人工鱼群（artificial fish school，AFS）算法、人工蜂群（artificial bee colony，ABC）算法、萤火虫算法（firefly algorithm，FA）、布谷鸟搜索（cuckoo search，CS）算法、果蝇优化算法（fruit fly optimization algorithm，FOA）、花授粉算法（flower pollination algorithm，FPA）和鸽群优化（pigeon-inspired optimization，PIO）算法分别进行介绍和分析，重点对各种算法的仿生原理以及算法步骤进行阐述。

4.2　粒子群优化算法

4.2.1　粒子群优化算法仿生原理

　　PSO 算法是美国的 Eberhart 和 Kennedy 受鸟群觅食行为启发，于 1995 年提出的一种启发式搜索算法[14]。鸟群在觅食过程中，会突然聚拢或者散开，最终找到食物，如果把食物看作优化问题的最优解，每只鸟就是一个"粒子"，其所处的位置相当于优化问题的一个解集，鸟群通过聚拢和散开来搜寻食物的过程相当于搜索、更新、优化解集的过程，最终找到问题的最优解。PSO 算法具有较强的搜索寻优能力和稳定的收敛性能，易于实现，得到了国内外众多学者的关注与研究，被广泛地应用到工程优化、项目调度、图像处理以及聚类分析等[15-17]多个研究领域。

4.2.2　基本粒子群优化算法描述

从 1995 年 PSO 算法提出到现在，在基本 PSO 算法的基础上有许多改进的算法，本章通过基本 PSO 算法模型来描述算法原理。

基本 PSO 算法首先根据优化问题的解空间随机对粒子 i 的位置 x_i 和速度 v_i 进行初始化，然后通过不断的迭代更新和搜索找到最优解或满足条件的解集。在每一次迭代过程中，粒子通过跟踪两个极值来更新自己：一个是个体极值点，即粒子本身搜索到的最优解，用 p_{best} 表示；另一个是全局极值点，即整个种群目前搜索到的最优解，用 g_{best} 表示[6]。

粒子 i 的信息可以用 D 维向量表示，位置表示为 $x_i = (x_{i1}, x_{i2}, \cdots, x_{iD})$，速度表示为 $v_i = (v_{i1}, v_{i2}, \cdots, v_{iD})$，$D$ 代表空间解集的维度，粒子的速度更新方式为

$$v_{id}^{k+1} = v_{id}^k + c_1 r_1 \left(p_{bestid}^k - x_{id}^k \right) + c_2 r_2 \left(g_{bestid}^k - x_{id}^k \right) \tag{4.1}$$

粒子的位置更新方式为

$$x_{id}^{k+1} = x_{id}^k + v_{id}^{k+1} \tag{4.2}$$

其中，v_{id}^k 是粒子 i 在第 k 次迭代过程中第 d 维的速度；x_{id}^k 是粒子 i 在第 k 次迭代过程中第 d 维的位置；c_1 和 c_2 分别是个体极值点和全局极值点的学习因子（加速系数）；r_1 和 r_2 是 [0,1] 上的随机数。

从粒子速度更新公式来看，粒子的速度由三部分构成，第一部分 v_{id}^k 是粒子当前的运动速度，表示粒子当前速度对粒子运动轨迹的影响；第二部分 $c_1 r_1 \left(p_{bestid}^k - x_{id}^k \right)$ 是粒子的"自我认知"部分，粒子自我学习的过程，表示粒子的个体经验，促使粒子朝着自身经历过的最优位置移动，使算法具有良好的局部扰动性能；第三部分 $c_2 r_2 \left(g_{bestid}^k - x_{id}^k \right)$ 是粒子的"群体认知"部分，粒子社会学习的过程，表示群体经验对粒子运动轨迹的影响，粒子之间通过消息共享向群体最优的位置移动，使得算法具有良好的全局寻优能力。粒子通过不断的"自我认识"和"群体认知"学习过程，最终找到最优解集[6]。

c_1 和 c_2 两个学习因子用于调整粒子的自我学习和社会学习在其运动过程中所占的比重，如果 c_1 和 c_2 都为 0，表示粒子没有自我学习和社会学习的能力，按照当前速度一直飞行；如果 $c_1 = 0$，表示粒子没有个体认知、自我学习能力，此时算

法局部扰动、搜索能力较差，容易陷入局部最优值；如果 $c_2 = 0$，表示粒子没有群体认知能力，粒子不会和其他粒子共享信息，此时算法变成了多起点的随机搜索算法，通常 c_1 和 c_2 的取值在 [0, 4] 之间，一般取 $c_1 = c_2 = 2$ [18]。

为了使粒子保持运动惯性，使其有扩展搜索空间的趋势，有能力探索新的区域，Eberhart 和 Shi[19] 对基本 PSO 算法进行改进，对速度更新方程增加惯性权重 w，称为标准 PSO 算法。

标准 PSO 算法中，粒子速度更新方程如下：

$$v_{id}^{k+1} = wv_{id}^k + c_1 r_1 \left(p_{bestid}^k - x_{id}^k \right) + c_2 r_2 \left(g_{bestid}^k - x_{id}^k \right) \tag{4.3}$$

通过调整惯性权重 w 的值可以控制标准粒子群优化算法的搜索能力，较大的惯性权重 w 可以增加粒子群优化算法的全局搜索能力，而较小的惯性权重 w 能加强局部搜索能力。如果惯性权重 $w = 1$，就变成了基本 PSO 算法。

4.2.3　基本粒子群优化算法步骤

基本 PSO 算法的实现步骤如下所述。

Step 1：初始化算法相关参数：迭代次数 iter，最大迭代次数 maxiter，种群数目（粒子个数）N，学习因子 c_1 和 c_2，问题维度 D 等。

Step 2：对每个粒子 i，随机初始化粒子的位置 x_i 和速度 v_i 并计算粒子的初始适应度值（目标函数值），记录个体极值点 p_{best}，全局极值点 g_{best}。

Step 3：根据式（4.1）更新每个粒子的速度。

Step 4：根据式（4.2）更新每个粒子的位置。

Step 5：重新计算粒子的适应度值（目标函数值），记录个体极值点 p_{best}，全局极值点 g_{best}。

Step 6：更新迭代次数 iter = iter + 1，若满足 iter ≥ maxiter，则输出全局最优结果，算法结束，否则跳转到 Step 3。

4.3　人工鱼群算法

4.3.1　人工鱼群算法仿生原理

鱼群在觅食过程中具有聚群和追尾行为，可以自行或尾随其他鱼找到营养物质多的水域，鱼类数目最多的地方就是营养物质最丰富的水域，觅食过程中既有自身随机搜索的过程，又有信息共享，体现了群体智能。受此行为启发，浙江大学李晓磊博士于 2001 年提出了一种新型仿生群智能优化算法——AFS 算法[20, 21]。该算法采用有别于传统算法的设计方法，以自下而上的设计思想与理念，将动物自治体的概念引入群体优化思想中，并通过模拟鱼类行为解决优化问题[22]。AFS 算法具有以下几个特点：①采用自下而上的模式，收敛速度快，可解决实时性问题；②对精度要求不高，可以快速求得可行解；③不需要问题具备特殊的解析性，应用范围广。

4.3.2　人工鱼群算法描述

大自然中真实的鱼类个体通过视觉或味觉感知水中的食物浓度，并向食物浓度高的区域聚集。在 AFS 算法中，将觅食、聚群和追尾作为人工鱼的基本行为，来模拟鱼类的觅食过程，达到寻找优化问题最优解的目的[20]。

在解决优化问题时，以一条人工鱼所处的位置代表一个解（即决策变量），用向量 $X = (x_1, x_2, \cdots, x_D)$ 表示，D 代表变量的维度；该解向量对应的目标函数值为 $Y = f(X)$，表示当前人工鱼捕获到的食物浓度；人工鱼个体之间的距离为 $d_{ij} = \left\| X_i - X_j \right\|$，visual 表示人工鱼的视野范围；step 表示人工鱼游动的最大步长；δ 表示拥挤度因子，用来调节鱼群的拥挤度。

下面以求极大值为例，介绍 AFS 算法中人工鱼在寻优过程中的几种行为[20]。

1. 觅食行为

人工鱼向着食物较多的方向游动的行为。设人工鱼当前所在位置为 X_i，在其视野可感知范围 visual 内随机选择一个新的位置 X_j，判断两个位置对应的食物浓度，如果 $Y_i < Y_j$，则向 X_j 所在方向前进一步；否则，在感知范围内重新选择一个新的位置，并判断其食物浓度；若反复尝试 trynumber 次后，仍未找到满足条件的位置，则执行随机行为。人工鱼 X_i 向 X_j 前进一步后所处的位置 X_{next} 可按式（4.4）计算：

$$X_{\text{next}} = \frac{X_j - X_i}{\left\| X_j - X_i \right\|} \times \text{step} \times \text{rand}(\cdot) \tag{4.4}$$

2. 聚群行为

人工鱼在游动过程中倾向于朝人工鱼数量较多的区域聚集。在聚群行为中，人工鱼个体会尽量朝着鱼群的中心游动，并且会与周围伙伴保持一定的距离，避免过分拥挤。若人工鱼当前所处位置为 X_i，探索其邻域范围（即 $d_{ij} < \text{visual}$）内的伙伴数目 nf，以及中心位置 X_c，如果 $Y_c / nf > \delta Y_i$，表明伙伴的中心 X_c 处有较多食物并且周围不太拥挤，按照式（4.5）朝伙伴的中心位置方向 X_c 前进一步，否则执行觅食行为。

$$X_{\text{next}} = \frac{X_c - X_i}{\left\| X_c - X_i \right\|} \times \text{step} \times \text{rand}(\cdot) \tag{4.5}$$

3. 追尾行为

人工鱼个体向周围处于最优位置的伙伴游动。若人工鱼当前所处位置为 X_i，探索其当前邻域（即 $d_{ij}<$ visual ）内食物浓度 Y_m 最大的伙伴 X_m，如果 $Y_m/nf>\delta Y_i$，表明伙伴 X_m 所处的位置附近有较多的食物且周围不太拥挤，则该人工鱼按照式（4.6）朝伙伴 X_m 所在位置方向前进一步，否则执行觅食行为。

$$X_{\text{next}}=\frac{X_m-X_i}{\|X_m-X_i\|}\times\text{step}\times\text{rand}(\cdot) \tag{4.6}$$

4. 随机行为

人工鱼个体在水域中自主游动的过程。若人工鱼当前所处位置为 X_i，则在其感知范围内随机游动的下一位置 X_{next} 可由式（4.7）计算得出。

$$X_{\text{next}}=X_i\times\text{rand}(\cdot)\times\text{visual} \tag{4.7}$$

4.3.3　人工鱼群算法步骤

AFS 算法的实现步骤如下所述。

Step 1：初始化算法相关参数：人工鱼种群规模 N，视野范围 visual，拥挤度因子 δ，人工鱼每次移动前的最大试探次数 trynumber，最大游动步长 step，以及最大迭代次数 maxiter。

Step 2：初始化人工鱼群。在问题解空间内随机生成 N 个解，表示 N 条人工鱼当前所处的位置。

Step 3：对每条人工鱼 i 执行聚群行为和追尾行为（包括觅食行为），人工鱼探测到的新位置分别为 X_{i1} 和 X_{i2}，比较两位置对应的目标函数值，若 $f(X_{i1})<f(X_{i2})$，则用 X_{i2} 更新当前人工鱼所处的位置，否则用 X_{i1} 更新当前人工鱼的位置。

Step 4：记录当前所有人工鱼的最佳位置 X_{best} 以及最优人工鱼 best。

Step 5：更新迭代次数 iter = iter +1，若满足 iter ≥ maxiter，则输出全局最优结果，算法结束，否则转 Step 3。

4.4　人工蜂群算法

4.4.1　人工蜂群算法仿生原理

ABC 算法是 Karaboga 在蜜蜂采蜜行为的启发下，于 2005 年提出的智能优化算法[23-25]。现实生活中的蜜蜂种群在任何环境下都能以极高的效率采集花蜜，同时适应环境的变化。

ABC 算法中包含 3 个基本要素：蜜源、雇佣蜂和非雇佣蜂[26]。

蜜源：蜜蜂的搜索目标，其质量可以由多方面的因素评价，如离蜂巢的远近程度、花蜜量的多少等，这些因素在算法中统一表示为"收益度"，用来衡量蜜源质量。

雇佣蜂：与蜜源一一对应，记录与其对应的蜜源的相关信息，并将信息与其他蜜蜂按概率分享。

非雇佣蜂：分为跟随蜂和侦察蜂，主要任务是寻找和开采蜜源，跟随蜂通过雇佣蜂分享的信息寻找收益度高的蜜源，侦察蜂则在蜂巢附近寻找新的蜜源。

ABC 算法还包含 3 种基本行为模式[27]：蜜源招募蜜蜂、搜索蜜源和放弃蜜源。①蜜蜂间交换信息是通过舞蹈来实现的，在蜂巢中有一片舞蹈区域就是信息的交换地，雇佣蜂在舞蹈区将蜜源的信息以舞蹈的形式传递给其他蜜蜂，通过舞蹈时间的长短来表示蜜源的收益度，此时跟随蜂就可以根据雇佣蜂的舞蹈来选择蜜源采蜜，收益度越高的蜜源被选择的概率越大，这就完成了蜜源招募蜜蜂的过程。②搜索蜜源行为由雇佣蜂与侦察蜂执行，雇佣蜂到达蜜源后，在蜜源附近搜索更好的蜜源，而侦察蜂则并不局限在蜜源附近，它采取随机的搜索方式。③当雇佣蜂在某一蜜源长时间停留后，雇佣蜂会选择放弃当前蜜源，此时雇佣蜂就成为侦察蜂，重新开始搜索新的蜜源。

ABC 算法就是上述基本组成元素完成基本行为模式的自组织过程，实际是一种通过蜜蜂个体的局部寻优行为来凸显全局最优结果的寻优方式。

4.4.2　人工蜂群算法描述

ABC 算法在求解优化问题时，蜜源对应优化问题的一个可行解，蜜源的收益度对应优化问题的目标函数值，算法实际上是一个迭代的过程[28]。初始时随机生成 N 个可行解，将这 N 个可行解的函数值中排名前 50%的解看作蜜源，蜜源个数在迭代过程中保持不变，每个蜜源对应一只雇佣蜂，排名后 50%的解为跟随蜂所在位置。雇佣蜂能够在蜜源附近的邻域内搜索新的蜜源，公式如下：

$$x_{id}\_new = x_{id} + r(x_{id} - x_{kd}) \tag{4.8}$$

其中，d 为解向量的维度；r 为[0,1]上的随机数；k 为随机生成的数，对应除第 i 个蜜源外的任意蜜源；随着迭代次数的增加，$x_{id} - x_{kd}$ 值会逐渐减小，即蜜蜂搜索的空间逐渐减小，这有利于提高算法的搜索精度。

在雇佣蜂完成邻域搜索后，会比较原有蜜源与邻域搜索所得蜜源，并保存较优者，同时，将蜜源信息以舞蹈方式与跟随蜂分享，跟随蜂则根据雇佣蜂提供的蜜源信息，以一定概率来选择蜜源采蜜，蜜源的收益度越高，吸引跟随蜂的概率越大，选择概率公式如下：

$$p = \begin{cases} \dfrac{\text{fit}_i}{\sum\limits_{n=1}^{N}\text{fit}_n}, & \text{求 max(fit)} \\[4mm] \dfrac{\sum\limits_{n=1}^{N}\text{fit}_n - \text{fit}_i}{(N-1)\sum\limits_{n=1}^{N}\text{fit}_n}, & \text{求 min(fit)} \end{cases} \tag{4.9}$$

跟随蜂选择新的蜜源后，已转变为雇佣蜂，也要完成在蜜源附近区域的搜索并保存较优者这一任务，若某一蜜源对应的可行解在多次迭代后没有发生变化，则随机生成新的可行解，表示雇佣蜂放弃原有蜜源寻找了新的蜜源。

4.4.3　人工蜂群算法步骤

ABC 算法的实现步骤如下所述。

Step 1：初始化算法相关参数：蜂群种群数目 N，迭代次数 iter，最大迭代次数 maxiter，蜜源停留最大限制次数 Limit 等。

Step 2：在搜索区域内随机产生 N 个向量，计算适应度函数值，适应度函数值大的前 $N/2$ 个向量作为蜜源位置，并对应 $N/2$ 个雇佣蜂，初始化标志向量 $\text{Bas}(i)=0$，记录雇佣蜂停留在同一蜜源的循环次数。

Step 3：每只雇佣蜂 i 按式（4.8）在附近蜜源搜索，计算蜜源所表示的适应度函数值，若优于当前蜜源，更新当前雇佣蜂所在蜜源位置，令 $\text{Bas}(i)=0$，否则更新标志向量 $\text{Bas}(i)=\text{Bas}(i)+1$。

Step 4：按照式（4.9）计算跟随蜂选择蜜源的概率，每只跟随蜂按概率选择蜜源，并转化为雇佣蜂采蜜，同时在蜜源附近搜索，记录较优蜜源位置，更新标志向量 $\text{Bas}(i)$。

Step 5：判断 $\text{Bas}(i)$ 是否大于 Limit，若 $\text{Bas}(i)>\text{Limit}$，则第 i 个雇佣蜂放弃当前蜜源而成为侦察蜂，在解空间内搜索。

Step 6：记录当前所有蜜蜂找到的最优蜜源，即全局最优解 Best。

Step 7：更新迭代次数 iter = iter + 1，若满足 iter ≥ maxiter，则搜索停止，输出全局最优位置，否则转到 Step 3。

4.5 萤火虫算法

4.5.1 萤火虫算法仿生原理

2010 年，Yang 受自然界中萤火虫之间通过发光相互沟通、进行信息交流的生物学特征启发，提出了 FA[29]。萤火虫通过荧光素发生的复杂生化反应进行发光，借助发光捕食、求偶、警示以及相互交流等，FA 就是模拟萤火虫的发光行为提出的启发式随机优化算法。把待求解问题解空间中的一个解看作萤火虫个体，将搜索和优化过程模拟成萤火虫个体间相互吸引和移动的过程，用求解问题的目标函数值来衡量萤火虫所处位置的优劣，将萤火虫个体的适者生存过程类比为搜索和优化过程中用较好可行解取代较差可行解的迭代过程[30]，最终找到最优解。

4.5.2 萤火虫算法描述

在 FA 中，有两个重要的参数，萤火虫的亮度和吸引度。萤火虫的亮度和目标函数值相关，体现了萤火虫所处位置的优劣，位置越佳，目标值越好，则亮度越高，亮度高的萤火虫吸引亮度低的萤火虫向自己移动，移动的大小由吸引度来衡量，因此，亮度决定移动方向，吸引度决定移动大小[31]。

为了简易地描述 FA，通常遵循下面三个理想化的规则[29, 32]：

（1）萤火虫不分雌雄，它们之间的相互吸引与性别无关；

（2）吸引度与亮度成正比，亮度低的萤火虫被吸引向亮度高的萤火虫移动，亮度最高的萤火虫随机移动，吸引度和亮度与距离成反比，随着距离的增大吸引度和亮度减小；

（3）萤火虫的亮度由具体求解问题的目标函数值决定。

x_i 表示第 i 个萤火虫的位置，$f(x_i)$ 表示具体问题的目标函数值，荧光亮度 I 体现萤火虫所处位置的重要性，和具体问题的目标函数值正相关 $I \propto f(x_i)$，如果萤火虫 j 的荧光亮度优于萤火虫 i，则萤火虫 i 被吸引，向萤火虫 j 移动，移动公式如下：

$$x_i = x_i + \beta_0 \times e^{-\gamma r_{ij}^2} \times (x_j - x_i) + \alpha(\text{rand} - 0.5) \qquad (4.10)$$

其中，β_0 为最大吸引度，即光源处（$r = 0$）的吸引度；γ 为光强吸收系数，因为荧光亮度会随着距离的增加逐渐减弱，所以设置光强吸收系数体现此特性，可设为常数；r_{ij} 为萤火虫 i 和萤火虫 j 之间的距离，计算见式（4.11）；α 为步长因子，是[0,1]上的常数；rand 为[0,1]上服从均匀分布的随机因子；$\alpha(\text{rand}-0.5)$ 为扰动项，避免算法过早地陷入局部最优。

$$r_{ij} = \|x_i - x_j\| = \sqrt{\sum_{k=1}^{d}(x_{ik} - x_{jk})^2} \qquad (4.11)$$

其中，d 表示数据维度；x_{ik} 表示萤火虫 i 的第 k 个数据分量。

最亮的萤火虫按照式（4.12）随机移动：

$$x_{\text{best}} = x_{\text{best}} + \alpha(\text{rand}-0.5) \qquad (4.12)$$

其中，x_{best} 代表当前最亮的萤火虫所处的位置；α 同前面。

4.5.3　萤火虫算法步骤

FA 的实现步骤如下所述。

Step 1：初始化算法相关参数：萤火虫种群数目 N，迭代次数 iter，最大迭代次数 maxiter，最大吸引度 β_0，光强吸收系数 γ，步长因子 α。

Step 2：对每个萤火虫 i，随机初始化萤火虫的位置 x_i，并根据目标函数计算每个萤火虫的荧光亮度，记录最亮的萤火虫 x_{best}。

Step 3：对每个萤火虫 i，如果萤火虫 j 的荧光亮度优于萤火虫 i，则萤火虫 i 被吸引，按照式（4.10）向萤火虫 j 移动，移动后更新荧光亮度。

Step 4：最亮的萤火虫 x_{best} 按照式（4.12）随机移动，更新荧光亮度，更新 x_{best}。

Step 5：更新迭代次数 iter = iter + 1，若满足 iter ≥ maxiter，则输出全局最优结果，算法结束，否则跳转到 Step 3。

4.6　布谷鸟搜索算法

4.6.1　布谷鸟搜索算法仿生原理

2009 年，Yang 和 Suash 受布谷鸟通过巢寄生方式孵育幼鸟和莱维飞行寻找寄生鸟巢的生物行为启发提出了 CS 算法[3, 33]。

1. 布谷鸟巢寄生繁殖行为

布谷鸟是一种很有吸引力的鸟类，它们能发出美妙的叫声，同时又具有独特的繁殖策略。一些布谷鸟物种通过巢寄生方式来繁育后代，它们将自己的卵产在宿主巢中，让宿主替它孵化和养育后代，为了增加自己所产卵的孵化概率，布谷鸟通常会在产卵后把宿主的卵移走[34]。布谷鸟通常在繁殖期寻找孵化期和育雏期相似、雏鸟食性基本相同、卵形与颜色相近的宿主，多为雀形目鸟类。在寄生时间的选择上，布谷鸟多在宿主开始孵卵之前，趁宿主离巢外出时快速寄生产卵。由于布谷鸟的卵在颜色、大小、卵斑等许多方面与宿主的卵相似，因此宿主难以发现卵不是自己的，这极有助于布谷鸟寄生产卵。而一旦宿主发现卵不是自己的，它们会扔掉布谷鸟的卵或者遗弃整个鸟巢重新筑巢产卵；另外，如果巢寄生的布谷鸟雏鸟孵出，它们有将宿主的卵或雏鸟推出巢外的习性，从而独享宿主孵育，它们甚至会模仿宿主鸟类的叫声，从而获得更多的喂食机会。

2. 莱维飞行（Lévy flight）

自然界中，动物按照随机方式或拟随机方式寻找食物，觅食路径属于随机行走，下一步的移动信息取决于当前的位置、状态和转移概率，选择的方向依赖于转移概率。科学家通过大量的实验、数学建模和理论研究证明，许多动物和昆虫在觅食及捕食过程中都采用莱维飞行的移动策略[34, 35]。莱维飞行由一系列连续的随机导向的直线运动组成，频繁出现的较短距离的直线运动和偶尔出现的较长移动相间出现，甚至不时地出现更长距离的移动，见图 4.1，这种直线运动没有特征尺度，具有无标度（scale-free）特性[36]。莱维飞行属于随机行走的一种，行走步长满足一个重尾的概率分布，可以利用莱维分布（Lévy distribution）得出[29, 33]。Yang和 Suash 发现用莱维飞行代替简单的随机行走能提高布谷鸟搜索算法的性能[37]。

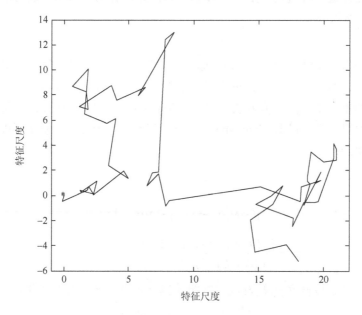

图 4.1　莱维飞行示意图（起始位置用 * 标记）

4.6.2　布谷鸟搜索算法描述

CS 算法模拟布谷鸟巢寄生孵育后代和莱维飞行寻找寄生巢行为，寻找寄生巢的过程相当于不断更新、优化问题解的过程，寄生巢位置的优劣用求解问题的目标函数值来衡量，莱维飞行可以提高 CS 算法的全局寻优能力，参数少，实现简单，被广泛应用于多个研究领域。

为了简易地描述 CS 算法，通常遵循下面三个理想化的规则[33]：

（1）每只布谷鸟每次产一枚卵，并随机选择一个寄生巢来孵化；

（2）最好的寄生巢将保留到下一代；

（3）寄生巢的数目是固定的，寄生卵被宿主发现的概率是 $p_a \in [0,1]$。如果被发现，宿主会丢弃这个卵或者丢弃整个巢穴重新筑巢，这条规则可以看作新巢替换旧巢的概率。

基于上述三条规则，布谷鸟通过莱维飞行更新位置寻找新的解决方案。第 i 个布谷鸟寻找、更新位置 x_i^{t+1} 公式如下：

$$x_i^{t+1} = x_i^t + \alpha \oplus \text{Lévy}(\beta), \quad i = 1, 2, \cdots, n \tag{4.13}$$

其中，$\alpha > 0$ 表示步长控制量，和问题的规模相关，通常情况下都取 $\alpha = 1$；$\oplus$ 表示点对点乘法运算。

莱维飞行是一种随机行走[38]，步长可以从莱维分布中得出，通常用一个简单的幂律公式来表示：

$$\text{Lévy} \sim u = t^{-1-\beta}, \quad 0 < \beta \leqslant 2 \tag{4.14}$$

莱维分布是由法国数学家 Lévy 提出的一类分布，在自然计算和金融领域有着广泛的应用，但是根据莱维分布的概率密度函数来计算莱维分布比较难，现有的莱维分布基本上都使用数值方法计算[39]。Mantegna 于 1994 年提出一种求解莱维分布的数值算法[40]，根据 Mantegna 的算法，莱维飞行的行动步长 s 可以通过以下公式计算得到：

$$s = \frac{u}{|v|^{1/\beta}} \tag{4.15}$$

$$u \sim N(0, \sigma_u^2), \quad v \sim N(0, \sigma_v^2) \tag{4.16}$$

$$\sigma_u = \left(\frac{\Gamma(1+\beta)\sin(\pi\beta/2)}{\Gamma((1+\beta)/2)\beta 2^{(\beta-1)/2}} \right)^{1/\beta}, \quad \sigma_v = 1 \tag{4.17}$$

最差的鸟巢按概率 p_a 被发现，按照随机行走方式产生新的解集：

$$x_{\text{worst}}^{t+1} = x_{\text{worst}}^t + \alpha \times \text{rand}(\cdot) \tag{4.18}$$

4.6.3 布谷鸟搜索算法步骤

CS 算法的实现步骤如下所述。

Step 1：初始化算法相关参数：布谷鸟数目 N，迭代次数 iter，最大迭代次数 maxiter，步长控制量 α。

Step 2：对每个布谷鸟 i，随机初始化寄生巢的位置 x_i，并计算目标函数值来衡量寄生巢位置的好坏，记录最优位置（最优寄生巢保留到下一代）和最差位置。

Step 3：除最优位置外的布谷鸟 i，根据式（4.13）来产生新的寄生巢，并计算目标函数值，更新最优位置和最差位置。

Step 4：最差位置的布谷鸟根据式（4.18）产生新的寄生巢，并更新相应的目标函数值。

Step 5：更新迭代次数 iter = iter + 1，若满足 iter ≥ maxiter，则输出全局最优结果，算法结束，否则跳转到 Step 3。

4.7 果蝇优化算法

4.7.1 果蝇优化算法仿生原理

FOA 是由中国台湾学者 Pan[41]于 2012 年提出来的，其基本思想来源于果蝇的觅食行为。果蝇有着异常敏锐的嗅觉和灵敏的视觉，果蝇的觅食过程就是通过借助嗅觉和视觉不断接近最优个体来实现对解空间的寻优过程。与其他算法相比，FOA 结构简单易于理解，可操作性强，并且需要调整的参数相对较少，目前已被成功应用于聚类[42]、工业设计及优化[43,44]等众多领域。

4.7.2 果蝇优化算法描述

果蝇拥有极其灵敏的嗅觉器官和视觉器官，能够感知到 40 公里之外食物源所散发出来的气味，并且飞向食物。一般来说，距离食物源越远，果蝇能够嗅到食物源所散发出来的气味浓度就越小，因此果蝇需要不断地从气味浓度低的位置飞往气味浓度高的位置进行搜索食物。当果蝇靠近食物源附近时，就会利用其敏锐的视觉，发现同伴聚集以及食物源所在的准确位置，最后飞向食物。根据果蝇的这种生理特性，对其觅食过程进行模拟分析，可以得到果蝇觅食的基本原理（以二维空间搜索最大值为例）。

（1）嗅觉搜索阶段：果蝇利用嗅觉搜寻食物的位置和距离，并朝食物方向飞去。假设果蝇当前位置为(x_axis, y_axis)，则更新后的位置为

$$\begin{cases} x_i = x\_axis + \text{randomvalue}_x \\ y_i = y\_axis + \text{randomvalue}_y \end{cases} \tag{4.19}$$

其中，randomvalue是果蝇个体每一维的随机距离。

果蝇个体位置更新后，需要判断所处位置浓度值的大小，浓度值大小和优化问题的目标函数值相关。由于食物位置是未知的，所以先估计果蝇个体i与原点之间的距离Dist_i，用距离的倒数表示浓度判别值S_i，将浓度判别值S_i代入目标函数计算果蝇感知的浓度值$\text{Smell}_i = \text{Fun}(S_i)$，其中$\text{Fun}(\cdot)$表示优化问题的目标函数。

$$S_i = \frac{1}{\text{Dist}_i} \tag{4.20}$$

$$\text{Dist}_i = \sqrt{x_i^2 + y_i^2} \tag{4.21}$$

（2）视觉定位阶段：靠近食物源附近后，利用视觉判断食物源以及其他同伴聚集的准确位置，飞向食物[45]。找到果蝇群体中味道浓度值最高的果蝇，更新最佳味道浓度值Smellbest以及最佳位置坐标值(x_best, y_best)，果蝇群体利用视觉往该位置飞去。

$$\begin{cases} x\_axis = x\_best \\ y\_axis = y\_best \end{cases} \tag{4.22}$$

4.7.3 果蝇优化算法步骤

根据果蝇觅食的优化过程，其具体实现步骤如下所述。

Step 1：设定果蝇个体数目N，最大迭代次数maxiter，随机初始化果蝇种群的位置。

Step 2：果蝇个体利用嗅觉搜寻并飞向感知的食物源，按照式（4.19）更新果蝇位置。

Step 3：按照式（4.21）计算果蝇个体与原点之间的距离Dist_i，按照式（4.20）计算气味浓度判断值S_i。

Step 4：计算果蝇所感知到的气味浓度值Smell_i。

Step 5：找出果蝇种群中气味浓度值最佳的果蝇个体。

Step 6：记录并保存Smellbest以及对应最优果蝇位置，同时果蝇群体按照式（4.22）利用视觉飞往最佳浓度所对应的位置。

Step 7：重复执行Step 2～Step 5，并判断果蝇浓度值是否高于上一次迭代的最优浓度值，且当前迭代次数是否小于最大迭代次数maxiter，满足则执行Step 6，否则，算法结束。

4.8　花授粉算法

4.8.1　花授粉算法仿生原理

FPA 是 Yang 在 2013 年提出的一种模拟自然界花朵授粉行为的新型智能优化算法[46]。众所周知，花卉植物繁殖后代的方式是授粉，自然界中主要有两种授粉形式：自花授粉（无性授粉）与异花授粉（有性授粉）。自花授粉（self-pollination）指植物成熟的花粉粒传到同一朵花的柱头或者同一种花之间的传粉过程，经常发生于雌雄同株的花朵上，通过风力等因素完成授粉；异花授粉（cross-pollination）指一朵花的雌蕊接受另外一朵花的雄蕊花粉，经常发生于相距较远的花卉植物之间，此时需要蜜蜂等的帮助来完成授粉。自花授粉与异花授粉分别对应花授粉算法的局部授粉和全局授粉，这是 FPA 中的两个主要模式[47]。由于 FPA 参数少、易于实现，所以比 PSO 算法和遗传算法具有更好的寻优能力[48,49]。

4.8.2　花授粉算法描述

在 FPA 中，为了简化花朵授粉过程，假设每棵植物仅有一朵花，每朵花只有一个配子，花或花粉可以由位置向量表示，即优化问题的一个候选解。FPA 遵循如下三个规则：

（1）异花授粉类似于花粉载体通过莱维飞行进行全局授粉；

（2）自花授粉近似为局部授粉过程；

（3）异花授粉和自花授粉由转换概率 $p \in [0,1]$ 控制。

异花授粉过程：花粉 i 在时刻 t 进行异花授粉时，位置 x_i^t 更新过程如下：

$$x_i^{t+1} = x_i^t + L(x_i^t - g_{\text{best}}) \tag{4.23}$$

其中，g_{best} 表示当前状态下最佳花粉位置；L 表示授粉强度，即服从莱维分布的步长，具体计算方式和 CS 算法相同。

自花授粉过程：花粉 i 在时刻 t 进行自花授粉时，位置 x_i^t 更新过程如下：

$$x_i^{t+1} = x_i^t + \varphi(x_j^t - x_k^t) \tag{4.24}$$

其中，x_j^t 和 x_k^t 表示不同于 i 的两个花粉位置；φ 在 $[0,1]$ 上服从均匀分布。

4.8.3　花授粉算法步骤

FPA 的实现步骤如下所述。

Step 1：初始化算法相关参数：花粉数目 N，迭代次数 iter，最大迭代次数 maxiter，转换概率 $p \in [0,1]$。

Step 2：初始化花粉初始位置，并计算相应目标函数值，记录最优花粉位置。

Step 3：对于每个花粉 i，如果 rand $< p$，根据式（4.23）进行异花授粉，否则根据式（4.24）进行自花授粉。

Step 4：计算目标函数值，更新最优花粉位置。

Step 5：更新迭代次数 iter = iter + 1，若满足 iter ≥ maxiter，则输出全局最优结果，算法结束，否则跳转到 Step 3。

4.9　鸽群优化算法

4.9.1　鸽群优化算法仿生原理

PIO 算法是由北京航空航天大学的段海滨等[50]在 2014 年提出的一种新型仿生群智能优化算法，算法的思想源于对鸽群通过磁场和地标归巢等行为的模拟。

鸽子天生有着很强的归巢能力，它们借助地磁场、太阳和地标三个导航工具，找到远方的目的地。鸽子在飞行过程中，会根据不同的情况使用不同的巡航工具。首先通过地磁场对一个大概的方向进行辨别，然后利用地貌、建筑等对目前的方向实施修正，直到到达精确的目的地[51]。在 PIO 算法中地图和指南针算子模型是基于地磁场和太阳提出的，而地标算子是基于地标提出的。

影响鸽子归巢主要有三种因素——太阳、地磁场和地标，并且鸽子在飞行过程的不同阶段会选择使用不同的导航工具。国内外学者通过研究鸽群导航行为发现：鸽子在飞行的开始阶段，主要依靠类似指南针一样的导航工具；飞行途中，鸽子会重新选择地标作为导航工具，同时重新评估自己的路线并进行必要的修正[51]。

美国科学家 Keeton[52]在实验中将磁铁放置在飞行经验丰富的鸽子背部，选择阴天的时候，在离目的地 27～50km 的位置将鸽子放飞，结果发现在绝大多数情况下鸽子会迷失方向，而在晴天的时候，不会出现这种情况。英国科学家 Whiten[53]认为，太阳是鸽子飞行过程中一种重要的巡航工具。德国学者 Wiltschko 等[54]通过实验发现，鸽子在归巢过程中，是将依靠太阳获得的方向信息和依靠地磁场获得的方向信息结合起来，共同完成导航的。

Schiffner 等[55]通过实验表明，持续波动的磁场不仅会对鸽子的起始飞行产生影响，而且在鸽子的整个飞行过程中起到了不可忽视的引导作用。Ioalè 等[56]在实验中，将 Helmholtz 线圈置于鸽子的脖子和头部，然后发出 14Hz 频率的磁场进行干扰。结果发现，当磁场的振荡为长方形时，鸽子飞行的真实方向受到了强烈的干扰，而当磁场振荡为三角形或正弦形的时候，就无干扰发生。Wiltschko 等[57]通过实验发现，在鸽子的上喙结构处有一种磁感应结构，此结构在鸽子飞行过程中发挥了重要的导航作用。Mora 等[58]就鸽子的磁感应机制进行了研究，通过多次实验发现磁场的信号是通过鼻子经三叉神经反馈给大脑的。

Braithwaite 等[59]指出，尽管一般来说，视觉不被认为是鸽子飞行的导航工具，但实验发现，相似的地形地貌会对鸽子的归巢行为产生影响。Biro 等[60]通过实验发现，在放飞鸽子前，如果给鸽子 5min 来熟悉释放点的环境，能够加快鸽子的归巢过程。

4.9.2　鸽群优化算法描述

PIO 算法中，通过模仿鸽子在飞行过程中不同阶段使用不同的导航工具寻找目的地的机制，提出了两种不同的算子模型：地图罗盘算子和地标算子。

1. 地图罗盘算子

用 x_i 和 v_i 分别表示第 i 只鸽子的位置和速度。在 d 维的搜索空间里，每只鸽子的位置和速度在每次迭代中不断更新。第 i 只鸽子在第 t 次迭代中的位置和速度可分别通过式（4.25）和式（4.26）获得：

$$x_i^t = x_i^{t-1} + v_i^t \tag{4.25}$$

$$v_i^t = v_i^{t-1} \times e^{-Rt} + \text{rand} \times (x_g - x_i^{t-1}) \tag{4.26}$$

第 i 只鸽子的速度是由它上一次迭代的速度和当前鸽子的最好位置和所在位置共同决定的，其中，R 是地图罗盘因子；rand 是一个随机数（取值在 0～1）；x_g 是全局最优位置。第 i 只鸽子的位置是由上一次迭代所在位置和当前速度决定的。每只鸽子根据式（4.25）向处于最优位置的鸽子的进行方向调整和飞行，根据式（4.26）进行速度的调整。

2. 地标算子

地标算子模型是根据鸽子利用地标进行导航而建立的。当鸽子在飞行过程中靠近目的地时，它们将更多地依赖附近的地标，如果鸽子对地标熟悉，则根据经验飞向目的地，否则，将跟随那些对地标熟悉的鸽子飞行。在地标算子模型中，每一次迭代后鸽子的数量都会减少一半。由于那些离目的地较远的鸽子对地标不熟悉，它们不能提供较为准确的路径信息，因此会被舍弃，然后在剩余的鸽子中找到鸽子的中心位置，当作地标，作为鸽子飞行的参考方向，在每

一次迭代中用 N_p 记录一半鸽子的数目, x_c^t 是第 t 代鸽子的中心位置, 其余鸽子的位置根据式 (4.29) 进行更新:

$$N_p^t = \frac{N_p^{t-1}}{2} \qquad (4.27)$$

$$x_c^t = \frac{\sum x_i^t \times \text{fitness}(x_i^t)}{N_p^t \sum \text{fitness}(x_i^t)} \qquad (4.28)$$

$$x_i^t = x_i^{t-1} + \text{rand} \times (x_c^t - x_i^{t-1}) \qquad (4.29)$$

其中, $\text{fitness}(x_i^t)$ 是种群里每只鸽子对应的目标函数值。

4.9.3　鸽群优化算法步骤

PIO 算法的实现步骤如下所述。

Step 1: 初始化鸽群优化算法参数, 如解空间的维度 D, 种群规模 N_p, 地图和指南针因子 R, 两算子的迭代次数计数器 iter1 和 iter2, 以及最大迭代次数 maxiter1 和 maxiter2。

Step 2: 鸽群初始化。在搜索空间内随机生成 N_p 只鸽子, 比较每只鸽子对应的目标函数值, 找出当前的鸽子所处的最优位置。

Step 3: 地图罗盘操作。首先, 按式 (4.25) 和式 (4.26) 更新每只鸽子的位置和速度; 然后, 比较所有鸽子的目标函数值, 找出新的最优位置。

Step 4: 更新迭代次数 iter1 = iter1 + 1, 若满足 iter1 > maxiter1, 则停止地图罗盘操作, 转到 Step 5, 否则, 转到 Step 3。

Step 5: 所有鸽子根据目标函数值进行排名, 淘汰目标函数值低的一半鸽子, 在剩余目标函数值高的一半鸽子中根据式 (4.28) 找到中心位置, 剩余鸽子将根据中心鸽子位置按照式 (4.29) 调整飞行方向。

Step 6: 更新迭代次数 iter2 = iter2 + 1, 若满足 iter2 > maxiter2, 则停止地标操作, 并输出最优结果, 否则, 转到 Step 5。

4.10　小　　结

本章对目前比较典型、高效的智能优化算法的仿生原理、设计规则以及实现步骤进行了介绍, 具体包括 PSO 算法、AFS 算法、ABC 算法、FA、CS 算法、FOA、FPA 和 PIO 算法。不同的智能优化算法的仿生原理不同, 但都是受不同生命体在适应自然环境过程中个体认知和群体智能行为的启发[61]，进行模型优化，并应用于解决实际优化问题[62]。在实际应用过程中，可以根据智能优化方法的特点和求解问题的性质来选择合适的优化方法，从而得到问题的最优解。

在智能优化算法中，群体中的每个个体通过学习自身经验和其他个体的经验不断地改变搜索方向，向全局最优靠近。通过优化过程，我们发现，当个体陷入"局部最优"的时候，要向其他个体学习，勇于探索，不断寻找新的机遇，最终到达"全局最优"。在团队协作中也是一样的道理，要不断发掘自身不足，取长补短，通过合作的方式实现共赢。

参 考 文 献

[1]   Pourpanah F, Wang R, Lim C P, et al. A review of artificial fish swarm algorithms: Recent advances and applications[J]. Artificial Intelligence Review, 2022, 56 (13): 1-37.

[2]   Houssein E H, Gad A G, Hussain K, et al. Major advances in particle swarm optimization: Theory, analysis, and application[J]. Swarm and Evolutionary Computation, 2021, 63: 100868.

[3]   Guerrero-Luis M, Valdez F, Castillo O. A review on the cuckoo search algorithm[J]. Fuzzy Logic Hybrid Extensions of Neural and Optimization Algorithms: Theory and Applications, 2021: 113-124.

[4]   Reda M, Onsy A, Elhosseini M A, et al. A discrete variant of cuckoo search algorithm to solve the travelling salesman problem and path planning for autonomous trolley inside warehouse[J]. Knowledge-based Systems, 2022, 252: 109290.

[5]   Yang X S, Deb S, Zhao Y X, et al. Swarm intelligence: Past, present and future[J]. Soft Computing, 2018, 22 (18): 5923-5933.

[6]   雷秀娟. 群智能优化算法及其应用[M]. 北京: 科学出版社, 2012.

[7]   Phan H D, Ellis K, Barca J C, et al. A survey of dynamic parameter setting methods for nature-inspired swarm intelligence algorithms[J]. Neural Computing and Applications, 2020, 32 (2): 567-588.

[8]   Makhloufi S, Khennas S, Bouchaib S, et al. Multi-objective cuckoo search algorithm for optimized pathways for 75% renewable electricity mix by 2050 in algeria[J]. Renewable Energy, 2022, 185: 1410-1424.

[9]   Zhao X, Wang C, Su J, et al. Research and application based on the swarm intelligence algorithm and artificial intelligence for wind farm decision system [J]. Renewable Energy, 2019, 134: 681-697.

[10] Chatzis S P, Koukas S. Numerical optimization using synergetic swarms of foraging bacterial populations[J]. Expert Systems with Applications, 2011, 38 (12): 15332-15343.

[11] Feng H M, Chen C Y, Ye F. Evolutionary fuzzy particle swarm optimization vector quantization learning scheme in image compression[J]. Expert Systems with Applications, 2007, 32 (1): 213-222.

[12] Lei X, Wu S, Ge L, et al. Clustering and overlapping modules detection in PPI network based on IBFO[J]. Proteomics, 2013, 13 (2): 278-290.

[13] Lei X, Wu F X, Tian J, et al. ABC and IFC: Modules detection method for PPI network[J]. Biomed Research International, 2014, 2014 (1): 968173.

[14] Poli R, Kennedy J, Blackwell T. Particle swarm optimization[J]. Swarm Intelligence, 2007, 1 (1): 33-57.

[15] Sun S, Li J. A two-swarm cooperative particle swarms optimization[J]. Swarm and Evolutionary Computation, 2014, 15: 1-18.

[16]　Zhang Q，Lei X，Huang X，et al. An improved projection pursuit clustering model and its application based on quantum-behaved PSO[C]. 2010 Sixth International Conference on Natural Computation，Yantai，2010：2581-2585.

[17]　Pace F，Santilano A，Godio A. A review of geophysical modeling based on particle swarm optimization[J]. Surveys in Geophysics，2021，42（3）：505-549.

[18]　Shi Y，Eberhart R C. Parameter selection in particle swarm optimization[C]. International Conference on Evolutionary Programming，San Diego，1998：591-600.

[19]　Shi Y，Eberhart R. A modified particle swarm optimizer[C]. 1998 IEEE International Conference on Evolutionary Computation Proceedings，Anchorage，1998：69-73.

[20]　李晓磊. 一种新型的智能优化方法——人工鱼群算法[D]. 杭州：浙江大学，2003.

[21]　李晓磊，钱积新. 人工鱼群算法：自下而上的寻优模式[C]. 过程系统工程 2001 年会论文集，中国系统工程学会过程系统工程专业委员会，2001：83-89.

[22]　张梅凤，邵诚，甘勇，等. 基于变异算子与模拟退火混合的人工鱼群优化算法[J]. 电子学报，2006，34（8）：1381-1385.

[23]　Karaboga D. An idea based on honey bee swarm for numerical optimization[R]. Technical Report-Tr06，Erciyes University，Engineering Faculty，Computer Engineering Department，Kayseri，2005.

[24]　Karaboga D，Basturk B. A powerful and efficient algorithm for numerical function optimization：Artificial bee colony（ABC）algorithm[J]. Journal of Global Optimization，2007，39（3）：459-471.

[25]　Karaboga D，Akay B，Ozturk C. Artificial bee colony（ABC）optimization algorithm for training feed-forward neural networks[C]. International Conference on Modeling Decisions for Artificial Intelligence，Kitakyushu，2007：318-329.

[26]　Karaboga D，Akay B. A comparative study of artificial bee colony algorithm[J]. Applied Mathematics and Computation，2009，214（1）：108-132.

[27]　Singh A. An artificial bee colony algorithm for the leaf-constrained minimum spanning tree problem[J]. Applied Soft Computing，2009，9（2）：625-631.

[28]　Jacob I J，Darney P E. Artificial bee colony optimization algorithm for enhancing routing in wireless networks[J]. Journal of Artificial Intelligence，2021，3（1）：62-71.

[29]　Yang X S. Nature-inspired Metaheuristic Algorithms[M]. 2nd ed. Frome：Luniver Press，2010：1-9.

[30]　赵杰，雷秀娟，吴振强. 基于最优类中心扰动的萤火虫聚类算法[J]. 计算机工程与科学，2015，37（2）：342-347.

[31]　Kumar V，Kumar D. A systematic review on firefly algorithm：Past，present，and future[J]. Archives of Computational Methods in Engineering，2021，28（4）：3269-3291.

[32]　刘长平，叶春明. 一种新颖的仿生群智能优化算法：萤火虫算法[J]. 计算机应用研究，2011，28（9）：3295-3297.

[33]　Yang X S，Deb S. Cuckoo search via Lévy flights[C]. 2009 World Congress on Nature and Biologically Inspired Computing（NaBIC），Coimbatore，2009：210-214.

[34]　赵杰. 群智能优化算法在聚类分析中的应用研究[D]. 西安：陕西师范大学，2015.

[35]　Cuong-Le T，Minh H L，Khatir S，et al. A novel version of cuckoo search algorithm for solving optimization problems[J]. Expert Systems with Applications，2021，186：115669.

[36]　Reynolds A M，Rhodes C J. The Lévy flight paradigm：Random search patterns and mechanisms[J]. Ecology，2009，90（4）：877-887.

[37]　Yang X S，Deb S. Engineering optimisation by cuckoo search[J]. International Journal of Mathematical Modelling & Numerical Optimisation，2010，1（4）：330-343.

[38] Peng H，Zeng Z，Deng C，et al. Multi-strategy serial cuckoo search algorithm for global optimization[J]. Knowledge-based Systems，2021，214：106729.

[39] 崔志华. 社会情感优化算法[M]. 北京：电子工业出版社，2011.

[40] Mantegna R N. Fast，accurate algorithm for numerical simulation of Lévy stable stochastic processes[J]. Physical Review E Statistical Physics Plasmas Fluids and Related Interdisciplinary Topics，1994，49（5）：4677.

[41] Pan W. A new fruit fly optimization algorithm：Taking the financial distress model as an example[J]. Knowledge-based Systems，2012，26（2）：69-74.

[42] Bezdan T，Stoean C，Naamany A A，et al. Hybrid fruit-fly optimization algorithm with K-means for text document clustering[J]. Mathematics，2021，9（16）：1929.

[43] Sun H，Li W，Zheng L，et al. Adaptive co-simulation method and platform application of drive mechanism based on fruit fly optimization algorithm[J]. Progress in Nuclear Energy，2022，153：104397.

[44] Ibrahim I A，Hossain M，Duck B C. A hybrid wind driven-based fruit fly optimization algorithm for identifying the parameters of a double-diode photovoltaic cell model considering degradation effects[J]. Sustainable Energy Technologies and Assessments，2022，50：101685.

[45] 霍慧慧. 果蝇优化算法及其应用研究[D]. 太原：太原理工大学，2015.

[46] Yang X S. Flower pollination algorithm for global optimization[C]. International Conference on Unconventional Computing and Natural Computation，Milan，2012：240-249.

[47] Mergos P E，Yang X S. Flower pollination algorithm parameters tuning[J]. Soft Computing，2021，25（22）：14429-14447.

[48] Singh P，Mittal N. An efficient localization approach to locate sensor nodes in 3D wireless sensor networks using adaptive flower pollination algorithm[J]. Wireless Networks，2021，27（3）：1999-2014.

[49] Tawhid M A，Ibrahim A. Solving nonlinear systems and unconstrained optimization problems by hybridizing whale optimization algorithm and flower pollination algorithm[J]. Mathematics and Computers in Simulation，2021，190：1342-1369.

[50] Li H，Duan H. Bloch quantum-behaved pigeon-inspired optimization for continuous optimization problems[C]. Proceedings of 2014 IEEE Chinese Guidance，Navigation and Control Conference，Yantai，2014：2634-2638.

[51] 段海滨，叶飞. 鸽群优化算法研究进展[J]. 北京工业大学学报，2017，43（1）：1-7.

[52] Keeton W T. Magnets interfere with pigeon homing[J]. Proceedings of the National Academy of Sciences，1971，68（1）：102-106.

[53] Whiten A. Operant study of sun altitude and pigeon navigation[J]. Nature，1972，237（5355）：405-406.

[54] Wiltschko R，Wiltschko W. Clock-shift experiments with homing pigeons：A compromise between solar and magnetic information？[J]. Behavioral Ecology and Sociobiology，2001，49（5）：393-400.

[55] Schiffner I，Wiltschko R. Temporal fluctuations of the geomagnetic field affect pigeons' entire homing flight[J]. Journal of Comparative Physiology A：Neuroethology Sensory Neural and Behavioral Physiology，2011，197（7）：765-772.

[56] Ioalè P，Teyssedre A. Pigeon homing：Effects of magnetic disturbances before release on initial orientation[J]. Ethology Ecology and Evolution，1989，1（1）：65-80.

[57] Wiltschko R，Schiffner I，Fuhrmann P，et al. The role of the magnetite-based receptors in the beak in pigeon homing[J]. Current Biology，2010，20（17）：1534-1538.

[58] Mora C，Davison M，Wild J，et al. Magnetoreception and its trigeminal mediation in the homing pigeon[J]. Nature，2004，432（7016）：508.

[59]　Braithwaite V A，Guilford T. Viewing familiar landscapes affects pigeon homing[J]. Proceedings of the Royal Society of London. Series B：Biological Sciences，1991，245（1314）：183-186.

[60]　Biro D，Guilford T，Dell'omo G，et al. How the viewing of familiar landscapes prior to release allows pigeons to home faster：Evidence from GPS tracking[J]. Journal of Experimental Biology，2002，205（24）：3833-3844.

[61]　Moazen H，Molaei S，Farzinvash L，et al. PSO-ELPM：PSO with elite learning，enhanced parameter updating，and exponential mutation operator[J]. Information Sciences，2023，628：70-91.

[62]　Alghanam O，Almobaideen W，Saadeh M，et al. An improved PIO feature selection algorithm for IoT network intrusion detection system based on ensemble learning[J]. Expert Systems with Application，2023，213：118745.

第5章 机 器 学 习

5.1 引　言

机器学习（machine learning，ML）是一门多领域交叉学科，涉及概率论、统计学、逼近论、凸分析、算法复杂度理论等多门学科，是一个致力于理解和构建"学习"方法的研究领域，即利用数据提高某些任务集性能的方法。机器学习最基本的做法是使用算法解析数据，从数据中学习隐藏模式并根据自身经验提高性能，最终对真实世界中的事件做出决策或预测。机器学习算法已经被广泛地应用于各种领域，如医学、语音识别、计算机视觉和电子邮件过滤等。在这些应用中，利用传统算法来执行所需任务是困难的甚至是不可行的[1]。机器学习算法可以大致分为三类（图5.1）。

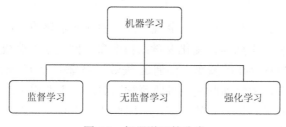

图 5.1　机器学习的分类

1. 监督学习

在监督学习中，机器需要外部监督来学习。使用标记数据集（样本 x 和标签 y）对学习模型（$f_w : x \to y$，其中 f 代表学习模型，w 代表模型参数）进行训练。训练和处理完成后，通过提供样本测试数据来测试模型，以检查它是否预测出了正确的输出。监督学习的目标是将输入数据映射到输出数据。监督学习是建立在监督的基础上的，和学生在老师的监督下学习东西是一样的。监督学习可以进一步分为两类问题：分类和回归。常见的监督学习算法有简单线性回归、决策树、逻辑回归、k-最近邻（k-nearest neighbor，KNN）算法等。

2. 无监督学习

在无监督学习中，机器不需要任何外部监督就能从数据中学习。无监督模型可以使用未分类的无标签数据集（只包含样本 x）进行训练，算法需要在没有任何监督的情况下对数据进行操作。在无监督学习中，算法没有预定义的输出，它试图从大量数据中找到有用的解，可以用于解决关联和聚类问题。因此，可以进一步分为两种类型：聚类和关联。常见的无监督学习算法的例子有 k-均值（k-means）聚类、Apriori 算法等。

3. 强化学习

在强化学习中，一个智能体（agent）通过产生动作与环境相互作用，并在反馈的帮助下学习。反馈以奖励的形式提供给智能体，例如，对于每个有利的行为，得到一个积极的奖励；而对于每个不利的行为，会得到一个消极的奖励。马尔可夫决策过程是一种典型的强化学习过程。

近年来，由于高需求和技术的进步，机器学习的普及程度逐步提高。机器学习从数据中创造价值的潜力对许多不同学科都具有吸引力。在本章中，将描述几种常见且有效的机器学习算法，可以快速地构建机器学习模型。

5.2　逻　辑　回　归

在统计学中，回归是一种用于金融、投资和其他学科的统计测量方法，试图确定一个因变量和一系列其他变化变量或自变量之间关系的强度。逻辑模型[2]用于模拟某一类或事件存在的概率，如通过/失败、赢/输、活着/死去或健康/生病。在机器学习领域中，逻辑回归是一种监督学习算法，主要用于二元分类问题。虽然"回归"和"分类"是矛盾的，但逻辑回归的重点是"逻辑"一词，指的是在该算法中完成分类任务的逻辑函数。逻辑回归基于一组给定的自变量来估计离散值（如 0/1、yes/no、true/false 等二进制值），通过将数据拟合到逻辑函数来预测事件发生的概率，因此，其输出为 0~1 的概率值。

5.2.1　逻辑回归原理

由于形如 $wx+b$ 这样的特征的线性组合是一个值域为 $(-\infty,+\infty)$ 的函数，而逻辑回归中输出的 y 只有两种可能的值。因此，科学家希望找到一种线性分类模型，假定其值域为 $(0,1)$ 的连续函数，如果定义负标签为 0，正标签为 1，这种情况下，如果模型的输出 y 更接近于 0，则给输入 x 赋予负标签，否则，x 被标记为正标签。具有这种性质的函数为逻辑函数（Logistic 函数，也称为 Sigmoid 函数），该函数可以将任意的实数映射到 0~1：

$$f(x)=\frac{1}{1+e^{-x}} \tag{5.1}$$

其中，e 为自然对数的底，其函数分布如图 5.2 所示。

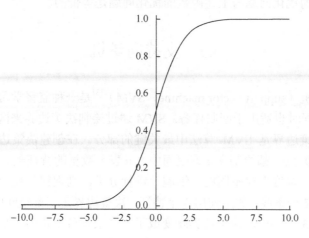

图 5.2　Sigmoid 函数

从图中可以看出，该函数完全符合分类的目标：如果适当优化 x 和 b 的值，可以将 $f(x)$ 的输出解释为 y_i 为正的概率。例如，如果它大于或等于阈值 0.5，即可判定 x 是正标签；否则，判定为负标签。在实践中，阈值的选择因问题而异。因此，可以基于逻辑函数将逻辑回归模型定义为

$$f_{w,b}(x) = \frac{1}{1 + e^{-(wx+b)}} \tag{5.2}$$

5.2.2　模型求解

逻辑回归问题的求解，关键在于如何优化 w 和 b 的值。在逻辑回归模型的训练过程中，可以通过最大似然法（maximum likelihood）优化 w 和 b。给定数据集 $\{(x_i, y_i)\}_{i=1}^{N}$，模型的损失函数可以表示为

$$L_{w,b} = \prod_{i=1,2,\cdots,N} f_{w,b}(x_i)^{y_i}(1 - f_{w,b}(x_i))^{1-y_i} \tag{5.3}$$

其中，y_i 的取值为 0 或 1，因此，式（5.3）在实际运算中可进行化简。当 $y_i = 1$ 时，$(1 - f_{w,b}(x_i))^{1-y_i} = 1$；当 $y_i = 0$ 时，$f_{w,b}(x_i)^{y_i} = 1$。

此外，由于逻辑回归模型中使用了指数函数，为了在实际优化过程中运算更加方便，可使用似然函数的对数替代似然函数作为最终的损失函数，其数学表达式如下：

$$\ln L_{w,b} = \sum_{i=1}^{N} y_i \ln f_{w,b}(x_i) + (1 - y_i) \ln(1 - f_{w,b}(x_i)) \tag{5.4}$$

由于 ln 是一个单调递增的函数,最大化这个函数的值等价于最大化它的参数。因此,该函数的优化问题与上述函数的优化问题是等价的。

5.3　支持向量机

支持向量机(support vector machine,SVM)[3]是一种监督学习算法,主要用于分类任务,同时也适用于回归任务。SVM 通过绘制决策边界来区分类别。如何绘制或确定决策边界是 SVM 算法中最关键的部分。在创建决策边界之前,每个观测值(或数据点)都绘制在 n 维空间中,n 表示数据的特征数。例如,如果使用"长度"和"宽度"对不同的"细胞"进行分类,则观察值被绘制在二维空间中,决策边界是一条线。如果使用 3 个特征,决策边界是三维空间中的一个平面。如果使用超过 3 个特征,决策边界就变成了一个很难可视化的超平面。在维数多于样本数的情况下,SVM 的优势较为明显。

5.3.1　支持向量机算法原理

SVM 算法的目标是创建可以将 n 维空间划分为类的最佳线或决策边界,以便可以轻松地将新数据点放入正确的类别中,这个最佳决策边界称为超平面。在数据样本空间中,划分超平面可通过如下线性方程表示:

$$wx - b = 0 \tag{5.5}$$

其中,$w = (w_1, w_2, \cdots, w_d)$ 为法向量,决定了超平面的方向;d 为特征向量 x 的维度。假设超平面能将训练样本正确分类,则对于 $(x_i, y_i) \in D$,满足以下的约束即可:

$$\begin{cases} wx_i - b \geqslant +1, & y_i = +1 \\ wx_i - b \leqslant -1, & y_i = -1 \end{cases} \tag{5.6}$$

如图 5.3 所示,最接近超平面并影响超平面位置的数据点或向量称为支持向量(support vector)。两个异类支持向量到超平面的距离之和 $2/\|w\|$,称为间隔(margin)。在寻找最优超平面的过程中,最小化 $\|w\|$,使得超平面与每个类的最近数据点的距离相等,而最小化 $\|w\|$ 等价于最小化 $\|w\|^2/2$,该式更加有利于后续执行优化运算。因此,SVM 的优化问题如下所示:

$$\begin{cases} \min \dfrac{1}{2}\|w\|^2 \\ \text{s.t. } y_i(x_i w - b) - 1 \geqslant 0, & i = 1, 2, \cdots, N \end{cases} \tag{5.7}$$

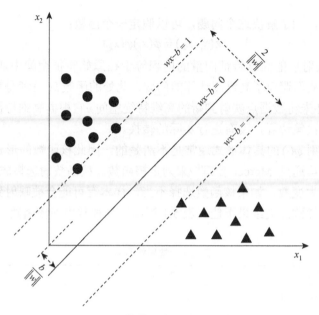

图 5.3　二维特征向量的 SVM 模型

5.3.2　核函数

对于线性可分 SVM 的优化目标（式（5.7）），传统的求解方法是借助拉格朗日乘数法。为了方便求解，通常将其转化为凸二次优化问题即可求解：

$$\begin{cases} \max\limits_{\alpha_1,\cdots,\alpha_N} \sum\limits_{i=1}^{N} \alpha_i - \dfrac{1}{2} \sum\limits_{i=1}^{N} \sum\limits_{k=1}^{N} y_i \alpha_i y_k \alpha_k x_i x_k \\ \text{s.t.} \ \sum\limits_{i=1}^{N} \alpha_i y_i = 0, \quad \alpha_i \geqslant 0, \quad i=1,2,\cdots,N \end{cases} \tag{5.8}$$

其中，α_i 为拉格朗日算子。

然而很多时候数据点并不总是像图 5.3 中那样线性可分。这种情况下，SVM 使用核函数来计算高维空间中数据点的相似性（或接近性），将低维数据映射到高维空间，以使这些数据线性可分，再次利用 SVM 进行分类。核函数是一种相似性度量，其输入为数据点的原始特征向量，输出为新特征空间中的相似性度量。令 $\varphi(x)$ 表示将 x 映射后的特征向量，此时，SVM 的优化目标变为

$$\begin{cases} \max\limits_{\alpha_1,\cdots,\alpha_N} \sum\limits_{i=1}^{N} \alpha_i - \dfrac{1}{2} \sum\limits_{i=1}^{N} \sum\limits_{k=1}^{N} y_i \alpha_i y_k \alpha_k \varphi(x_i) \varphi(x_k) \\ \text{s.t.} \ \sum\limits_{i=1}^{N} \alpha_i y_i = 0, \quad \alpha_i \geqslant 0, \quad i=1,2,\cdots,N \end{cases} \tag{5.9}$$

由于经过映射后的特征向量 $\varphi(x)$ 的维度可能很高，因此，直接计算 $\varphi(x_i)\varphi(x_k)$

通常是困难的，为了解决这个问题，可以假定一个函数：

$$k(x_i, x_k) = \varphi(x_i)\varphi(x_k) \tag{5.10}$$

即 x_i 与 x_k 在映射后的高维特征向量的内积等于在原始特征空间中通过函数 $k(\cdot,\cdot)$ 计算的结果，从而避免了高维度计算的问题，此处的函数 $k(\cdot,\cdot)$ 就是核函数。核化 SVM 实际上并未将数据点映射到新的高维特征空间，它根据高维特征空间中的相似性度量计算决策边界，没有进行实际的转换。

显然，映射 $\varphi(\cdot)$ 的具体形式通常是不清楚的，因此核函数的形式也很难直接确定，实际中可通过 Mercer 定理[4]来判定核函数。核函数的选择成为影响 SVM 模型性能的最大变数，如果核函数选择不当，样本有可能会被映射到一个不合适的特征空间，导致分类结果不佳。表 5.1 列出了几种常用的核函数。

表 5.1　常用核函数

核函数	表达式	参数
线性核（linear kernel）	$k(x_i, x_k) = x_i^{\mathrm{T}} x_k$	
多项式核（polynomial kernel）	$k(x_i, x_k) = (x_i^{\mathrm{T}} x_k)^d$	$d \geqslant 1$ 为多项式的次数
高斯核（Gaussian kernel）	$k(x_i, x_k) = \exp\left(-\dfrac{\|x_i - x_k\|^2}{2\sigma^2}\right)$	$\alpha > 0$ 为高斯核的带宽
拉普拉斯核（Laplacian kernel）	$k(x_i, x_k) = \exp\left(-\dfrac{\|x_i - x_k\|}{\sigma}\right)$	$\sigma > 0$

5.4　决策树和随机森林

决策树[5]是一种监督学习算法，主要用于解决分类问题，也可用于解决回归问题。决策树是一种包含结点和分支的树状结构，从根结点开始，在进一步的分支上展开直到叶子结点。内部结点用于表示数据集的特征，分支表示决策规则，叶子结点表示问题的结果。决策树算法通常不需要对特征进行归一化或缩放。适用于多种特征数据类型（连续变量、分类变量以及二元变量），但同时该算法容易过拟合，需要进行集成才能很好地泛化。随机森林[6]是一个包含多个决策树的分类器，其输出的类别由个别树输出的类别的众数而定。随机森林是以决策树作为基础学习器，使用装袋（bagging）[7]算法构建的一种集成学习器。对于分类问题，输出结果的类别是由所有决策树输出类别的众数所决定的，换句话说，就是通过所有单一的决策树模型投票来决定最终的输出结果；对于回归问题，输出结果可以取决策树结果的平均值。随机森林降低了过拟合的风险，且准确率远高于单个决策树。此外，随机森林中的决策树并行运行，因此计算速度也显著提高。随机森林简单、容易实现、计算开销小，且能在很多现实任务中展现出强大的性能。

5.4.1 决策树

决策树算法采用树形结构，使用逐层推理实现最终的分类任务。如图 5.4 所示，一棵决策树通常由根结点、内部结点以及叶子结点构成。根结点包含样本的全集；内部结点对应特征测试，每个结点包含的样本集合根据测试的结果被划分到子结点中；叶子结点代表决策的结果。从根结点到每个叶子结点的路径对应了一个判定测试序列。决策树学习的足为了构造 棵泛化能力强的决策树。决策树在执行预测任务时，在树的内部结点处用某一特征值进行判断，根据判断结果决定进入哪个分支结点，直到到达叶子结点处，最终得到分类结果。

决策树主要有分类树和回归树两种类型。分类树是一种目标变量可以采用一组离散值的树模型，在这类树结构中，叶子结点代表类标签，分支代表这些类标签的特征组合，输出是样本的类标签。回归树是一种目标变量可以取连续值的树模型，其输出是一个实数。决策树学习过程通常需要经历特征选择、决策树生成以及决策树剪枝三个过程。

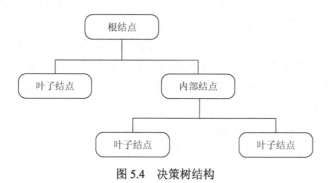

图 5.4　决策树结构

（1）特征选择：决策树算法是根据给定的数据集归纳出分类规则，采用自顶向下递归划分（recursive partitoning）的方式，并以树的形式展现出来，因此结点特征选择尤为重要，决定了决策树的预测准确度。在训练数据集中，每个样本的特征可能有很多个，不同特征的作用不尽相同。特征选择的作用就是筛选出跟分类结果相关性较高的特征，也就是分类能力较强的特征。一般的原则是，希望通过不断划分结点，使一个分支结点包含的数据尽可能地属于同一个类别，即"纯度"越来越高。在特征选择中通常使用的准则是信息增益准则。

信息熵是度量样本集合纯度最常用的一种指标，定义了一个结点的纯度：

$$\text{Ent}(D) = -\sum_{k=1}^{|\mathcal{Y}|} p_k \log p_k \tag{5.11}$$

其中，p_k 代表当前结点 D 的数据中第 k 类样本所占的比例。由于 $p_k \in [0,1]$，Ent(D) 取值必定为正，Ent(D) 的值越大说明 D 的纯度越低。信息熵是一个结点的固有性质，和该结点选取什么特征进行下一步的划分无关。

假设选取的特征 α 有 V 个取值：$\{\alpha^1, \alpha^2, \cdots, \alpha^V\}$，按照决策树的规则，$D$ 将被划分为 V 个不同的结点数据集，D^V 代表其中第 V 个结点数据集：

$$\text{Gain}(D,\alpha) = \text{Ent}(D) - \sum_{v=1}^{V} \frac{|D^v|}{|D|}\text{Ent}(D^v) \tag{5.12}$$

其中，Ent(D) 是确定的，和选取的特征 α 无关；$|D^v|/|D|$ 表示分支结点所占的比例，数据集 D^V 越大分支结点权重越高；如果分支结点整体纯度越大，则后一项的值越小，此时信息增益 Gain(D,α) 越大。因此，信息增益准则是计算以每个特征进行划分子结点得到的信息增益，最终选择信息增益最大的作为选择的特征。

（2）决策树生成：特征选择完成后，即可从根结点出发，对结点计算所有特征的信息增益，选择信息增益最大的特征作为结点特征，根据该特征的不同取值建立子结点；对每个子结点使用相同的方式生成新的子结点，直到信息增益很小或者没有特征可以选择为止。

（3）决策树剪枝：剪枝的主要目的是对抗"过拟合"，通过主动去掉部分分枝来降低过拟合的风险。主要有预剪枝和后剪枝两种方法。

预剪枝是在对一个结点进行划分前进行估计，如果不能提升决策树泛化能力，就停止划分，将当前结点设置为叶子结点。其优点在于降低了训练所需时间，但将暂时没能提高模型性能的划分直接舍弃掉，会产生欠拟合的风险。

后剪枝是建立决策树后，按照决策树的广度优先搜索的反序依次对内部结点进行剪枝，如果把以某个内部结点为根的子树换成一个叶子结点，可以提高模型性能，就进行剪枝操作，将该子树替换为叶子结点。其优点是降低了欠拟合的风险，但是时间开销较大。

5.4.2　随机森林

随机森林采用 Bagging 算法集成了多个无关联的决策树，在决策树的训练过程中融入了随机特征选择。给定训练集 $X = \{x_1, x_2, \cdots, x_N\}$ 和目标集合 $Y = \{y_1, y_2, \cdots, y_N\}$，Bagging 算法重复（$N$ 次）从训练集中有放回地选取训练样本，利用随机选取的样本训练分类树或回归树模型，对于回归任务，未知样本 x 的预测可以通过对 x 上所有单个回归树的预测结果求平均值来实现：

$$\hat{f} = \frac{1}{N}\sum_{n=1}^{N} f_n(x) \tag{5.13}$$

对于分类任务，将森林中分类树的分类结果中占多数的结果输出。

此外，随机森林在原始 Bagging 算法的基础上进行了改进，在学习过程中，每次候选划分时选择特征的随机子集。传统决策树在选择划分特征时利用信息增益等准则在当前结点的特征集合中选择一个最优特征，而在随机森林中，对于每个决策树的结点，先从该结点的特征集合中随机选择一个子集，然后从子集中利用准则选择最优的划分特征。随机森林的一般构造过程（见图 5.5）如下所述。

Step 1：给定一个样本容量为 N 的训练样本，有放回地采样 N 次，每次抽取 1 个，形成包含 N 个样本的训练集，用于训练一棵决策树。

Step 2：假设每个样本有 M 个特征，在决策树的每个结点需要分裂时，随机从这 M 个特征中选取出 m 个（满足条件 $m \ll M$），从这 m 个特征中采用信息增益等准则选择 1 个特征作为该结点的分裂特征。

Step 3：决策树构建过程中每个结点按照 Step 2 的方式分裂，直到不能再分裂为止。

重复 Step 1～Step 3 建立大量的决策树，进而形成随机森林。

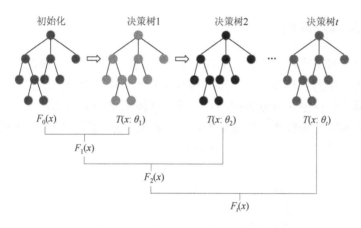

图 5.5　随机森林的一般构造过程

5.5　神 经 网 络

神经网络（neural network）[8]也称为人工神经网络，其灵感来源于人脑内部的神经元，模仿生物神经元之间相互传递信号的方式，从而达到学习经验的目的。神经网络中最基本的单元是神经元，神经网络由大量的神经元联结进行计算。生物体神经细胞结构大致分为树突、突触、细胞体以及轴突，细胞体通过兴奋与未兴奋两种状态传递电脉冲信号进而进行信息传递。为了模拟神经细胞的行为，提出了人工神经元模型[9]以及与之对应的基础概念，如权重（突触）、偏置（阈值）以及激活函数（细胞体），神经元的结构如图 5.6 所示，其数学表示如下：

$$y = \sigma(w^{\mathrm{T}} x + b) \qquad (5.14)$$

其中，w 为权重向量；x 为输入向量；b 为偏置；σ 为激活函数。可以看出，神经元的主要功能是求得权重向量和输入向量的内积之后，经过一个非线性的激活函数得到一个标量输出。如图 5.6 所示，神经元接收来自其他 n 个神经元传递过来的信息 x_n，通过对接收的信息进行加权传递，加权后的信息与神经元的阈值进行比较后经过激活函数传递给下一个神经元。

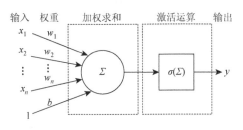

图 5.6　神经元结构

5.5.1　单层神经网络

单层神经网络通常也称为（单层）感知机[10]，是最基本、最简单的前馈神经元网络形式，作为一种线性分类器，其本质上是一种逻辑回归模型，或者更确切地说是逻辑回归模型对多分类的推广。单层神经网络通常包括输入层和输出层，只有输出层神经元进行激活函数处理，即只拥有一层功能神经元，因此称为单层神经网络，其学习能力非常有限，无法处理线性不可分问题，结构如图 5.7 所示。

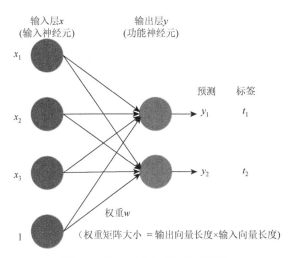

图 5.7　两个输出的单层神经网络

输入层：包含一个或多个输入数据神经元，该层神经元只负责数据传输，不进行计算处理，通常以向量的形式表示：

$$x = (x_1, x_2, \cdots, x_n) \tag{5.15}$$

输出层：包含一个或多个神经元，该层神经元主要对输入层神经元数据进行计算，每个神经元的输入都是输入层的输出向量，且会产生一个标量结果，因此，输出层的输出也是一个向量，其维数等于神经元的数目：

$$y = (y_1, y_2, \cdots, y_n) \tag{5.16}$$

单层神经网络实质上是通过权重矩阵将输入（输入向量）映射到输出值（输出向量）上的。功能神经元对输入的处理可以分为两个步骤，即对输入数据加权求和后，再利用激活函数判断输出。假设给定输入 $x_i = (x_1, x_2, \cdots, x_n)$，首先通过加权求和得到

$$s = \sum_{i=1}^{n} w_i x_i + b \tag{5.17}$$

其中，$w_i = (w_1, w_2, \cdots, w_n)$ 为输入神经元对应的权重；b 为神经元的偏置。接下来，再利用激活函数对 s 进行判断输出，即

$$y = \begin{cases} 1, & s \geq 0 \\ 0, & s < 0 \end{cases} \tag{5.18}$$

其中，激活函数 σ 选取了阶跃函数，也可选取其他的函数，其主要作用是将连续的输出值 s 转换为离散的分类值。神经网络是一种自学习算法，可以根据输入的样本数据，不断更新权重值，最终完成分类。

5.5.2 多层神经网络

为解决线性不可分的问题，在输入层和输出层之间增加了隐藏层，隐藏层神经元与输出层神经元一样都是功能神经元，因此称为多层神经网络。输入层神经元接收大量非线性输入消息（输入向量）；输入向量在神经元链接中进行传输、分析后经过输出层形成输出向量；隐藏层可以有一层或多层，且神经元的数量不定。理论上，隐藏层的数量以及每个隐藏层中的神经元越多，神经网络的非线性越显著，神经网络甚至可以表示任意复杂的函数或空间分布。同样，多层神经网络通过训练样本的校正，对各层中的权重进行更新，反向传播算法是多层神经网络参数更新的常用方法。多层神经网络的结构如图 5.8 所示。

图 5.8 中，x 为二维的输入向量，$w_i^{(l)}$ 为第 l 层中第 i 个神经元的输入权重向量，$b_i^{(l)}$ 为第 l 层中第 i 个神经元的偏置，σ 为激活函数，$y^{(l)}$ 表示第 l 层的输出向量。事实上，每层可以有不同数量的神经元，且每个神经元都有自己的参数 $w_i^{(l)}$ 和

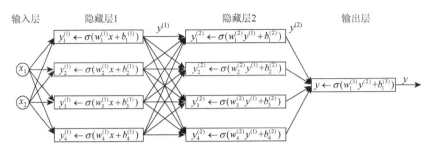

图 5.8　两层隐藏层的神经网络结构

$b_i^{(l)}$。从图中可以看出，每层神经元与下一层神经元全连接，不存在同层连接或者跨层连接，此类神经网络称为全连接神经网络，又称多层前馈神经网络。很显然，全连接神经网络中，增加神经元的数量或进一步扩展神经网络的层数都会增加系统的复杂度。

5.5.3　激活函数

在一个神经网络的输出层中，如果激活函数是线性的函数，则该神经网络是回归模型；如果激活函数是逻辑函数，则该神经网络是一个二分类模型。此外，激活函数是否可微会直接影响损失函数的复杂度，因此，激活函数对神经网络的影响是显著的。神经网络中经常使用的三种激活函数如下所述。

Sigmoid 函数是逻辑回归中使用的激活函数，该函数可以将任意实数值 x 压缩到（0，1）区间上，并且连续可导，其函数图像如图 5.2 所示，数学表达式见式（5.1）。

Tanh 函数由 Sigmoid 函数通过平移缩放得到，可以将任意实数值 x 压缩至（−1，1）区间上，函数图像如图 5.9（a）所示，数学表达式如下：

$$\text{Tanh}(x) = \frac{e^x - e^{-x}}{e^x + e^{-x}} = 2\text{Sigmoid}(2x) - 1 \tag{5.19}$$

ReLU（rectified linear unit）函数是神经网络中使用最广泛的激活函数，模仿神经生物学中的单边抑制原理，即 $x < 0$ 的值全部压缩为 0。ReLU 函数克服了 Sigmoid 函数在处理较大或者较小值时容易出现梯度爆炸或者梯度弥散的问题，拥有更优良的梯度特性。ReLU 函数的函数图像如图 5.9（b）所示，数学表达式如下：

$$\text{ReLU}(x) = \max(0, x) \tag{5.20}$$

此外，ReLU 函数还有一些变种函数，如 LeakyReLU 函数，该函数与 ReLU 函数类似，区别在于该函数将小于 0 的值赋予了恒定的梯度，克服了 ReLU 函数导数恒为 0 时可能造成的梯度弥散现象。

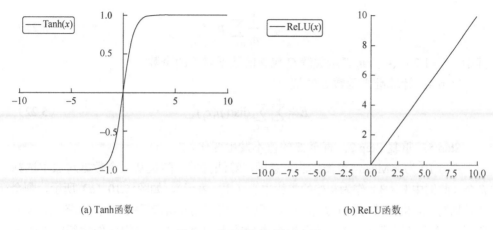

(a) Tanh函数　　　　　　　　　　　　(b) ReLU函数

图 5.9　常见激活函数示意图

5.6　基于划分的聚类算法

聚类问题是典型的无监督学习问题[11]。最简单最基本的聚类分析方法是基于划分的方法，其中，聚类的个数需要提前设定好。

基于划分的聚类分析方法的主要思想是，给定数据集 D，包含 n 个数据对象，将 n 个数据对象划分为 k 个子集，每个子集表示一个类簇，且满足 $k \leqslant n$，每个类簇至少包括一个数据对象，每个数据对象只属于一个类簇。划分的依据是使聚类准则函数达到最优，同一类簇中的对象比较相似，而不同类簇间的数据不相似。最著名、最常用的基于划分的方法是 k-Means 聚类算法和 k-中心点聚类（k-Medoids）算法。

5.6.1　k-Means 聚类算法

k-Means[12]聚类算法首先随机从 n 个数据对象中选择 k 个作为初始的类簇中心，对剩余的数据对象根据其与各个类簇中心的距离，将它们划分给最近的类簇，然后重新计算每个类簇的平均值用来当作新的类簇中心进行下一次划分聚类，直到聚类准则函数值不发生变化。算法如下描述。

Step 1：初始化。数据集 D，包含 n 个数据对象，要划分的类簇个数 k。

Step 2：随机从 n 个数据对象中选择 k 个作为初始的类簇中心，计算数据对象 p 和每个类簇中心 c_i 的距离 $\mathrm{dist}(p,c_i)$，$\mathrm{dist}(x,y)$ 通常用 x 和 y 的欧氏距离来计算，并根据 $\mathrm{dist}(p,c_i)$ 的值最小原则将数据对象划分到相应的类簇 C_i 中。

Step 3：计算每个类簇的平均值作为新的类簇中心：

$$c_i = \frac{1}{n_i} \sum_{p \in C_i} p \qquad (5.21)$$

其中，$i = 1, 2, \cdots, k$；n_i 表示类簇 C_i 包含的数据对象的个数。

Step 4：计算准则函数 E 的值：

$$E = \sum_{i=1}^{k} \sum_{p \in C_i} \text{dist}(p, c_i)^2 \qquad (5.22)$$

Step 5：重复 Step 2，直至 E 的值不发生变化。

图 5.10 为 k-Means 聚类算法示意图，算法开始，随机从 n 个数据对象中选择 k 个（此例中 $k = 3$）作为初始的类簇中心（用★表示），如图 5.10（a）所示，剩余的数据对象，根据其与各个类簇中心的距离，将它划分给最近的类簇，如图 5.10（b）所示；然后根据式（5.21）计算每个类簇的平均值，用该平均值作为新的类簇中心，如图 5.10（c）所示；根据与新的类簇中心的距离，将数据对象重新进行划分，如图 5.10（d）所示。这个过程不断重复，直到准则函数收敛，式（5.22）不再变化，此时数据对象的划分趋于稳定。k-Means 聚类算法要求必须事先给出聚类数目 k，而且对噪声和孤立点数据比较敏感，少量的噪声数据或孤立点会对类簇平均值产生极大影响，同时，算法的聚类效率受初始类簇中心影响较大。

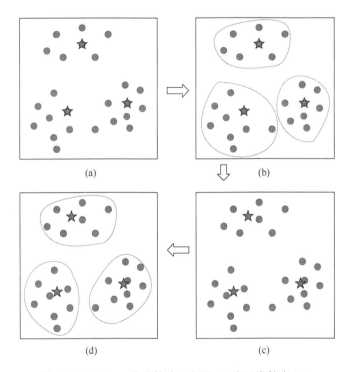

图 5.10　k-Means 聚类算法示意图（★表示类簇中心）

5.6.2 *k*-中心点聚类算法

k-Means 聚类算法对于噪声点和孤立点比较敏感，为了消除这种敏感性，可以选用类簇中位置最中心的数据对象即中心点作为新的类簇中心，这就是 *k*-Medoids 算法[13]。*k*-Medoids 算法和 *k*-Means 聚类算法最大的区别在于二者选取类簇中心点的方法不同，*k*-Means 聚类算法在迭代过程中选择一个类簇的平均值作为新的类簇中心对数据进行划分，而 *k*-Medoids 算法是选择类簇中位置最中心的数据对象作为新的类簇中心对数据进行划分。*k*-Medoids 算法消除了 *k*-Means 聚类算法对于孤立点的敏感性，但对于大数据的聚类没有良好的可伸缩性，效率不高，因为在计算新的类簇中心点的时候每个数据对象的替换代价都要计算，计算代价比较高。

5.7 基于密度的聚类算法

基于密度的聚类算法定义了邻域、密度可达等概念，可以过滤噪声和孤立点，主要思想是将类簇看成若干个高密度的簇拼接成的区域，对达到或者超过某一阈值的数据进行聚类，通过这种方法可以发现任意形状的簇，经典的基于密度的方法有 DBSCAN（density-based spatial clustering of application with noise）和 OPTICS（ordering points to identify the clustering structure）。

5.7.1 DBSCAN 算法

DBSCAN [14]算法是一种基于高密度连通区域的密度聚类方法，由 Ester 等提出。它认为紧密相连的点的最大集合是类簇，通过将高密度区域划分为一类来挖掘类簇。

DBSCAN 算法包含两个参数，即 ε 邻域和邻域最小对象数 MinPts，涉及以下几个概念。

1. ε 邻域

给定一个对象 p，其半径 ε 内的区域被称为对象 p 的 ε 邻域。

2. 核心对象（core point）

如果一个对象的 ε 邻域内至少包含 MinPts 个对象，则称该对象为核心对象。

3. 直接密度可达

给定一个对象集合 D，如果 p 是在 q 的 ε 邻域内，而 q 是一个核心对象，就说对象 p 从对象 q 出发是直接密度可达的。

4. 密度可达

如果存在一个对象链 $p_1, p_2, \cdots, p_n, p_1 = q, p_n = p$，对于 $p_i \in D(1 \leqslant i \leqslant n)$，$p_{i+1}$ 是从 p_i 出发关于 ε 和 MinPts 直接密度可达的，则对象 p 是从对象 q 出发关于 ε 和 MinPts 密度可达的（density-reachable）。

5. 密度相连

如果对象集合 D 存在一个对象 o，使得对象 p 和 q 是从 o 出发关于 ε 和 MinPts 密度可达的，那么对象 p 和 q 是关于 ε 和 MinPts 密度相连的（density-connected）。

如图 5.11 所示，设定 ε 为圆的半径，MinPts $= 3$，则在标记的点中，m、p、o、r 是核心对象，因为它们在 ε 邻域内至少包含了 3 个点。q 是从 m 直接密度可达的，m 是从 p 直接密度可达的，r 和 s 是从 o 密度可达的，o、r 和 s 都是密度相连的。

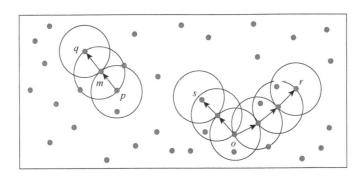

图 5.11　密度可达与密度相连

DBSCAN 算法通过检查数据集中每个点的 ε 邻域来寻找聚类。如果一个点 p 的 ε 邻域包含多于 MinPts 个点，则创建一个以 p 为核心的新类簇，然后，反复地寻找从这些核心对象直接密度可达的对象，这个过程涉及一些密度可达的类簇的合并，当没有新的点可以被添加到任何类簇时，该算法结束。

DBSCAN 算法通过不断搜索高密度区域来进行聚类，能从含有噪声的空间数据库中发现任意形状的聚类。DBSCAN 将类簇定义为密度相连的点的最大集合，检查每个点的近邻，循环收集直接密度可达的对象，当各个集合再无新点加入时聚类进程结束。DBSCAN 可以根据给定输入参数对数据进行聚类，但是对于高维复杂数据，难以确定给定输入参数，且对于分布不均的数据，全局密度参数不能刻画数据的内在聚类结构，参数的稍微改变可能会引起聚类结果的不同。

5.7.2 OPTICS 算法

DBSCAN 需要预先设置可以发现有效聚类的参数，为了解决这一问题，人们在 DBSCAN 聚类算法的基础上提出了 OPTICS[15]聚类算法，目标是将空间中的数据按照密度分布进行聚类。OPTICS 算法并不明确地产生一个聚类，而是输出样本的一个有序队列，从这个队列里边可以获得任意密度的聚类。

对于核心点 P，其核心距离为第 MinPts 近的点与 P 之间的距离：

$$coreDist(P)=\begin{cases} UNDIFED, & N_\varepsilon(P) \leqslant MinPts \\ MinPts_{th}Distance \ in \ N(P), & 其他 \end{cases} \quad (5.23)$$

对于核心点 P，O 到 P 直接密度可达，即 P 为核心点，且 P 到 O 的距离小于邻域 ε。点 O 到 P 的可达距离定义为 O 到 P 的距离和 P 的核心距离的最大值：

$$reachDist(O,P)=\begin{cases} UNDIFED, & N_\varepsilon(p) \leqslant MinPts \\ max(coreDist(P),dist(O,P)), & 其他 \end{cases} \quad (5.24)$$

OPTICS 算法步骤如下所述。

输入：数据样本 D，初始化所有点的可达距离和核心距离为 max，ε 邻域和邻域最小对象数 MinPts。

Step 1：建立两个队列，有序队列（存储核心点及该核心点的直接密度可达点），结果队列（存储样本输出及处理次序）。

Step 2：如果 D 中数据全部处理完，则算法结束，否则从 D 中选择一个未处理且是核心对象的点，将该核心点放入结果队列，该核心点的直接密度可达点放入有序队列，直接密度可达点按可达距离升序排列。

Step 3：如果有序序列为空，则回到 Step 2，否则从有序队列中取出第一个点。

Step 3.1：判断该点是否为核心点，不是回到 Step 3。

Step 3.2：如果该点是核心点且该点不在结果队列，将该点存入结果队列，并找到其所有直接密度可达点，将这些点放入有序队列，将有序队列中的点按照可达距离重新排序，如果该点已经在有序队列中且新的可达距离较小，则更新该点的可达距离。

Step 3.3：重复 Step 3，直至有序队列为空。

Step 4：算法结束，输出结果队列中的有序样本点。

5.8　基于层次的聚类算法

基于层次的聚类算法的主要思想是把数据对象分成层次结构或者树状结构，根据聚类准则进行聚类。根据层次分解是自底向上还是自顶向下形成，基于层次的聚类算法可以分为凝聚的和分裂的层次聚类。凝聚的层次聚类采用自底向上的策略，首先将每个数据对象作为一个类簇，然后根据相似性或者聚类准则合并类簇，直到所有的数据对象都在一个类簇中，或者满足某个终止条件。分裂的层次聚类采用自顶而下的策略，首先将所有数据对象置于一个类簇中，然后逐渐细分为越来越小的类簇，直到每个对象都自成一个类簇，或者达到了某个终止条件。

层次聚类方法简单，但是聚类结果受合并点或分裂点影响较大，一旦数据对象被合并或者分裂，下一步的处理将在新生成的类簇上进行，而且类簇之间也不能交换数据对象。本节介绍两种经典的改进层次聚类算法，利用层次方法的平衡迭代约减和聚类（balanced iterative reducing and clustering using hierarchies，BIRCH）算法[16]及变色龙（chameleon）[17]聚类算法。

5.8.1　BIRCH 算法

BIRCH 算法[16]使用一个树结构来帮助快速聚类，这个树结构称为聚类特征树（clustering feature tree，CF Tree）。这棵树的每个结点由若干个聚类特征（clustering feature，CF）组成，每个结点包括叶子结点都有若干个 CF。

（1）CF Tree 的生成过程如下所述。

Step 1：从根结点向下寻找和新样本距离最近的叶子结点和叶子结点里最近的 CF 结点。

Step 2：如果新样本加入后，这个 CF 结点对应的半径仍然满足小于阈值 T，则更新路径上所有的 CF 三元组，插入结束。否则转入 Step 3。

Step 3：如果当前叶子结点的 CF 结点个数小于阈值 L，则创建一个新的 CF 结点，放入新样本，将新的 CF 结点放入这个叶子结点，更新路径上所有的 CF 三元组，插入结束。否则转入 Step 4。

Step 4：将当前叶子结点划分为两个新叶子结点，选择旧叶子结点中所有 CF 元组里超球体距离最远的两个 CF 元组，分别作为两个新叶子结点的第一个 CF 结点。将其他元组和新样本元组按照距离远近原则放入对应的叶子结点。依次向上检查父结点是否也要分裂，如果需要按照叶子结点分裂方式进行分裂。

（2）BIRCH 算法聚类过程如下所述。

Step 1：将所有的样本依次读入，建立一颗 CF Tree。

Step 2：将 Step 1 建立的 CF Tree 进行筛选，去除一些异常 CF 结点，这些结点一般里面的样本点很少。对于一些距离非常近的元组进行合并。

Step 3：利用其他的一些聚类算法对所有的 CF 元组进行聚类，得到一棵比较好的 CF Tree。这一步的主要目的是消除由样本读入顺序导致的不合理的树结构及可能由结点 CF 个数限制导致的树结构分裂问题。

Step 4：利用 Step 3 生成的 CF Tree 的所有 CF 结点的质心，作为初始质心点，对所有的样本点按距离远近进行聚类。这样进一步减少了由于 CF Tree 的一些限制导致的聚类不合理的情况。

BIRCH 算法聚类速度快，可以识别噪声点，还可以对数据集进行初步分类的预处理，但对高维特征数据、非凸数据集效果不是很好。

5.8.2　变色龙聚类算法

Chameleon 聚类算法[17]是一个在层次聚类中采用动态模型的聚类算法。在聚类过程中，采用动态建模来确定一对类簇之间的相似度，类簇的相似度根据类簇中对象的连接情况和类簇的邻近性综合判断，可以自动地、适应地合并簇。也就是说，如果两个类簇的互连性都很高并且它们之间又靠得很近，那么就将其合并，基于动态模型的合并过程有利于自然的和同构的类簇的发现。

Chameleon 聚类算法主要思想如图 5.12 所示，Chameleon 聚类算法通常采用 k-最近邻图的方法来构建一个稀疏图，图的每一个顶点代表一个数据对象，如果一个对象是另一个对象的 k 个最相似的对象之一，那么这两个顶点（对象）之间就存在一条边；然后，使用图划分方法，把 k 个最近邻图划分成大量相对较小的子簇，使得边割最小；最后，使用一种凝聚层次聚类算法，基于子簇的相似度（互连性和邻近性）反复地合并子簇。

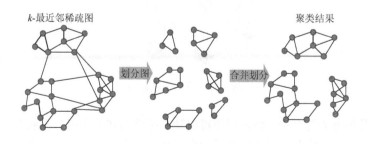

图 5.12　Chameleon 聚类算法原理图

5.9 马尔可夫聚类算法

马尔可夫聚类（Markov cluster，MCL）算法是在图上随机游走模拟的图聚类算法。利用图聚类，可以将同一社交范围内的对象聚集到一起。位于同一类簇内的点，其内部的联系比较紧密，与外部联系较少。也就是说，从一个点出发，到达其中的一个邻近点，在类簇内的可能性要远远大于离开当前类簇到达其他类簇的可能性，这就是 MCL 算法的核心思想。如果在一个图上进行多次随机游走（random walk），就可以找到数据在哪里聚集，从而达到聚类的目的，随机游走是通过马尔可夫链来实现的。

1. 马尔可夫链

如图 5.13 所示，可以分为两个子图 $\{a, b, c, d\}$ 和 $\{e, f, g\}$。子图内部紧密连接，子图之间仅有一条边连接。从 a 点出发，游走一步后有 1/3 的概率到达 b、c、d，到达 e、f、g 的概率为 0。对于 d 点，则有 1/4 的概率到达 a、c、b、e，到达 f、g 的概率为 0，通过计算每个点到达其余点的概率，可以得到概率转移矩阵 P：

$$P = \begin{bmatrix} 0 & 1/3 & 1/3 & 1/4 & 0 & 0 & 0 \\ 1/3 & 0 & 1/3 & 1/4 & 0 & 0 & 0 \\ 1/3 & 1/3 & 0 & 1/4 & 0 & 0 & 0 \\ 1/3 & 1/3 & 1/3 & 0 & 1/3 & 0 & 0 \\ 0 & 0 & 0 & 1/4 & 0 & 1/2 & 1/2 \\ 0 & 0 & 0 & 0 & 1/3 & 0 & 1/2 \\ 0 & 0 & 0 & 0 & 1/3 & 1/2 & 0 \end{bmatrix} \tag{5.25}$$

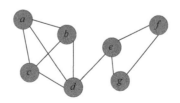

图 5.13　简单图示意图

根据马尔可夫链理论，数据对象可以从一种状态转变为另一种状态，也可以保持当前状态，下一状态的概率分布只由当前状态决定。记 $X^{(0)}$ 为数据对象的初始状态，可以根据状态转移函数得到数据对象游走 n 步之后的状态，$X^{(n+1)} = X^{(n)}P$，

$X^{(n+1)} = X^{(0)}P^n$，n 步之后，转移矩阵趋于稳定。为了消除奇偶幂次的影响，可对转移矩阵增加自环。

2. 基本马尔可夫聚类算法步骤

MCL 过程迭代进行两个操作，扩张（expansion）操作和膨胀（inflation）操作。Expansion 操作每次对矩阵进行 e 次幂方运算，使得不同的区域之间的联系加强，但是 Expansion 操作会导致出现概率趋同问题。Inflation 操作每次对矩阵内元素进行 r 次幂方，再进行标准化，就是将转移矩阵中的每个值进行了一次幂次扩大，这样就能强化紧密的点，弱化松散的点，解决概率趋同问题。经过 Expansion 操作和 Inflation 操作多次迭代，将出现聚集现象，达到了聚类的效果。

以图 5.13 为例，MCL 算法过程具体如下。

Step 1：输入图，Expansion 操作参数 $e(e=2)$ 和 Inflation 参数 $r_p(r_p=2)$。

Step 2：创建邻接矩阵：

$$\begin{bmatrix} 0 & 1 & 1 & 1 & 0 & 0 & 0 \\ 1 & 0 & 1 & 1 & 0 & 0 & 0 \\ 1 & 1 & 0 & 1 & 0 & 0 & 0 \\ 1 & 1 & 1 & 0 & 1 & 0 & 0 \\ 0 & 0 & 0 & 1 & 0 & 1 & 1 \\ 0 & 0 & 0 & 0 & 1 & 0 & 1 \\ 0 & 0 & 0 & 0 & 1 & 1 & 0 \end{bmatrix}$$

Step 3：对每个结点添加自循环：

$$\begin{bmatrix} 1 & 1 & 1 & 1 & 0 & 0 & 0 \\ 1 & 1 & 1 & 1 & 0 & 0 & 0 \\ 1 & 1 & 1 & 1 & 0 & 0 & 0 \\ 1 & 1 & 1 & 1 & 1 & 0 & 0 \\ 0 & 0 & 0 & 1 & 1 & 1 & 1 \\ 0 & 0 & 0 & 0 & 1 & 1 & 1 \\ 0 & 0 & 0 & 0 & 1 & 1 & 1 \end{bmatrix}$$

Step 4：标准化矩阵进行 Expansion 操作：计算矩阵的 e 次幂。

Step 5：Inflation 操作：对 Step4 得到的矩阵内元素进行 r_p 次幂方，再进行标准化处理。

Step 6：重复 Step 4 和 Step 5，直到达到稳定状态。

$$\begin{bmatrix} 0 & 0 & 0 & 0 & 0 & 0 & 0 \\ 0 & 0 & 0 & 0 & 0 & 0 & 0 \\ 0 & 0 & 0 & 0 & 0 & 0 & 0 \\ 1 & 1 & 1 & 1 & 0 & 0 & 0 \\ 0 & 0 & 0 & 0 & 1 & 1 & 1 \\ 0 & 0 & 0 & 0 & 0 & 0 & 0 \\ 0 & 0 & 0 & 0 & 0 & 0 & 0 \end{bmatrix}$$

Step 7：把最终结果矩阵转换成聚簇。

图 5.13 可以聚类为 2 个类簇：$\{a, b, c, d\}$、$\{e, f, g\}$。

MCL 算法过程中，Inflation 操作参数 r_p 会对最终聚类结果产生影响，一般地，随着 r_p 的增大，其粒度将减小。对参数 r_p 进行优化，选取恰当的参数值将影响算法的效率。图 5.14 描述了参数 r_p 对于聚类效果的影响。

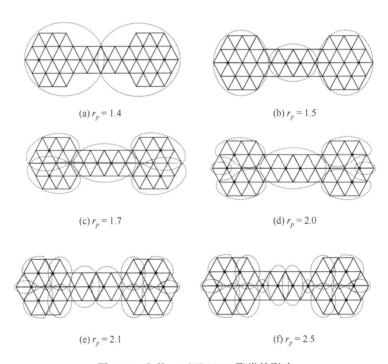

(a) $r_p = 1.4$　　　　　　　　　　　(b) $r_p = 1.5$

(c) $r_p = 1.7$　　　　　　　　　　　(d) $r_p = 2.0$

(e) $r_p = 2.1$　　　　　　　　　　　(f) $r_p = 2.5$

图 5.14　参数 r_p 对于 MCL 聚类的影响

5.10　评　价　指　标

评价指标一般可分为[18]：数值评价指标和图形评价指标。数值评价指标一般包括：准确率（accuracy，ACC）、精确率（precision）、召回率（recall）、敏感性（sensitivity，Sn）、特异性（specificity，Sp）、真阳性率（true positive rate，TPR）、假阳性率（false positive rate，FPR）、马修斯相关系数（Matthews's correlation coefficient，MCC）以及综合评价指标 F-measure 等。图形评价指标一般包括：受试者工作特征曲线（receiver operating characteristic curve，ROC）、精确率（precision）-召回率（recall）曲线（PR 曲线）等。

5.10.1　数值评价指标

混淆矩阵也称误差矩阵或可能性矩阵，是表示精度评价的一种标准格式，用矩阵形式来表示。混淆矩阵的每一行代表了数据的真实归属类别，每一行的数据总数表示该类别的数据实例的数目；每一列的数值表示真实数据被预测为该类的数目，每一列代表了预测类别，每一列的总数表示预测为该类别的数据的数目。混淆矩阵如表 5.2 所示。该矩阵可用于二分类问题，通过向混淆矩阵添加更多行和列，也可应用于多分类问题。

表 5.2　混淆矩阵

		预测类别	
		1	0
真实类别	1（Positive）	True Positive（TP）	False Negative（FN）
	0（Negative）	False Positive（FP）	True Negative（TN）

其中，True Positive（TP）为真实值是 positive，模型认为是 positive 的数量；True Negative（TN）为真实值是 positive，模型认为是 negative 的数量；False Positive（FP）为真实值是 negative，模型认为是 positive 的数量；False Negative（FN）为真实值是 negative，模型认为是 negative 的数量。

ACC 衡量的是分类正确的比例，如式（5.26）所示：

$$\mathrm{ACC} = \frac{\mathrm{TP} + \mathrm{TN}}{\mathrm{TN} + \mathrm{FP} + \mathrm{TP} + \mathrm{FN}} \tag{5.26}$$

但是 ACC 存在两个缺陷，一是对于有倾向性的问题，往往不能用精度指标来衡量；二是对于样本类别数量严重不均衡的情况，也不能用 ACC 指标来衡量。

Precision 是分类器预测的正样本中预测正确的比例，如式（5.27）所示：

$$\mathrm{Precision} = \frac{\mathrm{TP}}{\mathrm{TP} + \mathrm{FP}} \tag{5.27}$$

Specificity 反映的是负样本预测的成功率：

$$\text{Specificity} = \frac{\text{TN}}{\text{TN} + \text{FP}} \tag{5.28}$$

TPR、Recall 以及 Sensibility 计算的都是正样本中能被识别为真的概率，如式（5.30）所示：

$$\text{TPR / Recall / Sensibility} = \frac{\text{TP}}{\text{TP} + \text{FN}} \tag{5.29}$$

FPR 为负样本中被识别为真的概率：

$$\text{FPR} = \frac{\text{FP}}{\text{FP} + \text{TN}} \tag{5.30}$$

MCC 是一种考虑不均衡数据集的综合预测性能评价指标，它反映真实分类和预测的二元分类之间的相关系数，返回值介于–1 和 + 1。+ 1 表示完美预测，0 表示不比随机预测好，–1 表示预测和观察之间的完全不一致。MCC 的计算方法如式（5.31）所示：

$$\text{MCC} = \frac{\text{TP} \times \text{TN} - \text{FP} \times \text{FN}}{\sqrt{(\text{TP} + \text{FP})(\text{TN} + \text{FN})(\text{TP} + \text{FN})(\text{TN} + \text{FP})}} \tag{5.31}$$

Precision 和 Recall 指标会出现矛盾的情况，这时就需要综合考虑，最常见的方法就是使用 F-measure（又称为 F-Score）指标。F-measure 是 Precision 和 Recall 的加权调和平均：

$$\text{F-measure} = \frac{(\alpha^2 + 1) \times \text{Precsion} \times \text{Recall}}{\alpha^2 (\text{Precsion} + \text{Recall})} \tag{5.32}$$

其中，α 为参数。本书后续章节中如未专门说明，F-measure 的参数 α 均取 1，就是最常见的 F1，即

$$\text{F1} = \frac{2 \times \text{Precision} \times \text{Recall}}{\text{Precision} + \text{Recall}} \tag{5.33}$$

对于多分类问题，则可以分别计算每个分类下的指标，如果一个样本有 l 个分类标签，则预测结果有 l 个，即 TP_i、FP_i、FN_i、$\text{TN}_i (i = 1, 2, \cdots, l)$，则总的 Precision 和 Recall 可记为

$$\text{Precision}_{\text{Sum}} = \frac{\text{TP}_1 + \text{TP}_2 + \cdots + \text{TP}_l}{\text{TP}_1 + \text{TP}_2 + \cdots + \text{TP}_l + \text{FP}_1 + \text{FP}_2 + \cdots + \text{FP}_l} \tag{5.34}$$

$$\text{Recall}_{\text{Sum}} = \frac{\text{TP}_1 + \text{TP}_2 + \cdots + \text{TP}_l}{\text{TP}_1 + \text{TP}_2 + \cdots + \text{TP}_l + \text{FN}_1 + \text{FN}_2 + \cdots + \text{FN}_l} \tag{5.35}$$

然后可以计算总的 F1，记为 F1-micro：

$$\text{F1-micro} = \frac{2 \times \text{Precision}_{\text{Sum}} \times \text{Recall}_{\text{Sum}}}{\text{Precision}_{\text{Sum}} + \text{Recall}_{\text{Sum}}} \tag{5.36}$$

由于有 l 个分类，也可以计算每一类的 $F1_i$ ($i = 1, 2, \cdots, l$)，它们的平均值记为 F1-macro：

$$\text{F1-macro} = \frac{1}{l} \sum_{i=1}^{l} F1_i \tag{5.37}$$

若每类分类有预设的权重 W_i，也可以计算 F1 的加权均值，记为 F1-weighted：

$$\text{F1-weitghed} = \sum_{i=1}^{l} W_i F1_i \tag{5.38}$$

5.10.2 图形评价指标

ROC 曲线是反映敏感性和特异性连续变量的综合指标，用构图法揭示敏感性和特异性的相互关系，通过将连续变量设定出多个不同的临界值，计算出一系列敏感性和特异性，再以敏感性为纵坐标、特异性为横坐标绘制成曲线。ROC 曲线下面积（area under the curve，AUC）越大，准确性越高[19]。在 ROC 曲线上，最靠近坐标图左上方的点为敏感性和特异性均较高的临界值。AUC 对样本类别是否均衡并不敏感。在高不平衡数据条件下的表现仍然过于理想，不能很好地展示实际情况。AUC = 1 表示是完美分类器；0.5＜AUC＜1 表示预测结果优于随机猜测；AUC = 0.5 表示跟随机猜测一样；AUC＜0.5 表示比随机猜测还差。

PR 曲线是 Precision-Recall 曲线，以 Recall 作为横坐标轴，Precision 作为纵坐标轴。当 Negative 的数量远大于 Positive 的数量时，如果利用 ROC 曲线会判断其性能很好，但实际上其性能并不好。如果利用 PR 曲线，因为 Precision 综合考虑了 TP 和 FP 的值，因此在极度不平衡的数据下（Positive 的样本较少），PR 曲线可能比 ROC 曲线更实用。PR 曲线下的面积为 AUPR，与 AUC 类似，AUPR 越大，性能越好。

5.10.3 交叉验证

交叉验证（cross validation，CV）[20]，有的时候也称为循环估计（rotation estimation），是一种统计学上将数据样本切割成较小子集的实用方法。交叉验证的基本思想是将原始数据进行分组，一部分作为训练集，另一部分作为验证集，首先用训练集对分类器进行训练，再利用验证集测试训练得到的模型，以此作为评价分类器的性能指标。常用的交叉验证中，主要有 k 折交叉验证（k-fold cross-validation，k-fold CV）和留一交叉验证。初始采样集分割成 k 个子样本集，一个单独的子样本集被保留作为验证模型的数据，其他 k–1 个样本用来训练。交叉验证重复 k 次，每个子样本验证一次，平均 k 次的结果或者使用其他结合方式，最终得到一个单一评测。这个方法的优势在于，同时重复运用随机产生的子样本进行训练和验证，每次的结果验证一次，最常用的是 10 折和 5 折交叉验证。

留一交叉验证正如名称那样，指只使用原本样本中的一项来当作验证集，而剩余的留下来当作训练集。这个步骤一直持续到每个样本都被当作一次验证样本。事实上，这是 k-fold 交叉验证的一种特殊情况，其中 k 为原本样本个数。在交叉验证中，也有一些基于排序的评价指标被提出。

成功论文数（the number of successful papers，NSP）最早用来评价一个作者的学术水平，后被人们应用到基于排序的预测方法中评估方法性能，其具体公式为

$$NSP = \sum_{i=1}^{P} S_i \qquad (5.39)$$

其中，S_i 表示留一交叉验证中，预测分数最高的样本是正样本的情况，若预测分数最高的样本是正样本，则 S_i 为 1，反之为 0。

5.11　小　　结

机器学习致力于研究建立能够根据经验自我提高处理性能的计算机程序。本章简要地介绍了一些机器学习算法的基本概念和思想，包括逻辑回归、SVM、决策树和随机森林、神经网络和聚类算法。机器学习作为计算机学科的一个子领域，在多个领域得到了广泛的应用，为许多交叉学科提供了重要的技术支撑。例如，在生命科学领域，可以借助机器学习方法研究生命现象和规律。生物信息学的研究涉及从"生命现象"到"规律发现"的整个过程，包括数据获取、管理、分析以及仿真实验等，其中数据分析正是机器学习所擅长的。

机器学习中的很多算法都蕴含着深刻的道理，如聚类算法体现了"物以类聚、人以群分"的思想；决策树算法遵循的策略是"分而治之"，提示我们在遇到困难时，不应轻易退缩和放弃，而是要想办法将问题进行分解，并不断优化，最终实现问题的求解；还有其他算法，如 k-近邻算法，其思想是未标记样本的类别由距离其最近的 k 个邻居投票来决定，体现了少数服从多数的民主集中制。我们学习"机器学习"的知识，其本质目的就是提升自己在机器学习上的认知水平，殊途同归，无论"机器学习"还是"人类学习"，提高性能、改善自己，才是关键。

参 考 文 献

[1]　Hu J，Niu H，Carrasco J，et al. Voronoi-based multi-robot autonomous exploration in unknown environments via deep reinforcement learning[J]. IEEE Transactions on Vehicular Technology，2020，69（12）：14413-14423.

[2]　Tolles J，Meurer W J. Logistic regression：Relating patient characteristics to outcomes[J]. Journal of the American Medical Association，2016，316（5）：533-534.

[3]　Cortes C，Vapnik V. Support-vector networks[J]. Machine Learning，1995，20（3）：273-297.

[4]　Mercer J. Functions of positive and negative type and their connection with the theory of integral equations[J]. Philosophical Transactions of the Royal Society of London，1909，209：415-446.

[5]　Quinlan J R. Induction of decision trees[J]. Machine Learning，1986，1（1）：81-106.

[6]　Ho T K. Applications—A data complexity analysis of comparative advantages of decision forest constructors[J]. Pattern Analysis，2002，5（2）：102-112.

[7]　Breiman L. Bagging predictors[J]. Machine Learning，1996，24（2）：123-140.

[8]　Hopfield J J. Neural networks and physical systems with emergent collective computational abilities[J]. Proceedings of the National Academy of Sciences，1982，79（8）：2554-2558.

[9]　Mcculloch W S，Pitts W H. A logical calculus of ideas imminent in nervous activity[J]. The Bulletin of Mathematical Biophysics，1943，5（4）：115-133.

[10]　Rosenblatt F. The Perceptron，A Perceiving and Recognizing Automaton Project Para[M]. New York：Cornell Aeronautical Laboratory，1957.

[11]　Han J，Pei J，Tong H. Data Mining：Concepts and Techniques[M]. Waltham：Morgan Kaufmann，2022.

[12]　Likas A，Vlassis N，Verbeek J J. The global k-means clustering algorithm[J]. Pattern Recognition，2003，36（2）：451- 461.

[13]　Park H S，Jun C H. A simple and fast algorithm for k-medoids clustering[J]. Expert Systems with Applications，2009，36（2）：3336-3341.

[14]　Ester M，Kriegel H P，Sander J，et al. A density-based algorithm for discovering clusters in large spatial databases with noise[C]. International Conference on Knowledge Discovery and Data Mining，Portland，1996：226-231.

[15]　Ankerst M，Breunig M M，Kriegel H P，et al. OPTICS：Ordering points to identify the clustering structure[J]. ACM Sigmod Record，1999，28（2）：49-60.

[16]　Zhang T，Ramakrishnan R，Livny M. BIRCH：A new data clustering algorithm and its applications[J]. Data Mining and Knowledge Discovery，1997，1（2）：141-182.

[17]　Karypis G，Han E H，Kumar V. Chameleon：Hierarchical clustering using dynamic modeling[J]. Computer，1999，32（8）：68-75.

[18]　周志华. 机器学习[M]. 北京：清华大学出版社，2016.

[19]　Davis J J，Goadrich M H. The relationship between precision-recall and ROC curves [C]. Proceedings of the 23rd International Conference on Machine Learning，Pittsburgh，2006：233-240.

[20]　张学工，汪小我. 模式识别[M]. 4 版. 北京：清华大学出版社，2021.

第6章 深度学习

6.1 引　言

深度学习（deep learning，DL）[1]是机器学习领域一个新的研究方向，其概念来源于人工神经网络的研究，含多个隐藏层的多层神经网络就是一种深度学习结构，而且大多数深度学习方法均基于神经网络架构。具体而言，深度学习通过多层处理，将初始的"低层"特征经过多重的非线性变换转化为抽象的"高层"特征表示后，再使用相对简单的模型完成复杂的分类等学习任务。因此，可以将深度学习理解为"特征学习"或者"表示学习"[2]，通过组合低层特征学习样本数据的内在规律，形成更加抽象的高层表示属性类别或特征。从数学理论上讲，深度学习模型可以看作由许多简单函数复合而成的函数，当这些函数足够多时，深度学习模型就可以表达非常复杂的变化[3]。

相比于传统的机器学习，深度学习的优势是用无监督或半监督的特征学习和多层特征提取算法替代了传统手工提取特征的方式，能够实现端到端的学习，如图 6.1 所示，通过反向传播算法指导网络内部参数的更新，从而挑选能够提高网络性能的特征。传统的机器学习方法在处理复杂问题时，特征构造总是非常困难，也就是说传统机器学习中实现泛化的机制不适合学习高维空间中复杂的函数，处理高维数据在新样本上的泛化比较困难，这种现象称为维数灾难[1]。深度学习则能够自动地提取抽象的特征，通过抽象特征解决一些复杂问题，并且在多个领域得到应用。但是，当前对深度学习的数学理论解释还不够完善，如表示性问题以及优化问题[4]。

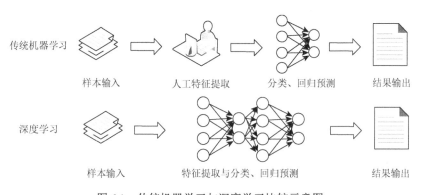

图 6.1　传统机器学习与深度学习比较示意图

至今已有多种深度学习框架,如卷积神经网络（convolutional neural network, CNN）、循环神经网络（recurrent neural network,RNN）、图神经网络（graph neural network,GNN）以及图卷积网络（graph convolutional network,GCN）等,广泛应用于计算机视觉[5]、自然语言处理[6]、语音识别[7]以及生物信息学[8-10]等领域。例如,CNN 应用于序列模式特征的发现过程,尤其是在基因组序列特征预测方面表现优秀。相较于 CNN,RNN 更加适合序列化数据,尤其长度变化大的 DNA 序列,因此,RNN 已被广泛应用于 DNA 序列上开放读码框、起始以及终止密码子的预测等任务;GCN 则适用于生物分子之间相互作用或者调控网络,通过表征分子结点之间的连接进行学习任务,以完成分子的相互作用或者调控关系的预测。

6.2 卷积神经网络

CNN[11]是最流行也是最早被广泛应用的深度神经网络模型之一。可以通过卷积核自动识别、提取特征,不需要预先训练相关特征,在训练网络的过程中可以自动化地提取目标特征。CNN 具有表征学习能力,能够按数据自身结构对输入信息进行平移不变分类,因此也被称为"平移不变人工神经网络"。其与全连接深度神经网络的区别在于隐藏层中神经元连接的方式,如图 6.2 所示,CNN 的参数共享机制减少了模型的参数,解决了全连接深度神经网络参数多、复杂度高的问题,降低了过拟合的风险,提高了模型训练效率,更容易实现超大规模的深层网络。

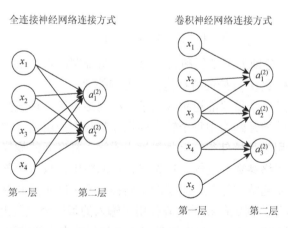

图 6.2 CNN 与全连接神经网络内部连接方式示意图

6.2.1 卷积的概念

CNN 得名于卷积运算，卷积运算采用权重相乘累加的方式提取特征信息，其输出可以看作对数据的局部区域（感受野）特征的提取，这种运算在信号处理领域称为离散卷积运算。在信号处理领域，卷积是对两个函数的一种数学运算，通常有连续卷积、离散卷积两种形式。

假设有函数 $f(t)$、函数 $g(t)$，其中 $g(t)$ 经过翻转和平移后变为 $g(x-t)$，则连续卷积定义如式（6.1）所示：

$$(f*g)(x) = \int_{-\infty}^{+\infty} f(t)g(x-t)\mathrm{d}x \qquad (6.1)$$

其中，* 表示卷积运算。如果卷积的变量是序列 $f(t)$ 和 $g(t)$，则卷积的结果如式（6.2）所示：

$$(f*g)(x) = \sum_{t=-\infty}^{\infty} f(t)g(x-t) \qquad (6.2)$$

这种相乘累加的运算称为离散形式的卷积。在 CNN 中最为核心的网络层也称执行卷积运算的卷积层，通过在输入数据（输入特征图）上滑动不同大小的卷积核提取特征图的高阶抽象特征。卷积核可视为一个权重矩阵，在滑动过程中与输入特征图之间执行卷积运算并叠加偏差项，将输入特征图的局部信息映射为输出特征图中的一个元素，见图 6.3。在复杂的特征提取任务中，卷积运算也可以在多个通道同时进行。假设输入特征图及卷积核的长宽相同，即在特征图与卷积核均为方阵的情况下，二维卷积核工作的基本原理（一维卷积的工作原理与之类似）如式（6.3）所示：

$$X^{l+1}(i,j) = [X^l \otimes W^{l+1}](i,j) + b \qquad (6.3)$$

其中，X^l 和 X^{l+1} 分别为第 l 层和第 $l+1$ 层的特征图；W 为卷积核权重；$X(i,j)$ 为输出特征图中位置 (i,j) 处的特征值；b 为偏差项。

卷积运算通过三个重要的思想改进了神经网络系统：稀疏交互、参数共享和等变表示。传统的神经网络中每个输出神经元都与上一层输入神经元产生交互，而 CNN 通过使用卷积核使得交互规模远小于输入神经元的规模，这种稀疏交互方式显著降低了网络参数的规模。在传统神经网络中，权重矩阵的每个元素只负责一个输入神经元的特定输入，同层的不同神经元之间不能共享输入权重。而在 CNN 中，卷积核作为固定的权重矩阵作用于输入的每一个位置上，实现了参数的共享，因而在模型训练过程中只需要学习一个卷积核大小的参数集合即可。此外，参数共享使得神经网络层具有平移不变性。

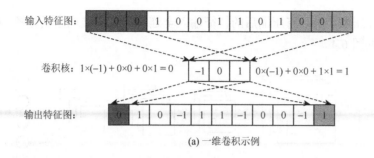

(a) 一维卷积示例

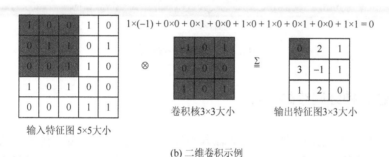

(b) 二维卷积示例

图 6.3 卷积运算示意图

6.2.2 卷积神经网络的基本结构

标准的 CNN 通常由卷积层、池化层和全连接层三种网络结构构成，其中卷积层和池化层是 CNN 特有的网络结构；卷积层是 CNN 的核心层，即计算层，该层中的卷积核权重矩阵需要在网络训练过程中使用反向传播算法和梯度下降算法进行更新求解，其重要作用是完成输入特征图的特征抽取；池化层的池化运算中不需要权重参数，因此该层不需要进行训练学习，其主要作用是进行特征数据压缩、降低维度以及防止过拟合。全连接层与传统神经网络的隐藏层类似，通常位于 CNN 的最后，其主要作用是对池化运算后的卷积特征进行非线性组合，完成高阶特征的学习以及推理分类任务。此外，带有 ReLU 激活函数的激励层（也称为非线性层）通常置于卷积之后。因此，对卷积后的特征图元素进行激活操作时，常将激励层与卷积层视为一层。

记卷积层为 Conv，激励层为 ReLU，池化层为 Pool，全连接层为 FC，常见的 CNN 结构如式（6.4）所示：

$$\text{Input} \to [\text{Conv} \to \text{ReLU}] * M \to [\text{Pool}] * N \to [\text{FC} \to \text{ReLU}] * K \to \text{FC} \quad (6.4)$$

其中，M、N 以及 K 表示该层重复的次数。

输入特征数据经过多个卷积层后得到卷积后的特征，然后将该特征输入池化层进行特征压缩,最后将压缩后的特征输入全连接层完成推理分类任务。CNN 的一般结构见图 6.4。

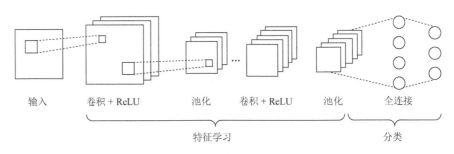

输入　　　卷积 + ReLU　　　池化　　　卷积 + ReLU　　　池化　　　全连接

特征学习　　　　　　　　　　分类

图 6.4　CNN 的一般结构

6.2.3　卷积神经网络的求解

　　CNN 本质上也是在学习大量的输入与输出之间的映射关系,输入与输出之间的映射关系往往无法找到明确的数学表达式,通过已知的模式对卷积网络加以训练,网络就会具有输入-输出对之间的映射能力。因此,求解过程与全连接神经网络类似,利用链式求导计算损失函数对每个权重的梯度。根据梯度下降算法更新权重值,训练过程依然采用反向传播算法。在 CNN 的全连接层中,网络参数的求解过程与全连接神经网络隐藏层的参数求解过程一致。

　　参数初始化:在网络训练前,需要对网络参数进行随机初始化。在深度学习中,通常采用小随机数来初始化网络参数,确保网络可以正常地学习。

　　参数学习:参数学习分为两个阶段,前向传播阶段和后向传播阶段。在前向传播阶段,输入数据根据已知权重矩阵在网络层之间逐级进行线性和非线性变换,逐层计算实际输出。在后向传播阶段,计算实际输出与目标值之间的误差,依照极小化误差的方法调整权重矩阵。其学习过程如下所述,训练过程见图 6.5。

　　(1)选定训练集,从样本集中分别随机选取 N 个样本作为训练集。

　　(2)初始化网络参数,并初始化精度控制参数和学习率。

　　(3)将训练集样本加载到网络,经过卷积层、池化层、全连接层向前传播得到输出向量。

　　(4)计算网络的输出向量与目标输出向量之间的误差。

　　(5)将误差与期望值进行比较,当误差大于期望值时,依次求得全连接层、池化层、卷积层的误差;当误差等于或小于期望值时,训练结束。

　　(6)根据误差计算网络参数的调整量(梯度),对网络参数进行更新调整。

　　(7)回到第(3)步,进行重复迭代更新。

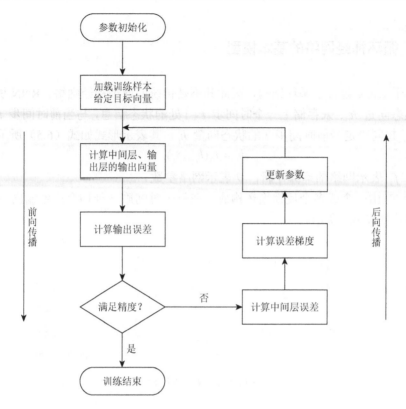

图 6.5　CNN 求解过程

6.3　循环神经网络

　　RNN[12]是一种用于序列数据（$x_1, x_2, \cdots, x_t$）建模的神经网络，包括标记、分类或生成序列等。序列通常会被编码为一个矩阵，矩阵的每一行为一个特征向量，并且矩阵中行的顺序隐含了序列的时间维度。序列标记是指对序列中的每个特征向量标记一个类别。序列分类则是预测整个序列的类别。此外，也可以使用 RNN 生成一个与输入序列相关的序列。在实际应用中，这种具有时间维度的序列数据非常常见，如文书中的句子、DNA 分子中的碱基序列等。文书中的句子可以视为时间维度的单词、标点符号或字符的序列，同样的原理，RNN 也适用于语音处理。

　　RNN 之所以能够处理这种时间维度的序列数据，关键在于引入了状态变量 h_t 存储过去的信息，状态变量与当前的输入 x_t 共同决定当前的输出 y_t。因此，网络拥有了某种记忆，序列中每一个时间步的输出 y_t 不仅依赖当前的输入 x_t 也依赖之前所有的时间步的输入，即状态变量 h_t。

6.3.1 循环神经网络的基本模型

由于 RNN 包含了循环结构，因此其不是传统的前馈神经网络。RNN 引入隐藏层状态向量 h_{t-1} 来存储上一个时间步 $t-1$ 处的状态信息，与当前时间步 t 处的输入 x_t 共同决定当前时间步 t 的状态向量 h_t，其表示形式如式（6.5）所示：

$$h_t = f_\theta(h_{t-1}, x_t) \tag{6.5}$$

其中，f_θ 表示网络的运算逻辑；θ 表示网络参数。

RNN 由一个或多个反馈循环构成，在每个时间戳 t 处均会产生输出 y_t，其模型结构如图 6.6 所示。

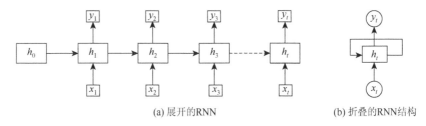

(a) 展开的RNN　　　　　　　　　　　　　　(b) 折叠的RNN结构

图 6.6　RNN 基本结构

隐藏层定义了整个网络的状态空间。一般情况下，可以按照式（6.6）更新状态向量 h_t：

$$h_t = \sigma(w_i x_t + w_h h_{t-1} + b) \tag{6.6}$$

其中，σ 为隐藏层激活函数（如双曲正切函数）；w_i、w_h 以及 b 分别为隐藏层权重参数和偏置向量。

6.3.2 长短期记忆网络

在基本的 RNN 结构中，每个时间步的状态信息由当前时间步的输入和上一时间步的状态共同决定。这种循环机制理论上是可以处理短期的上下文依赖信息，甚至是长期的依赖信息，但是在实践中这种简单的循环机制很难解决长期依赖的问题。当时间步过短或者过长时容易出现梯度弥散或者爆炸的问题。为此，Hochreiter 等[13]提出了一种长短期记忆（long short term memory，LSTM）网络来解决长期依赖问题，在 LSTM 中设计了门控机制替代隐藏层神经元中的简单激活函数。门控机制使得 RNN 具备了添加或者删除信息的能力，可以更好地捕获序列中长期的依赖信息。门控单元的结构如图 6.7 所示。

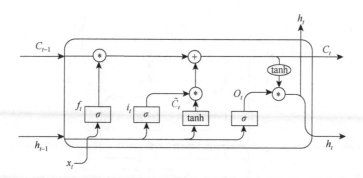

图 6.7　门控单元的结构图

门控单元的核心是一种称为门的结构，由激活函数 σ 的网络层与逐元素相乘操作⊛构成。可以看出，图 6.7 中有三种这样的门结构，分别称为遗忘门 f_t、输入门 i_t 以及输出门 O_t。遗忘门决定了当前单元状态中需要忘记的信息，其输入为上一个单元的输出 h_{t-1} 以及当前单元的输入 x_t：

$$f_t = \sigma\big(W_f\big[h_{t-1}, x_t\big] + b_f\big) \tag{6.7}$$

输入门决定了当前单元状态中需要更新的信息，后续通过与候选向量 $\tilde{C}_t$ 的逐元素相乘决定当前单元状态更新的信息，见式（6.8）和式（6.9）：

$$I_t = \sigma\big(W_i\big[h_{t-1}, x_t\big] + b_i\big) \tag{6.8}$$

$$\tilde{C}_t = \tanh\big(W_c\big[h_{t-1}, x_t\big] + b_c\big) \tag{6.9}$$

接下来通过遗忘门和输入门的共同作用更新当前的单元状态，完成状态信息的记忆，即 C_{t-1} 至 C_t 的更新：

$$C_t = F_t \times C_{t-1} + I_t \times \tilde{C}_t \tag{6.10}$$

最后通过输出门 O_t 确定当前单元的输出，其输出基于 tanh 激活函数过滤后的单元状态，见式（6.11）和式（6.12）：

$$O_t = \sigma\big(W_o\big[h_{t-1}, x_t\big] + b_o\big) \tag{6.11}$$

$$h_i = O_t * \tanh(C_t) \tag{6.12}$$

LSTM 通过这种门控机制使网络具备了单元状态的添加或删除能力。

6.3.3　门控循环单元

门控循环单元（gated recurrent unit，GRU）[14]也是一种常见的门控机制循环网络结构。GRU 是 LSTM 的一种变种网络结构，将遗忘门和输入门整合为一个更新门结构，同时添加了重置门。在结构上进行了简化，GRU 的训练速度更快，且能取得与 LSTM 近似的性能。其单元结构如图 6.8 所示。

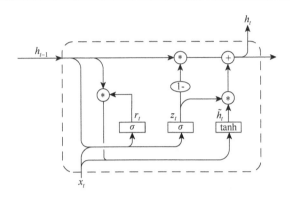

图 6.8　GRU 单元结构图

首先，更新门 z_t 和重置门 r_t 的计算与 LSTM 输入门和遗忘门类似，其输入均为当前单元的输入信息 x_t 以及前一单元的状态信息 h_{t-1}，输出由激活函数为 σ 的全连接计算得到，见式（6.13）和式（6.14）：

$$z_t = \sigma\left(W_z\left[h_{t-1}, x_t\right] + b_z\right) \tag{6.13}$$

$$r_t = \sigma\left(W_r\left[h_{t-1}, x_t\right] + b_r\right) \tag{6.14}$$

其次，通过重置门 r_t 控制前一单元状态 h_{t-1} 保留的信息，并融合当前单元的输入形成隐含候选状态信息 $\tilde{h}_t$，见式（6.15）：

$$\tilde{h}_t = \tanh\left(W\left[r_t \times h_{t-1}, x_t\right]\right) \tag{6.15}$$

最后，通过更新门 z_t 控制前一单元状态信息的遗忘以及当前候选状态信息更新，见式（6.16）：

$$h_t = (1 - z_t) \times h_{t-1} + z_t \times \tilde{h}_t \tag{6.16}$$

重置门有助于捕捉短期依赖关系，即对于短期依赖的单元重置门的值较大，而更新门有助于捕捉长期依赖关系，即长期依赖的单元更新门的值较大。

6.4　自 编 码 器

自编码器（auto-encoder，AE）[15]可以视为一种数据压缩算法或特征降维算法，本质上是一种利用非线性变换学习低维数据表示的神经网络。通过自监督学习对输入信息进行表征，利用数据 x 本身作为学习目标训练网络后，能够学到映射 f_θ：将输入复制到输出，即 $f_\theta : x \to x$。

传统 AE 常被用于降维或特征学习。近年来，AE 与隐藏变量模型理论的结合逐渐将 AE 应用到了生成建模领域。AE 本质上可以视为前馈神经网络的一种特殊情况，因此，同样可以使用反向传播算法和梯度下降算法来训练网络。

6.4.1 自编码器原理

AE 由两部分构成：编码器和解码器。如图 6.9 所示，编码器尝试学习映射关系 $g:x \rightarrow z$，解码器尝试学习映射关系 $h:z \rightarrow \tilde{x}$。编码器负责将高维度的输入 x 编码为低维度的隐藏变量 z；解码器将编码后的隐藏变流量 z 解码为高维度的 $\tilde{x}$，即 $\tilde{x} = h(g(x))$。如果一个 AE 能够完美地复制输入、输出，以完成 $h(g(x)) = x$ 的映射过程，这样的 AE 通常不会特别有用。相反，AE 的设计原则不能使其实现输入到输出的完全复制。因此，需要在学习过程中强加一些约束，使编码器和解码器只能完成近似映射，而且只能映射类似训练数据的输入。

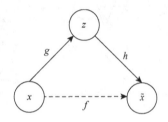

图 6.9 AE 一般结构

从图 6.9 中可以看出，编码器和解码器共同完成了输入数据 x 的编码和解码过程。通常将这种结构的网络模型 f 称为 AE。AE 能够将输入映射到隐藏变量 z，并通过解码器恢复出 $\tilde{x}$，使得 $\tilde{x} \approx x$，因此，AE 的优化目标如式（6.17）和式（6.18）所示：

$$\min L = \text{dist}(x, \tilde{x}) \tag{6.17}$$

$$x = h(g(x)) \tag{6.18}$$

其中， $\text{dist}(x, \tilde{x})$ 表示 x 和 $\tilde{x}$ 的距离度量，称为重建误差函数。最常见的度量方法有欧氏距离的平方，其原理与均方误差类似。计算法如式（6.19）所示：

$$L = \sum_i (x_i - \tilde{x}_i)^2 \tag{6.19}$$

AE 网络与传统神经网络没有本质的区别，只是训练时的监督标签由 y 变为数据本身 x。与传统主成分分析（principal component analysis，PCA）方法等线性降维方法相比，AE 利用神经网络强大的非线性特征提取能力，显著提升了在数据表征和降维任务中的性能。

6.4.2 深度自编码器

深度自编码器（deep auto-encoder，DAE）使用深层神经网络来参数化编码器

g 和解码器 f，如图 6.10 所示。AE 通常只有单层的编码器和解码器，但实际上深度编码器和解码器能够提供更强大的性能。编码器和解码器本身就是一种前馈神经网络，因此加深前馈神经网络的优势同样适用于编码器和解码器。单层隐藏层的 AE 理论上能表示任意接近数据的函数，但浅层的编码映射不能任意添加约束，在给定足够多隐藏单元的情况下，至少包含一层额外隐藏层的 DAE 能够以任意精度近似任何从输入到编码的映射。

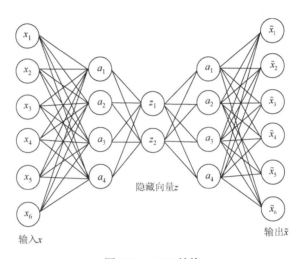

图 6.10　DAE 结构

图 6.10 中的编码和解码权重矩阵是对称的，如果采用了神经网络作为编码器和解码器，也可以不对称。此外，也可以利用 CNN 作为编码器和解码器设计实现 DAE。

AE 这种将输入完全映射到输出的机制看似在做无效运算，但是在具体任务中并不关注解码器的输出，通常更关心通过训练获得的隐藏向量 z，该向量可以视为降维后的特征数据。需要强调的是，如果编码器和解码器容量太大，AE 不会学到任何有关数据分布的信息。极端情况下，编码器是一个非常强大的非线性编码器，能够将训练数据 x_i 直接编码为 i，而解码器同样强大，可将这些索引 i 映射回训练样本 x_i，此时 AE 将失去意义。但这种极端情况在实践中很少发生，这说明 AE 容量太大，可能无法学到数据的任何特征信息。

6.4.3　图自编码器

自编码器的变体图自编码器（graph autoencoder，GAE）已广泛应用于无监督学习任务中图的结点表示，对于那些具有固有的、潜在的非线性低秩结构的图具有很好的学习效果。GAE 的基本思想是对标准 AE 的扩充，将图中的每个结点编码为一个特征向量，而这些特征向量能够还原图中结点之间的邻接关系。如果两个结点具有相似的邻域，则它们具有相似的特征表示，这也是网络科学中被广泛研究的概念。假设结点 i 和结点 j 在编码后的特征向量为 z_i 和 z_j，其目标函数为

$$\min \sum_{i,j=1}^{N} A_{ij} - z_i z_j^{\mathrm{T}} \qquad (6.20)$$

其中，A 为图的邻接矩阵，其基本过程如图 6.11 所示。

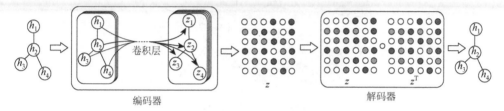

编码器　　　　　　　　　　　　　解码器

图 6.11　GAE 结构

当然其编码器的形式以及约束可以有多重形式，例如，若结点 i 和结点 j 在图中是相近的，其得到编码向量应该也是相似的，则其目标函数也可以为

$$\min \sum_{i,j=1}^{N} A_{ij} \|z_i - z_j\|_2 \qquad (6.21)$$

图自编码器的概念也已被引入图的表征学习，一些编码的特征生成方式也可被归纳到图神经网络中。

6.5　图神经网络

随着深度学习的发展，在语音、图像以及自然语言处理领域取得了极大的突破，然而这些数据是较为简单的序列或网格数据，也称为结构化数据。深度学习很擅长处理这种结构化的数据，对于非结构化的数据建模存在一定的难度，例如，社交网络、知识图谱以及分子互作网络等，这类数据也称为图数据。为了更好地处理图数据，研究人员借鉴了 CNN、RNN 以及 DAE 的思想，定义和设计了用于处理图数据的 GNN[16, 17]，可以对图数据进行深度学习。

6.5.1　图神经网络原理

与传统的全连接神经网络相比较，GNN 在线性变换的过程中考虑了结点之间的关联关系，即结点特征的传播（如图 6.12 所示，x_1 的邻居特征信息通过邻接矩

阵传播，以此更新 x_1 结点的状态），特征矩阵 X 线性变化后再与邻接矩阵 A 相乘，最后进行非线性变换，其计算的一般形式如式（6.22）所示：

$$H = \sigma(AXW) \tag{6.22}$$

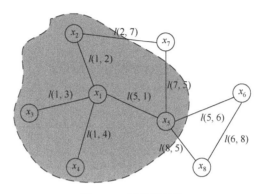

图 6.12　图数据结构

GNN 的输入通常是一个图，经过多层的图变换操作以及激活函数的非线性变化，最终得到每个结点的特征表示，进而完成结点分类、链路预测等任务。

更一般的情况下，令 H、O、X 和 X_N 分别表示状态、输出、特征和所有结点的特征向量，则

$$\begin{cases} H = F(H, X) \\ O = G(H, X_N) \end{cases} \tag{6.23}$$

其中，F 为结点的状态生成函数；G 为结点的输出生成函数。此时，GNN 可以利用式（6.24）迭代计算结点的状态：

$$H^{t+1} = F(H^t, X) \tag{6.24}$$

其中，H^t 表示第 t 轮迭代的 H 值。

GNN 模型在训练过程中，利用包含目标信息的监督学习进行训练学习函数 F 和 G，损失函数定义如式（6.25）所示：

$$\text{loss} = \sum_{i=1}^{p} (t_i - o_i) \tag{6.25}$$

其中，p 为参与监督学习的结点数量；t_i 为目标结点信息；o_i 为输出结点信息。损失函数的最小化问题同样可以利用梯度下降算法进行求解，继而得到图中结点的隐含状态。

6.5.2　图神经网络分类

GNN 可以通过层次迭代算子，学习特定任务的结点、边或图的表示，利用传

统的机器学习算法完成与图相关的学习任务（如结点分类、图分类、链路预测、聚类等）。一般的 GNN 模型，虽然在实验中表现良好，但仍然存在一些缺陷，例如，图中固定点，隐含状态的更新较为低效。GNN 在每一轮计算中共享参数，在不同层使用不同的参数。边信息特征没有被有效地建模，同时如何学习边的隐含状态也是一个重要问题。在更加关注结点的表示而非图的表示的任务中，当迭代轮数增大时，使用固定点是不合适的。因为固定点表示的分布在数值上会更加平滑，从而缺少用于区分不同结点的信息。

为了解决以上问题，从原始的 GNN 衍生出了 GCN、递归图神经网络（recurrent graph neural network，RecGNN）、GAE 以及时空图神经网络（spatial-temporal graph neural network，STGNN）等几种 GNN 结构，如表 6.1 所示。

表 6.1 GNN 的几种主要结构

GNN	结构
RecGNN	
GCN	
GAE	
STGNN	

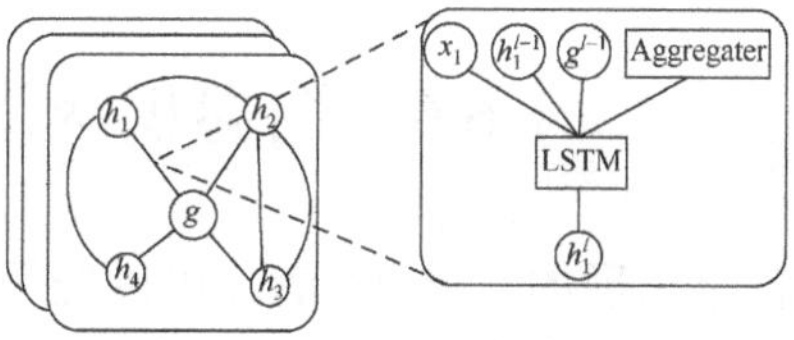

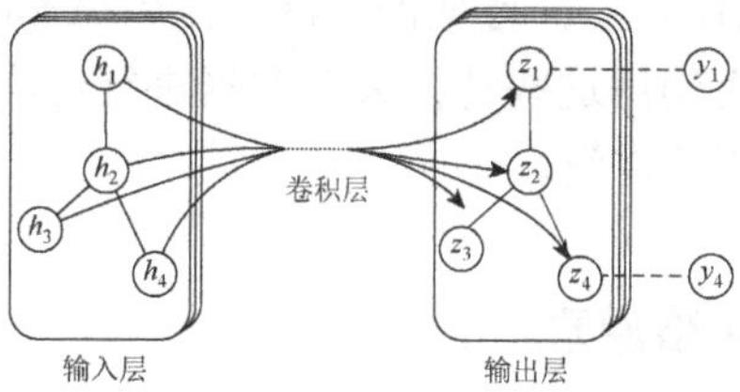

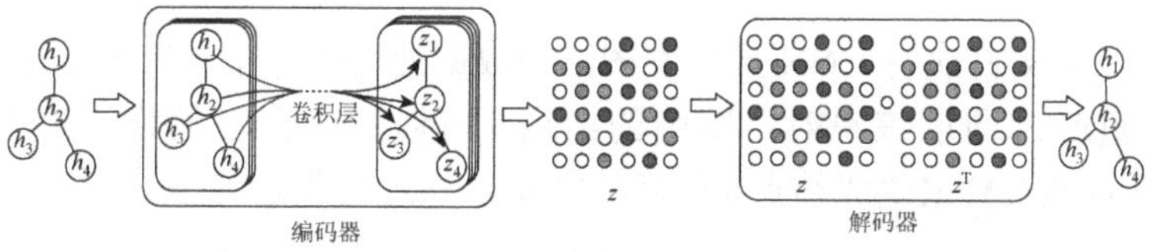

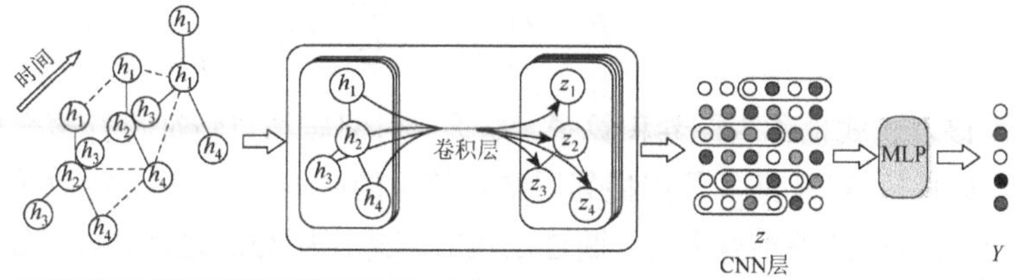

RecGNN 算是 GNN 的先驱研究，旨在通过 RNN 结构学习结点表示。该类模型假设图中的结点不断与其邻居交换信息（消息），直到达到稳定的平衡。RecGNN

在概念上启发了 GCN 的研究。

　　GCN 概括了从网格数据到图数据的卷积操作。其主要思想是通过汇总结点自身的特征 x_v 和邻居的特征 x_u 来生成结点 v 的表示形式，其中 $u \in N(v)$。与 RecGNN 不同的是，GCN 堆叠多个图卷积层以提取高级结点的特征表示。GCN 在建立许多其他复杂的 GNN 模型中起着核心作用。

　　GAE 是无监督的学习框架，可将结点（图）编码到潜在的矢量空间中，并从编码后的信息中重建图数据。GAE 用于学习图嵌入和图生成分布。对于图嵌入，GAE 主要通过重建图结构信息（如图邻接矩阵）来学习潜在结点表示。对于图生成，某些方法逐步生成图的结点和边，而其他方法则一次全部输出图。

　　STGNN 旨在从时空图学习隐藏模式，这种模式在各种应用中变得越来越重要。STGNN 的关键思想是同时考虑空间依赖性和时间依赖性。许多当前的方法将图卷积与 RNN 或 CNN 集成在一起以捕获空间依赖性，从而对时间依赖性进行建模。

6.6　图卷积网络

　　GCN[18, 19]是较早出现的一种 GNN，可以应用于图嵌入任务。本质上与传统 CNN 类似，可以作为一种特征提取器，作用在非欧氏空间。GCN 可以从图数据中提取特征，进而使用这些特征去对数据进行结点分类、图分类、边预测以及图的嵌入表示等，用途广泛。

6.6.1　图卷积网络原理

　　GCN 首次将 CNN 推广到图结构数据处理任务中，其核心思想是学习一个映射 $f(x)$，通过该映射，图中的结点 v 可以聚合自己的特征 x_v 与邻居结点特征 $x_u (u \in N(v))$ 来生成结点 v 的新特征 h_v，该过程表示如下：

$$h_v = f\left(\frac{1}{|N(v)|}\sum_{u \in N(v)} Wx_u + b\right) \tag{6.26}$$

　　该表达式也称为图卷积算子，本质上对邻居结点特征进行聚合后再进行线性变换，因此，GCN 具备了捕捉邻居结点信息的能力。式（6.24）为单层的传播方式，GCN 可以自然地堆叠多层，通过迭代的方式在层与层之间传播，如式（6.27）所示：

$$h_v^{l+1} = f\left(\frac{1}{|N(v)|}\sum_{u \in N(v)} W^l h_u^l + b^l\right) \tag{6.27}$$

式（6.25）的矩阵的形式见式（6.28）：

$$H^{l+1} = \sigma\left(D^{-\frac{1}{2}}\tilde{A}D^{-\frac{1}{2}}H^lW^l\right) \qquad (6.28)$$

其中，$\tilde{A} = A + I$，I 是单位矩阵，A 是邻接矩阵；D 是 A 的度矩阵，$D_{ii} = \sum_j A_{ii}$；H 是每一层的特征，对于输入层代表 X；σ 是非线性激活函数；$D^{-\frac{1}{2}}\tilde{A}D^{-\frac{1}{2}}$ 是归一化后的邻接矩阵；H^lW^l 运算对 l 层的所有结点进行了线性变换，而左乘邻接矩阵表示邻居结点的特征聚合，将该结点特征表示为邻居结点的特征之和。因此，GCN 的基本思想是利用边的信息对结点信息进行聚合从而生成新的结点表示，目的是用来提取拓扑图的空间特征。图 6.13 展示了 GCN 的结点表示学习过程，其输入是一张图，输出也是一张图数据。

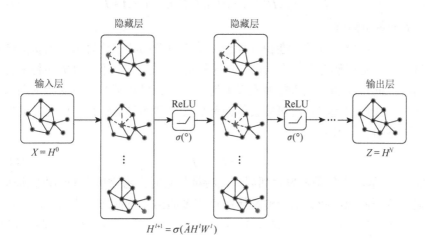

图 6.13   GCN 学习结点表示过程

因此，GCN 在结点信息更新过程中，首先，将自身特征信息传播给邻居结点，对结点的特征信息进行抽取；其次，将邻居结点的特征信息聚合起来，对局部结构信息进行融合；最后，对聚合后的特征信息进行非线性变换，增强模型的表达能力。GCN 通常可以分为基于频谱和空间两大类方法。基于频谱的方法从图信号处理的角度引入滤波器来定义图卷积，其中图卷积操作被解释为从图信号中去除噪声。基于空间的方法将图卷积表示为从邻域聚合特征信息，当 GCN 算法在结点层次运行时，图池化模块可以与图卷积层交错，将图粗化为高级子结构。

6.6.2   图卷积网络的理解

式（6.23）是 GCN 的矩阵表示形式，要理解该表达式需要从更一般的矩阵表示形式开始，见式（6.29）：

$$H^{l+1} = f(H^l, A) = \sigma(\tilde{A}H^lW^l), \quad H^0 = X \in \mathbb{R}^{n \times d} \tag{6.29}$$

其中，W 为卷积变换的权重矩阵，在网络训练时进行优化；A 为邻接矩阵，若结点 i 和 j 之间存在边，则 A_{ij} 为 1，否则为 0；H 为所有结点的特征向量矩阵，每一行是一个结点的特征向量，初始的 H^0 为输入矩阵 X，X 属于 $n \times d$ 的实数矩阵。A 和 H 的乘积表示所有邻居结点向量进行相加，如图 6.13 所示，表示 $A \times H$，得到 AH 之后再与 W 相乘，经过激活函数 σ 即可得到下一层结点的特征向量。

这种计算方法存在一个问题，AH 只能聚合某结点的邻居结点状态信息，没有考虑自身的状态信息。为此，将矩阵 A 中对角线的值全部设置为 1，为每个结点添加自己这个特殊的"邻居"，于是新的图卷积表示如式（6.30）所示：

$$H^{l+1} = f(H^l, A) = \sigma(\tilde{A}H^lW^l), \quad \tilde{A} = A + I_n \tag{6.30}$$

其中，I 为单位矩阵。

如此增加单位矩阵后，卷积过程会将结点自身的状态信息聚合到新的结点状态信息中，但是仍然存在一个问题。由于矩阵 A 没有归一化，AH 会将所有邻居结点的特征向量相加，在进行多次卷积运算后，会导致某些结点的特征向量值很大，此时，在提取图特征时可能会偏向邻居结点多的结点特征。因此，通常需要对矩阵 A 进行归一化：

$$\tilde{A}' = D^{-\frac{1}{2}} \tilde{A} D^{-\frac{1}{2}} \tag{6.31}$$

GCN 的基本思想是在聚合邻居结点特征信息时，考虑所有的结点特征信息，为了避免特征向量不断相加导致邻居结点较多的结点特征向量值偏大，对矩阵 $\tilde{A}$ 进行归一化，最终得到如式（6.31）所示的 GCN 的矩阵表示形式，见图 6.14。

$$\begin{bmatrix} 0 & 1 & 1 \\ 1 & 0 & 1 \\ 1 & 1 & 0 \end{bmatrix} \begin{bmatrix} 1 & 1 & 1 & 1 \\ 2 & 2 & 2 & 2 \\ 3 & 3 & 3 & 3 \end{bmatrix} = \begin{bmatrix} 5 & 5 & 5 & 5 \\ 4 & 4 & 4 & 4 \\ 3 & 3 & 3 & 3 \end{bmatrix}$$

$$\qquad A \qquad\qquad H$$

图 6.14　AH 相乘示例

6.7　图注意力网络

在 GCN 中，结点的所有邻居无差别对待，但事实上不同的邻居结点对于目标结点的重要程度不同。注意力机制可以为结点的每个邻居结点分配不同的注意力评分，从而使信息聚合的过程倾向更加重要的邻居。图注意力网络（graph attention network，GAT）[20]通过将注意力机制引入传播过程，基于自注意力机制对每个结点的邻居的状态进行差别更新。

6.7.1 注意力机制

注意力机制是人工神经网络中一种模仿认知注意力的技术，可以增强神经网络输入数据中某些信息的权重，同时减弱其他信息的权重，将网络的关注点聚焦于数据中最重要的部分，忽略一些不太重要的信息。注意力机制最早是在机器翻译模型中引入并使用的，近年来，有研究人员将注意力机制应用到 GNN 子模型中，设计了 GAT 模型，取得了很好的效果。

注意力机制涉及 3 个要素，即请求、键和值。如图 6.15 所示为注意力机制的计算过程，(K, X) 是输入的键值对向量数据，包含 n 项信息，每一项信息的键用 K_i 表示，值用 X_i 表示；Q 表示与目标任务相关的查询向量，Value 表示在给定 Q 的条件下，通过注意力机制从输入数据提取的有用信息，即输出信息。注意力机制的计算过程可以分为三步。

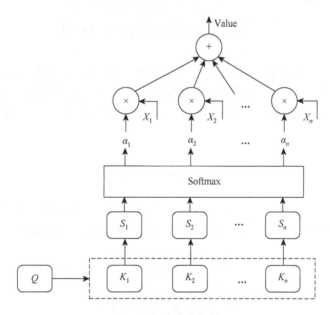

图 6.15　注意力机制

（1）计算 K 与 Q 的相关性得分。

（2）将计算的相关性得分使用 Softmax 函数进行归一化处理，归一化后的值 α_i 称为注意力系数，该值越大表明第 i 个输入信息与任务目标的相关性越高。

（3）根据注意力系数 α 对输入数据 X 进行加权求和计算。

注意力机制计算过程可以表示如下：

$$\text{Value} = \sum_{i}^{n} \text{Softmax}\left(S(K_i, Q) \cdot K_i\right) \tag{6.32}$$

其中，S 为相似性度量函数，直接决定了注意力系数的计算结果，常见的相似性度量方法有向量内积和余弦相似度等。

6.7.2　图注意力网络模型

为了解决 GNN 聚合邻居结点时没有考虑不同邻居结点的重要性分布的问题，GAT 借鉴注意力机制，在计算图中每个结点的表示时，根据邻居结点特征的不同，分配不同的权重系数。在 GAT 中定义了一个注意力层，对于结点对 (i, j)，注意力机制的权重系数计算如式（6.33）所示：

$$\alpha_{ij} = \frac{\exp\left(\text{LeakyReLU}\left(a^{\mathrm{T}}\left[Wh_i Wh_j\right]\right)\right)}{\sum\limits_{k \in N_i} \exp\left(\text{LeakyReLU}\left(a^{\mathrm{T}}\left[Wh_i Wh_j\right]\right)\right)} \tag{6.33}$$

其中，α_{ij} 表示结点 j 对 i 的注意力权重系数；N_i 表示结点 i 的邻居集合。

令 $h = (h_1, h_2, \cdots, h_N)$，$h_i$ 表示结点的输入特征，N 为结点数量，结点的输出特征为 $h' = (h_1', h_2', \cdots, h_N')$，$W$ 为所有结点共享的线性变换权重矩阵，则输出特征的表达式如式（6.34）所示：

$$h_i' = \sigma\left(\sum_{j \in N_i} \alpha_{ij} Wh_j\right) \tag{6.34}$$

为了提高模型的拟合能力，还引入了多头自注意力机制来稳定学习过程，利用 K 个独立的 W^k 计算隐含状态，最后通过拼接或者平均计算输出：

$$h_i' = \big\|_{k=1}^{K} \sigma\left(\sum_{j \in N_i} \alpha_{ij}^k W^k h_j\right) \tag{6.35}$$

$$h_i' = \sigma\left(\frac{1}{K} \sum_{k=1}^{K} \sum_{j \in N_i} \alpha_{ij}^k W^k h_j\right) \tag{6.36}$$

其中，$\|$ 表示连接运算；α_{ij}^k 表示第 k 个注意力权重系数矩阵 W^k 计算得到的注意力系数。权重系数 α_{ij} 和输出特征 h_i' 的计算过程如图 6.16 所示。

与 GCN 比较，图注意力计算速度快，可以在不同结点上并行计算，且训练时无须了解整个图结构，仅需要一阶邻居结点信息即可，同时 GAT 可以通过注意力机制针对不同的邻居学习不同权重系数。

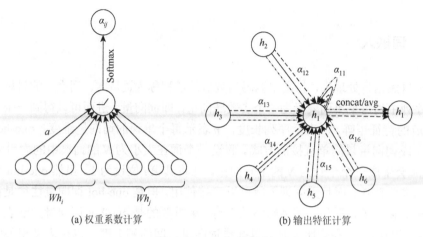

(a) 权重系数计算   (b) 输出特征计算

图 6.16 GAT 工作机制

6.8 Word2vec 词嵌入算法

深度学习处理文本等序列数据时，如何将序列数据转化为数值尤其关键。Word2vec[21]作为一种语言模型，可以从大量语料库中以无监督的方式学习语义知识、生成词向量，在自然语言处理中得以广泛应用。Word2vec 模型本质上是一种轻量级的神经网络，仅包括输入层、隐藏层和输出层，如图 6.17 所示。它可以将每个文本序列中的每个词编码为一个定长的向量，这些向量同时携带了词与词之间的相似和类比关系信息。根据输入输出的不同，Word2vec 模型结构可以分为连续词袋模型（continuous bag of words，CBoW）和跳字模型（skip-gram）两种结构。CBoW 适合小型语料库，通过上下文预测目标词的方式训练得到词向量；Skip-gram 更适合大规模的语料库，利用目标词预测上下文词的方式训练得到词向量。

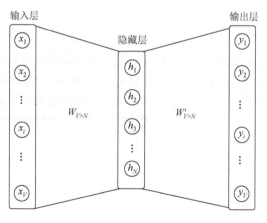

图 6.17 Word2vec 模型

6.8.1 词嵌入

在自然语言处理中，将文字编码为数值的过程称为词嵌入。词嵌入的目标是将文本序列中的每个单词表示为一个实数域向量，即词向量，进而可以得到一个大小为$[s,n]$的特征矩阵，s表示序列长度，n表示每个单词的词向量维度。one-hot 编码是生成词向量最简单直接的方式。假设一个词在大小为N的词典中的索引为i，one-hot 会生成一个全长为N的全 0 向量，并将其第i位设为 1。虽然 one-hot 词向量表示非常简单，而且无须训练就可以直接使用，但是 one-hot 词向量往往是高维度且极其稀疏的，不利用神经网络的训练。更重要的是 one-hot 词向量无法表达词与词之间的相似度和类比关系，以衡量词向量之间的相关度（也称语义相关度）。以最常用的余弦相关度为例：

$$\text{similarity}(a,b) \triangleq \frac{a^{\mathrm{T}} \cdot b}{a \cdot b} \in [-1,1] \qquad (6.37)$$

对于任意两个不同词的 one-hot 词向量，其余弦相似度均为 0，因此，one-hot 词向量无法体现单词之间的语义相关度。

为了解决 one-hot 编码存在的问题，考虑通过训练的方式将 one-hot 编码的每个词都映射到一个较短的词向量，词向量的维度可以根据不同的任务进行指定。Word2vec 是一种常见的训练词向量权重的神经网络模型，其输入和输出均为 one-hot 编码的词汇表向量，包含 CBoW 和 Skip-gram 模型两种。

6.8.2 连续词袋模型

CBoW 模型基于上下文环境中的词预测当前的词，其模型结构如图 6.18（a）所示。

图 6.18（a）中，$x_{1k}, x_{2k}, \cdots, x_{Ck}$ 为上下文词的 one-hot 向量；$W_{V \times N}$ 为所有词向量构成的权重矩阵；y_j 为利用上下文预测得到的当前词的 one-hot 表示，其中C为上下文词汇的数量，V为词汇表的单词总数，N为词向量的维度。从输入层到隐藏层的运算其实是对输入层词对应的词向量进行简单的加权求和，即

$$h_i = \sum_{c=1}^{C} x_{ck} W_{V \times N} \qquad (6.38)$$

6.8.3 跳字模型

Skip-gram 模型则是基于当前词预测上下文的词，其模型结构如图 6.18（b）

所示。对于 Skip-gram，x_k 为当前词的 one-hot 表示；$W_{V \times N}$ 为所有词向量构成的权重矩阵；$y_{1k}, y_{2k}, \cdots, y_{Ck}$ 为预测的上下文词汇的 one-hot 表示输出。从输入层到隐藏层，直接将 one-hot 的输入向量转换为词向量表示。此外，两者还有一些其他区别。

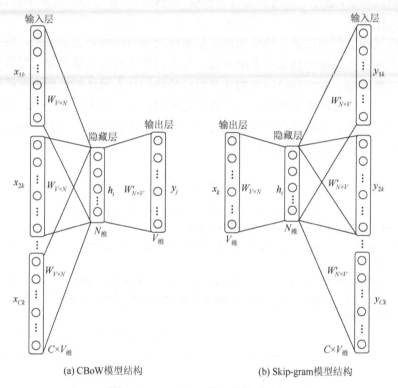

(a) CBoW模型结构　　　　　　　　　(b) Skip-gram模型结构

图 6.18　Word2vec 的两种模型结构

（1）CBoW 比 Skip-gram 模型训练速度快。从模型中可以看出，从隐藏层到输出层，CBoW 仅需要计算一个损失，而 Skip-gram 则需要计算 C 个损失再平均进行参数优化。

（2）Skip-gram 在小数量的数据集上效果更好，同时对于生僻词的表示效果更好。CBoW 从输入层到隐藏层时，对输入的词向量进行了平滑处理，因此对于生僻词，平滑后容易被模型所忽视。

6.9　小　　结

深度学习技术是识别数据模式和关系的一种新技术，在诸如图像分析、语言翻译等领域已取得了成功，深度学习擅长识别和利用大型数据集中的模式。本章简要地介绍了一些深度学习算法的基本概念和思想，包括结构化数据和非结构化数据处理：CNN、RNN、AE、GCN、GAT 和 Word2vec。当前深度学习在多个领域得到了广泛的应用，尤其是在生命科学领域有许多成功的应用，可以很好地应用于生物信息学，遗传学和药物发现等领域，相信未来 AI 会与生物医学相得益彰，发挥更大作用。

从浅层特征到高层语义特征的逐层抽象深度学习的特征表示机理，符合人类的由浅入深、从具体到抽象的思维方式，从不同维度探索高维数据，看清事物全貌，树立整体观。卷积神经网络的计算原理使我们从人眼认知机理中发现视觉感知规律；循环神经网络指导我们分析数据之间的依赖性和因果关联性。此外，我们也发现深度学习体现了批评与自我批评、坚持不懈朝着目标努力的精神，在一次次迭代更新中实现自我成长。

参 考 文 献

[1]　Goodfellow I，Bengio Y，Courville A. 深度学习[M]. 北京：人民邮电出版社，2017.

[2]　周志华. 机器学习[M]. 北京：清华大学出版社，2016.

[3]　Czum J M. Dive into deep learning[J]. Journal of the American College of Radiology，2021，17（5）：637-638.

[4]　胡越，罗东阳，花奎，等. 关于深度学习的综述与讨论[J]. 智能系统学报，2019，14（1）：1-19.

[5]　田永林，王雨桐，王建功，等. 视觉 Transformer 研究的关键问题：现状及展望[J]. 自动化学报，2022，48（4）：957-979.

[6]　王乃钰，叶育鑫，刘露，等. 基于深度学习的语言模型研究进展[J]. 软件学报，2021，32（4）：1082-1115.

[7]　Li J. Recent advances in end-to-end automatic speech recognition[J]. APSIPA Transactions on Signal Information Processing，2022，11（1）：1-64.

[8]　Pan Y，Lei X，Zhang Y. Association predictions of genomics，proteinomics，transcriptomics，microbiome，metabolomics，pathomics，radiomics，drug，symptoms，environment factor，and disease networks：A comprehensive approach[J]. Medicinal Research Reviews，2022，42（1）：441-461.

[9]　Jumper J，Evans R，Pritzel A，et al. Highly accurate protein structure prediction with alphaFold [J]. Nature，2021，596（7873）：583-589.

[10]　Lei X，Mudiyanselage T B，Zhang Y，et al. A comprehensive survey on computational methods of non-coding RNA and disease association prediction[J]. Briefings in Bioinformatics，2021，22（4）：bbaa350.

[11]　Lecun Y. Generalization and network design strategies[J]. Connectionism in Perspective，1989，19（18）：143-155.

[12]　Rumelhart D E，Hinton G E，Williams R J. Learning representations by back-propagating errors[J]. Nature，1986，323（6088）：533-536.

[13]　Hochreiter S，Schmidhuber J. Long short-term memory[J]. Neural Computation，1997，9（8）：1735-1780.

[14]　Cho K，van Merriënboer B，Bahdanau D，et al. On the properties of neural machine translation：Encoder-decoder approaches[C]. Proceedings of SSST 2014-8th Workshop on Syntax，Semantics and Structure in Statistical Translation，Doha，2014：103-111.

[15] Bourlard H，Kamp Y. Auto-association by multilayer perceptrons and singular value decomposition[J]. Biological Cybernetics，1988，59（4）：291-294.

[16] Scarselli F，Gori M，Tsoi A C，et al. The graph neural network model[J]. IEEE Transactions on Neural Networks，2008，20（1）：61-80.

[17] 徐冰冰，岑科廷，黄俊杰，等. 图卷积神经网络综述[J]. 计算机学报，2020，43（5）：755-780.

[18] Kipf T N，Welling M. Semi-supervised classification with graph convolutional networks[J]. arXiv preprint arXiv：1609.02907，2016.

[19] 刘忠雨，李彦霖，周洋. 深入浅出图神经网络：GNN 原理解析[M]. 北京：机械工业出版社，2020.

[20] Veličković P，Cucurull G，Casanova A，et al. Graph attention networks[C]. 6th International Conference on Learning Representations，Vancouver，2017：1-12.

[21] Church K. Word2Vec[J]. Natural Language Engineering，2017，23（1）：155-162.

第 7 章　PPI 网络及蛋白质复合物挖掘方法

7.1　引　　言

蛋白质是由多种氨基酸按特定的序列顺序通过肽键连接成一个具有一定结构的高分子化合物，它是构成一切细胞和组织结构的必不可少的部分，是生命活动最重要的物质基础[1]。几乎所有的生物过程，都是通过蛋白质相互作用（protein-protein interaction，PPI）完成的，这些生物过程既包括正常的生理过程，如 DNA 复制、转录、翻译、代谢、信号传导以及细胞周期控制，也包括对疾病的影响过程[1]。在生命体中，蛋白质不是单独发挥作用的，而是相互联系形成蛋白质复合物（protein complex）来共同发挥作用[2]的。研究蛋白质复合物有助于发现蛋白质功能，理解和解释生物活动过程，在生物学、病理学和蛋白质组学中具有重要的意义和作用[3, 4]。

目前，通过生物化学实验可以较为准确地测定某一环境下比较稳定的蛋白质复合物，但是实验成本较为昂贵，需要花费大量的财力、物力和人力。而且，生物机体的各种表型是动态发展的，如疾病，存在着发生、发展的变化过程。在这个过程中，蛋白质之间的相互作用会随着时间和环境而改变，而生物化学实验难以鉴别蛋白质间的瞬时相互作用，并且难以发现 PPI 网络随时间动态变化的过程[5]。另外，随着高通量测序技术的发展，大量的 PPI 数据以及和蛋白质相关的生物信息数据不断涌现，为计算方法挖掘蛋白质复合物这一领域提供了基础[6]。与实验方法相比，应用计算方法在蛋白质网络中挖掘复合物不仅能节约成本，而且能捕捉到动态的蛋白质复合物。本章结合蛋白质相关的生物信息数据，如基因表达数据、亚细胞定位数据、GO 功能数据等，整合数据资源，并将智能计算[7]、图论[8]、粒计算[9]等计算方法应用到动态 PPI 网络构建、动态蛋白质复合物识别、重叠蛋白质复合物挖掘中。

7.2　蛋白质复合物

7.2.1　蛋白质复合物作用

蛋白质复合物是指在同一时间和空间通过相互作用绑定在一起参与某一特定

的生物进程、完成特定的生物功能的蛋白质集合，例如，细胞分裂后期的促进复合物、转录因子复合物、RNA 剪切和多聚腺苷酸化复合物、蛋白质运输复合物、RNA 拼接复合物等，对实现细胞功能有着不可或缺的作用[6]。

7.2.2　蛋白质复合物结构

识别蛋白质复合物的方法主要分为基于实验的方法和基于计算的方法。在早期对蛋白质复合物的研究中，主要通过生物学实验方法发现蛋白质复合物，例如，RNA 干扰、条件基因敲除、共免疫沉淀等方法[10, 11]。随着技术的发展，出现了一些新的识别蛋白质复合物的实验方法，例如，X 射线晶体学方法，适用于高分子量的蛋白质复合物，能够确定蛋白质复合物的 3D 结构，但是需要高质量的晶体，具有一定的辐射损伤；核磁共振，具有较高的分辨率，同样能够确定蛋白质复合物的三维结构，但是信号质量容易受到影响，不适合高分子复合物；基于质谱的方法[12]，适用于不形成晶体的肽和复合物，精度高，速度快，但是技术比较复杂，不能识别蛋白质复合物的三维结构；蛋白质微阵列方法[13]，能够识别蛋白质复合物相互作用，提供化学计量数据，能够识别蛋白质复合物的亚基结构，但是需要高档、昂贵的试剂。生物实验的方法能够准确地识别出蛋白质复合物，而且能精确地识别其三维结构以及原子形式，但也存在着对技术要求较高、成本高和耗时久等缺点[14]。

2001 年，Legrain 等将 PPI 描述为无向图[15]，其中蛋白质用结点表示，PPI 用边表示，这样可将大规模的 PPI 数据转换为网络结构，就可以借助蛋白质网络的拓扑特性识别蛋白质复合物。

蛋白质复合物是通过多个 PPI 组装的与两个或多个功能相关的蛋白质分子组，因此，蛋白质复合物内部的蛋白质结点之间具有较强的相似性，而蛋白质复合物之间的相似性较弱，这个性质与网络中的稠密子图相似，因此可以对 PPI 网络进行划分，识别 PPI 网络中的稠密子图来识别蛋白质复合物，基于这个思路，多位学者提出了许多复合物识别算法。2003 年，Bader 等[16]提出了一种基于种子扩充的局部搜索算法（molecular complex detection，MCODE），通过计算结点的邻接结点密度，选择高权重的结点形成初始簇，然后进行扩充，MCODE 算法可以挖掘重叠的蛋白质复合物。MCODE 算法的步骤主要为结点衡量、复合物预测、后处理阶段。首先，MCODE 根据局部网络的密度对所有结点进行评判。局部网络密度用结点邻居的最大 k 核来表示，k 核是最小度为 k 的图（在该图中，所有结点的度均大于等于 k）。一个网络中最大的 k 核是中心最密集连接的子图。这里定义结点 v 的核聚集系数 d，它是由 v 邻近区域（v 的邻居和 v）形成的 k 核密度。结点 v 的最终权重为核聚集系数与最大核 k 值的乘积 $d \times k_{max}$，这种加权的方法进一步加强了密集连通顶点的权重。其次，选择其中一个最高权重的结点作为种子，递归地从种子顶点向外扩展，以一个给定的阈值为依据，若一个顶点属于某个蛋白质复合物，那它的邻居结点也被看作复合物中的一部分，每个结点只能遍历一次，直到没有更多的结点高于给定阈值时停止。对下一个次高权重的结点重复此操作。这种方法可以确定最密集的网络局部区域，结点的阈值参数确定了挖掘复合物的密度。在后处理阶段中，若复合物不是至少有 2 核的复合物，则复合物会被过滤掉。

Palla 等[17]将具有 k–1 个公共结点的全连通图进行合并，提出了基于团渗透的算法（clique percolation method，CPM），并将其应用于 PPI 网络进行重叠功能模块划分。这两种方法可以识别重叠的蛋白质复合物，但是无法挖掘 PPI 网络中非稠密的蛋白质复合物，而且只考虑了蛋白质结点在蛋白质网络中的网络特性，没有考虑蛋白质复合物的内部结构以及蛋白质的生物特性。

Gavin 等[18]在 2006 年通过对酵母复合物进行全面的基因组序列分析，证明蛋白质复合物通常是由一个核心和几个附件蛋白质组成的，如图 7.1 所示，即蛋白质复合物具有核心-附件结构，核心是高密度连接的子图，外围连接的蛋白质结点是附件。蛋白质复合物核心-附件结构的发现为蛋白质复合物的识别问题带来了新的研究思路。Leung 等[19]从拓扑结构上探究蛋白质复合物的核心-附件结构，并提出了 CORE 聚类方法，通过计算每一对蛋白质的 p-value 值评价复合物核心。

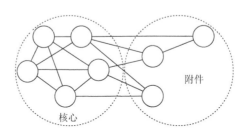

图 7.1　蛋白质复合物核心-附件结构示意图[20]

随后文献[20]又提出 COACH 蛋白质复合物识别方法，先检测稠密子图作为聚类中心，然后将附件向核心聚集。该算法主要分为两个步骤，复合物核的识别及复合物的生成。在第一步中，对于 PPI 网络中每一个结点 v，COACH 首先构建其邻居结点子图 G_v 及其核心图 CG_v（核心图 CG_v 中的每个结点度大于等于 G_v 结点的平均度数），若核心图满足相应的密度条件，则该核心图被视为一个主要的蛋白质核；否则对该核心图进行拆分，每次将核心图中度大于平均值的点删除，形成多个联通子图后，再将删除的点添加到每个联通子图中，迭代运行形成一系列新的核心图，直到所有的核心图满足条件。对于不满足密度条件的核，算法迭

代地将核中度较小的结点删除，直到密度满足条件，并在此基础上，添加外部高连通的结点形成高密度的核，最后过滤掉相同或相似的核。在所预测的蛋白质复合物的形成阶段，算法将提取每个复合物核心的外围信息，并选择与之相配的可靠附件形成蛋白质复合物。一个核 C 的邻居被记为 $N(C)$，对于 $N(C)$ 中的每一个结点 v，N_v 为结点 v 的邻居，$|N_v \cap V_C|/|V_C|$ 用来衡量结点 v 与核 C 的紧密程度，其值大于某一阈值时，结点 v 将作为附件添加到核 C 中，以此迭代进而生成蛋白质复合物。

基于核心-附件结构挖掘蛋白质复合物既考虑了蛋白质复合物在 PPI 网络中的特性，又考虑了蛋白质复合物的结构，这样既可以挖掘出稠密的子图，也可以找出非稠密子图。蛋白质的核心-附件结构被认为是最接近蛋白质生物特性的网络结构，也是基于计算方法挖掘蛋白质复合物采用的网络结构。

7.3　基于群智能优化的蛋白质复合物挖掘

7.3.1　基于布谷鸟优化算法的蛋白质复合物挖掘

蛋白质复合物具有核心-附件结构，挖掘蛋白质复合物的过程可以看成给高密度连接的核心找附件结点的过程，这和布谷鸟搜索最佳的寄生巢产卵的过程相似。综合分析布谷鸟搜索算法和蛋白质复合物的结构和功能，本节设计了一种挖掘蛋白质复合物的计算模型，基于改进的布谷鸟搜索算法（improved cuckoo search algorithm，ICSC）在加权动态 PPI 网络中挖掘蛋白质复合物[1, 21]，并探究蛋白质复合物的动态变化过程。

1. ICSC 算法原理

ICSC 算法在每个动态子网中选择一些紧密连接子图作为寄生巢，也就是蛋白质复合物核心，和这些子图连接的结点看作布谷鸟；在每个动态子网中应用布谷鸟搜索算法，为布谷鸟搜索合适的寄生巢（复合物核），从而形成蛋白质复合物；最后，不同动态子网中挖掘出的蛋白质复合物可能具有很高的相似性，需要使用过滤程序去除冗余的蛋白质复合物，最终挖掘到动态蛋白质复合物。

如图 7.2（a）所示，4 个高度连接的子图构成了蛋白质复合物的核心，分别记为 Core1、Core2、Core3 和 Core4，与之连接的蛋白质结点为附件结构（attachment），其余结点为非核心蛋白质。在 ICSC 算法中，每个布谷鸟看作非核心蛋白质（Cuckoo1、Cuckoo2），寄生巢看作复合物的核心结构（nest1、nest2、nest3、nest4、nestx），布谷鸟搜索到合适的寄生巢并产卵，对应非核心蛋白质变成对应复合物的附件结构。

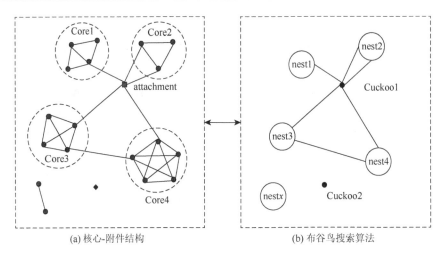

(a) 核心-附件结构　　　　　　　　　　　(b) 布谷鸟搜索算法

图 7.2　ICSC 算法和蛋白质复合物核心-附件结构对应关系

2. ICSC 算法流程

1）初始化寄生巢

初始化寄生巢产生最初的寄生巢，初始的寄生巢可以看作蛋白质复合物的核心结构。在对动态子网加权的时候，权重综合考虑了结点之间基因表达相似性（PCC）、边聚集系数（ECC）和 GO 功能相似性（GSM），设定权重阈值 w_{th} 来选出高度共表达和功能相似性较高的蛋白质对 (v_i, v_j) 作为初始寄生巢。对于加权动态子网中的每条边 $e(v_i, v_j) \in E_t$，如果它的权重 w_{ij} 满足 $w_{ij} \geqslant (\mathrm{mean}(w)/w_{th})$，蛋白质对 (v_i, v_j) 被看作寄生巢，$\mathrm{mean}(w)$ 是加权动态子网 G_t 中边权重的算术平均值，w_{th} 是权重阈值。蛋白质复合物的核心通常由紧密连接的子图构成，初始的寄生巢可能存在重叠，因此对初始的寄生巢进行合并操作。采用结点聚集系数（node clustering coefficient，NCC）对初始的寄生巢进行合并处理，结点 v 的聚集系数定义如下：

$$\mathrm{NCC}(v) = \frac{2n_v}{k_v(k_v - 1)} \tag{7.1}$$

其中，k_v 是结点 v 的度；n_v 是结点 v 的邻居之间相互连接的边数，因为 PPI 网络包含大量的结点，许多结点具有相同的点聚集系数值，不能很好地体现结点的聚集程度，因此，采用加权结点聚集系数（weighted node clustering coefficient，WNCC）区分加权动态 PPI 子网中结点的重要程度，结点 v 的加权结点聚集系数定义如下：

$$\mathrm{WNCC}(v) = \frac{\sum W_e}{k_v(k_v - 1)}, \quad e \in n_v \tag{7.2}$$

其中，k_v 和 n_v 的定义同上；$\sum W_e$ 表示结点 v 的邻居之间相互连接的边的权重。

对于有重叠部分的两个初始寄生巢 (v_i, v_j) 和 (v_i, v_k)，如果满足 $\mathrm{WNCC}(v_i) \geqslant \mathrm{WNCC}(v_i)$，将两个初始寄生巢合并为 (v_i, v_j, v_k)。

算法 7.1　ICSC 算法伪代码

算法：ICSC 算法

输入：加权动态子网 $G_t(V_t, E_t)$ $(t = 1, 2, \cdots, 12)$

输出：蛋白质复合物集合：Complex

开始
1. for each G_t do
2.   初始化:　(1) 最大迭代次数: maxiter; 布谷鸟种群数: n_p;
3.   (2) 边权重阈值: w_{th};
4.   (3) 初始化寄生巢　nest:
5.   for each $e(v_i, v_j) \in E_t$ do
6.   if $w_{ij} \geqslant (\mathrm{mean}(w)/w_{th})$ then insert (v_i, v_j) into nest end if
7.   end for
8.   Merge operation;
9.   (4) 初始化解空间　Nest: Nest(:, :, i) = nest, $i = 1, 2, \cdots, n_p$;
10.   while iter $\leqslant$ maxiter do
11.   for $i = 1$ to n_p
12.   产生布谷鸟　Cuckoo$_i$:
13.   each $v \in V_t$, if $v \notin$ Nest(:, :, i) then insert v into Cuckoo$_i$ end if
14.   for each Cuckoo$_j \in$ Cuckoo$_i$ do
15.   for each nest$_k \in$ Nest(:, :, i) do
16.   Calculate closeness(cuckoo$_j$, nest$_k$);
17.   if closeness(cuckoo$_j$, nest$_k$) > 0 then
18.   Roulette wheel selection cuckoo$_j$, set nest$_t$ = union(nest$_k$, cuckoo$_j$);
19.   Calculate objective function F(nest$_t$);
20.   if F(nest$_t$) > F(nest$_k$) then
21.   insert cuckoo$_j$ into nest$_k$;
22.   end if
23.   end if
24.   end for
25.   end for
26.   Calculate the objective function F(Nest(:, :, i))
27.   end for
28.   Find the largest objective function F_{max} = max(F(Nest(:, :, i))), $i = 1, 2, \cdots, n_p$;
29.   Find the best solution Nestbest, F(Nestbest) = F_{max};
30.   end while
31.   Complex$_t$ = Nestbest;
32. end for
33. Complex = (Complex$_1$, Complex$_2$, $\cdots$, Complex$_{12}$)
34. Refinement procedure;
结束

2）寻找布谷鸟

基于蛋白质复合物的核心-附件结构，把非核心结点看作布谷鸟，对于加权动态子图 $G_t(V_t, E_t)(t = 1, 2, \cdots, 12)$，如果结点 $v_i \in V_t$ 不属于任何寄生巢，则认为该结点就是一只布谷鸟。

3）布谷鸟搜索算法

对于布谷鸟 cuckoo$_i$ 来说，周围可能存在多个寄生巢，定义亲密度 closeness 来衡量布谷鸟 cuckoo$_i$ 和寄生巢 nest$_j$ 之间的相似度，定义如下：

$$\text{closeness}(\text{cuckoo}_i, \text{nest}_j) = \frac{\left| N_{\text{cuckoo}_i} \bigcap \text{nest}_j \right|}{\left| \text{nest}_j \right|} \tag{7.3}$$

其中，$\left| \text{nest}_j \right|$ 表示寄生巢 nest$_j$ 中结点的个数；N_{cuckoo_i} 表示布谷鸟 cuckoo$_i$ 的邻居结点；$\left| N_{\text{cuckoo}_i} \bigcap \text{nest}_j \right|$ 表示寄生巢 nest$_j$ 和布谷鸟 cuckoo$_i$ 的邻居结点共有的结点数；closeness(cuckoo$_i$, nest$_j$) 大于 0 说明布谷鸟 cuckoo$_i$ 和寄生巢 nest$_j$ 之间有一定的相似性。在自然环境中，布谷鸟会将卵产在和自身物种比较相似的寄生巢中，对于布谷鸟 cuckoo$_i$ 来说，会存在多个和自身相似的寄生巢，为了保证种群的多样性，同时，在布谷鸟搜索算法的规则中，每个布谷鸟每次只产一个卵，将所有 closeness(cuckoo$_i$, nest$_j$) > 0 的寄生巢构成轮盘，采用轮盘赌选择策略决定布谷鸟 cuckoo$_i$ 选择产卵的寄生巢。

4）适应值函数

适应值函数 F 定义为

$$F(C^1, C^2, \cdots, C^k) = \sum_{i=1}^{k} \frac{C_{\text{in}}^i}{C_{\text{in}}^i + C_{\text{out}}^i} \tag{7.4}$$

$$C_{\text{in}}^i = \frac{2 \times |E|}{|V| \times (|V| - 1)} \tag{7.5}$$

$$C_{\text{out}}^i = \frac{W_{ki}}{|V|} \tag{7.6}$$

其中，$(C^1, C^2, \cdots, C^k)$ 表示一个划分；C^i 表示其中的一个复合物；$|E|$ 表示 C^i 中的边数；$|V|$ 表示 C^i 中的点数；W_{ki} 表示一个 C^i 的外部连接边，即边的一端在 C^i 中，另一端不在 C^i 中。

3. 实验结果及分析

1）构建动态 PPI 网络

使用酵母数据集 DIP[22]、Krogan[23]、MIPS[24] 和 Gavin[18] 构建静态 PPI 网络，结合 GSE3431 基因表达数据集[25]，使用 3σ 原理[26] 构建动态 PPI 网络。GSE3431 中每个周期有 12 个时间戳，因此动态 PPI 网络包含 12 个子网。

2）布谷鸟种群大小分析

布谷鸟种群的大小 n_p 可以保证种群的多样性。为了考量参数 n_p 对 ICSC 算法的影响，选择 DIP 数据集 12 个子网中密度最小的子网和密度最大的子网进行对比实验。子网 1 密度为 0.0003，是 12 个子网中密度最小的子网，子网 8 密度为 0.0376，是 12 个子网中密度最大的子网。ICSC 算法在第 1 个子网和第 8 个子网上的收敛曲线分别如图 7.3（a）和图 7.3（b）所示。横轴是迭代次数，纵轴是目标函数适应值。从图 7.3 可以看出，迭代次数达到 40 时，ICSC 算法全部收敛，设定布谷鸟种群大小 n_p 分别取 5、10、15、20、25、30，目标函数在 $n_p=15$ 时达到最优值，因此设置 maxiter = 100，$n_p=15$。

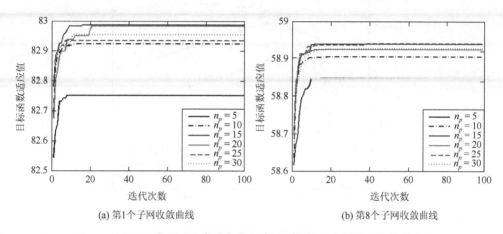

(a) 第1个子网收敛曲线　　　　　　　(b) 第8个子网收敛曲线

图 7.3　ICSC 算法在 DIP 数据集第 1 个子网和第 8 个子网上的收敛曲线

3）权重阈值 w_{th} 分析

在 ICSC 算法中，布谷鸟 $cuckoo_i$ 选择最合适的寄生巢 $nest_j$ 形成蛋白质复合物，寄生巢 $nest_j$ 的质量直接决定蛋白质复合物的准确性，权重阈值 w_{th} 的值直接影响寄生巢 $nest_j$ 的数量和质量。如果 w_{th} 的值太小，选出的寄生巢数量太少，导致产生大量的布谷鸟 $cuckoo_i$，算法时间增加，而且挖掘出的蛋白质复合物都比较小，预测了许多无意义的蛋白质复合物；反之，如果 w_{th} 的值太大，则选择出的寄生巢数量太多，布谷鸟个数太少，挖掘出的蛋白质复合物不准确。因此，选择适当的 w_{th} 值至关重要。匹配率（matching rate，MR）用来衡量 w_{th} 对算法的影响，初始寄生巢集合 Nest 和标准的蛋白质复合物 SC（CYC2008）[27]的匹配率定义如下：

$$\mathrm{MR(Nest, SC)} = \frac{\dfrac{|\mathrm{NI}|}{|\mathrm{Nest}|} + \dfrac{|\mathrm{SI}|}{|\mathrm{SC}|}}{2} \qquad (7.7)$$

其中，|NI|表示包含在标准蛋白质复合物中的初始寄生巢的个数；|Nest|表示所有初始寄生巢的个数；|SI|表示包含在初始寄生巢中的标准复合物的个数；|SC|表示标准复合物中复合物的个数。在四个加权动态 PPI 网络上进行了实验，w_{th} 取值从 0.2 到 1.2，以此验证参数 w_{th} 的影响，结果如图 7.4 所示。

从图 7.4 可以看出，在 Krogan 和 Gavin 数据集上，当 w_{th} 大于等于 0.8 时 MR

趋于稳定；在 DIP 数据集上，w_{th} 等于 0.6 时 MR 达到最大值，然后逐渐下降，下降趋势缓慢；MIPS 数据集上的 MR 曲线与 DIP 数据集类似。因此，w_{th} 的值设定为 0.8。

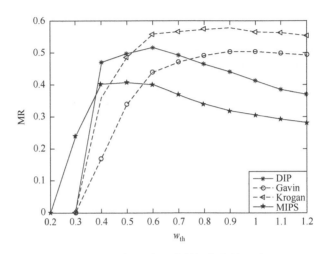

图 7.4　参数 w_{th} 在 4 个数据集上的影响

7.3.2　基于果蝇优化算法的蛋白质复合物挖掘

基于核心-附件的蛋白质复合物识别方法被认为是性能较好的复合物识别算法之一[28]，但对于核心簇与附件蛋白质之间的结合，学术界没有统一的标准，而且蛋白质和蛋白质之间的相互作用具有不确定性和瞬时性[29]，所以本节使用基因表达数据计算蛋白质在每个时间点的活性，根据活性和稳定性将每个动态子网中的蛋白质分为稳定蛋白质和临时蛋白质，并在稳定蛋白质中检测紧密核心簇，引入果蝇优化算法（FOCA）合并每个动态子网中的临时蛋白质和它对应的紧密核心簇，识别蛋白质复合物[5, 30]。

1. FOCA 算法原理

将一个动态子网里的每一个临时蛋白质看作一只果蝇，将核心簇看作果蝇的不同位置。当一只果蝇在一个特定位置时，它的气味浓度值为果蝇所代表的附件蛋白质到当前位置的核心簇的相似值。果蝇不断更新位置，感知和计算气味浓度。最后，当果蝇找到食物时，附件蛋白质就找到了它应该属于的最合适的核心簇。如果一个附件蛋白质与它的最适合的核心簇之间的紧密程度 closeness 值大于零，则将这个附件蛋白质聚到该核心簇中。FOA 优化结束即意味着形成了蛋白质复合物。图 7.5 展示了 FOCA 算法聚类过程。表 7.1 展示了 FOA 算法与 PPI 网络中聚类过程的对应关系。一个蛋白质附件 v 与一个核心簇 C 间的紧密程度 closeness 定义如下：

$$CL(v,C) = \sum_{u \in C} ECC(v,u) \qquad (7.8)$$

其中，u 是核心簇 C 里面的蛋白质结点。

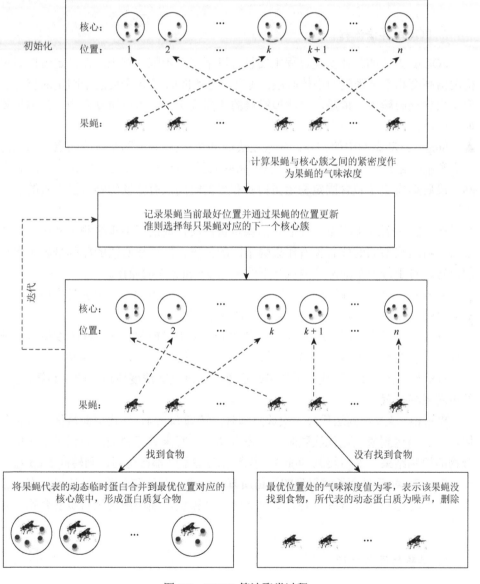

图 7.5　FOCA 算法聚类过程

表 7.1　FOA 算法与识别蛋白质复合物的对应关系

FOA 算法	聚类过程
果蝇	动态子网中的临时蛋白质
果蝇位置	核心簇的序列号
气味浓度	一个临时蛋白质与一个核心簇之间的紧密程度 closeness 值
寻找食物过程	形成蛋白质复合物过程

2. FOCA 算法流程

FOCA 方法的具体实现过程主要包含以下三个步骤。首先，在稳定蛋白质里检测出高度相连高密度的小核心簇。其次，使用 FOA 将每个动态子网里的临时蛋白质聚到核心簇里。最后，过滤掉错误的和高度重叠的蛋白质复合物，具体步骤如下所述。

Step 1：动态网络的构建。先根据边的 PCC 值将静态网络里的结点分为稳定结点和临时结点。然后使用 3σ 原理[26]将临时结点按 T 个时间点分成 T 个动态子网。最后形成 T 个包含固定稳定蛋白质和当前时间点有活性的临时蛋白质的动态子网。

Step 2：形成果蝇位置。在固定的稳定蛋白质形成的网络里检测高密度紧密核心簇，将这些不同的核心簇看作果蝇不同的位置，即用核心簇的序列号表示果蝇的位置。对于每一个动态子网执行下面 Step 3～Step 6 的操作。

Step 3：初始化果蝇位置。将当前第 i 个动态了网里的每一个临时蛋白质看作一只果蝇，然后将果蝇随机映射到不同的核心簇上。

Step 4：计算果蝇当前位置的气味浓度值。果蝇当前位置的气味浓度值即当前果蝇所代表的临时蛋白质与当前位置所在的核心簇之间的 closeness 值。

Step 5：记录最优位置并更新果蝇位置。记录气味浓度值最大的核心簇位置，并更新果蝇位置。

Step 6：当未达到迭代最大次数限制时，转到 Step 4，迭代更新最优位置和其他位置。当达到最大迭代次数时，若还有动态子网未进行聚类，则记录蛋白质复合物的识别结果，然后转到 Step 3，若所有动态子网都已访问，则转向 Step 7。

Step 7：对于 T 个子网得到的蛋白质复合物进行过滤和合并，过滤掉只有一个蛋白质的功能模块，合并重叠分数过高的功能模块。输出最终蛋白质复合物识别结果。

3. 实验结果与分析

FOCA 算法基于蛋白质复合物的核心-附件结构，蛋白质复合物的核心直接影响蛋白质复合物挖掘的正确性。核心综合考虑 PPI 网络和基因表达数据特征，共检测出 1183 个蛋白质复合物核心。使用核心匹配率（core matching rate，CMR）衡量这些核心的性能：

$$CMR(C) = \max\left(\frac{|C \cap K_i|}{|C|}\right), \quad K_i \in K \tag{7.9}$$

其中，K 是已知蛋白质复合物的集合；K_i 是已知蛋白质复合物集合中的一个对象；C 是一个蛋白质复合物核心。当 $CMR(C) = 1$ 时表示核心 C 完全包含在已知蛋白质复合物中。

COACH[20] 和 CORE[19] 算法也是基于核心-附件结构的经典算法，因此将这两种算法产生的核心簇与 FOCA 产生的核心簇作比较。COACH 产生 894 个核心簇，CORE 产生 1634 个核心簇，FOCA 产生 1183 个核心簇。图 7.6 展示了当阈值从0.1 变化到 1.0 时，CMR 值大于这个阈值的核心簇占总的核心簇的比例。

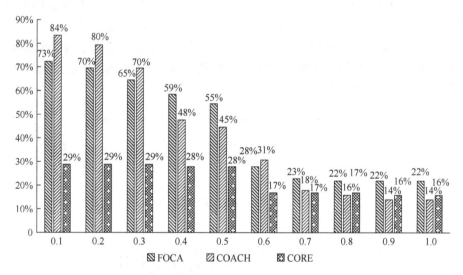

图 7.6　随着 CMR 阈值的变化三种算法的核心簇比率变化情况

从图 7.6 中可以发现，当 CMR 值为 1 时，即核心簇里的蛋白质全部在蛋白质复合物里，CORE 中能完全匹配的核心簇占全部的 16%，COACH 的占 14%，FOCA占 22%。当 CMR 阈值大于或等于 0.4 时，FOCA 对核心簇的识别准确率总是比另两种方法高。当阈值小于 0.4 时，FOCA 的识别准确率小于另外两种方法。也就是说 FOCA 比另外两种方法能预测更多高质量的核心簇。因为 FOCA 的核心簇里的蛋白质高度相连，它们有着很大程度上的功能相似性，然而，CORE 和 COACH检测核心仅仅通过考虑相同的邻居和局部密度，都只是基于核心簇的高度连结性，而忽视了基因的共表达特征。所以，FOCA 能够比 COACH 和 CORE 更准确地检测到蛋白质功能模块核心簇。FOCA 方法通过模拟果蝇的觅食过程,将核心簇看作果蝇位置,附件蛋白质看作果蝇,很好地解决了附件蛋白质和核心簇匹配时的不确定性问题。

7.3.3　基于萤火虫优化算法的蛋白质复合物挖掘

蛋白质复合物检测的本质是发现具有高内聚且低耦合的簇,因此设计一个合理的目标函数,是将该问题转化为优化问题的关键。本节提出了基于萤火虫优化算法的蛋白质复合物挖掘方法 PFCA(firefly clustering algorithm on data PPI)[31]。

1. PFCA 算法原理

1)萤火虫的表示和初始化

该方法使用基于轨迹的邻接表示[32],每一个萤火虫表示一个 N 维的向量, N 是网络中的结点个数。每个萤火虫被解析为一个聚类结果。对于一个萤火虫 $X = \{x_1, x_2, \cdots, x_N\}$,每个位置元素均有一系列可能的值,它们表示了与哪个邻居结点属于同一类簇。如图 7.7 所示,结点 v_1 连接了结点 v_2, v_4, v_9,所以萤火虫的 v_1 位置的值的范围为{2,4,9}。

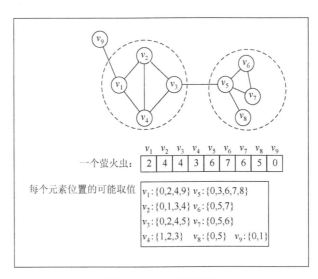

图 7.7　萤火虫的表示

该向量和它的值可以代表一组聚类。如果 j 被分配给一个萤火虫的第 i 个元素,则结点 i 和 j 被认为在同一个簇中。然而网络中也存在着大量的孤立结点,它们和其他任何结点都不在同一簇中,因此在每个元素的取值中加入 0 值,以此表示该结点为孤立结点，最终，向量中 v_1 位置的值的范围为 {0，2，4，9}。对萤火虫表示后，可以构造出一个最多包含 N 条边的邻接矩阵，并使用广度优先遍历方法找出每个簇。可以发现相同的聚类结果可以被不同的萤火虫表示，增加了萤火虫的多样性。采用这种表示方法，系统可以自动确定簇的数量，无须人为给定。在图 7.7 中，萤火虫被解析成两个蛋白质复合物 {v_1, v_2, v_3, v_4} 和 {v_5, v_6, v_7, v_8}，v_9 是一个独立的簇，被排除在外。在初始阶段，根据每个元素的范围随机生成 m 只萤火虫作为初始种群。

2）目标函数的构建

目标函数是评估萤火虫聚类的关键。在蛋白质复合物挖掘过程中，问题的解应满足蛋白质复合物自身的生物特性和网络特性。萤火虫的目标函数表明了每个簇的内聚力程度以及簇间的耦合程度。为了获得最大限度的内部聚合和最低程度的外部耦合，目标函数定义如下：

$$F\left(\{C^1, C^2, \cdots, C^k\}\right) = \frac{\sum_{i=1}^{k} \dfrac{C_{\text{in}}^i}{C_{\text{in}}^i + C_{\text{out}}^i + W_{\text{ave}} \times |C^i| \times (|C^i|-1)/2} \times |C^i|}{\sum_{i=1}^{k} |C^i|} \tag{7.10}$$

$$C_{\text{in}}^i = \sum_{p,q \in C^i} W_{pq} \tag{7.11}$$

$$C_{\text{out}}^i = \sum_{p \in C^i, q \notin C^i} W_{pq} \tag{7.12}$$

其中，$\{C^1, C^2, \cdots, C^k\}$ 是一个萤火虫聚类结果；C^i 代表一个类簇；$|C^i|$ 是该类中所含的蛋白质数量；W_{ave} 是一个子网中边的平均权重；$|C^i| \times (|C^i|-1)/2$ 代表了一个簇 C^i 中最大的可能边数；C_{in}^i 为簇内部边的权重之和；C_{out}^i 为簇之间边的权重之和，目的是发现使目标函数最大的聚类集合。

3）萤火虫的随机搜索和移动

在生成初始种群后，萤火虫群将进行搜索和移动以寻找最优解。由于 PPI 网络中结点的数量极多，因此每个萤火虫具有很高的维度，算法复杂性很高，容易陷入局部最优解。为了解决这个缺点，引入了一些随机搜索的萤火虫，它们的突变概率根据其目标函数值进行计算。随机搜索萤火虫的某些元素以突变概率 mp进行改变，突变后的萤火虫若具有更高的目标函数值，则原始萤火虫的位置被更新，萤火虫 i 的突变概率 mp_i 定义如下：

$$\text{mp}_i = \frac{F_{\max} - F_i + \alpha}{F_{\max}} \tag{7.13}$$

其中，$F_{\max}$ 是种群中最大的目标函数值；α 是 [0,1] 之间的常数。

为了得到最优解，萤火虫之间会交换信息。在目标函数优化问题中，萤火虫会向具有更高亮度的萤火虫靠近。由于在挖掘蛋白质复合物时，萤火虫的每个位置元素的取值不是连续的，萤火虫往往只能向一个方向移动。因此可以估计萤火虫移动到下一个位置的概率，使萤火虫靠近最亮的萤火虫。用 $\text{Firefly}_i\_k_{\text{th}}$ 表示萤火虫 i 的第 k 个位置元素，其取值范围向量用 r_k 来表示，每一个值的选取可能性用 p_{ik} 来表示。使用轮盘赌的思想决定萤火虫下一步的移动方向。如图 7.8 所示，萤火虫 2, 3, 4 的亮度均大于萤火虫 1 的亮度，萤火虫 1 将向萤火虫 2, 3, 4 移动。在图 7.8 中，可以发现最好的聚类结果中，结点 v_3 和结点 v_5 应该属于不同的簇。$r_3 = (0, 2, 4, 5)$，它们分别在萤火虫 2, 3, 4 的第 3 个位置出现了 $(0, 1, 2, 0)$ 次，因为萤火虫 i 的位置元素 3 在下一次取值为 $(0, 2, 4, 5)$ 的概率分别为 $(0, 1/3, 2/3, 0)$，可见下一次在元素 3 的位置有很大的概率取 4。

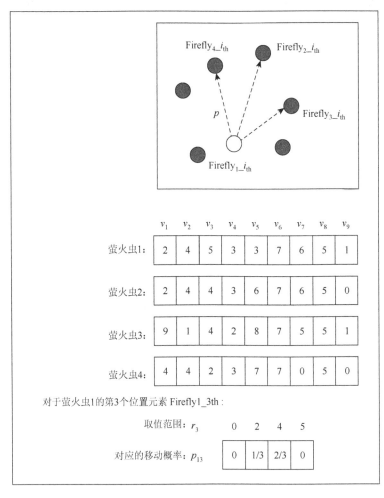

图 7.8 萤火虫的移动策略

为了防止算法陷入局部最优解，每一代中最亮的萤火虫进行随机扰动操作。在最大次数迭代后，可以得到最亮的萤火虫，并解码出蛋白质复合物。萤火虫生物行为模型与 PFCA 之间的对应关系如表 7.2 所示。

表 7.2　萤火虫生物行为模型与 PFCA 算法的对应关系

萤火虫的生物行为	PFCA 算法
萤火虫	一组蛋白质复合物
萤火虫的元素位置	在同一簇中的两个蛋白质
亮度	PPI 聚类目标函数
移动	挖掘蛋白质复合物
最亮的萤火虫	蛋白质复合物集合（问题最优解）

2. PFCA 算法流程

PFCA 算法流程如算法 7.2 所示。

算法 7.2　PFCA 算法流程

算法：PFCA算法

输入：萤火虫个数 n
输出：蛋白质复合物集合
开始
1. 生成初始的 n 个萤火虫 $\text{Firefly}_i (i = 1, 2, \cdots, n)$
2. 计算萤火虫位置元素的取值范围；
3. 确定目标函数 $F(\{C^1, C^2, \cdots, C^k\})$ ；
4. 定义随机搜索萤火虫的个数 r ；
5. 　　while($t <$ Max-Generation)
6. 　　　随机选择 r 个萤火虫为随机搜索萤火虫；
7. 　　　　for $i = 1 : r$
8. 　　　　　计算每个萤火虫的突变概率 mp_i ；
9. 　　　　　if rand () < mp_i
10. 　　　　　　改变随机搜索萤火虫的一些位置元素值；
11. 　　　　　end if
12. 　　　　end for
13. 　　　计算每个萤火虫位置元素的移动概率；
14. 　　　基于轮盘赌策略移动每个萤火虫；
15. 　　　对最优的萤火虫位置进行扰动；
16. 　　end while
　　得到最优解，并通过解码确定蛋白质复合物集合
结束

3. 实验结果与分析

萤火虫优化算法是一种元启发式算法，每次的结果会有差异，为了验证算法

的稳定性，PFCA 算法在 DIP、Krogan、MIPS 数据集中分别运行 10 次，选取 PFCA 10 次运行的平均结果进行比较。

为了从统计学角度验证 PFCA 算法挖掘的蛋白质复合物的生物意义，使用 GO 富集分析工具（http://www.yeastgenome.org/cgibin/GO/goTermFinder.pl）termFinder（version 0.86）计算每个预测的蛋白质复合物的 p-value，结果如表 7.3 所示，在三个数据集中，PFCA 挖掘的复合物的 p-value 是较低的，对于无效蛋白质复合物来说，其数量（p-value$\geqslant$0.01）与其他算法相比是最少的。

为了直观地体现 PFCA 算法的性能优越性，如图 7.9 所示，对蛋白质复合物"mRNA 裂解与聚腺苷酸特异性因子复合物"挖掘结果进行分析可以看出，标准蛋白质复合物中有 15 个蛋白质，COAN 算法（图 7.9（g））挖掘出的蛋白质复合物中仅有 7 个蛋白质，CORE（图 7.9（c））、ClusterONE（图 7.9（d））、COACH（图 7.9（e））挖掘的复合物中有 9 个蛋白质，只有 PFCA 挖掘出的蛋白质复合物中有 10 个蛋白质，具有最大的匹配度，由此可见萤火虫算法在挖掘蛋白质复合物上拥有较优的性能。

表 7.3　蛋白质复合物的功能富集分析

数据库	算法	T（复合物数量$\geqslant$3）	$<10^{-15}$	$[10^{-15}, 10^{-10})$	$[10^{-10}, 10^{-5})$	$[10^{-5}, 0.01)$	$\geqslant$0.01
DIP	MCODE	165	12（7.27%）	17（10.30%）	80（48.48%）	38（23.03%）	18（10.91%）
	CORE	344	1（0.29%）	3（0.87%）	78（22.67%）	114（33.14%）	148（43.02%）
	CSO	342	26（7.6%）	42（12.28%）	148（43.27%）	90（26.32%）	36（10.53%）
	ClusterONE	574	21（3.66%）	52（9.06%）	177（30.84%）	184（32.06%）	140（24.39%）
	COACH	474	33（6.96%）	44（9.28%）	205（43.25%）	126（26.58%）	66（13.92%）
	COAN	370	19（5.14%）	42（11.35%）	162（43.78%）	105（28.38%）	42（11.35%）
	PFCA	595	25（4.20%）	69（11.60%）	197（33.11%）	182（30.59%）	122（20.50%）
Krogan	MCODE	160	8（5.00%）	28（17.50%）	68（42.50%）	46（28.75%）	10（6.25%）
	CORE	255	3（1.18%）	10（3.92%）	60（23.53%）	102（40.00%）	80（31.37%）
	CSO	189	20（10.58%）	36（19.05%）	79（41.80%）	42（22.22%）	12（6.35%）
	ClusterONE	399	13（3.26%）	43（10.78%）	98（24.56%）	120（30.08%）	125（31.33%）
	COACH	221	23（10.41%）	37（16.74%）	91（41.18%）	54（24.43%）	16（7.24%）
	COAN	200	24（12%）	33（16.5%）	84（42%）	45（22.5%）	14（7%）
	PFCA	228	16（7.02%）	40（17.54%）	96（42.11%）	96（42.11%）	11（4.82%）
MIPS	MCODE	135	5（3.70%）	10（7.41%）	70（51.58%）	39（28.89%）	11（8.15%）
	CORE	340	0（0.00%）	4（1.18%）	65（19.12%）	107（31.47%）	164（48.24%）
	CSO	246	7（2.85%）	27（10.98）	110（44.72%）	73（29.67%）	29（11.79%）

续表

数据库	算法	T（复合物数量≥3）	<10^{-15}	[$10^{-15}, 10^{-10}$)	[$10^{-10}, 10^{-5}$)	[$10^{-5}, 0.01$)	≥0.01
MIPS	ClusterONE	372	7（1.88%）	16（4.30%）	117（31.45%）	126（33.87%）	106（28.49%）
	COACH	396	16（4.04%）	46（11.62%）	145（36.62%）	149（37.63%）	40（10.10%）
	COAN	266	8（3.01%）	26（9.77%）	119（44.74%）	82（30.83%）	31（11.65%）
	PFCA	438	7（1.60%）	29（6.62%）	170（38.81%）	164（37.44%）	68（15.53%）

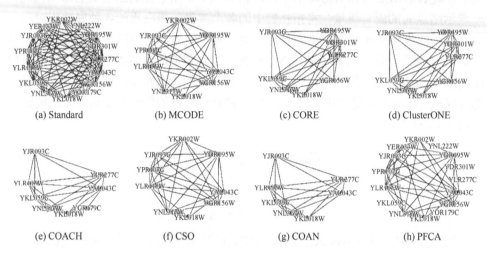

图 7.9　不同算法挖掘的 mRNA 裂解与聚腺苷酸特异性因子复合物

7.4　基于网络拓扑结构的蛋白质复合物挖掘

物理中的拓扑势场模型能很好地反映事物周围点势能场之间的关系。本节将拓扑势场的概念引入 PPI 网络，结合蛋白质复合物的核心-附件结构，提出了一种基于拓扑势的种子扩充方法，简记为 TP-WDPIN，用来挖掘蛋白质复合物。该算法首先利用拓扑势场挖掘蛋白质网络中的种子结点，然后利用种子结点生成蛋白质复合物核心，再利用该核心挖掘蛋白质复合物。

7.4.1　TP-WDPIN 算法原理

拓扑势场模型来源于物理中的势能场理论，也可以被用于生物信息问题的研究。假设每个蛋白质周围都有一个虚场，该领域的任何蛋白质都会与其他蛋白质相互作用。由于蛋白质之间的相互作用是局部的，蛋白质的影响可以随着网络中的距离的增加而迅速减弱。这个短程势场对应 PPI 网络的局部拓扑结构。在拓扑势场的生成过程中，它还可以与基因表达、功能信息等其他生物信息资源进行整合，在物理层次上利用简单的拓扑结构来构建虚拟网络。任意结点 v_i 的拓扑势计算如下：

$$\rho_i = \sum_{j=1}^{n} \left(m_j \times e^{-\left(\frac{d_{ij}}{\sigma}\right)^2} \right) \tag{7.14}$$

其中，d_{ij} 表示结点 v_i 和 v_j 的可信距离；影响因子 σ 用于控制结点 v_i 的影响范围；m_j 表示结点 v_i 的固有质量。将拓扑势中的各个参量与蛋白质的各种属性相对应，去评估预测蛋白质在网络中的影响力，确定种子结点，再根据蛋白质复合物所具有的核心-附件结构，对种子结点进行扩充，得到预期的蛋白质复合物。对于蛋白质 v_i 和蛋白质 v_j 之间的所有路径，如果一条路径的步数较少，则该路径的可靠性 E_{path} 较高，E_{path} 的计算结果见式（7.15），最高可靠性的倒数表示结点之间的距离如式（7.16）所示：

$$E_{\text{path}} = W_{i,u_1} \cdot \prod_{s=1}^{k-1} W_{u_s, u_{s+1}} \cdot W_{u_k, j} \tag{7.15}$$

$$d_{ij} = \frac{1}{\max E_{\text{path}}} \tag{7.16}$$

网络中心性（network centrality，NC）已被成功用于识别必需的蛋白质，它是一个局部特征。因此，使用 NC 描述蛋白质的固有特性，蛋白质 v_j 的质量定义为

$$m_j = NC_j = \sum_{v_i \in N_j} \frac{z_{ij}}{\min\left\{|N_i|-1, |N_j|-1\right\}} \tag{7.17}$$

利用物理学中拓扑势场的概念评估网络中结点的重要性，选择 PPI 网络中的关键结点作为种子[8]。在计算了所有蛋白质的拓扑势后，还考虑了蛋白质 v_i 与其他具有较高拓扑势的蛋白质之间的最短路径 δ_i。如果蛋白质 v_i 的 ρ_i 和 δ_i 都较高，则将蛋白质 v_i 作为种子来考虑。所获得的种子集减少了蛋白质复合物核心之间的重叠。该算法可以在动态 PPI 网络中寻找小连接分量的种子。δ_i 定义如式（7.18）所示：

$$\delta_{q_i} = \begin{cases} \min_{j<2} \left\{ D_{q_i q_j} \right\}, & i \geq 2 \\ \max_{j\geq 2} \left\{ \delta_{q_i} \right\}, & i = 1 \end{cases} \tag{7.18}$$

其中，$\{q_i\}_{i=1}^{n}$ 为降序指数，满足 $\rho_{q_1} \geq \rho_{q_2} \geq \cdots \geq \rho_{q_n}$；$D_{q_i q_j}$ 为蛋白质 v_{q_i} 与蛋白质 v_{q_j}

之间的最小距离。此外，结点 v_i 被视为种子结点，表示为

$$\gamma_i = \rho_i \delta_i \tag{7.19}$$

计算所有蛋白质的 γ 值，然后根据这些蛋白质的 γ 值按降序排序。选择值较高的蛋白质作为种子结点。

7.4.2　TP-WDPIN 算法流程

TP-WDPIN 算法仍是一个基于蛋白质复合物的核心-附件模型，蛋白质复合物的核心通常由多个蛋白质组成，核心内包含更多的交互，核心之间的连接较少，核心可能会相互重叠。基于核心的这些属性，定义核心密度计算如式（7.20）所示：

$$\text{density(Core)} = \frac{\sum_{i=1}^{N_c} \sum_{j=1, \, j \neq i}^{N_c} W_{ij}}{N_c \times (N_c - 1)} \tag{7.20}$$

其中，N_c 表示由种子延伸的核心中蛋白质的数量。对于每个种子 s，由种子 s 扩展的直接邻居结点构成了一个子图 $G_s = (V_s, E_s)$，之后进行蛋白质复合物核心发现，算法流程如算法 7.3 所示。

对于每个核心 c_i，将核心 c_i 周围的直接邻居结点作为附件结点，形成一个附件集 NL。对于 NL 中的每个结点 v_i，暂时将 v_i 添加到核心 c_i 中，如果新核心（$v_i \cup c_i$）的密度大于原始核心 c_i 的密度，则将结点 v_i 插入核心 c_i 中，以此类推。在扩充后，得到了一组初始的蛋白质复合物。初始蛋白质复合物存在重叠，需要对初始复合物集合进行过滤，去除高度重合的蛋白质复合物。蛋白质复合物生成流程如算法 7.4 所示。

算法 7.3　挖掘蛋白质复合物核心的算法

算法：挖掘蛋白质复合物核心

输入：加权 PPI 网络：$G=(V, E)$，密度阈值：density_th，候选种子集合：Seeds，所有蛋白质的拓扑势 ρ
输出：蛋白质复合物核心集 Cores
开始
1.　　　Cores $= \varnothing$
2.　　　Calculate the average topology potential ρ_{ave}
3.　　　for each seed $s_i \in$ Seeds do
4.　　　　　$G_{s_i} = (V_{s_i}, E_{s_i})$，$V_{s_i} = \{v \mid \rho_v > \rho_{\text{ave}}, (v, s_i) \in E\}$，$E_{s_i} = \{(v, u) \mid v, u \in V_{s_i}, (v, u) \in E\}$
5.　　　　　$\text{Core}_{s_i} = \text{Core} - \text{removal}(G_{s_i}, \text{density\_th})$
6.　　　　　insert Core_{s_i} into Cores
7.　　　end for
8.　　　return Cores
结束

算法 7.4　蛋白质复合物生成

算法：蛋白质复合物生成

输入：加权 PPI 网络: $G=(V, E)$, 蛋白质复合物核心集：Cores

输出：挖掘的蛋白质复合物集合 Complexes

开始

1.　　Complexes $= \varnothing$

2.　　for each core　$c_i \in$ Cores　do

3.　　　　NL $= \varnothing$

4.　　　　for each protein　$v_i \in c_i$　do

5.　　　　　　$N_i = \{u \mid u \in V, (u, v_i) \in E\}$

6.　　　　　　NL $=$ NL $\bigcup N_i$

7.　　　　end for

8.　　　　for each protein　$v_i \in$ NL　do

9.　　　　　　if　density$(v_i \bigcup c_i) >$ density(c_i)　do

10.　　　　　　　$c_i = v_i \bigcup c_i$

11.　　　　　end if

12.　　　　end for

13.　　　insert c_i into Complexes

14.　　end for

15.　remove the same complex and contained complex in Complexes

16.　return Complexes

结束

7.4.3　实验结果与分析

为了说明该方法在本研究中的优越性，实现或使用了 MCODE[16]、MCL[33]、CORE[19]、CSO[34]、ClusterONE[35]和 COACH[20]等其他 6 种算法，并与该方法进行了比较。它们在基于 DIP、Krogan、MIPS 和 Gavin 数据集构建的动态 PPI 网络上运行。比较结果如表 7.4 所示，其中 PC 为预测的蛋白复合物总数。MPC 是预测的蛋白复合物的数量。MKC 是已知蛋白质复合物的数量，与预测的蛋白质复合物匹配。Prefect 是指完全匹配的蛋白质复合物的数量。AS 表示预测的蛋白质复合物的平均大小。结果表明，TP-WDPIN 的 F-measure 在 4 个数据集上最高。MPC 值在 4 个数据集上最高。在 Krogan 和 Gavin 数据集中，所提算法的灵敏度远高于其他算法。在 DIP 数据集中，TP-WDPIN 的敏感性虽然低于 CORE，但也高于 MCODE、MCL、CSO、ClusterONE、COACH。同样，在 MIPS 数据集中，本节的方法也可以得到一个相对较好的结果。

表 7.4　TP-WDPIN 算法与其他算法的比较

数据集	算法	S_n	S_p	F-measure	PC	MPC	MKC	Perfect	AS
DIP	MCODE	0.2318	0.6182	0.3372	165	102	70	6	6.7212
	MCL	0.7031	0.2505	0.3694	1541	386	245	14	4.4361
	CORE	0.7381	0.2769	0.4027	1517	420	259	39	2.443
	CSO	0.4403	0.6257	0.5169	342	214	136	11	4.652
	ClusterONE	0.6093	0.3385	0.4352	972	329	197	15	3.5422
	COACH	0.5009	0.5591	0.5284	474	265	144	13	4.9789
	TP-WDPIN	0.73	0.497	0.5914	1344	668	161	12	5.1287
Krogan	MCODE	0.2749	0.7937	0.4084	160	127	73	10	5.125
	MCL	0.566	0.4559	0.5051	658	300	178	40	3.9544
	CORE	0.5417	0.4121	0.4681	677	279	172	39	2.6041
	CSO	0.3284	0.8254	0.4699	189	156	89	10	5.2646
	ClusterONE	0.5232	0.4632	0.4914	585	271	161	28	3.935
	COACH	0.3566	0.81	0.4952	221	179	85	11	5.3575
	TP-WDPIN	0.656	0.6667	0.6613	678	452	171	30	4.7345
MIPS	MCODE	0.1714	0.5333	0.2595	135	72	60	4	5.437
	MCL	0.5451	0.2017	0.2945	1259	254	196	17	4.7434
	CORE	0.6235	0.249	0.3558	1217	303	225	29	2.5859
	CSO	0.2835	0.5163	0.366	246	127	87	6	4.5528
	ClusterONE	0.4483	0.2796	0.3444	744	208	152	17	3.1317
	COACH	0.3145	0.3662	0.3384	396	145	92	5	6.5253
	TP-WDPIN	0.6066	0.351	0.4447	1208	424	133	13	5.8046
Gavin	MCODE	0.2612	0.7548	0.3881	155	117	77	6	5.3484
	MCL	0.4411	0.6417	0.5228	321	206	147	25	5.0312
	CORE	0.4336	0.5735	0.4938	347	199	148	26	2.8184
	CSO	0.3109	0.773	0.4434	185	143	91	6	5.9405
	ClusterONE	0.4797	0.6413	0.5488	368	236	152	19	5.2826
	COACH	0.3477	0.6966	0.4585	234	163	94	5	6.312
	TP-WDPIN	0.5	0.7	0.5833	420	294	114	7	5.8143

在与其他算法的 Sn、Sp、F-measure 进行比较后，使用 GO：termfinder（0.86 版本）（http://www.yeastgenome.org/cgibin/GO/goTermFinder.pl）工具，基于 4 个数据集计算了生物过程本体上预测的蛋白质复合物的 p-value[36]。比较了 MCODE、MCL、CORE、CSO、ClusterONE 和 COACH 预测的大小分别大于或等于 3 的蛋白质复合物的 p-value，结果如表 7.5 所示。在 DIP 和 Gavin 数据集中，TP-WDPIN 预测的复合物中 p-value 大于等于 0.01 的复合物的百分比最小，分别仅占 7.87%

和 1.22%。大多数预测的蛋白质复合物都是有意义的。在 TP-WDPIN 预测的蛋白质复合物中，p-value$<10^{-10}$ 的蛋白质复合物数量占总数的 28.12%，而 MCODE、MCL、CORE、CSO、集群内和教练分别仅占 17.57%、6.26%、1.16%、19.88%、12.72%、16.24%。Krogan 数据集，虽然 7.03%的预测蛋白质复合物的 p-value 大于等于 0.01 通过 TP-WDPIN 略高于比例（6.25%），预测蛋白质复合物的 p-value$<10^{-15}$，TP-WDPIN 方法预测蛋白质复合物的比例是 18.14%，远高于其他算法。在 MIPS 数据集中，与 Krogan 数据集有相似的结果。总的来说，该算法比其他预测蛋白质复合物的算法更优。

表 7.5　挖掘出的蛋白复合物的功能富集分析

数据集	算法	PC（复合物数量≥3）	$<10^{-15}$	$[10^{-15}, 10^{-10})$	$[10^{-10}, 10^{-5})$	$[10^{-5}, 0.01)$	$\geqslant 0.01$
DIP	MCODE	165	12（7.27%）	17（10.30%）	80（48.48%）	38（23.03%）	18（10.91%）
	MCL	1053	19（1.80%）	47（4.46%）	183（17.38%）	362（34.38%）	442（41.98%）
	CORE	344	1（0.29%）	3（0.87%）	78（22.67%）	114（33.14%）	148（43.02%）
	CSO	342	26（7.6%）	42（12.28%）	148（43.27%）	90（26.32%）	36（10.53%）
	ClusterONE	574	21（3.66%）	52（9.06%）	177（30.84%）	184（32.06%）	140（24.39%）
	COACH	474	33（6.96%）	44（9.28%）	205（43.25%）	126（26.58%）	66（13.92%）
	TP-WDPIN	1106	93（8.41%）	218（19.71%）	468（42.31%）	240（21.70%）	87（7.87%）
Krogan	MCODE	160	8（5.00%）	28（17.50%）	68（42.50%）	46（28.75%）	10（6.25%）
	MCL	403	16（3.97%）	43（10.67%）	103（25.56%）	119（29.53%）	122（30.27%）
	CORE	255	3（1.18%）	10（3.92%）	60（23.53%）	102（40.00%）	80（31.37%）
	CSO	189	20（10.58%）	36（19.05%）	79（41.80%）	42（22.22%）	12（6.35%）
	ClusterONE	399	13（3.26%）	43（10.78%）	98（24.56%）	120（30.08%）	125（31.33%）
	COACH	221	23（10.41%）	37（16.74%）	91（41.18%）	54（24.43%）	16（7.24%）
	TP-WDPIN	441	80（18.14%）	76（17.23%）	158（35.83%）	96（21.77%）	31（7.03%）
MIPS	MCODE	135	5（3.70%）	10（7.41%）	70（51.58%）	39（28.89%）	11（8.15%）
	MCL	606	5（0.83%）	13（2.15%）	94（15.51%）	220（36.30%）	274（45.21%）
	CORE	340	0（0.00%）	4（1.18%）	65（19.12%）	107（31.47%）	164（48.24%）
	CSO	246	7（2.85%）	27（10.98）	110（44.72%）	73（29.67%）	29（11.79%）
	ClusterONE	372	7（1.88%）	16（4.30%）	117（31.45%）	126（33.87%）	106（28.49%）
	COACH	396	16（4.04%）	46（11.62%）	145（36.62%）	149（37.63%）	40（10.10%）
	TP-WDPIN	893	50（5.60%）	154（17.25%）	338（37.85%）	272（30.46%）	79（8.85%）
Gavin	MCODE	155	12（7.74%）	20（12.90%）	80（51.61%）	39（25.16%）	4（2.58%）
	MCL	227	22（9.69%）	34（14.98%）	88（38.77%）	66（29.07%）	17（7.49%）

续表

数据集	算法	PC（复合物数量≥3）	$<10^{-15}$	$[10^{-15}, 10^{-10})$	$[10^{-10}, 10^{-5})$	$[10^{-5}, 0.01)$	$\geqslant 0.01$
Gavin	CORE	159	3（1.89%）	10（6.29%）	76（47.80%）	58（36.48%）	12（7.55%）
	CSO	185	29（15.68%）	30（16.22%）	79（42.70%）	42（22.70%）	5（2.70%）
	ClusterONE	292	31（10.62%）	34（11.64%）	118（40.41%）	82（28.08%）	27（9.25%）
	COACH	234	35（14.96%）	39（16.67%）	100（42.72%）	55（23.50%）	5（2.14%）
	TP-WDPIN	329	62（18.84%）	51（15.50%）	156（47.42%）	56（17.02%）	4（1.22%）

7.5　基于密度聚类算法的蛋白质复合物挖掘

DBSCAN 和 OPTICS 是两种比较典型的基于密度的聚类方法，这两种方法都是通过调控给定密度阈值来对聚类的进程进行调整和控制的。本节通过鸽群优化算法和萤火虫优化（glowworm swarm optimization，GSO）算法来分别优化 DBSCAN 和 OPTICS，提出了两种基于群智能优化的密度聚类蛋白质复合物的方法 PIO-DBSCAN[30, 37]和 OPTICS-GSO[4, 14]。

7.5.1　基于 DBSCAN 算法的蛋白质复合物挖掘

1. PIO-DBSCAN 算法

DBSCAN 是一种基于高密度连通区域的密度聚类方法，由 Ester 等[38]提出，他认为紧密相连的点的最大集合是一类，通过将高密度区域划分为一类挖掘类簇，算法基本原理见 5.7.1 节。

基本 DBSCAN 算法中关于核心结点的定义仅仅取决于该结点度的大小，但实际上受 PPI 网络的复杂性影响，本节将核心结点重新定义为结点的 ε 邻域包含至少 MinPts 个结点且其聚集系数大于零。此外，DBSCAN 算法需计算任意两结点之间的距离，然而，在一些 PPI 网络中，边本身并没有权重，因此，本节使用 ECC 值给边附权重，一个结点的 ε 邻域重新定义为与该结点相邻并且与该结点间的边聚集系数大于 ε 的邻居结点。本节将 DBSCAN 应用到 PPI 网络中挖掘蛋白质复合物，针对 DBSCAN 在复合物识别中的缺陷，把 PPI 网络的特征和鸽群优化算法（pigeon-inspired optimization，PIO）（基本原理见 4.9.3 节）特性结合起来改进 DBSCAN，以提升 DBSCAN 的挖掘准确性[7]。

1）采用 PIO 进行参数寻优

由于 DBSCAN 算法很难获取参数的最优值，因此，本节使用 PIO 寻找适宜参数来获得更优聚类结果。首先，把参数 ε 视为鸽子位置的横坐标，参数 MinPts 视为鸽子位置的纵坐标；然后，设定这两个参数的取值范围，并随机将鸽子放在该区域内。每一对（ε, MinPts）值视为鸽子的一个位置，每只鸽子在位置（ε, MinPts）处的适应度值代表 DBSCAN 在参数（ε, MinPts）下在 PPI 网络中的聚类结果的 F-measure 值。鸽子利用地图罗盘操作和地标操作迭代更新位置，直到迭代终止。当迭代过程终止时，鸽子的最终位置即为 DBSCAN 算法在 PPI 网络中的最优参数。在最优参数下，DBSCAN 对 PPI 网络的聚类结果即为最优聚类结果。DBSCAN 的聚类过程与 PIO 算法的对应关系如表 7.6 所示。

表 7.6　DBSCAN 与 PIO 算法间的对应关系

PIO 算法	DBSCAN 的聚类过程
鸽子位置的横坐标	DBSCAN 的参数 ε
鸽子位置的纵坐标	DBSCAN 的参数 MinPts
鸽子适应度值	DBSCAN 聚类结果的评价值
鸽子通过跟随特定鸽子调整方向	寻找参数 ε 和 MinPts 的最优值
鸽子的目的地	DBSCAN 的最优聚类结果

2）使用动态网络进行不同参数设置

在大型网络中，使用一个全局参数难以得到良好的优化效果，本节把一个静态 PPI 网络划分成几个动态 PPI 子网。然后在每一个动态子网中通过 PIO 寻找最优参数值。动态网络的建立主要采用 3σ 准则。

3）检测重叠蛋白质复合物

由于 DBSCAN 不能挖掘出重叠的类簇，因此，PIO-DBSCAN 算法做了一些变动。若蛋白质结点 a 是一个边缘蛋白，蛋白质结点 a 不仅与核心蛋白质结点 b 相连而且与核心蛋白质结点 c 相连，核心蛋白质结点 b 与 c 不属于同一个簇，则允许蛋白质结点 a 既属于核心结点 b 所在的簇又属于核心结点 c 所在的簇。

2. PIO-DBSCAN 算法流程

PIO-DBSCAN 算法识别蛋白质复合物流程如图 7.10 所示。图 7.10 中 maxiter1 是地图罗盘算子最多迭代次数，maxiter2 是地标算子最大迭代次数，n 为动态子网个数。

3. 实验结果与分析

这里分析了 PIO-DBSCAN 的聚类结果，并且将 PIO-DBSCAN 与 DBSCAN 的蛋白质复合物识别算法进行性能比较，比较结果见表 7.7。

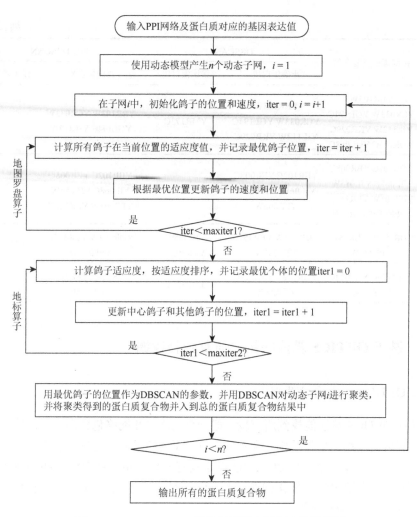

图 7.10 PIO-DBSCAN 算法识别蛋白质复合物流程图

表 7.7 PIO-DBSCAN 与 DBSCAN 的性能比较

序号	标准蛋白质复合物	DBSCAN		PIO-DBSCAN	
		正确蛋白质	错误蛋白质	正确蛋白质	错误蛋白质
1	YBL307W YJR005W YJR058C YNR056C	YBL307W YJR005W YJR058C YNR056C	YMR119W	YBL307W YJR005W YJR058C YNR056C	
2	YGL153W YLR191W YNL214W	YGL153W YLR191W YNL214W		YGL153W YLR191W YNL214W	YAR042W
3	YGL075C YLR457C YPL255W	YGL075C YLR457C YPL255W	YHL006C YLR392C	YGL075C YLR457C YPL255W	YLR392C

续表

序号	标准蛋白质复合物	DBSCAN		PIO-DBSCAN	
		正确蛋白质	错误蛋白质	正确蛋白质	错误蛋白质
4	YBR103W YCR033W YGL194C YIL112W YKR029C YDR155C YOL068C	YBR103W YCR033W YGL194C YIL112W YKR029C	YMR173C	YBR103W YCR033W YGL194C YIL112W	
5	YBR102C YER008C YIL068C YJL085W YPR005W YLR166C YGL233W YPR166C	YBR102C YER008C YIL068C YJL085W YPR005W		YBR102C YER008C YIL068C YJL085W YPR005W YLR166C	
6	YDR394W YLR457C YPL255W	YDR394W YLR457C YPL255W	YHL006C YLR392C	YDR394W YLR457C YPL255W	YLR392C
7	YHR158C YAL024C YGR238C	YHR158C YAL024C YGR238C	YHR133C	YHR158C YAL024C YGR238C	

7.5.2　基于 OPTICS 算法的蛋白质复合物挖掘

1. OPTICS-GSO 算法原理

尽管 OPTICS 算法能找到所有簇，但一个动态 PPI 网络包含多个子网络，而且这些子网络的大小和拓扑结构完全不同，每个子网络都有自己的最优参数，最优参数将影响聚类结果。众所周知，GSO 算法具有操作简单、稳定性好和参数较少等特点，比较适合用来解决优化问题。本节引入 GSO 算法来优化 OPTICS 算法中的参数（OPTICS-GSO）[39]。

图 7.11 显示了 GSO 算法和 OPTICS 算法之间的对应关系。其中，GSO 算法中萤火虫位置对应于 OPTICS 算法中参数的值。通过更新动态决策域半径，一个萤火虫向其最佳位置移动这一操作对应于搜索参数的最优值的过程，在几个循环迭代过程后，一个萤火虫不断地更新其位置，最终接近最佳位置，在此过程中多个位置实现了更新，当适应度函数达到最大值时，OPTICS 聚类算法就会找到最佳聚类结果。

采用线性回归方法计算 GSO 算法中的步长，而不是固定步长，这样做的目的是提高算法在更新种群时的优化能力，定义如下：

$$s = \left(\frac{t_{\max} - t}{t_{\max}} \right) \times s_0 \tag{7.21}$$

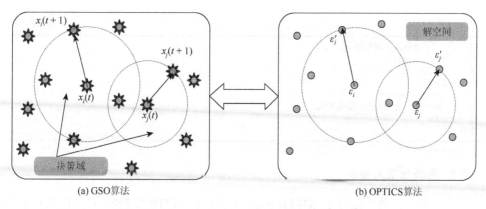

图 7.11　GSO 算法和 OPTICS 算法对应关系图

2. OPTICS-GSO 算法流程

在算法 OPTICS-GSO 中，首先，初始化荧光素值、决策域半径和萤火虫位置。接着，利用 GSO 算法优化 OPTICS 算法中的参数。其中，萤火虫的一个位置代表参数的一个值，然后 OPTICS 算法使用这个参数值对网络进行聚类。对于每个值（位置），都可获得一组相应的聚类结果。接下来，评估每个值（位置）所得到的聚类性能。迭代过程中荧光素值将更新，相应的萤火虫会不断地移动，经过多次迭代最终得到最佳适应度值，其对应位置即为最优位置。算法的具体步骤如算法 7.5 所示。

算法 7.5　OPTICS-GSO 算法步骤

算法：OPTICS-GSO

输入：决策域半径 r_d
输出：最佳适应度值
开始

1.　　while iter <=maxiter
2.　　　　for $i = 1$ to PopSize
3.　　　　　　iOPTICS (MinPts, ε);
4.　　　　　　计算适应度值；
5.　　　　end for
6.　　　　$l_i(t) = (1-\rho)\left(l_i(t-1)\right) + \gamma J\left(x_i(t)\right)$　　// 更新荧光素。
7.　　　for $i = 1$ to PopSize // 萤火虫移动过程。
8.　　　　for $j = 1$ to PopSize
9.　　　　　　在决策域半径内找到更好的萤火虫并把它们放入 Nit 中；
10.　　　　end for
11.　　　end for
12.　　　if Nit 不为空
13.　　　　计算每一只萤火虫移动的概率；
14.　　　　采用轮盘赌法选择萤火虫；
15.　　　$x_i(t+1) = x_i(t) + s \times \left(\dfrac{x_j(t) - x_i(t)}{\| x_j(t) - x_i(t) \|} \right)$　　//更新位置。

```
16.          更新决策域半径 r_d;
17.              end if
18.          iter = iter + 1;
19.      end while
20.      for i = 1 to PopSize
21.          得到每一只萤火虫的适应度值;
22.      end for
结束
```

3. 实验结果与分析

这一部分，首先比较了 iOPTICS-GSO 算法和 OPTICS_PSO 算法以及基本的 OPTICS 算法，典型的基于密度的聚类算法 CMC、CFinder、MCODE、COACH、DBSCAN 以及聚类算法 ClusterOne 和 MCL。所有这些算法都在 DIP、Krogan、MIPS 和 Gavin 这 4 个数据集上进行了实验对比，分别如图 7.12（a）、（b）、（c）、（d）所示。从图 7.12 可以看出，该算法比其他算法获得了更高的精度。在将 OPTICS 算法与 GSO 算法结合后，iOPTICS-GSO 算法可以根据最优参数产生相应的聚类结果。因此，新算法的性能比 OPTICS 算法好得多。从图 7.12 条状图的最后一列可以清楚地看到，iOPTICS-GSO 算法在整体上比其他算法获得了更高的 Precision 和 F-measure 值。

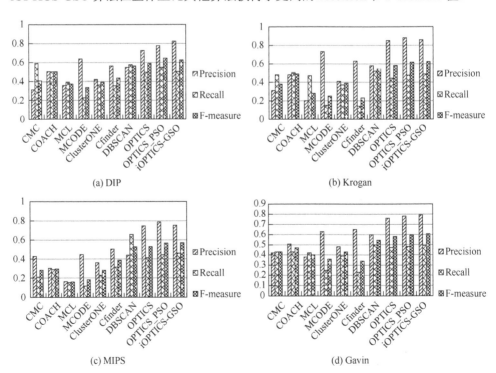

图 7.12　在 4 个数据集上算法的性能比较图

7.6　基于马尔可夫聚类算法的蛋白质复合物挖掘

马尔可夫聚类算法是一种经典的网络拓扑聚类算法，由于实现简单，运行效率高而被人们广泛应用，但由于马尔可夫聚类算法的性能受其膨胀和扩张系数的影响，本节提出了一种基于萤火虫优化的马尔可夫聚类算法来挖掘蛋白质复合物，算法简记为 F-MCL。

7.6.1　F-MCL 算法原理

MCL、R-MCL 和 SR-MCL 是基于图上随机流模拟的图聚类算法。MCL 聚类模型原理见 5.9 节，聚类过程包括两个操作，即扩张（Expansion）操作和膨胀（Inflation）操作。Expansion 操作简单表示为 $M_{exp} = M \times M$，输入为 M 且输出为 M_{exp}，然后将矩阵 M_{exp} 指定给 M；Inflation 操作使用通胀参数 r_p（$r_p > 1$）提升矩阵 M 中的每个条目，然后将每列中元素总和重新标准化为 1，计算过程为

$$M_{inf}(i, j) = \frac{M(i, j)^{r_p}}{\sum_{k=1}^{n} M(k, j)^{r_p}} \qquad (7.22)$$

然后将矩阵 M_{inf} 分配给 M，这两个操作以规范流矩阵 M 开始来迭代方式应用。在 R-MCL 中，扩张操作由正则化代替，其产生 $M = M \times M_R$。M_R 为

$$M_R = \text{Normalize}(M_G \times P^{-b}) \qquad (7.23)$$

其中，P 是沿对角线具有倾向矢量的对角矩阵；b 是用户指定的平衡参数，用于惩罚较高倾向的邻居；M_G 是原始 M。一旦乘法运算完成，归一化操作将重新缩放每列，使每列中的元素总和为 1。在 SR-MCL 中，一个进程处理吸引子结点。然后，如果在先前的迭代中结点已经是吸引子结点的个数是 x，则膨胀参数 r_p 被 $r_p \times \rho^x$ 替换，其中 ρ 是用户指定的惩罚比率。

MCL 有三个重要参数，即膨胀参数 r_p，平衡参数 b 和惩罚参数 ρ。实验发现，与其他两个参数相比，膨胀参数对最终聚类结果的影响最大。因此，本节引入萤火虫算法（FA）（基本原理见 4.5 节）对 MCL 算法膨胀参数进行优化（F-MCL）[40]，以便算法 F-MCL 产生更好的聚类结果。FA 和 MCL 算法之间的对应关系如表 7.8 所示。

表 7.8　FA 和 MCL 之间主要元素的关系

FA	MCL
萤火虫位置	参数 r_p
萤火虫亮度	聚类结果
向更亮的萤火虫移动	搜索参数 r_p 的优化值
最亮的萤火虫	MCL 最优结果

7.6.2　F-MCL 算法流程

首先设置参数 r_p 的范围，并在此区间内随机定位萤火虫。每个值都标识一个萤火虫的位置。然后通过使用带参数 r_p 的 MCL 来计算每个萤火虫的亮度。运行 MCL 后，将计算 F-meansure 值，即萤火虫的亮度。一旦计算出萤火虫的亮度，就会形成它们的相对亮度和吸引度。然后进行位置更新并计算它们的亮度。该过程重复多次，直到满足某个终止标准。简而言之，首先选择一些随机值并使用 MCL 算法来聚类网络。接下来，使用 FA 算法选择最佳值。整个算法流程如算法 7.6 所示。

算法 7.6　F-MCL 算法流程

算法：F-MCL

输入：DIP 数据集；外部循环和内部循环的最大迭代次数，maxcount 和 maxiter；控制外部和内部循环的迭代次数 count 和 iter；膨胀参数 r_p；修剪阈值 p_{ru}，平衡参数 b，惩罚参数 ρ，萤火虫数量 N，光吸收系数 γ，最大亮度 I_0，最大吸引度 β_0 和步长 α

输出：最佳聚类结果 bestcluster

开始
1. 当 iter<=maxiter
2. 　　计算所有萤火虫的亮度
3. 　　对于每个萤火虫，每个萤火虫代表 r_p 的值
4. 　　for i = 1 到 N
5. 　　　　从 count = 1 到 maxcount
6. 　　　　　　M =expand(M);
7. 　　　　　　M =inflate(M, r_p);
8. 　　　　　　M =prune(M, p_{ru});
9. 　　　　　end
10. 　　　计算 F-measure 并将其作为绝对亮度返回
11. 　　end
12. 　　计算所有萤火虫的相对亮度和吸引度
13. 　　记录最佳值 bestval，聚类结果和 firefly bestpop
14. 　　for i = 2 到 N.
15. 　　　　从 j = 1 到 i
16. 　　　　　　$I_{ij} = I_0 \times \exp(-\gamma r_{ij}^2)$;
17. 　　　　　　$\beta_{ij} = \beta_0 \times \exp(-\gamma r_{ij}^2)$;
18. 　　　　end
19. 　　end

```
20.     对于每只萤火虫，除了最亮的 bestpop，更新萤火虫位置
21.     firefly_i = firefly_i + β_ij × (bestpop − firefly_i) + α × (rand−0.5)
22.     end
23.     iter = iter + 1
24. end
25. 输出最佳聚类结果 bestcluster
结束
```

7.6.3　实验结果与分析

本节在 DIP[22] 数据集上进行了仿真实验,计算了 F-MCL 与 MCL 以及 R-MCL、SR-MCL 等其他 MCL 优化算法的 Precision、Recall 和 F-measure,结果如表 7.9 所示。可见基于萤火虫优化算法优化的 MCL 方法在蛋白质复合物挖掘上具有最好的性能。

表 7.9　聚类算法 Precision、Recall 和 F-measure

算法	Precision	Recall	F-measure
MCODE	0.6364	0.2266	0.3342
CFinder	0.5607	0.3528	0.4331
CORE	0.47191	0.4813	0.4766
COACH	0.5038	0.5	0.5019
RNSC	0.4067	0.4696	0.4359
DPClus	0.43	0.507	0.4653
MCL	0.3569	0.3879	0.3717
R-MCL	0..3814	0.4866	0.4276
SR-MCL	0.4443	0.5709	0.4997
PSO-MCL（Avg）	0.6761	0.5517	0.6076
WKPSO-MCL（Avg）	0.6742	0.5905	0.6287
ACO-MCL	0.6629	0.5159	0.5802
AFA-MCL	0.6757	0.6596	0.6675
F-MCL	**0.6861**	**0.6793**	**0.6824**

7.7　基于商空间的蛋白质复合物挖掘

一个蛋白质可能属于多个蛋白质复合物,即蛋白质复合物具有重叠性质,这点和蛋白质动态特性有一定的关系,蛋白质在不同的亚细胞位置、不同的生理状

态下，表现出来的功能各不相同，因此，相同的蛋白质会和不同的蛋白质结合构成不同的蛋白质复合物，蛋白质复合物之间存在重叠[41]。

如图 7.13 所示，在 CYC2008 标准的蛋白质复合物数据集中，蛋白质复合物 elF3 complex 包含 7 个蛋白质复合物：YBR079C、YDR429C、YLR192C、YOR361C、YMR309C、YMR146C 和 YMR612W，蛋白质复合物 multi-elF complex 包含 8 个蛋白质复合物：YNL244C、YOR361C、YPL237W、YMR309C、WPR041W、YMR146C、YJR007W、YER025W，这两个蛋白质复合物有 3 个重叠的蛋白质：YOR361C、YMR309C、YMR146C。

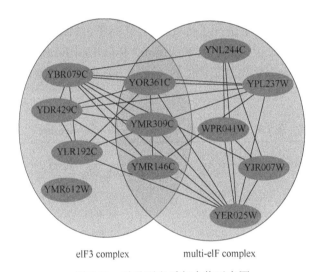

图 7.13　重叠蛋白质复合物示意图

本节运用商空间（quotient space）理论和粒计算（granular computing）来挖掘带有重叠特性的蛋白质复合物[9]，提出了基于商空间覆盖网络链（overlay network chain in quotient space，ONCQS）来挖掘重叠蛋白质复合物的算法。

7.7.1　ONCQS 算法原理

1. 粒计算

粒计算是当前人工智能领域中模拟人类思维和解决复杂问题的新方法，是对人类全局分析能力的一种模拟。人工智能的一个公认特点就是人们能从很多极为不同的粒度（granularity）上观察和分析同一问题，人们不仅能在不同粒度的世界上进行问题求解，而且能够很快地从一个粒度世界跳到另一个粒度世界，往返自如，毫无困难[42]。所谓粒度就是将性质相似的元素归结成一个新的元素，将一个子集看成一个元素，就是将子集中的元素都看成等同的。这与数学上的等价关系概念是一致的，即给定一个等价关系，按此关系，凡是等价的元素都看成一个新的元素，由这些新元素构成的集合被称为商集[43]。粒计算理论提出至今有 30 多年，受到众多研究者的广泛关注。商空间理论、三支决策理论和粗糙集理论是粒计算的主要理论[44]。

2. 商空间理论

商空间理论作为粒度计算中的一种主要理论，将不同粒度世界与数学上的商集概念相互统一，是论述粒度计算的主要理论模型。商空间理论模型由我国学者张铃等从人工智能的研究角度出发，于 1990 年在其专著《问题求解理论及应用》中首次提出。

商空间理论以三元组 (X, f, T) 描述一个问题，其中 X 表示问题的论域（universe），$f(\cdot)$ 表示论域的属性，以函数 $f : X \rightarrow Y$ 表示，Y 可以是实数集合，也可以是更一般的空间，$f(\cdot)$ 可以是单值的，也可以是多值的，对论域中任一元素 $x \in X$，有一个相应的 $f(x)$，表示 x 的某些属性，所以 $f(\cdot)$ 又称属性函数；T 是论域的结构，指论域中 X 各元素之间的相互关系。

商空间理论的核心就是将问题放在各种不同的粒度的空间上进行分析研究，然后综合得出对原问题的解，分析或求解问题 (X, f, T)，是指对论域 X 及其有关结构、属性进行分析和研究。对于问题 (X, f, T)，从不同的粒度（角度、层次）考察问题 (X, f, T)，是指给定 X 一个等价关系 R，并由 R 产生商集 $[X]$，然后将 $[X]$ 看成新的论域，研究相应的问题 $([X], [f], [T])$，其中 $[f]$ 和 $[T]$ 分别表示商集上对应的商属性函数和商结构。称为 (X, f, T) 的商空间，那么 X 的所有不同的商集及其对应的商空间就构成了问题 (X, f, T) 的不同粒度世界。基于商空间的粒化可以从三个角度进行：一是直接对论域 X 进行颗粒化，再通过不同粒度的合成产生新的粒度，即对论域 X 粒化；二是对属性 $f(\cdot)$ 取不同的粒度，通过属性的粒度对论域进行划分，达到粒化的目的；三是对结构 T 取不同的粒度，得到粗粒度的结构，再导出论域中对应的不同商空间，关系 R 可以是等价关系或相容关系。

3. 商空间覆盖

商空间理论可以建立结构变化的不同粒度空间的对象关系，这在网状结构、树状结构等类型的问题分析和求解中是非常有用的。将粒度计算思想引入大规模网络分析中，将复杂问题应用分治法化简到小规模问题来求解，使问题的复杂度降低，可行性提高。基于商空间理论的网络分析，主要针对大规模网络应用等价关系、相容关系和商空间理论中的分解技术将网络分解为不同粒度下的商空间，根据不同粒度空间上商空间之间的相互关系和性质保持性进行问题求解。不同粒度的商空间形成商空间链，在这个商空间链上进行问题求解，产生商空间链的过程是对问题的分解过程，整个过程根据粒度计算的思想，将问题粒化到不同的粒度空间来分析特定目标。

本节将商空间理论应用到 PPI 网络中用以挖掘重叠的蛋白质复合物，根据相容关系将网络极大完全子图归为一个覆盖，形成其商空间覆盖网络，将挖掘重叠蛋白质复合物的问题求解转化到商空间覆盖网络中求解。

1）覆盖

图 G 中一个极大完全子图为一覆盖 C，求极大完全子图的流程见算法 7.7。

算法 7.7　极大完全子图伪代码

算法：求极大完全子图

输入：网络 $G(V,E)$
　　　网络邻接矩阵 G：$A(a_{ij}=a_{ji})$
输出：极大完全子图：MCS
开始
1. MCS $= \varnothing$
2. for 每一个结点 $v_i \in V$ $(i=1,2,\cdots,n)$
3. 　　$a_i=(a_{i1},a_{i2},\cdots,a_{in})$
4. 　　查找不等于 0 的第一个组件：a_{ii1}
5. 　　MCS$_i=(a_i,a_{i1})$
6. 　　if $\exists\ i_2 \neq i,\ i_1,\ a_{ii2}=a_{i1i2}$
7. 　　　　MCS$_i=(a_i,a_{i1},a_{i2})$
8. 　　end if
9. 　　重复 5～7，查找 MCS$_i$ 中结点的公共邻居
10. 　　MCS$_i=(a_i,a_{i1},a_{i2},\cdots,a_{im})$
11. 　end for
12. MCS $= \{$MCS$_1$, MCS$_2$, $\cdots$, MCS$_n \}$
13. return MCS
结束

2）商空间覆盖网络[45]

给定一个网络 $G(V,E)$，令 $G(V,E)$ 中所有极大完全子图构成网络（以极大完全子图为结点），若两个极大完全子图有公共点，则定义为对应的两结点相连，得到的网络 $G_1(V,E)$ 称为 $G(V,E)$ 的一级商空间覆盖网络，记为 G_1。如果已经求到 $G(V,E)$ 的第 i 级覆盖网络 G_i，G_{i+1} 是 G_i 的一级商空间覆盖网络，则称 G_{i+1} 是 $G(V,E)$ 的 $i+1$ 级商空间覆盖网络。

3）商空间覆盖网络链

对于一个给定网络 $G(V,E)$，求其各级的覆盖网络。设到第 i 级覆盖网络 G_i，G_i 含有完全结点，而 G_{i-1} 不含完全结点，得到网络链 $(G,G_1,G_2,\cdots,G_i)$，称它是 $G(V,E)$ 的商空间完备极大覆盖网络链，简称商空间覆盖网络链[46]。

商空间覆盖网络链的建立过程如图 7.14 所示，G_1 是 G 的一级商空间覆盖网

络，G_2 是 G_1 的二级商空间覆盖网络，各商空间覆盖网络按照粒度从细到粗排列形成商空间覆盖网络链 (G, G_1, G_2)。

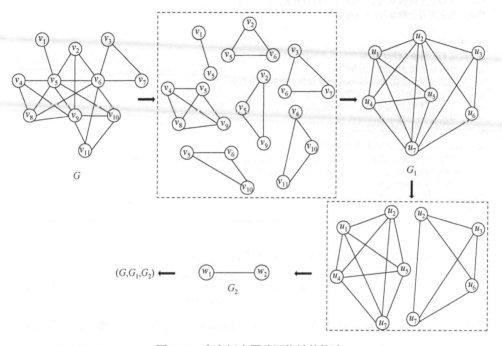

图 7.14　商空间中覆盖网络链的构造

7.7.2　ONCQS 算法流程

在商空间覆盖网络链中，每一级网络中的结点都是上一级网络中的极大完全子图，如图 7.14 所示，在覆盖网络 G_2 中，结点 w_1 表示图 G_1 中的 $(u_1, u_2, u_4, u_5, u_7)$，$u_1$ 和 u_2 等有分别代表图 G 中的极大完全子图，综合分析，结点 w_1 表示图 G 中的 $(v_1, v_2, v_4, v_5, v_8, v_9, v_{10})$，结点 w_2 表示图 G 中的 $(v_2, v_3, v_5, v_6, v_7, v_{10}, v_{11})$。当商空间覆盖网络链建立完成后，最后一级网络中的结点就可以看作蛋白质复合物，如 $w_1 \bigcap w_2 = (v_2, v_5, v_{10})$，所以可以利用商空间覆盖网络链挖掘重叠的蛋白质复合物。

在 ONCQS 算法中，首先使用 GO 注释数据对 PPI 网络进行加权，构建加权 PPI 网络（WPIN），然后构建商空间覆盖网络链。在商空间覆盖网络理论中，如果两个最大完整子图具有公共结点，则定义两个对应结点连接，在下一级网络中合并成一个结点。在挖掘重叠蛋白质复合物过程中，通过计算两个极大完全子图的相似性来判断是否在下一级网络中进行连接。ONCQS 算法的伪代码如算法 7.8 所示。

算法 7.8　　ONCQS 算法伪代码

算法：ONCQS

输入：加权 PPI 网络 WPIN：$G(V, E)$；粒度系数：g_c
输出：蛋白质复合物集合：Complexes
开始
1. PC = ∅
2. 构建 PPI 网络 $G(V, E)$ 的商空间覆盖网络 $G_i(V_i, E_i)$
3. 找出图 G 的极大完全子图 MCS_G；
4. 如果极大完全子图 mcs_j 和 mcs_k 的相似性大于粒度系数 g_c
5. 　　下一级覆盖网络 G_{i+1} 中存在一条边
6. 　　商空间覆盖网络 $G_i(V_i, E_i)$ 构建完成
7. 如果结点 v_i 不属于覆盖网络 G_i
8. 结点 v_i 属于蛋白质复合物 Complex
9. 求覆盖网络 $G_i(V_i, E_i)$ 的极大完全子图
10. 重复 4～9 构建商空间覆盖网络链($G(V, E)$, $G_1(V_1, E_1)$, $G_2(V_2, E_2)$, …, $G_m(V_m, E_m)$)
11. 商空间覆盖网络 G_m 的顶点 V_m 属于蛋白质复合物
12. 去除重复的蛋白质复合物
13. 返回蛋白质复合物集合 Complexes
结束

　　两个极大完全子图 mcs_i 和 mcs_j 的相似性定义如下：

$$\mathrm{sim}(mcs_i, mcs_j) = \frac{\left| mcs_i \bigcap mcs_j \right|}{\left| mcs_i \bigcup mcs_j \right|} \qquad (7.24)$$

其中，$\left| mcs_i \bigcap mcs_j \right|$ 表示极大完全子图 mcs_i 和 mcs_j 公共的结点个数；$\left| mcs_i \bigcup mcs_j \right|$ 表示极大完全子图 mcs_i 和 mcs_j 共有的结点个数。当 $\mathrm{sim}(mcs_i, mcs_j)$ 大于粒度系数阈值（granularity coefficient，GC）的时候，认为两个极大完全子图之间有较强的相似性，且是可信的。在第 i 级覆盖网络中，如果没有满足相似性条件的极大完全子图，则可以获得最终的商空间覆盖网络链 $(G, G_1, G_2, \cdots, G_i)$，$G_i$ 中的每个结点代表蛋白质复合物。每个结点代表一个最大的完整子图，因此子图中的蛋白质具有很高的相似性，而子图之间的相似性很差。

7.7.3　实验结果与分析

　　本节在 DIP[23]、Gavin[19]、Krogan[24] 和 MIPS[25] 数据集上进行了仿真实验，使用 Precision、Recall 和 F-measure 评价 ONCQS 算法的效率并评估聚类结果的性能。粒度系数阈值 g_c 被设定为 0.4。为了衡量 ONCQS 算法的性能，使用六种经典高效的蛋白质复合物挖掘算法（MCODE[16]、CPM、COACH[21]、CORE[20]、ClusterONE 和 MCL）与其进行比较。图 7.15（a）、（b）、（c）和（d）分别展示了 7 种算法在 DIP、Gavin、Krogan 和 MIPS 四个数据集上对于 Precision、Recall 和 F-measure 的对比结果。在图 7.15（a）中，ONCQS 的 F-measure

为 0.4976，MCODE、CPM、COACH、CORE、ClusterONE 和 MCL 算法获得的 F-measure 值分别为 0.0919、0.4875、0.4270、0.1794、0.3690 和 0.0168；在图 7.15（b）中，ONCQS 算法取得了最高的 Recall 和 F-measure，分别是 0.4510 和 0.4797；在图 7.15（c）中，ONCQS 算法 Recall 值为 0.6422，F-measure 值为 0.5551，明显优于其他算法；在图 7.15（d）中，MCODE、CPM、COACH、CORE、ClusterONE、MCL 和 ONCQS 的 F-measure 值为 0.1524、0.3032、0.3548、0.0796、0.2755、0.2321 和 0.4373。以上结果表明 ONCQS 算法可以更准确地检测蛋白质复合物。

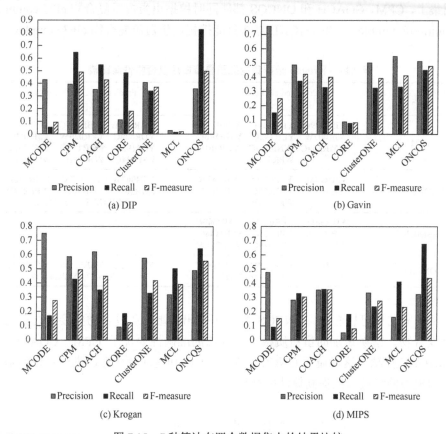

图 7.15　7 种算法在四个数据集上的结果比较

ONCQS 算法和 CPM、COACH、ClusterONE 算法均有挖掘重叠蛋白质复合物的能力，为了体现算法关于挖掘重叠蛋白质复合物的性能，分析了 CPM、COACH、ClusterONE 和 ONCQS 算法在 DIP、Gavin、Krogan 和 MIPS 四个数据集上与 eIF3 complex 和 multi-eIF complex 的匹配情况，eIF3 complex 和 multi-eIF complex 记录为 sc1 和 sc2，其蛋白质复合物信息列于表 7.10 中。

表 7.10　蛋白质复合物 elF3 complex 和 multi-elF complex 信息

elF3 complex（sc1）			multi-elF complex（sc2）		
YMR612W	YLR192C	YMR309C	YER025W	YMR309C	YOR361C
YDR429C	YOR361C	YBR079C	YMR146C	YNL244C	YJR007W
	YMR146C		YPL237W	WPR041W	

　　表 7.11 为 CPM、COACH、ClusterONE 和 ONCQS 算法在 Krogan 数据集上挖掘 elF3 complex 和 multi-elF complex 的性能比较。从表 7.11 可以看出，在 Krogan 数据集上，CPM、COACH 和 ONCQS 都能同时挖掘出蛋白质复合物 elF3 complex 和 multi-elF complex。ClusterONE 算法只能挖掘出蛋白质复合物 elF3 complex。

表 7.11　Krogan 数据集挖掘重叠蛋白质复合物性能比较

算法	Predicted elF3 complex（pc1）			Predicted multi-elF complex（pc2）		
CPM	**YBR079C** **YDR429C** YER025W **YJR007W** **YLR192C** **YMR146C** **YMR309C** YNR054C YOR361C WPR041W			YAR042W YBR065C YBR079C YDR429C **YER025W** **YJR007W** YLR192C **YMR146C** **YMR309C** **YNL244C** **YOR361C** **WPR041W**		
COACH	**YMR146C** **YMR309C** **YDR429C** YBR065C **YBR079C** **YOR361C** WPR041W			**YJR007W** YBR079C **YMR146C** **YMR309C** **YOR361C** **WPR041W** **YER025W** YDR429C		
ClusterONE	**YOR361C** YER025W **YMR309C** **YBR079C** YPL105C **YMR146C** YBR065C **YDR429C** WPR041W			—		
ONCQS	**YBR079C** **YDR429C** **YMR146C** **YMR309C** **YOR361C**			YBR079C **YER025W** **YJR007W** **YOR361C** **WPR041W**		

　　从实验结果可以看出，ONCQS 算法识别出的蛋白质复合物更接近真实的蛋白质复合物，错误识别的蛋白质很少，算法的准确性要优于 CPM、COACH 和 ClusterONE 算法。这得益于 ONCQS 结合了 GO 功能注释信息，进一步说明基于商空间覆盖网络链可以提高算法的准确性。

7.8　小　　结

　　本章分析了蛋白质复合物的作用和结构，介绍了几种挖掘蛋白质复合物的方法，其中包括基于群智能优化算法的蛋白质复合物挖掘方法借助布谷鸟优化算法、果蝇优化算法、萤火虫优化算法实现；基于密度聚类的蛋白质复合物挖掘算法，算法受参数影响较大，所以应用鸽群优化算法和萤火虫优化算法对聚类算法参数进行了优化；本章还应用萤火虫优化算法对马尔可夫聚类过程中的参数进行优化进而挖掘蛋白质复合物；最后，应用商空间理论和粒计算挖掘具有重叠特性的蛋白质复合物。此外，我们还提出了基于群智能优化、网络传播等方法来挖掘蛋白质复合物[47-51]。蛋白质复合物挖掘研究不仅有助于理解各种生命活动的规律，也能为深入揭示各种疾病致病机理提供理论依据和解决途径。AI 方法的融入必将促进该领域的进一步研究[52, 53]。

此外，通过蛋白质复合物的研究，我们发现，蛋白质在同一时间和空间通过相互作用绑定在一起参与某一特定的生物进程、完成特定的生物功能。如果把每个人看成蛋白质个体，集体就是蛋白质复合物，我们每个人都有自己的责任和使命，在集体中，我们要各司其职、通力协作，才能发挥更大的作用和价值。

参 考 文 献

[1]　Zhao J，Lei X，Wu F X. Predicting protein complexes in weighted dynamic PPI networks based on ICSC[J]. Complexity，2017：1-11.

[2]　Gauthier J M. Protein—protein interaction maps：A lead towards cellular functions[J]. Trends in Genetics，2001，17（6）：346-352.

[3]　Winzeler E A，Shoemaker D D，Astromoff A，et al. Functional characterization of the S. cerevisiae genome by gene deletion and parallel analysis[J]. Science，1999，285（5429）：901.

[4]　Lei X，Li H，Wu F X. Detecting protein complexes from dpins by OPTICS based on particle swarm optimization[C]. Proceedings of the 2016 IEEE International Conference on Bioinformatics and Biomedicine，Shenzhen，2016.

[5]　Lei X，Ding Y，Fujita H，et al. Identification of dynamic protein complexes based on fruit fly optimization algorithm[J]. Knowledge-Based Systems，2016，105：270-277.

[6]　Fossati A，Li C，Uliana F，et al. Pcprophet：A framework for protein complex prediction and differential analysis using proteomic data[J]. Nature Methods，2021，18（5）：520-527.

[7]　Lei X，Ding Y，Wu F X. Detecting protein complexes from dpins by density based clustering with pigeon-inspired optimization algorithm[J]. Science China Information Sciences，2016，59：1-14.

[8]　雷秀娟，高银，郭玲. 基于拓扑势加权的动态 PPI 网络复合物挖掘方法[J]. 电子学报，2018，46（1）：7.

[9]　Zhao J，Lei X. Detecting overlapping protein complexes in weighted PPI network based on overlay network chain in quotient space[J]. BMC Bioinformatics，2019，20（25）：1-12.

[10]　Gingras A C，Gstaiger M，Raught B，et al. Analysis of protein complexes using mass spectrometry[J]. Nature Reviews Molecular Cell Biology，2007，8（8）：645-654.

[11]　Ho Y，Gruhler A，Heilbut A，et al. Systematic identification of protein complexes in saccharomyces cerevisiae by mass spectrometry[J]. Nature，2002，415：180-183.

[12]　Aebersold S R. Mass spectrometry supported determination of protein complex structure[J]. Current Opinion in Structural Biology，2013，23（2）：252-260.

[13]　Pratsch K，Wellhausen R，Seitz H. Advances in the quantification of protein microarrays[J]. Current Opinion in Chemical Biology，2014，18：16-20.

[14]　李换. 群智能算法在挖掘蛋白质复合物中的应用[D]. 西安：陕西师范大学，2018.

[15]　Legrain P，Wojcik J，Gauthier J M. Protein-protein interaction maps：A lead towards cellular functions[J]. Trends

in Genetics，2001，17（6）：346-352.

[16]　Bader G D，Hogue C W. An automated method for finding molecular complexes in large protein interaction networks[J]. BMC Bioinformatics，2003，4（1）：2.

[17]　Palla G，Derényi I，Farkas I，et al. Uncovering the overlapping community structure of complex networks in nature and society[J]. Nature，2005，435（7043）：814-818.

[18]　Gavin A C，Aloy P，Grandi P，et al. Proteome survey reveals modularity of the yeast cell machinery[J]. Nature，2006，440（7084）：631-636.

[19]　Leung H C，Xiang Q，Yiu S M，et al. Predicting protein complexes from PPI data：A core-attachment approach[J]. Journal of Computational Biology A Journal of Computational Molecular Cell Biology，2009，16（2）：133.

[20]　Min W，Li X，Kwoh C K，et al. A core-attachment based method to detect protein complexes in PPI networks[J]. BMC Bioinformatics，2009，10（1）：1-16.

[21]　Zhao J，Lei X，Wu F X. Identifying protein complexes in dynamic protein-protein interaction networks based on cuckoo search algorithm[C]. Proceedings of the IEEE International Conference on Bioinformatics & Biomedicine，Kansas City，2017.

[22]　Xenarios I，Salwínski L，Duan X J，et al. DIP，the database of interacting proteins：A research tool for studying cellular networks of protein interactions[J]. Nucleic Acids Research，2002，30（1）：303.

[23]　Krogan N J，Cagney G，Yu H，et al. Global landscape of protein complexes in the yeast saccharomyces cerevisiae[J]. Nature，2006，440（7084）：637-643.

[24]　Güldener U，Münsterkötter M，Oesterheld M，et al. Mpact：The MIPS protein interaction resource on yeast[J]. Nucleic Acids Research，2006，34：D436.

[25]　Tu B P，Andrzej K，Maga R，et al. Logic of the yeast metabolic cycle：Temporal compartmentalization of cellular processes[J]. Science，2005，310（5751）：1152.

[26]　Wang J，Peng X，Li M，et al. Construction and application of dynamic protein interaction network based on time course gene expression data[J]. Proteomics，2013，13（2）：301-312.

[27]　Pu S，Wong J，Turner B，et al. Up-to-date catalogues of yeast protein complexes[J]. Nucleic Acids Research，2009，37（3）：825.

[28]　Yu-Keng，Shih，Srinivasan，et al. Identifying functional modules in interaction networks through overlapping markov clustering[J]. Bioinformatics，2012，28（18）：473-479.

[29]　Amengual-Rigo P，Fernández-Recio J，Guallar V. UEP：An open-source and fast classifier for predicting the impact of mutations in protein-protein complexes[J]. Bioinformatics，2021，37（3）：334-341.

[30]　丁玉连. 基于群智能优化的动态蛋白质复合物和关键蛋白质识别算法研究[D]. 西安：陕西师范大学，2017.

[31]　Zhang Y，Lei X，Tan Y. Firefly clustering method for mining protein complexes[C]. Advances in Swarm Intelligence：8th International Conference，ICSI 2017，Fukuoka，2017：601-610.

[32]　Handl J，Knowles J. An evolutionary approach to multiobjective clustering[J]. IEEE Transactions on Evolutionary Computation，2007，11：56-76.

[33]　Dongen S V. Graph clustering by flow simulation[D]. Utrecht：University of Utrecht，2000.

[34]　Zhang Y，Lin H，Yang Z，et al. Protein complex prediction in large ontology attributed protein-protein interaction networks[J]. IEEE/ACM Transactions on Computational Biology and Bioinformatics，2013，10（3）：729-741.

[35]　Nepusz T，Yu H，Paccanaro A. Detecting overlapping protein complexesin protein-protein interaction networks[J]. Nature Methods，2012，9（5）：471-472.

[36]　Altaf-Ul-Amin M，Shinbo Y，Mihara K，et al. Development and implementation of an algorithm for detection of

protein complexes in large interaction networks[J]. BMC Bioinformatics，2006，7：207.

[37]　丁玉连，雷秀娟，代才. 模拟鸽子优化过程的蛋白质复合物识别算法[J]. 计算机科学与探索，2017，11（8）：
　　　 1279-1287.

[38]　Ester M，Kriegel H P，Sander J，et al. A density-based algorithm for discovering clusters in large spatial databases
　　　 with noise[C]. International Conference on Knowledge Discovery and Data Mining，Portland，1996：226-231.

[39]　Lei X，Li H，Zhang A，et al. Ioptics-GSO for identifying protein complexes from dynamic PPI networks[J]. BMC
　　　 Medical Genomics，2017，10（5）：80.

[40]　Lei X，Wang F，Wu F X，et al. Protein complex identification through markov clustering with firefly algorithm on
　　　 dynamic protein-protein interaction networks[J]. Information Sciences，2016，329：303-316.

[41]　潘玉亮，关佶红，姚恒，等. 基于计算的蛋白质复合物预测方法综述[J]. 计算机科学与探索，2022，16（1）：
　　　 1-20.

[42]　Yao Y，Liau C，Zhong N. Granular computing based on rough sets，quotient space theory，and belief functions[C].
　　　 Foundations of Intelligent Systems：14th International Symposium，ISMIS 2003，Maebashi City，2003：152-159.

[43]　Xu F，Zhang L，Wang L. Approach of the fuzzy granular computing based on the theory of quotient space[J].
　　　 Pattern Recognition and Artificial Intelligence，2004，17（4）：425-429.

[44]　张燕平. 商空间与粒计算：结构化问题求解理论与方法[M]. 北京：科学出版社，2010.

[45]　Ling Z，Bo Z. Quotient Space Based Problem Solving：A Theoretical Foundation of Granular Computing[M].
　　　 Morgan Kaufmann，2014.

[46]　Zhang L，Zhang B. The quotient space theory of problem solving[J]. Fundamenta Informaticae，2004，59：
　　　 287-298.

[47]　Lei X，Li H，Zhang A，et al. iOPTICS-GSO for identifying protein complexes from dynamic PPI networks[J].
　　　 BMC Medical Genomics，2017，10（5）：55-66.

[48]　Lei X，Liang J. Neighbor affinity based core-attachment method to detect protein complexes in dynamic PPI
　　　 networks[J]. Molecules，2017，22（7）：1-13.

[49]　Lei X，Fang M，Guo L，et al. Protein complex detection based on flower pollination mechanism in multi-relation
　　　 reconstructed dynamic protein networks[J]. BMC Bioinformatics，2019，20：63-74.

[50]　Lei X，Liang J，Guo L. Identify protein complexes based on PageRank algorithm and architecture on dynamic PPI
　　　 networks[J]. International Journal of Data Mining and Bioinformatics，2019，22（4）：350-364.

[51]　Lei X，Fang M，Fujita H. Moth-flame optimization-based algorithm with synthetic dynamic PPI networks for
　　　 discovering protein complexes[J]. Knowledge-Based Systems，2019，172：76-85.

[52]　Zeng C，Jian Y，Vosoughi S，et al. Evaluating native-like structures of RNA-protein complexes through the deep
　　　 learning method[J]. Nature Communications，2023，14（1）：1060.

[53]　O'Reilly F J，Graziadei A，Forbrig C，et al. Protein complexes in cells by AI-assisted structural proteomics[J].
　　　 Molecular Systems Biology，2023，19（4）：e11544.

第8章 关键蛋白质识别方法

8.1 引　言

蛋白质是生命的物质基础,是组成生物体一切细胞、组织的重要成分。细胞的生命活动离不开蛋白质的参与,不同的蛋白质在生物体细胞中参与不同的生命过程,具有不同的生物功能。1999 年,Winzeler 等[1]在 *Science* 发表的文章给出了关键蛋白质的定义:关键蛋白质是指通过基因剔除式突变将其移除后,造成有关蛋白质复合物功能丧失,并导致生物体无法生存或发育的蛋白质。关键蛋白质的缺失会导致细胞失活和丧失某些功能,还会导致病理变化,进而影响生物的生存和进化。此外,研究表明关键蛋白质与人类的致病基因关系密切。对关键蛋白质进行识别、研究,不仅有助于理解细胞生命活动的运作机理,而且能为疾病诊疗以及药物研制提供前期的理论指导。单基因敲除[2]、RNA 干扰[3]、条件性基因剔除[4]等生物学方法可以准确地鉴别关键蛋白,但这些方法成本高、效率低、实验周期长,而且适用的物种范围有限。随着高通量测序技术和计算机技术的飞速发展,可用的蛋白质等生物数据日益丰富,利用计算机技术理论和研究方法从大量生物实验数据中识别关键蛋白质,成为目前识别关键蛋白质的主要研究方法。

本章以多源异构蛋白质相关生物信息数据为研究基础,主要包括蛋白质相互作用数据、基因表达数据、亚细胞定位数据、蛋白质复合物数据、RNA 测序(RNA sequencing,RNA-Seq)数据、GO 功能注释数据等,充分挖掘数据之间的内在联系,构建加权 PPI 网络。在此基础上,利用多源异构数据之间的内在联系识别关键蛋白质,并结合智能优化算法,建立计算模型来研究蛋白质的关键性。本章主要介绍基于基因表达、亚细胞定位和 PPI 数据的关键蛋白质识别算法[5, 6]、基于 RNAseq、亚细胞定位和 GO 数据的关键蛋白质识别算法[7]、基于二阶邻域与信息熵的关键蛋白质识别算法[8, 9]、基于人工鱼群算法的关键蛋白质识别算法[10, 11]和基于花授粉算法的关键蛋白质识别算法[12, 13]。

8.2　基于多源异构数据融合的关键蛋白质识别

蛋白质不是单独地发挥生物功能,往往彼此之间相互作用共同参与某个生命过程,相关研究表明,蛋白质的关键性与其在 PPI 网络中所对应结点的拓扑特性有着密切的联系。2001 年，Jeong 等[14]指出，在 PPI 网络中和其他蛋白质有较多相互作用的蛋白质对细胞的生命活动影响更大，提出了"中心性-致死性"法则，自此，越来越多的研究人员开始根据蛋白质在 PPI 网络中的网络拓扑特性来衡量蛋白质的重要程度，进行关键蛋白质的识别。

3.3 节讲到了 6 种网络中心性度量方法：度中心性（degree centrality，DC）[15]、介数中心性（betweeness centrality，BC）[16]、接近度中心性（closeness centrality，CC）[17]、特征向量中心性（eigenvector centrality，EC）[18]、信息中心性（information centrality，IC）[19]以及子图中心性（subgraph centrality，SC）[20]，它们先后被引入 PPI 网络中用于识别关键蛋白质。DC 能够识别度较大的结点，但对于度较小的结点无法识别，因此，仅通过度的大小无法准确地度量蛋白质的关键性。和 DC 识别关键蛋白质一样，BC、CC、EC、IC、SC 度量方法仅从蛋白质的一种网络拓扑特性出发去判断蛋白质的关键性，在一定程度上能够表明蛋白质的关键性和网络拓扑特性具有密切的关系，但方法的准确性不高、可解释性不强。

Li 等提出了一种基于结点及其邻居的局部平均连通性（local average connectivity，LAC）[21]确定蛋白质关键性的方法。对于结点 v，LAC 定义如下：

$$\text{LAC}(v) = \frac{\sum_{u \in N_v} \deg^{H_v}(u)}{|N_v|} \qquad (8.1)$$

中心性度量方法和 LAC 只考虑了蛋白质结点在网络中的重要特性，没有考虑蛋白质之间相互作用的重要性。Wang 等[22]在 PPI 网络中用边聚集系数（edge clustering coefficient，ECC）来评价蛋白质之间的重要程度，用 ECC 之和来评价每个蛋白质在网络中的重要性，提出了一种结点中心性测度（node connectivity，NC），蛋白质结点 v 的 NC 值计算公式如下：

$$\text{NC}(v) = \sum_{u \in N_v} \text{ECC}(u,v) \qquad (8.2)$$

其中，N_v 是结点 v 的邻居结点集合；$\text{ECC}(u,v)$ 是边 $e(u,v)$ 的边聚集系数，定义如下：

$$\text{ECC}(u,v) = \frac{Z_{uv}}{\min(d_u - 1, d_v - 1)} \qquad (8.3)$$

其中，Z_{uv} 表示结点 u 和结点 v 的共同邻居的个数；d_u 和 d_v 分别表示结点 u 和结点 v 的度；$\min(d_u - 1, d_v - 1)$ 表示包含边 $e(u,v)$ 的最大可能的三角形的个数。NC 综合考虑了蛋白质网络中结点和边的拓扑特性，极大地提高了关键蛋白质识别算法的准确性。

上述方法都是基于网络拓扑特性的关键蛋白质识别方法，这些方法仅仅考虑了蛋白质结点在 PPI 网络中的网络特性，没有考虑蛋白质的生物学特性，识别准确度有待提高[23]。测序技术的发展提供了大量可用的生物信息资源，如基因表达谱、亚细胞定位数据以及 GO 注释信息等，为研究新的关键蛋白质识别算法提供了基础支持，但是这些数据具有许多假阳性和假阴性存在，对算法的准确性有很大影响[24]，可以将蛋白质结点在网络中的拓扑特性和蛋白质的生物特性进行合理、有效的融合来克服这个缺点，基于多源异构数据融合来识别关键蛋白质是目前主流的方法[25, 26]。

8.2.1 多源异构数据介绍

1. 亚细胞定位数据

亚细胞定位是指某种蛋白质或表达产物在细胞内的具体存在部位，蛋白质必须在相应的亚细胞位置才能行使其功能。亚细胞定位数据可以从 COMPARTMENTS 数据库[27]中获取。亚细胞定位通常分为 11 个子位置，分别是 Cytoskeleton、Cytosol、Endoplasmic、Endosome、Extracellular、Golgi、Mitochondrion、Nucleus、Peroxisome、Plasma、Vacuole。一个蛋白质可以同时出现在多个亚细胞定位中，同样，一个亚细胞定位子位置包含多个蛋白质。

2. GO 功能注释数据

GO 基因本体数据库是目前生物信息学中最全面的本体数据库之一[28]。根据基因产物的生物过程（biological process，BP）、分子功能（molecular function，MF）和细胞成分（cellular component，CC）三组特征，GO 项目提供了描述基因的结构化的注释词汇表，不同的物种有不同的词汇集。GO 注释为衡量基因产物之间的相似性提供了一种新的思路，可以从 BP、MF 和 CC 三个方面分别衡量基因产物之间的相似性，也可以使用全部 GO 注释信息去衡量基因产物之间的相似性[29]，例如，根据 BP 注释就可以分析两个基因产物是否参与了相同的生物过程，根据 MF 注释就可以分析两个基因产物的分子功能相似性[30]。GO slims 数据库是 GO 数据库的简化版本，包含了 GO 数据库中的所有 GO 术语，简化了 GO 的注释结果，将所有的 GO 注释归类到指定数目的 GO 术语上[31]。

3. 基因表达数据

普通基因表达数据可以从 GEO（gene expression omnibus）数据库中获取。和基因表达芯片、DNA 微阵列相比，RNA-Seq 可进行全基因组水平的基因表达差异研究，检测范围更广、动态范围更大、背景噪声较低，能够检测和定量先前未知的转录本及亚型，近些年被广泛用来衡量基因产物之间的表达相似性[32]。RNA-Seq 数据可以从 NCBI SPA 数据库中获取[7]。

4. 标准蛋白质复合物数据

标准蛋白质复合物数据用来衡量蛋白质复合物挖掘算法的性能，同时用来识别关键蛋白质、预测 circRNA 和疾病的关联关系等。CYC2008 数据集[33]是常用的标准蛋白质复合物数据集，包括 408 种蛋白质复合物，并涵盖 1492 个蛋白质。

5. 标准关键蛋白质数据

标准关键蛋白质用于评价关键蛋白质预测算法的准确性，关键蛋白质数据从 OGEE（online gEne essentiality）数据库[34]中获取，OGEE 数据库旨在增强对基因关键性的理解。

8.2.2　基于基因表达、亚细胞定位和 PPI 数据的关键蛋白质识别

本节提出了一种基于多数据融合的方法来识别关键蛋白质，使用的生物数据包括基因表达数据、亚细胞定位（subcellular localization）数据以及 PPI 数据，该方法命名为 GSP[5]。利用局部连通性和 ECC 联合基因表达数据衡量蛋白质结点的中心性，并且分析了标准数据集中关键蛋白质在亚细胞位置中的分布，提出了一种评价亚细胞定位信息的方法。最后对蛋白质进行打分排序获得最终的关键蛋白质候选集来识别关键蛋白质。

1. GSP 算法原理

1）网络拓扑特性

ECC 能反映两个相连蛋白质结点的紧密程度，LAC 能反映蛋白质邻居和邻居之间的连通性，关键蛋白质的关键特性与蛋白质结点的紧密程度、局部连通性相关。对每个蛋白质的 LAC 进行归一化处理，得到 NLAC：

$$\text{NLAC}(v) = \frac{\text{LAC}(v) - \text{minLAC}(v)}{\text{maxLAC}(v) - \text{minLAC}(v)} \tag{8.4}$$

2）生物信息特性

本节主要使用基因表达数据和亚细胞定位数据。基因表达信息反映了蛋白质生命活动的过程，用 Pearson 相关系数（Pearson correlation coefficient，PCC）测量两个有相互作用的蛋白质共同表达的强度。

同时，蛋白质的关键性与所处亚细胞定位信息有关，不同的细胞位置在细胞的生命活动中起着不同的作用，具有不同的重要性。为了更好地理解亚细胞定位与关键蛋白质之间的关系，首先分析了每个亚细胞定位中关键蛋白质的数量，结果如图 8.1 所示。细胞核内关键蛋白质的数量大于其他细胞位置的关键蛋白质的

数量，即关键蛋白质主要分布在细胞核内。即亚细胞位置的重要性与这个位置中相互作用的蛋白质的数量成正比，在细胞核中出现的次数越多，说明该蛋白质越重要。

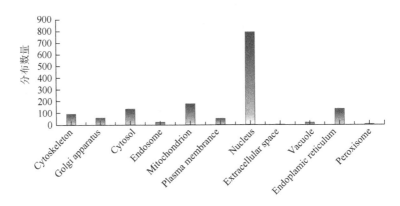

图 8.1　关键蛋白质在每个细胞位置的分布数量

因此，用蛋白质 v 出现在细胞核中的次数 NSL(v) 作为评价蛋白质亚细胞定位信息重要性的准则，NSL(v) 的计算见式（8.5）：

$$\mathrm{NSL}(v) = \frac{|v|}{|C_{\max}|} \tag{8.5}$$

其中，$C_{\max}$ 代表在细胞核中出现次数最多的蛋白质的次数；$|v|$ 代表蛋白质 v 在细胞核中出现的次数。

3）蛋白质打分机制

Li 等基于 ECC 和 PCC 提出了一种新的中心性策略 PeC[35]。它结合了基因表达数据和网络拓扑信息，每个有相互作用的蛋白质对 (u, v) 的重要程度为

$$P_c(u,v) = \mathrm{ECC}(u,v) \times \mathrm{PCC}(u,v) \tag{8.6}$$

对于蛋白质结点 v，PeC(v) 定义为该蛋白质与其相邻蛋白质重要性之和：

$$\mathrm{PeC}(v) = \sum_{u \in N_v} P_c(u,v) \tag{8.7}$$

其中，N_v 为蛋白质结点 v 的邻居结点的集合。

GSP 算法将 PeC(v)、NLAC(v) 和 NSL(v) 进行线性结合，得到了每个蛋白质的最终得分。NSL(v) 表示结点的生物特性，PeC(v) 和 NLAC(v) 的组合表示结点的网络拓扑特性。因此，对于蛋白质 v，其排序得分计算见式（8.8）：

$$H(v) = (1-\alpha) \times \mathrm{NSL}(v) + \alpha \times \big((1-\beta) \times \mathrm{NLAC}(v) + \beta \times \mathrm{PeC}(v)\big) \tag{8.8}$$

其中，$\alpha \in [0,1]$，$\beta \in [0,1]$ 用来调节三者在识别蛋白质过程中的比例，可以通过调整参数分析对实验结果的影响，从而分析出在识别关键蛋白质的过程中哪些因素

更为重要。最终，根据排序得分判断蛋白质的关键性，得分排序越靠前，蛋白质
是关键蛋白质的可能性越大。

2. GSP 算法流程

GSP 算法的基本流程如下：①高度连接的蛋白质成为关键蛋白质的可能性比
低连接的蛋白质可能性大；②同一簇中的关键蛋白质有更多共表达的机会；③在
细胞核中分布范围越广的蛋白质是关键蛋白质的可能性越大。在 GSP 中，蛋白质
的关键程度是由连通水平、蛋白质与其邻居的共表达水平以及蛋白质在细胞核中
的分布范围决定的。GSP 算法的框架图如图 8.2 所示。

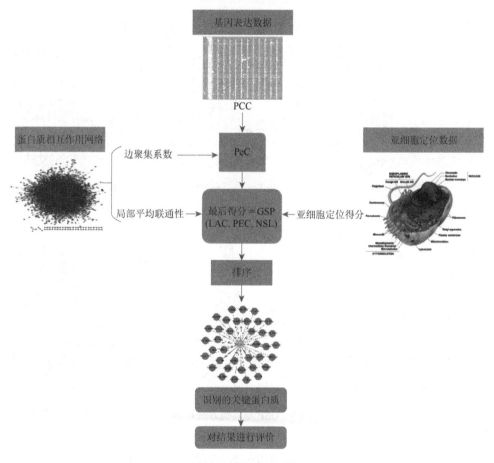

图 8.2　GSP 算法框架

3. 实验结果与分析

为了评估该章提出的方法 GSP 的性能，将该方法与以下方法进行了比较：

DC、EC、IC、SC、NC、LAC、PeC、WDC[36]和 UDoNC[37]。首先，根据每种方法计算的蛋白质的得分进行排序。然后选取排名前 1、5、10、15、20、25 位的蛋白质作为必需蛋白质的候选蛋白质。如图 8.3 所示，结果表明 GSP 预测的关键蛋白质个数始终高于其他 9 种识别关键蛋白质方法。从图 8.3 可以看出，在预测结果的前 25%中，GSP 方法表现明显优于 SC 和 EC 方法。以 Top 1%（Top 51）预测的关键蛋白质为例，GSP 正确识别了 44 个关键蛋白质，然而 SC 和 EC 正确预测了 24 个。在将前 25%作为关键蛋白质候选集时，GSP 比 DC、IC、SC、EC 的正确率提高了 30%，比 UDoNC 提高了 10%。说明 GSP 在识别关键蛋白质的过程中，具有明显的优势。

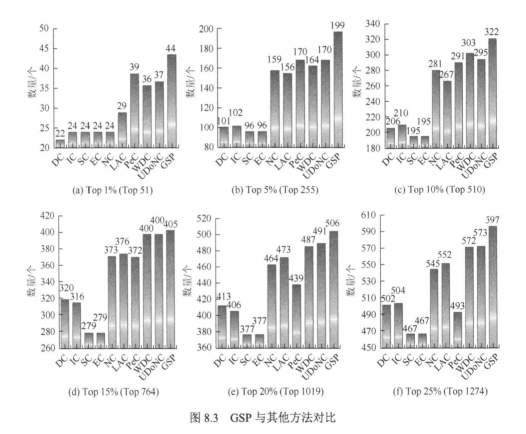

图 8.3　GSP 与其他方法对比

8.3　基于二阶邻域与信息熵的关键蛋白质识别

在关键蛋白质识别中，如何在充分挖掘蛋白质生物特性数据携带信息的同时又能很好地体现蛋白质个体之间的差异性是个难点。有研究表明，蛋白质复合物和亚细胞定位数据对蛋白质的关键性有影响，蛋白质在不同的位置具有不同的功能，同一蛋白质在不同的位置具有不同的功能，并且蛋白质经常结合在一起形成复合物来执行功能。本节结合信息论中的信息熵理论来衡量蛋白质结点所包含的蛋白质复合物信息和亚细胞定位信息的量，结合蛋白质在 PPI 网络中的网络特性，提出了基于二阶邻域信息和信息熵（second-order neighborhood information and information entropy，NIE）的关键蛋白质预测算法。

8.3.1 NIE 算法原理

熵（entropy）是一个物理学的概念，最早源于德国物理学家克劳修斯（Clausius）提出的热力学第二定理，被用来度量热力系统的紊乱程度。1923 年，中国学者胡刚复将"entropy"一词翻译成了中文"熵"。现在常用来表示一个系统的混乱程度，系统的不确定性越高，熵就越大。信息熵（information entropy）[38]由香农提出，解决了对信息的量化度量问题。假设一个系统中存在变量 $X = \{x_1, x_2, \cdots, x_n\}$，对应的概率分别是 $P = \{p_1, p_2, \cdots, p_n\}$，则变量 X 的信息熵定义为

$$E(X) = -\sum_{i=1}^{n} p_i \log_2 p_i \tag{8.9}$$

蛋白质通常结合在一起形成复合物，以执行其生物学功能。关键蛋白质的突变或破坏将导致有机体丧失某些功能，因此关键蛋白质与蛋白质复合物密切相关。$C = \{c_1, c_2, \cdots, c_{n_c}\}$ 表示标准的蛋白质复合物集合，n_c 表示标准蛋白质复合物的数量。$c_j = \{v_1, v_2, \cdots, v_m\}, j = 1, 2, \cdots, n_c$ 表示集合 C 中的第 j 个蛋白质复合物，v_i 表示蛋白质，m 表示蛋白质复合物 c_j 中包含的蛋白质的数量，蛋白质复合物 c_j 出现的概率定义为

$$p(c_j) = \frac{|c_j|}{|C|} \tag{8.10}$$

其中，$|c_j|$ 表示蛋白质复合物 c_j 包含的蛋白质的数量；$|C|$ 表示整个蛋白质复合物集合所包含的蛋白质的数量。

为每个蛋白质 v_i 构建一个 n_c 维的向量 $\mathrm{ComInf}_i(1 \times n_c)$ 来表示蛋白质相关的复合物信息：

$$\mathrm{ComInf}_i(j) = \begin{cases} 1, & v_i \in c_j \\ 0, & v_i \notin c_j \end{cases} \tag{8.11}$$

其中，$\mathrm{ComInf}_i = [0101 \cdots 100101]$。

蛋白质 v_i 的蛋白质复合物信息熵定义为

$$\text{IEC}(v_i) = -\sum_{j=1}^{n_c} \text{ComInf}_i(j) p(c_j) \log_2\left(p(c_j)\right) \tag{8.12}$$

蛋白质关键性和亚细胞定位具有密切的关系，大多数关键蛋白质出现在细胞核中。用 $S = \{s_1, s_2, \cdots, s_{n_s}\}$ 表示亚细胞定位数据集合，n_s 表示亚细胞定位的数量，本节中 n_s 的值为 11。$s_k = \{v_1, v_2, \cdots, v_m\}, k = 1, 2, \cdots, n_s$ 表示亚细胞定位数据集合中的第 k 个亚细胞定位，m 表示亚细胞定位 s_k 中包含的蛋白质的数量，亚细胞定位 s_k 出现的概率定义为

$$p(s_k) = \frac{|s_k|}{|S|} \tag{8.13}$$

其中，$|s_k|$ 表示亚细胞定位 s_k 包含的蛋白质的数量；$|S|$ 表示整个亚细胞定位数据集合所包含的蛋白质的数量。

为每个蛋白质 v_i 构建一个 n_s 维的向量 $\text{SubInf}_i(1 \times n_s)$ 来表示蛋白质相关的亚细胞定位信息：

$$\text{SubInf}_i(k) = \begin{cases} 1, & v_i \in s_k \\ 0, & v_i \notin s_k \end{cases} \tag{8.14}$$

其中，$\text{SubInf}_i = [1\,0\,0\,1 \cdots 1\,0\,1]$。

蛋白质 v_i 的亚细胞定位数据信息熵定义为

$$\text{IES}(v_i) = -\sum_{k=1}^{n_s} \text{SubInf}_i(k) p(s_k) \log_2\left(p(s_k)\right) \tag{8.15}$$

得到蛋白质复合物的信息熵 $\text{IEC}(v_i)$ 和亚细胞定位数据的信息熵 $\text{IES}(v_i)$ 后，将 $\text{IEC}(v_i)$ 和 $\text{IES}(v_i)$ 组合构成蛋白质 v_i 的生物特性 $f(v_i)$，所有蛋白质的生物特性一起构成了 PPI 网络的生物特性 F：

$$\begin{cases} f(v_i) = \begin{bmatrix} \text{IEC}(v_i) & \text{IES}(v_i) \end{bmatrix} \\ F = \begin{bmatrix} f(v_1) \\ f(v_2) \\ \vdots \\ f(v_n) \end{bmatrix} \end{cases} \tag{8.16}$$

之后 NIE 算法利用 RNA-Seq 数据来提高具有相互作用的蛋白质之间的相互表达水平，用 GO 功能数据来体现具有相互作用的蛋白质之间的功能相似性，构建加权 PPI 网络。利用信息熵来量化蛋白质包含的蛋白质复合物和亚细胞定位信息，作为蛋白质的生物特性。从信息在网络上传输的角度考虑，蛋白质除了和自身相邻的蛋白质有关联外，和二阶邻居结点也有一定的关系，如图 8.4 所示，虚线圆圈表示蛋白质 v_4 的一阶邻域，实线圆圈表示蛋白质 v_4 的二阶邻域。基于

此，本小节建立了基于二阶邻域信息的传播模型来衡量蛋白质的关键性，采用打分排序的策略，每个蛋白质结点会有一个得分，这个分数代表蛋白质的重要程度。将分数进行排序，排序靠前的前 K 个蛋白质作为预测到的关键蛋白质，进行评价。

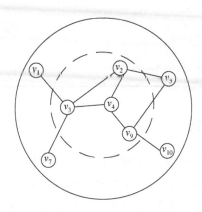

图 8.4　二阶邻域信息示意图

NIE 算法计算过程如下：

$$\begin{cases} M = A + I_n \\ F_1 = M \times F \\ \text{Score} = M \times F_1 \end{cases} \qquad (8.17)$$

其中，A 是 WPIN 的邻接矩阵，WPIN 加权 PPI 网络的构建方法同 8.2.3 节；I_n 是单位矩阵，主要目的是增加自相关关系；F 是由蛋白质复合物信息熵和亚细胞定位信息熵构成的生物特性；Score 是最终的蛋白质得分矩阵。蛋白质 v_i 的最终得分定义如下：

$$\text{Score}(v_i) = \sum \text{Score}(i,:) \qquad (8.18)$$

最终，根据排序得分来判断蛋白质的关键性，得分排序越靠前，说明蛋白质是关键蛋白质的可能性越大。

8.3.2　NIE 算法流程

NIE 结合信息论中的信息熵理论来衡量蛋白质结点所包含的蛋白质复合物信息和亚细胞定位信息的量，结合蛋白质在 PPI 网络中的网络特性来预测关键蛋白质的算法，其算法伪代码如算法 8.1 所示。

算法 8.1　NIE 算法伪代码

算法：NIE

输入：PPI 网络 $G(V, E)$；RNA-Seq 数据；RS；GO 注释数据；蛋白质复合物数据 C；亚细胞定位数据 S
输出：按蛋白质打分排在前 K 的蛋白质
开始
 1.　For each $v_i \in V$ do
 2.　　　根据式（8.12）计算 IEC(v_i)；
 3.　　　根据式（8.15）计算 IES(v_i)；
 4.　End for
 5.　For each $v_i \in V$ do
 6.　　　根据式(8.18)来计算蛋白质分数
 7.　End for
 8.　Sort V by the value of Score(v_i);
 9.　输出排在前 K 的蛋白质(K=100, 200, 300, 400, 500, 600)
结束

8.3.3　实验结果与分析

为了评估 NIE 算法的性能，将 NIE 的性能与 9 种现有方法 LAC、NC、PeC、WDC、LIDC、GOS、LBCC、UC 和 RSG 进行了比较。分别选择由 LAC、NC、PeC、WDC、LIDC、GOS、LBCC、UC、RSG 和 NIE 预测的排在前 100、200、300、400、500、600 的蛋白质作为候选关键蛋白质，并和标准关键蛋白质进行比较，判断算法预测正确的关键蛋白质数量。图 8.5～图 8.7 分别显示了 DIP、Krogan 和 MIPS 数据集中的比较结果。从图中可以看出，NIE 明显优于 LAC、NC、PeC、WDC、LIDC、GOS、LBCC、UC 和 RSG。

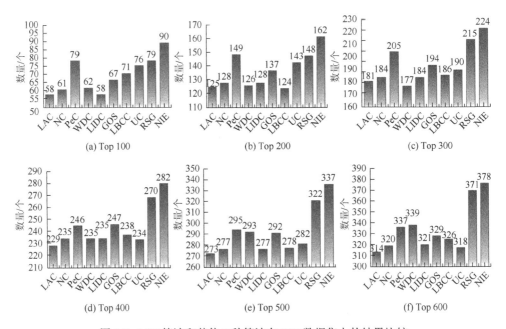

图 8.5　NIE 算法和其他 9 种算法在 DIP 数据集上的结果比较

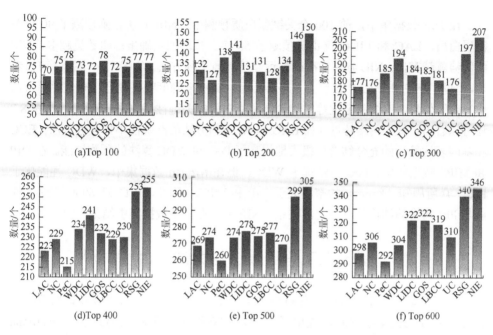

图 8.6　NIE 算法和其他 9 种算法在 Krogan 数据集上的结果比较

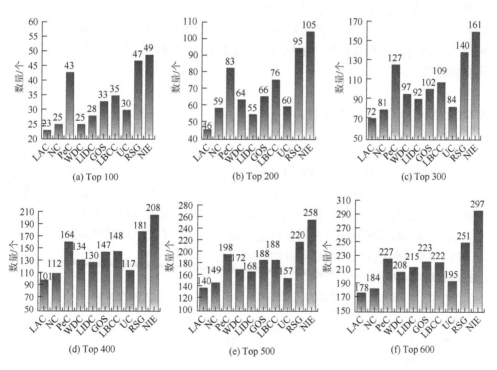

图 8.7　NIE 算法和其他 9 种算法在 MIPS 数据集上的结果比较

在 DIP 数据集中，前 100 个关键蛋白质预测中，NIE 方法正确预测了 90 个关键蛋白质，LAC 和 LIDC 仅正确预测了 58 个。预测的正确蛋白质数量越多，NIE 的优势就越突出。NIE 方法的准确性远高于其他 7 种方法。从图 8.5～图 8.7 可以看出，算法 RSG 和算法 NIE 整合了多种信息，算法准确度明显提升，充分说明蛋白质复合物信息、亚细胞定位等生物数据和蛋白质的关键性有关系。从图 8.5～图 8.7 还可以看出，基于网络特性（如 LAC 和 NC）的方法的准确性不如其他方法。ECC 和基因表达特征的充分结合，极大地提高了 PeC 和 WDC 算法的预测性能。在 DIP 和 MIPS 数据集中，PeC 方法优于 WDC，但在 Krogan 数据集中，WDC 性能优于 PeC。众所周知，Krogan 的密度大于 DIP 和 MIPS。因此，PeC 和 WDC 方法的性能与 PPI 网络的结构具有一定的关系。NIE 方法在三个数据集中结果一致。

8.4　基于人工鱼群算法的关键蛋白质识别

本节将基于人工鱼群的优化机理，结合 PPI 网络的拓扑特性以及蛋白质的生物特性来预测关键蛋白质，提出了基于人工鱼群算法识别关键蛋白质（artificial fish swarm optimization based method to identify essential proteins，AFSO_EP）算法。该算法首先基于已知关键蛋白质初始化人工鱼群，并结合网络拓扑、基因表达、GO 注释以及亚细胞定位等信息对 PPI 网络进行加权处理。随后，在加权的 PPI 网络中，通过执行觅食行为、随机行为、追尾行为和聚群行为，获得预测的关键蛋白质候选集。

8.4.1　AFSO_EP 算法原理

人工鱼群算法在解决寻优问题时的优化过程主要包括：觅食行为、聚群行为、追尾行为和随机行为。AFSO_EP 算法在进行关键蛋白质预测时也包含了这四种行为。觅食行为和随机行为是从人工鱼的邻居蛋白质结点当中选出关系最密切的邻居添加到当前人工鱼中。聚群行为和追尾行为则是从添加到初始人工鱼的所有蛋白质当中筛选出预测的候选关键蛋白质。表 8.1 展示了人工鱼群算法的优化机理与 PPI 网络中关键蛋白质预测问题的对应关系。

表 8.1　人工鱼群算法机理与关键蛋白质预测过程的对应关系

AFSO_EP 算法	关键蛋白质预测
初始的人工鱼	已知关键蛋白质集合
可视距离 Visual	蛋白质的直接邻居结点
觅食行为	从组成人工鱼的蛋白质的所有邻居蛋白质中搜索关系最紧密的邻居结点

续表

AFSO_EP 算法	关键蛋白质预测
随机行为	如果多个邻居蛋白质与人工鱼有着相同的最大紧密度分值，则从这些蛋白质中随机选择一个添加到人工鱼
追尾行为	找到最优人工鱼，将添加到该鱼的所有蛋白质结点视为部分候选关键蛋白质
聚群行为	除最优人工鱼以外，将添加到其余鱼的所有蛋白质降序排序，并筛选出剩余的候选关键蛋白质
拥挤度因子	预设的候选关键蛋白质的数目 C_n

1. 人工鱼群初始化

首先，初始化人工鱼群。鱼群的规模为 N，每条人工鱼中包含 m 个不同的已知关键蛋白质。人工鱼 i 可表示为一个 m 维的整数集合：$\text{Fish}_i = (\text{EP}_{i1}, \text{EP}_{i2}, \cdots, \text{EP}_{im})$ $(i = 1, 2, \cdots, N)$，Fish_i 表示一个已知的关键蛋白质集合。

2. 觅食行为和随机行为

关键蛋白质往往倾向于彼此相互连接，而不是独立存在，蛋白质的关键性往往是通过蛋白质复合物或功能模块得以体现[39]。由此可以推断出，与已知关键蛋白质关系越密切的蛋白质越有可能是关键蛋白质，进而，关键蛋白质的挖掘可以基于已知关键蛋白质作为先验知识，从其邻居结点中进行筛选。为衡量蛋白质之间的关系，首先，需对 PPI 网络中的边进行加权处理。其次，主要结合网络拓扑、基因表达、GO 注释以及亚细胞定位等信息，分别计算两个相互作用的蛋白质之间的 ECC、PCC、共同的 GO 注释（CGO）以及共同所处的亚细胞结构（CSL），从网络拓扑特性、基因共表达特性、功能相关性以及亚细胞位置关系等 4 个方面来衡量蛋白质之间的关系。蛋白质 u 和 v 之间的 ECC、PCC、CGO 和 CSL 计算如下：

$$\text{CGO}(u,v) = \begin{cases} \dfrac{\left| \text{GO}_u \bigcap \text{GO}_v \right|^2}{\left| \text{GO}_u \right| \times \left| \text{GO}_v \right|}, & \left| \text{GO}_u \right| > 0 ;\ \left| \text{GO}_v \right| > 0 \\ 0, & \text{其他} \end{cases} \quad (8.19)$$

其中，GO_u 和 GO_v 分别表示注释蛋白质 u 和 v 的 GO 术语集合，$\text{GO}_u \bigcap \text{GO}_v$ 表示蛋白质 u 和 v 共同的 GO 术语。

$$\text{CSL}(u,v) = \begin{cases} \dfrac{\left| \text{SL}_u \bigcap \text{SL}_v \right|^2}{\left| \text{SL}_u \right| \times \left| \text{SL}_v \right|}, & \text{SL}_u > 0 ;\ \text{SL}_v > 0 \\ 0, & \text{其他} \end{cases} \quad (8.20)$$

其中，SL_u 和 SL_v 分别表示蛋白质 u 和 v 所处的亚细胞结构集合；$\text{SL}_u \bigcap \text{SL}_v$ 表示蛋白质 u 和 v 共同所在的亚细胞结构。结合 ECC、PCC、CGO 和 CSL，边(u,v)

的权重计算公式如下：
$$W(u,v) = \text{ECC}(u,v) \times \big(\text{PCC}(u,v) + \text{CGO}(u,v) + \text{CSL}(u,v)\big) \quad (8.21)$$

若以 N_i 表示组成人工鱼 Fish_i 的蛋白质的所有邻居蛋白质集合，则 N_i 中蛋白质 v 与人工鱼 Fish_i 中所有蛋白质的紧密度计算公式如下：
$$\text{Close}(v, \text{Fish}_i) = \sum_{u \in \text{Fish}_i} W(u,v) \quad (8.22)$$

每条人工鱼 Fish_i 执行觅食行为，搜索与其关系最密切的邻居蛋白质，换言之，从集合 N_i 中找出与组成 Fish_i 的所有蛋白质的紧密度分值最大的蛋白质结点，并将其添加到 Fish_i 中。每执行一次觅食行为，向一条人工鱼添加一个蛋白质结点。然后更新组成人工鱼的蛋白质的邻居蛋白质集合。值得注意的是，在执行觅食行为的过程中，添加到所有人工鱼的所有蛋白质结点应保证彼此不相同，即每次执行觅食行为前，应首先核对选出的拥有最大紧密度值的蛋白质结点是否已添加到人工鱼中，若该蛋白质结点已存在于人工鱼当中，则选择拥有次大紧密度值的蛋白质结点，以此类推，重复执行觅食行为，直到添加到每条人工鱼的蛋白质结点满足设定的参数 T_n。

此外，对于一条人工鱼，如果在一次执行觅食行为时得到了几个拥有相同最大紧密度值的蛋白质结点，这种情况下，则执行随机行为，即从这几个蛋白质结点中随机选取一个蛋白质结点添加到该人工鱼。

3. 追尾行为

通过觅食行为（或随机行为）的执行，向每条初始人工鱼添加了 T_n 个与其关系密切的蛋白质结点。为了从这些蛋白质结点中找出候选的关键蛋白质，在此，用一种新的测度指标评估添加到每条初始人工鱼的 T_n 个蛋白质的整体关键性。对于人工鱼 Fish_i，添加到它的 T_n 个蛋白质结点的整体关键性的计算公式如下：
$$\text{essentiality}(i) = \sum_{u \in \text{Add}(i)} \text{weight}(u) \quad (8.23)$$

其中，$\text{Add}(i)$ 表示添加到初始人工鱼 Fish_i 的所有蛋白质集合；$\text{weight}(u)$ 表示蛋白质 u 的权重，计算公式如下：
$$\text{weight}(u) = \sum_{v \in N_u} W(u,v) \quad (8.24)$$

其中，N_u 代表蛋白质 u 的邻居蛋白质集合；$W(u,v)$ 代表连接蛋白质 u 和 v 的边的权重，由式（8.21）计算得到。计算添加到所有人工鱼的蛋白质集合的整体关键性分值，其中分值最大的蛋白质集合对应的人工鱼为最优人工鱼，而添加到最优人工鱼的 T_n 个蛋白质则为预测出来的部分候选关键蛋白质。

4. 聚群行为

假定需要预测的关键蛋白质的数目为 C_n，通过执行追尾行为已找出其中 T_n 个候选关键蛋白质，T_n 与 C_n 的关系满足式（8.25）。剩余的（$C_n \sim T_n$）个候选关键蛋白质是通过执行聚群行为获得的。具体操作是，除去最优人工鱼，将添加向其余人工鱼的所有蛋白质结点按照权重降序排列，蛋白质的权重由式（8.24）计算得到，然后选取排在前面的（$C_n \sim T_n$）个蛋白质作为另一部分的候选关键蛋白质。也就是说，预测的候选关键蛋白质由两部分组成：一部分是通过执行追尾行为得到的，添加到最优人工鱼的那些蛋白质；另一部分是通过执行聚群行为得到的，添加到剩余人工鱼的按权重排在前面的那些蛋白质。

$$T_n - 1.1 \times \frac{C_n}{N} \tag{8.25}$$

其中，N 表示人工鱼的种群规模。

8.4.2　AFSO_EP 算法流程

AFSO_EP 算法的实现步骤如下所述。

Step 1：初始化 N 条人工鱼：Fish$_i$ = (EP$_{i1}$, EP$_{i2}$, ···, EP$_{im}$)(i = 1, 2, ···, N)，每条人工鱼包含 m 个已知的关键蛋白质。并设置预测的关键蛋白质数目为 C_n，每条人工鱼添加的邻居蛋白质的数目为 T_n，访问标志 $i = 1$。

Step 2：对所有人工鱼执行觅食行为（包括随机行为），找出与每条人工鱼关系最密切的邻居蛋白质，并将此添加到相应的人工鱼，更新每条人工鱼的邻居蛋白质集合。

Step 3：令 $i = i + 1$，如果 $i \leqslant T_n$，则返回 Step 2，否则执行 Step 4。

Step 4：执行追尾行为，找出最优人工鱼，并将添加到最优人工鱼的蛋白质视为部分候选关键蛋白质。

Step 5：执行聚群行为，从添加到其余人工鱼的蛋白质中找出另一部分候选关键蛋白质。

Step 6：产生最终的关键蛋白质预测结果。

8.4.3　实验结果与分析

为了评估 AFSO_EP 算法的性能，本节在酵母和果蝇两个物种的三个数据集上进行了仿真实验，包括 DIP、MIPS 和 HINT[40]，其中 DIP 和 MIPS 属于酵母 PPI 数据集，HINT 是果蝇 PPI 数据集。并将其与其他几种方法进行性能比较，包括 6 种基于网络拓扑的中心性方法（SC、DC、EC、IC、LAC 和 NC），两种融合生物信息的中心性方法（WDC 和 PeC）以及一种迭代的方法 ION[24]。为保证实验结果的客观性，每进行一次候选关键蛋白质的预测，都重复执行 AFSO_EP 算法 10 次，并选取 10 次结果中的中值作为最终预测结果。直方图比较结果如图 8.8～图 8.10 所示。

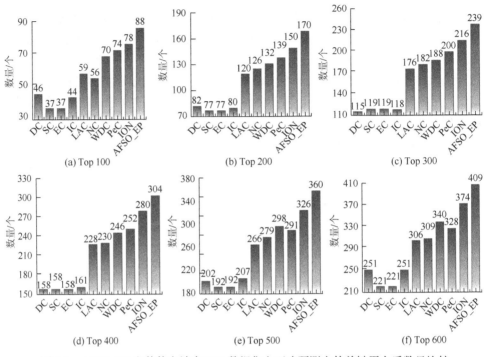

图 8.8 AFSO_EP 和其他方法在 DIP 数据集上正确预测出的关键蛋白质数目比较

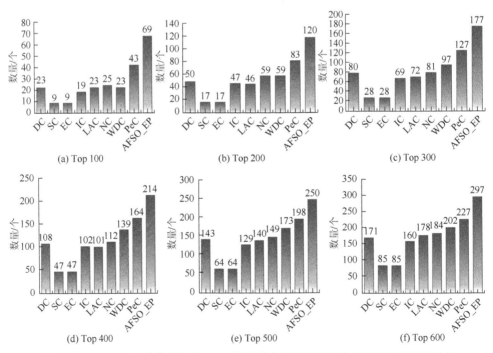

图 8.9 AFSO_EP 和其他方法在 MIPS 数据集上正确预测出的关键蛋白质数目比较

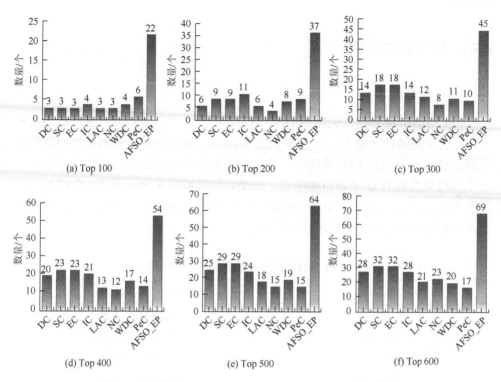

图 8.10　AFSO_EP 和其他方法在 HINT 数据集上正确预测出的关键蛋白质数目比较

从图 8.8～图 8.10 可以看出，在 DIP、MIPS 和 HINT 3 个 PPI 数据集上，关键蛋白质候选集从 Top100 到 Top600，AFSO_EP 算法正确预测出来的关键蛋白质数目比其他方法预测出来的都要多。即使与预测结果相对较好的 ION 算法相比，AFSO_EP 算法在 DIP PPI 数据集上的预测准确率也分别提高了 12.82%、13.33%、10.65%、8.57%、10.43% 和 9.36%。而在 HINT 数据集上，AFSO_EP 算法的优势更加明显，AFSO_EP 正确识别的关键蛋白质数量是其他方法中最好预测结果的 2 倍以上。由此表明，AFSO_EP 算法的关键蛋白质预测性能比其他方法更优。

8.5　基于花授粉算法的关键蛋白质识别

受花授粉算法启发，将蛋白质结点的拓扑特征和生物特征结合，本节提出了一种改进的花授粉算法（improved flower pollination algorithm for identifying essential proteins，FPE），以识别 PPI 网络中的关键蛋白质。不同于已存在的关键蛋白质检测方法，FPE 算法通过模仿自然界中的授粉过程，分析并设计该过程与关键蛋白质识别问题的对应关系，以构建基于花朵授粉机制的关键蛋白质识别算法，同时，较全面地结合了 PPI 网络中的拓扑与生物属性。

8.5.1 FPE 算法原理

1. 花粉位置设计

PPI 网络可视为一个无向图 $G(V, E)$,其中,V 表示网络中的蛋白质结点集合,E 表示网络的边集合。在基本 FPA 算法中,花的位置被视为优化问题的候选解。在本节提出的 FPE 算法中,花朵位置被定义为关键蛋白质候选集合,每一个候选集合包含 Q 个蛋白质结点。一个花粉可被定义为一个候选关键蛋白质集合 $H = \{h_1, h_2, \cdots, h_Q\}$,其中,元素 h_i 代表一个蛋白质编号。FPE 算法与关键蛋白质识别问题的对应关系如表 8.2 所示。

表 8.2　FPE 算法与关键蛋白质识别问题的对应关系

FPE 算法	关键蛋白质识别过程
花粉	一个候选关键蛋白质集合
花粉位置	包含 Q 个候选关键蛋白质的编号
适应度函数	蛋白质关键性的衡量
花朵授粉过程	关键蛋白质识别过程

令 DC 最大的前 Q 个蛋白质为花粉个体。结点的 DC 指的是与该结点直接相连的邻居结点个数,计算所有结点的 DC 并以降序排序,选取前 Q 个作为初始的花粉个体,按式(8.33)计算结点 i 的度:

$$\mathrm{DC}(i) = \sum_i \mathrm{edge}(i, v) \tag{8.26}$$

其中,结点 v 表示 i 的邻居结点。

2. 授粉过程设计

花粉按全局授粉更新的位置 L_i^{t+1} 由式(8.27)得到:

$$L_i^{t+1} = \mathrm{cat}(\mathrm{dim}, L_i^t, \mathrm{RANDOM}) \tag{8.27}$$

其中,t 是迭代次数;cat 函数用来连接 L_i^t 和 RANDOM 两个位置向量;dim 的取值为 1 表示这两个位置向量按列方式连接。式(8.28)代表花粉不断向全局最优靠近,RANDOM 代表花粉在全局范围内进行搜索。

$$L_i^t = \mathrm{intersect}(L_i^t, G_{\mathrm{best}}) \tag{8.28}$$

其中,G_{best} 表示全局最优解;intersect 函数表示 L_i^t 中的元素和 G_{best} 中的某些元素

取交集。式（8.35）模拟了基本 FPA 算法中的花朵位置更新过程，以使花粉不断接近 G_{best}。花粉按局部授粉更新的位置 L_i^{t+1} 由式（8.29）得到：

$$L_i^{t+1} = L_i^t \tag{8.29}$$

其中，t 表示迭代次数。

3. 评价函数设计

1）度量 PeC 中心性

边 (i,j) 出现在同一簇中的概率 $p_c(i,j)$ 的计算如下：

$$p_c(i,j) = \text{ECC}(i,j) \times \text{PCC}(i,j) \tag{8.30}$$

其中，ECC 是边 (i,j) 的聚集系数；PCC 是结点 i 和结点 j 之间的边的 Pearson 相关系数。结点 i 的连接边的权重之和 PeC(i) 的计算如下：

$$\text{PeC}(i) = \sum_{v \in n_i} p_c(i,v) \tag{8.31}$$

其中，n_i 表示结点 i 的邻居结点集合。

2）确定亚细胞定位信息

亚细胞定位代表了细胞中某种蛋白质出现的具体位置，是关键蛋白质的重要特征。比对预处理得到的 11 个位置（每一个位置都被定义为 S_r）的亚细胞定位数据集 R 和关键蛋白质标准数据集，得到了它们的关系数据集 S。对于一个蛋白质，如果它出现在数据集 R 中，那么对于这 11 个亚细胞位置，每一个具体位置出现的频率 $S_r/\text{length}(S)$ 就是每个位置对应的得分 $F_i(r)$，定义如下：

$$F_i(r) = \begin{cases} \dfrac{S_r}{\text{length}(S)}, & i \bigcap R \\ 0, & \text{其他} \end{cases} \tag{8.32}$$

此蛋白质的亚细胞定位得分定义如下：

$$\text{SL}(i) = \sum_{C(i)} F_i(r) \tag{8.33}$$

其中，$C(i)$ 指的是蛋白质 i 在数据集 R 中所对应的亚细胞位置集合，一个蛋白质结点可能出现在多个亚细胞位置中。

3）确定复合物信息

由于蛋白质复合物和关键蛋白质之间存在着密切的联系，关键性通常是蛋白质复合物的产物，而不是单一蛋白质的产物，且相较于未出现在蛋白质复合物中的蛋白质，出现在复合物中的蛋白质更可能是关键蛋白质。结合两个分别包含 270 个与 425 个复合物的数据集 CM270 和 CM425，预处理后得到包含 538 个复

合物的数据集 $P = \{P_1, P_2, \cdots, P_k\}$。蛋白质结点出现在复合物中的次数就是此蛋白质结点的复合物得分 PC(i)，定义如下：

$$PC(i) = \sum_{k=1}^{M} T_i(k) \tag{8.34}$$

$$T_i(k) = \begin{cases} 1, & i \in P_k \\ 0, & \text{其他} \end{cases} \tag{8.35}$$

其中，M 是复合物数目。

4. 评价花粉重要性

将 PeC 得分、亚细胞定位得分（SL）和蛋白质复合物得分（PC）三种得分结合计算出每一个蛋白质结点的得分，来评价蛋白质关键性，且一个花粉由 Q 个蛋白质结点组成，从而对花粉个体的重要性 GSC 进行评价。

对于候选关键蛋白质集合 $H = \{h_1, h_2, \cdots, h_Q\}$，其中元素 h_i 表示一个候选关键蛋白质，其关键性 GSC 的计算定义如下：

$$GSC(H) = \sum_{i=1}^{Q} \left(SL \times (\alpha \times PeC + (1-\alpha) \times PC) \right) \tag{8.36}$$

其中，α 表示一个在 [0,1] 之间的常数。通过参数分析发现当 α 为 0.6 时，FPE 算法性能更优。

8.5.2　FPE 算法流程

FPE 算法的主要过程为首先通过 PeC 来度量 PPI 网络中蛋白质的重要程度，之后确定其亚细胞定位信息。对从数据库下载的亚细胞定位数据进行预处理，去除重复的数据，得到所需的包含 11 个亚细胞位置的数据。之后，确定复合物信息并评价花粉的重要性，其算法流程框架如图 8.11 所示。

8.5.3　实验结果与分析

转换概率 p 对 FPE 算法结果有影响。当 p 取值为 0 时，FPE 算法不执行局部授粉；当 p 取值为 1 时，FPE 算法不执行全局授粉。将转换概率 p 从 0.1 到 0.9 进行变化，结果如表 8.3 所示。$p<0.6$ 和 $0.6 \leqslant p < 1.0$ 时，结果有明显的不同。当 $p<0.6$ 时，FPE 算法识别出的真正关键蛋白质数目高于 $0.6 \leqslant p < 1.0$ 时的结果，说明转换概率 $p<0.6$ 是一个较优选择。而当 p 取值为 0.3 时，可获得更好的结果，说明转换概率 p 的取值为 0.3 可使 FPE 算法的性能更优。

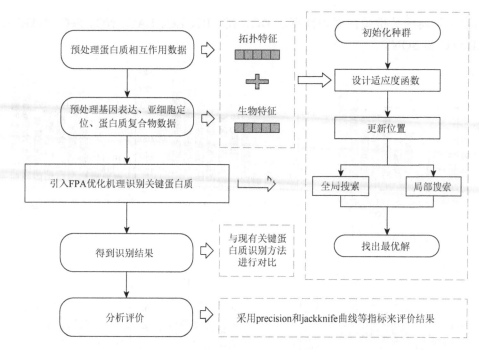

图 8.11　FPE 算法框架图

表 8.3　不同 p 的 FPE 识别的真正关键蛋白质数目

p	Top100	Top200	Top300	Top400	Top500	Top600
0.1	**89**	163	225	287	344	393
0.2	**89**	163	225	289	343	393
0.3	**89**	**164**	226	290	**346**	**395**
0.4	**89**	**164**	225	289	343	390
0.5	**89**	163	227	289	344	391
0.6	88	163	226	288	342	387
0.7	88	163	226	288	342	385
0.8	88	163	227	**291**	343	384
0.9	88	163	**228**	289	343	384

　　不同算法识别正确的关键蛋白质数目结果如图 8.12 所示。从图中可以看出，与其他关键蛋白质识别算法相比，FPE 算法识别出的真正关键蛋白质数目从 Top 100 到 Top 600 都是最多的。特别是在 Top 100 中，FPE 算法的识别准确度达到了 89%。相较于 LAC 算法，FPE 从 Top 100 到 Top 600 分别提高 50.85%、36.67%、28.41%、27.19%、30.08%及 29.08%。不同算法的 PR（precision-recall）曲线见图 8.13。仿真实验结果显示，改进后的算法 FPE 的预测准确率、PR 曲

线优于经典的关键蛋白质识别算法 DC、SC、IC、EC、LAC、NC、PeC、WDC、UDoNC 和 SON。

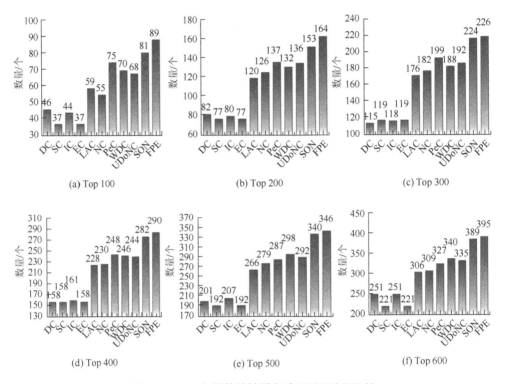

图 8.12　FPE 与其他关键蛋白质识别方法的比较

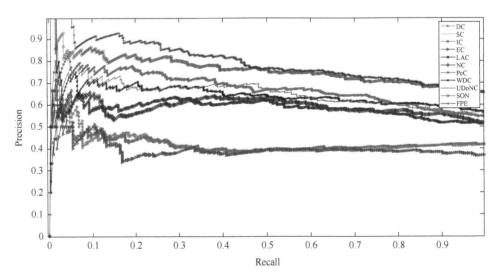

图 8.13　基于 PR 曲线的比较

8.6　小　　结

关键蛋白质与生物系统的结构、功能和调节密切相关，在细胞的整个生命中起着非常重要的作用。本章对关键蛋白质的识别方法进行了描述，主要介绍了基于多源异构数据融合的关键蛋白质识别算法 GSP 和 RSG、基于二阶邻域与信息熵的关键蛋白质识别算法 NIE、基于人工鱼群算法和花授粉算法的关键蛋白质识别算法 AFSO_EP 和 FPE。此外，我们还提出了基于多种群智能算法与网络传播算法的关键蛋白质识别方法[41-45]。随着多组学研究的不断深入，结合多组学数据、综合考虑网络拓扑特性和生物特性能够提高关键蛋白质识别算法的准确率[46,47]，为研究疾病发生机理、预防和治疗疾病、发现药物靶点和研制新型药物等提供理论基础。

蛋白质是一切生命的物质基础，是机体细胞的组成部分，是生物体的重要营养物质，也是食品的重要营养指标。蛋白质参与物质代谢与转运，促进生长发育，调节免疫功能。人体内的酸碱平衡、电解质平衡、遗传信息的传递等都与蛋白质有关。关键蛋白质在生命活动中扮演着重要角色，识别关键蛋白质对于研究细胞的生长调控过程非常重要。如果把人体比喻成一座房子，那么蛋白质就是房子的地基和框架，而关键蛋白质就是大梁，我们应该像关键蛋白质一样，成为新时代的中坚力量，发挥应有的作用。

参 考 文 献

[1]　Winzeler E A, Shoemaker D D, Astromoff A, et al. Functional characterization of the S-cerevisiae genome by gene deletion and parallel analysis[J]. Science, 1999, 285 (5429): 901.

[2]　Nasevicius A, Ekker S C. Effective targeted gene knockdown in zebrafish[J]. Nature Genetics, 2000, 26 (2): 216.

[3]　Cullen L M, Arndt G M. Genome-wide screening for gene function using RNAi in mammalian cells[J]. Immunology & Cell Biology, 2005, 83 (3): 217.

[4]　Roemer T J B, Davison J, Ketela T, et al. Large-scale essential gene identification in candida albicans and applications to antifungal drug discovery[J]. Molecular Microbiology, 2010, 50 (1): 167-181.

[5]　Lei X, Wang S, Pan L. Predicting essential proteins based on gene expression data, subcellular localization and PPI data[C]. The IEEE 12th International Conference on Bio-Inspired Computing: Theories and Applications (BIC-TA2017), Harbin, 2017: 92-105.

[6]　王思果. 蛋白质网络中的关键蛋白质识别算法研究[D]. 西安: 陕西师范大学, 2019.

[7]　Lei X, Zhao J, Fujita H, et al. Predicting essential proteins based on RNA-Seq, subcellular localization and GO annotation datasets[J]. Knowledge-Based Systems, 2018, 151: 136-148.

[8]　Zhao J, Lei X. Predicting essential proteins based on second-order neighborhood information and information entropy[J]. IEEE Access, 2019, 7: 136012-136022.

[9] 赵杰. 蛋白质复合物挖掘及其应用研究[D]. 西安：陕西师范大学，2019.

[10] Lei X，Yang X，Wu F X. Artificial fish swarm optimization based method to identify essential proteins[J]. IEEE/ACM Transactions on Computational Biology and Bioinformatics，2018，17（2）：495-505.

[11] 杨晓琴. 基于网络拓扑和生物信息融合的关键蛋白质预测方法研究[D]. 西安：陕西师范大学，2019.

[12] Lei X，Fang M，Wu F X，et al. Improved flower pollination algorithm for identifying essential proteins[J]. BMC Systems Biology，2018，12（4）：129-140.

[13] 方铭. 群智能优化算法识别关键蛋白质及其复合物[D]. 西安：陕西师范大学，2019.

[14] Jeong H M，Mason S P，Barabási A，et al. Lethality and centrality in protein networks[J]. Nature，2001，411（6833）：41-42.

[15] Hahn M W，Kern A D. Comparative genomics of centrality and essentiality in three eukaryotic protein-interaction networks[J]. Molecular Biology & Evolution，2005，22（4）：803-806.

[16] Wang H，Hernandez J M，van Mieghem P. Betweenness centrality in a weighted network[J]. Physical Review E，2008，77（4）：046105.

[17] Wuchty S，Stadler P F. Centers of complex networks[J]. Journal of Theoretical Biology，2003，223（1）：45-53.

[18] Phillip，Bonacich. Some unique properties of eigenvector centrality - scienceDirect[J]. Social Networks，2007，29（4）：555-564.

[19] Stephenson K，Zelen M. Rethinking centrality：Methods and examples[J]. Social Networks，1989，11（1）：1-37.

[20] Estrada E，Rodriguez-Velazquez J A. Subgraph centrality in complex networks[J]. Physical Review E Statistical Nonlinear & Soft Matter Physics，2005，71（5）：056103.

[21] Li M，Wang J，Chen X，et al. A local average connectivity-based method for identifying essential proteins from the network level[J]. Computational Biology and Chemistry，2011，35（3）：143-150.

[22] Wang J，Li M，Wang H，et al. Identification of essential proteins based on edge clustering coefficient[J]. IEEE/ACM Transactions on Computational Biology and Bioinformatics，2011，9（4）：1070-1080.

[23] Meng Z，Kuang L，Chen Z，et al. Method for essential protein prediction based on a novel weighted protein-domain interaction network[J]. Frontiers in Genetics，2021，12：645932.

[24] Peng W，Wang J，Wang W，et al. Iteration method for predicting essential proteins based on orthology and protein-protein interaction networks[J]. BMC Systems Biology，2012，6（1）：1-17.

[25] Yue Y，Ye C，Peng P Y，et al. A deep learning framework for identifying essential proteins based on multiple biological information[J]. BMC Bioinformatics，2022，23（1）：1-27.

[26] Wang N，Zeng M，Li Y，et al. Essential protein prediction based on node2vec and XGBoost[J]. Journal of Computational Biology，2021，28（7）：687-700.

[27] Binder J X，Pletscher-Frankild S，Tsafou K，et al. COMPARTMENTS：Unification and visualization of protein subcellular localization evidence[J]. Database-The Journal of Biological Databases and Curation，2014：bau012.

[28] Ashburner M，Ball C A，Blake J A，et al. Gene ontology：Tool for the unification of biology[J]. Nature Genetics，2000，25（1）：25-29.

[29] Xu T，Du L，Zhou Y. Evaluation of GO-based functional similarity measures using S. cerevisiae protein interaction and expression profile data[J]. BMC Bioinformatics，2008，9（1）：1-10.

[30] 陈钢. 生物网络分析及其在复杂疾病研究中的应用[D]. 长沙：中南大学，2012.

[31] Zhang Y，Lin H，Yang Z，et al. Protein complex prediction in large ontology attributed protein-protein interaction networks[J]. IEEE/ACM Transactions on Computational Biology and Bioinformatics，2013，10（3）：729-741.

[32] Soneson C，Delorenzi M. A comparison of methods for differential expression analysis of RNA-seq data[J]. BMC

Bioinformatics，2013，14（1）：1-18.

[33]　Pu S，Wong J，Turner B，et al. Up-to-date catalogues of yeast protein complexes[J]. Nucleic Acids Research，2009，37（3）：825-831.

[34]　Chen W H，Lu G，Chen X，et al. OGEE v2: An update of the online gene essentiality database with special focus on differentially essential genes in human cancer cell lines[J]. Nucleic Acids Research，2017：940-944.

[35]　Li M，Zhang H，Wang J X，et al. A new essential protein discovery method based on the integration of protein-protein interaction and gene expression data[J]. BMC Systems Biology，2012，6（1）：1-9.

[36]　Tang X，Wang J，Zhong J，et al. Predicting essential proteins based on weighted degree centrality[J]. IEEE/ACM Transactions on Computational Biology and Bioinformatics，2013，11（2）：407-418.

[37]　Peng W，Wang J，Cheng Y，et al. UDoNC: An algorithm for identifying essential proteins based on protein domains and protein-protein interaction networks[J]. IEEE/ACM Transactions on Computational Biology and Bioinformatics，2014，12（2）：276-288.

[38]　Núñez J，Cincotta P M，Wachlin F C. Information entropy an indicator of chaos[J]. Celestial Mechanics & Dynamical Astronomy，1996，64（64）：43-53.

[39]　Li M，Lu Y，Niu Z，et al. United complex centrality for identification of essential proteins from PPI networks[J]. IEEE/ACM Transactions on Computational Biology and Bioinformatics，2015，14（2）：370-380.

[40]　Das J，Yu H. HINT: high-quality protein interactomes and their applications in understanding human disease[J]. BMC Systems Biology，2012，6（1）：1-12.

[41]　Lei X，Yang X. A new method for predicting essential proteins based on participation degree in protein complex and subgraph density [J]. PLoS One，2018，13（6）：e0198998.

[42]　Lei X，Wang S，Pan L. Identifying essential proteins in dynamic PPI network with improved FOA [J]. International Journal of Computers Communications & Control，2018，13（3）：365-382.

[43]　Lei X，Wang S，Wu F. Identification of essential proteins based on improved HITS algorithm [J]. Genes，2019，10（2）：177.

[44]　Lei X，Yang X，Fujita H. Random walk based method to identify essential proteins by integrating network topology and biological characteristics [J]. Knowledge-Based Systems，2019，167：53-67.

[45]　Yang X，Lei X，Zhao J. Essential protein prediction based on shuffled frog-leaping algorithm [J]. Chinese Journal of Electronics，2021，30（4）：704-711 .

[46]　Zhong J，Qu Z，Zhong Y，et al. Continuous and discrete similarity coefficient for identifying essential proteins using gene expression data[J]. Big Data Mining and Analytics，2023，6（2）：185-200.

[47]　Li W，Liu W，Guo Y，et al. Deep contextual representation learning for identifying essential proteins via integrating multisource protein features[J]. Chinese Journal of Electronics，2023，32（4）：868-881.

第9章 疾病基因预测

9.1 引 言

复杂疾病通常是由遗传因素和环境因素结合引起的，这些因素导致复杂疾病的死亡率极高，严重威胁了人类的健康。其中遗传模式复杂，往往由多个致病基因共同作用导致。因此，预测复杂疾病相关的基因是当前一个亟待解决的问题。在过去几十年里，随着基因芯片和高通量测序技术的飞速发展，大量的基因被发现、注释和分类，产生了诸如 GO 数据库[1, 2]、HPRD[3] 和 String 数据库[4]等。此外，还产生了大量疾病和基因关联关系数据库，如 DisGeNET 数据库[5]、OMIM 数据库[6]、DISEASE 数据库[7]等。这些数据的出现为预测疾病和基因关联关系提供了可靠的依据。

基于这些数据库，本章讲述了 4 种计算方法来预测疾病基因，分别是基于二步随机游走算法的癌症基因预测[8]、基于逻辑回归算法的疾病基因预测[9, 10]、基于鸽群优化算法的疾病基因预测[11]、基于网络信息损失模型的疾病基因预测[12]。研究表明，相比于生物湿实验的方法，通过计算方法预测疾病和基因关联关系效率更高，花费更少。

9.2 基于二步随机游走算法的癌症基因预测

近年来，大量的基于随机游走的计算方法被用于识别复杂疾病相关的基因[13-17]。这些方法利用生物网络的拓扑结构，将已知的复杂疾病相关的基因作为种子结点，然后在相应网络上进行随机游走。基于随机游走的方法将已知的与复杂疾病相关的基因作为种子结点，如果已知的疾病基因数量很多，这类算法可以很好地利用先验知识去挖掘未知的疾病基因。但是，在已知疾病相关的基因数量较少的情况下，这些算法的表现性能仍然有待进一步提高。基于上述分析，本节提出了一种多组学生物数据上的两轮随机游走算法来识别癌症基因，算法简记为 TRWR-MB。TRWR-MB 算法利用多种类型的生物学数据（PPI 网络、pathway 通路网络、miRNA 网络、lncRNA 网络、癌症相似性网络和蛋白质复合物）构建了一个大型的异构网络，然后在这个异构网络上运行二步随机游走算法来识别癌症相关基因。实验结果表明，该算法在识别癌症相关基因方面要优于已有的计算方法。

9.2.1 构建异构网络

当前常见的基于随机游走的算法[13-17]不能很好地处理先验知识过少的情况，也无法有效地利用与疾病相关的 lncRNA 和 miRNA 的关联关系。为了解决这个问题，本节通过基因网络、miRNA 相似性网络、lncRNA 相似性网络、疾病相似性网络和它们之间的关联关系构成了一个异构网络。异构网络可以表示为如下矩阵形式：

$$H = \begin{bmatrix} G_{n\times n} & GM_{n\times m} & GL_{n\times l} & GC_{n\times c} \\ GM'_{n\times m} & M_{m\times m} & ML_{m\times l} & MC_{m\times c} \\ GL'_{n\times l} & ML'_{m\times l} & L_{l\times l} & LC_{l\times c} \\ GC'_{n\times c} & MC'_{m\times c} & LC'_{l\times c} & C_{c\times c} \end{bmatrix} \tag{9.1}$$

其中，$G_{n\times n}$、$M_{m\times m}$、$L_{l\times l}$、$C_{c\times c}$、$GM_{n\times m}$、$GL_{n\times l}$、$GC_{n\times c}$、$ML_{m\times l}$、$MC_{m\times c}$ 和 $LC_{l\times c}$ 分别表示基因网络、miRNA 相似性网络、lncRNA 相似性网络、癌症相似性网络、基因与 miRNA 交互作用、基因与 lncRNA 交互作用、基因与癌症交互作用、miRNA 与 lncRNA 交互作用、miRNA 与癌症交互作用、lncRNA 与癌症交互作用；$GM'_{n\times m}$、$GL'_{n\times l}$、$ML'_{m\times l}$、$GC'_{n\times c}$、$MC'_{m\times c}$ 和 $LC'_{l\times c}$ 表示 $GM_{n\times m}$、$GL_{n\times l}$、$ML_{m\times l}$、$GC_{n\times c}$、$MC_{m\times c}$、$LC_{l\times c}$ 的转置；n、m、l 和 c 表示基因的数量、miRNA 的数量、lncRNA 的数量和癌症的数量。

9.2.2 TRWR-MB 算法预测

大量的证据表明 miRNA 和 lncRNA 与复杂疾病存在至关重要的联系[18-22]。然而当前大部分识别复杂疾病相关基因的计算方法并未考虑 lncRNA 和 miRNA 这两个因素。基于以上两个问题，TRWR-MB 算法利用基因、疾病、lncRNA、miRNA 和它们之间的关联关系构建了一个异构网络。因此，在执行随机游走的过程中，将与疾病相关的 lncRNA 和 miRNA 视为种子结点，弥补了复杂疾病预测过程中种子结点数目过少的缺陷。文献[23]指出相似的疾病之间的界限是模糊的，基于相似的疾病很有可能由功能上相似甚至相同的基因所导致，首先将所有的癌症归为癌症类。然后，TRWR-MB 算法将所有已知与癌症类相关的基因、lncRNA、miRNA 和疾病视为种子结点，采用了第一轮随机游走算法挖掘潜在的癌症类基因。接下来，将潜在的癌症类基因与 lncRNA、miRNA 和疾病重新构成一个异构网络，基于此网络再采用第二轮随机游走算法挖掘某个特定癌症的相关基因。TRWR-MB 算法的具体实施过程如图 9.1 所示。

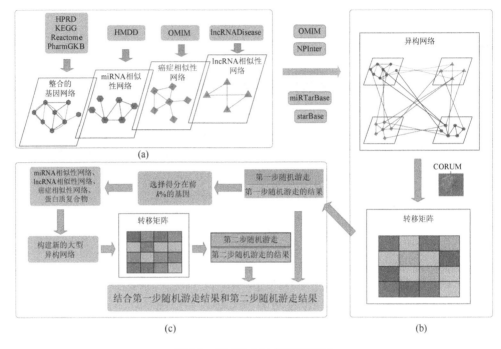

图 9.1　TRWR-MB 算法流程图

1. 转移矩阵的计算

式（9.1）代表了异构网络，将其中的基因、lncRNA、miRNA、疾病以及它们之间的关联关系按行标准化后，再计算相应的转移概率便可得随机游走的转移矩阵，具体如式（9.2）所示：

$$W = \begin{bmatrix} (1-\delta)W_G & \dfrac{\delta}{3}W_{GM} & \dfrac{\delta}{3}W_{GL} & \dfrac{\delta}{3}W_{GC} \\[2mm] \dfrac{\delta}{3}W_{GM'} & (1-\delta)W_M & \dfrac{\delta}{3}W_{ML} & \dfrac{\delta}{3}W_{MC} \\[2mm] \dfrac{\delta}{3}W_{GL'} & \dfrac{\delta}{3}W_{ML'} & (1-\delta)W_L & W_{LC} \\[2mm] \dfrac{\delta}{3}W_{GC'} & \dfrac{\delta}{3}W_{MC'} & \dfrac{\delta}{3}W_{LC'} & (1-\delta)W_C \end{bmatrix} \tag{9.2}$$

其中，W_M、W_L、W_C、W_{GM}、W_{GL}、W_{GC}、W_{ML}、W_{MC} 和 W_{LC} 分别由矩阵 $M_{m\times m}$、$L_{l\times l}$、$C_{c\times c}$、$GM_{n\times m}$、$GL_{n\times l}$、$GC_{n\times c}$、$ML_{m\times l}$、$MC_{m\times c}$ 和 $LC_{l\times c}$ 按行标准化得到；$W_{GM'}$、$W_{GL'}$、$W_{GC'}$、$W_{ML'}$、$W_{MC'}$ 和 $W_{LC'}$ 分别由 $GM'_{n\times m}$、$GL'_{n\times l}$、$ML'_{m\times l}$、$GC'_{n\times c}$、$MC'_{m\times c}$ 和 $LC'_{l\times c}$ 按行标准化得到；$\delta \in [0,1]$ 表示转移概率。

为了解决生物网络中包含少量噪声等问题[24]，在计算基因网络的转移矩阵过程中，本节融合 PPI 网络、基因通路网络和蛋白质复合物数据，具体计算方法如下：

$$W_P(i,j) = \begin{cases} P(i,j)/d_P(i), & P(i,j) \neq 0; \ d_P(i) \neq 0 \\ 0, & \text{其他} \end{cases} \quad (9.3)$$

其中，P 是 PPI 网络的邻接矩阵；$d_P(i)$ 是矩阵 P 第 i 行的元素和。pathway 网络的转移矩阵 W_{Path} 的定义与此类似。为了增加一个正反馈来增强癌症相关的相互作用，在构建基因网络的矩阵时也考虑蛋白质复合物，如式（9.4）所示：

$$W_{com}(i,j) = \begin{cases} \dfrac{Num_{com\_dg}}{Num_{com\_g}}, & G(i,j) > 0 \\ 0, & \text{其他} \end{cases} \quad (9.4)$$

$$Initial\_W_G = [1/N \cdots 1/N] \odot W_P + [1/N \cdots 1/N] \odot W_{Path} + W_{com} \quad (9.5)$$

对于式（9.4），首先假设基因 i 被包含在某个特定蛋白质复合物中，该复合物包含的基因的数量为 Num_{com_g}，与癌症有关的基因数量为 Num_{com_dg}。如果这个基因存在于多个蛋白质复合物中，则将 Num_{com_dg}/Num_{com_g} 赋值给 $W_{com}(i,j)$。对于式（9.5），$A \odot B$ 表示阿达马乘积；将 $Initial\_W_G$ 按行标准化后便得到了在基因网络上的转移概率 W_G。

2. 两轮随机游走算法

TRWR-MB 算法首先采用第一轮随机游走算法来识别有较高潜力的与癌症类相关的致病基因（打分排名在前 $k\%$ 的基因），将这前 $k\%$ 的基因与 lncRNA、miRNA 和癌症融合组成一个新的异构网络。然后，针对每个特定的癌症，选取与这个特定癌症有关的基因、miRNA、lncRNA 和特定癌症作为第二轮随机游走的种子结点，最后开启第二轮随机游走来识别导致特定癌症产生的基因。在每一轮随机游走的过程中，初始概率被定义如下：

$$P(0) = \eta \times \begin{bmatrix} g_0 \\ m_0 \\ l_0 \\ c_0 \end{bmatrix} \quad (9.6)$$

其中，向量 $\eta = [\eta_1, \eta_2, \eta_3, \eta_4]$ 中的每个值都在 $0 \sim 1$ 范围。此外 η 中所有元素的和为 1，它的作用是可以衡量在随机游走过程中每个网络的重要性。g_0、m_0、l_0 和 c_0 分别表示在基因网络、miRNA 相似性网络、lncRNA 相似性网络和癌症相似性网络中的初始概率，随机游走的转移公式可被定义如下：

$$P(t+1) = (1-\gamma)WP(t) + \gamma P(0) \quad (9.7)$$

其中，$\gamma \in [0,1]$ 代表重启概率，$\sqrt{(P(t+1)-P(t))^t} < 10^{-6}$ 时表示游走趋于稳定，则停止迭代，将 $P(t+1)$ 输出作为打分值。

3. 最终预测分数

相似的疾病之间的界限是不明确的，它们很有可能由功能上相似甚至相同的基因导致。因此，TRWR-MB 算法将第一轮和第二轮随机游走算法的打分值融合。具体计算方法如式（9.8）所示：

$$\text{Score} = \alpha P^1(\infty) + (1-\alpha)P^2(\infty) \tag{9.8}$$

其中，$P^1(\infty)$ 和 $P^2(\infty)$ 分别表示第一轮和第二轮随机游走的结果。参数 α 在 0～1 取值，用来衡量第一轮和第二轮随机游走的结果的重要性。

此外，Chen 等[25]表明直接使用打分值在某种情况下并不适用。因此，针对每一个基因的得分，依据每一个基因的 Score 获得了它们的得分排名，具体计算方法如下：

$$\text{Rank\_Score}(i) = \frac{\text{count}\left(\text{Score}(i) > \text{Score}(j)\right)}{n}, \quad i \neq j \tag{9.9}$$

其中，$\text{count}\left(\text{Score}(i) > \text{Score}(j)\right)$ 表示在所有的基因中得分值比基因 i 高的数量；n 表示基因的数量；$\text{Rank\_Score}(i)$ 表示基因 i 的得分排名。

9.2.3　实验结果与分析

在本节中，TRWR-MB 算法分别与现有的 RWR 算法[13]、RWRH 算法[14]、RWRM 算法[16]和 RWRMH 算法[17]进行比较。对于 TRWR-MB 算法的 5 个参数 δ、η、γ、σ 和 α 经过实验验证分别取值 0.5、0.25、0.6、0.6 和 0.9。

首先分析了每个算法排名得分在前 5%、7%、10%和 15%中癌症基因的个数，详情见表 9.1。此外使用 ROC 曲线和 AUC 值来评价这些算法的性能，如图 9.2 所示。显然，由表 9.1 和图 9.2 可以看出，TRWR-MB 算法在识别癌症相关的基因上获得了最优表现性能。

表 9.1　与其他算法进行比较

算法	Top 5%	Top 7%	Top 10%	Top 15%
TRWR-MB	**23**	**28**	**31**	**47**
RWRMH	20	24	**31**	43
RWRM	21	23	28	42
RWRH	20	20	27	41
RWR	18	22	28	38

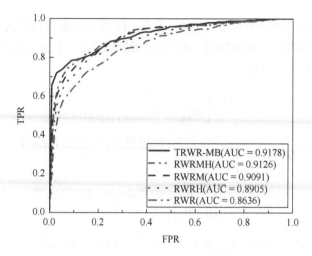

图 9.2　TRWR-MB 算法与其他算法进行比较

9.3　基于逻辑回归算法的疾病基因预测

随着人类对复杂疾病的重视以及海量的生物数据被挖掘，提出了大量经典的计算方法来识别导致复杂疾病产生的致病基因，如传统的机器学习方法、基于传统生物网络的方法和基于改进的生物网络的方法等。虽然以上方法可以很好地识别与复杂疾病相关的基因，但是仍然存在以下缺陷，例如，识别复杂疾病相关基因的问题是一个典型的类别不平衡问题[25-27]，这导致了传统机器学习方法并不能很好地识别和预测致病基因较少的疾病；生物网络（如 PPI 网络、基因表达网络和通路基因网络等）通常包含大量噪声[24]，导致部分预测结果不准确，使用的生物数据较为单一，不能综合各方面因素考虑复杂疾病产生的原因，如基因本体信息和蛋白质域信息等。基于上述分析，本节提出了一种基于重构的 PPI 网络的逻辑回归算法来识别疾病基因（LR-RPN）[28]。

9.3.1　网络重构

一些蛋白质存在某种生物学关联，但是它们之间却没有蛋白质相互作用[29]。因此，单纯使用 PPI 其预测结果是不准确的。为了解决这个问题，本节将 PPI 网络和 Keywords 数据结合构成异构网络。Keywords 数据来源于 UniProt 数据库[30]，其中涵盖了蛋白质数据的各方面信息（Biological Process、Cellular Component、Coding Sequence Diversity、Developmental Stage 和 Domain 等字段信息）。

首先，定义 $H = \{V, E\}$ 表示由 PPI 网络和 Keywords 数据组成的异构网络，其

中 V 和 E 分别表示网络中的结点和边。这里，结点 V 由蛋白质和 Keywords 组成，边 E 只能有两种类型，即连接两个蛋白质的边和连接一个蛋白质和 Keywords 的边。H 的定义如式（9.10）所示：

$$H = \begin{bmatrix} H_P & H_{PK} \\ H'_{PK} & 0 \end{bmatrix}_{(N+K) \times (N+K)} \tag{9.10}$$

$$H_P(i,j) = \begin{cases} 1, & \text{蛋白质} i \text{和蛋白质} j \text{存在交互作用} \\ 0, & \text{其他} \end{cases} \tag{9.11}$$

$$H_{PK}(i,j) = \begin{cases} 1, & \text{蛋白质} i \text{和 Keywords } j \text{有关联} \\ 0, & \text{其他} \end{cases} \tag{9.12}$$

其中，H_P 表示 PPI 网络；H_{PK} 表示蛋白质和 Keywords 组成的二分网络；H'_{PK} 表示 H_{PK} 的转置。

本节使用 RWRH 算法[14]求解网络的拓扑相似性。首先，根据异构网络 H 求解了转移 M：

$$M = \begin{bmatrix} \lambda M_P & (1-\lambda)M_{PK} \\ (1-\lambda)M'_{PK} & 0 \end{bmatrix}_{(N+K) \times (N+K)} \tag{9.13}$$

$$M_P(i,j) = \begin{cases} \dfrac{H_P(i,j)}{\sum_k H_P(i,k)}, & \sum_k H_P(i,k) > 0 \\ 0, & \text{其他} \end{cases} \tag{9.14}$$

$$M_{PK}(i,j) = \begin{cases} \dfrac{H_{PK}(i,j)}{\sum_k H_{PK}(i,k)}, & \sum_k H_{PK}(i,k) > 0 \\ 0, & \text{其他} \end{cases} \tag{9.15}$$

$$M_{KP}(i,j) = \begin{cases} \dfrac{H'_{PK}(i,j)}{\sum_k H'_{PK}(i,k)}, & \sum_k H'_{PK}(i,k) > 0 \\ 0, & \text{其他} \end{cases} \tag{9.16}$$

其中，λ 可以控制游走过程中在蛋白质结点和 Keywords 结点互相跳跃的程度。在随机游走过程中，初始概率矩阵定义如下：

$$P(0) = \begin{bmatrix} (1-\eta)P_{\text{PPI}}(0) & 0 \\ 0 & \eta P_{\text{Keywords}}(0) \end{bmatrix}_{(N+K) \times (N+K)} \tag{9.17}$$

其中，$P_{\text{PPI}}(0)$ 和 $P_{\text{Keywords}}(0)$ 表示对角线上元素全部为 1 的单位矩阵，它们的维度分别是 N 维和 K 维。因此，基于 RWRH 算法，第 $t+1$ 步的概率矩阵定义如下：

$$P(t+1) = (1-\gamma)M'P(t) + \gamma P(0) \tag{9.18}$$

经过数次迭代之后，如果 $P(t+1)$ 与 $P(t)$ 之间的差值小于 10^{-6}，则迭代停止和将 $P(t+1)$ 输出作为最终的概率矩阵。得到 $P(t+1)$ 后，本节采纳 Lei 等[24]的方法求出了异构网络的拓扑相似性矩阵，然后对 PPI 网络进行了重构。

9.3.2　LR-RPN 算法预测

LR-RPN 算法从多种生物学数据中提取出异构特征，并且采用过采样和降采样技术解决类别不平衡问题，具体算法流程如图 9.3 所示。首先，针对 PPI 网络中通常包含一定的假阴性和假阳性连接的问题,利用 RWRH 算法重构了 PPI 网络。实验结果证明，重构的 PPI 网络能更好地预测疾病相关的基因。其次，PPI 网络仅仅包含蛋白质与蛋白质相互作用数据，并没有考虑其他生物学信息，如蛋白质域信息、GO 信息和蛋白质复合物信息等。因此，LR-RPN 算法采取融合多种类型的生物学数据，在这些异构生物学数据中提取出相应的异构特征，进而可以从多

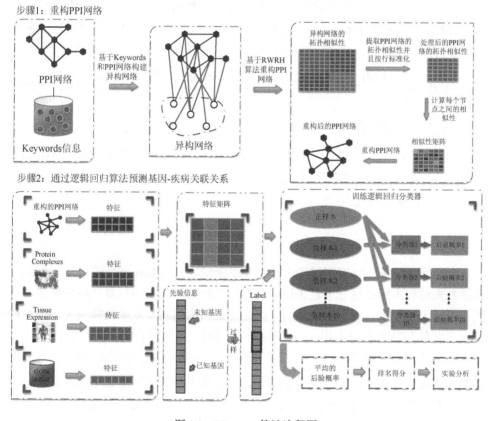

图 9.3　LR-RPN 算法流程图

角度预测复杂疾病相关的基因。最后，针对已知疾病相关基因的数量远远小于未知基因的数量所导致的类别不平衡问题，LR-RPN 算法首先采用过采样技术增加已知疾病相关基因的数量，然后采用降采样技术减少未知基因的个数的数量。此外，为了减少降采样过程中的信息损失，构建了 10 个逻辑回归分类器。

1. 特征提取

为了从多角度分析和预测复杂疾病相关的基因，本节从重构的 PPI 网络、蛋白质复合物、组织表达数据和基因的语义相似性数据中提取了不同的异构信息，如下所示：

$$s_i^k = \left\{1, \quad s_{i1}^k, \quad s_{i2}^k, \quad s_{i3}^k, \quad s_{i4}^k, \quad s_{i5}^k, \quad s_{i6}^k, \quad s_{i7}^k, \quad s_{i8}^k\right\} \tag{9.19}$$

其中，符号 s_i^k 表示在识别疾病 k 过程中基因 i 对应的特征；s_{i1}^k 表示与基因 i 在重构的 PPI 网络中的直接邻居中与疾病 k 有关的基因的数量；s_{i2}^k 表示与基因 i 在重构的 PPI 网络中的直接邻居中与疾病 k 无关的基因的数量；s_{i3}^k 表示基因 i 所在的蛋白质复合物中与疾病 k 相关的基因个数；s_{i4}^k 表示在基因 i 所在的蛋白质复合物中与疾病 k 无关的基因个数；s_{i5}^k 和 s_{i6}^k 的定义与 s_{i3}^k 和 s_{i4}^k 相似，只是蛋白质复合物替换成了组织表达对象；s_{i7}^k 表示基因与疾病之间的相似性值，具体计算方式如下：

$$s_{i7}^k = \max_{1 \leqslant j \leqslant o} \left(\frac{\mathrm{MF}_{\mathrm{geneSim}}\left(g_i, dg_j^k\right) + \mathrm{CC}_{\mathrm{geneSim}}\left(g_i, dg_j^k\right) + \mathrm{BP}_{\mathrm{geneSim}}\left(g_i, dg_j^k\right)}{3} \right) \tag{9.20}$$

其中，dg_j^k 表示与疾病 k 相关联的某个基因；$\mathrm{MF}_{\mathrm{geneSim}}\left(g_i, dg_j^k\right)$、$\mathrm{CC}_{\mathrm{geneSim}}\left(g_i, dg_j^k\right)$ 和 $\mathrm{BP}_{\mathrm{geneSim}}\left(g_i, dg_j^k\right)$ 分别基于分子功能（molecular function，MF）、细胞组分（cellular component，CC）和生物学过程（biological process，BP）所计算的基因 g_i 与疾病 dg_j^k 之间的语义相似性值[31]。此外，$s_{i8}^k = 1 - s_{i7}^k$。

2. 过采样

为了解决复杂疾病识别过程中类别不平衡问题，受 Chen 等[25] 的启发，LR-RPN 算法首先对样本标签进行了过采样。显然，已知基因（已知与复杂疾病相关的基因）被视为正样本。对于未知基因（既没有证据表明其与复杂疾病相关，也没有证据表明其与复杂疾病不相关），如果该基因属于某个复合物或者有组织表达信息，则算法首先随机产生一个 0~1 的随机数，如果该数值小于 $\max\left(s_{i3}^k, s_{i5}^k\right)$，则该基因的视为正样本，反之视为负样本。如果该未知基因不存在于任意复合物中或者没有组织表达，则 $\max\left(s_{i3}^k, s_{i5}^k\right)$ 的值使用已知基因与全部基因数量比值代替。显然，这种做法可以缩小正样本和负样本之间的差值。

3. 逻辑回归算法

逻辑回归算法是一种经典的分类算法，模型的条件概率分布如下：

$$p\left(x_i^k = 1 \middle| s_i^k, w\right) = \frac{\exp\left(w's_i^k\right)}{\exp\left(w's_i^k\right) + 1} \tag{9.21}$$

$$p\left(x_i^k = 1 \middle| s_i^k, w\right) = \frac{1}{\exp\left(w's_i^k\right) + 1} \tag{9.22}$$

其中，s_i^k 代表特征；w 表示对应的权重参数向量，即 $w = (w_1, w_2, w_3, w_4, w_5, w_6, w_7, w_8, w_9)$。

对于逻辑回归算法的条件概率公式可以应用极大似然估计法学习模型参数，具体步骤如下所示：

$$\hat{w} = \arg\max_w \prod_{i=1}^N L(w) \tag{9.23}$$

$$L(w) = P\left(x_i^k \middle| s_i^k, w\right) \tag{9.24}$$

其中，$L(w)$ 代表似然函数。通过结合式（9.21）～式（9.24），最终 $L(w)$ 可以化简为如下形式：

$$L(w) = \sum_{i=1}^N \left(x_i w's_i^k - \ln\left(1 + \exp\left(w's_i^k\right)\right)\right) \tag{9.25}$$

式（9.25）已经被证明是一个凹函数[32]。在研究中，可使用 MATLAB 标准函数 fminunc(·) 来求解 $L(w)$（w 的初始值全部置为 0）。

4. 降采样

前面已经介绍了过采样技术，但是因为负样本的数量仍然要远大于正样本的数量导致类别不平衡问题仍然存在。因此，LR-RPN 算法进一步对负样本进行了降采样技术。核心思想是从所有的负样本中随机抽取的数量是正样本数量两倍的负样本作为最终测试的负样本。降采样的方法是随机地丢弃一部分负样本，因此有可能损失部分重要信息。为了解决这个问题，LR-RPN 算法在所有负样本中选取了 10 组负样本，然后与正样本结合，再使用逻辑回归方法训练 10 个逻辑回归分类器。最终的打分则是等于这 10 个逻辑回归分类器打分的均值。该过程如图 9.3 中的步骤 2 所示。

9.3.3　实验结果与分析

1. 不同生物特征对算法的影响

LR-RPN 算法从多种类型的生物学数据中提取了不同的异构特征。为了分析不同特征对识别复杂疾病相关的基因的影响，本节定义了 6 种类型的特征，依次替代式（9.19）。具体特征如下：$\text{Feature1} = \left\{1, s_{i1}^k, s_{i2}^k\right\}$，$\text{Feature2} = \left\{1, s_{i1}^k, s_{i2}^k, s_{i3}^k, s_{i4}^k\right\}$，$\text{Feature3} = \left\{1, s_{i1}^k, s_{i2}^k, s_{i3}^k, s_{i4}^k, s_{i5}^k, s_{i6}^k\right\}$，$\text{Feature4} = \left\{1, s_{i1}^k, s_{i2}^k, s_{i3}^k, s_{i4}^k, s_{i5}^k, s_{i6}^k, s_{i7}^k, s_{i8}^k\right\}$，$\text{Feature5} = \left\{1, s_{i1}^k, s_{i3}^k, s_{i5}^k, s_{i7}^k\right\}$，$\text{Feature6} = \left\{1, \dfrac{s_{i1}^k}{s_{i1}^k + s_{i2}^k}, \dfrac{s_{i3}^k}{s_{i3}^k + s_{i4}^k}, \dfrac{s_{i5}^k}{s_{i5}^k + s_{i6}^k}, s_{i7}^k\right\}$。

显然，由表 9.2 可以看出 Feature4 获得了最高的 AUC 值 0.8985，而这个特征蕴含着最多的不同类型的生物数据特征。由此可知不同类型的生物学数据越多，算法的性能越好。

表 9.2　LR-RPN 算法在不同特征的表现性能

特征	AUC 值
Feature1	0.7238
Feature2	0.8093
Feature3	0.8199
Feature4	**0.8985**
Feature5	0.8678
Feature6	0.8237

2. 重构网络对算法性能的影响分析

本节的目的是通过实验方法验证重构的 PPI 网络是否真的有助于识别复杂疾病相关的基因。因此，定义了三种不同类型的网络，分别为：①原始的 PPI 网络（LR-OPN）；②在原始的 PPI 网络执行 RWR 算法，然后重构 PPI 网络（LR-REPN）；③将 PPI 网络与 Keywords 数据结合为异构网络，然后在这个异构网络上运行 RWRH 算法来重构 PPI 网络（LR-RPN）。最终，在这三种不同类型网络上执行的实验结果如表 9.3 所示。

表 9.3　重构网络对算法表现性能影响

网络	AUC 值
LR-OPN	0.8985
LR-REPN	0.9050
LR-RPN	0.9196

显然，由表 9.3 可知，相比于其他两种类型网络，重构 LR-RPN 网络的方法性能表现最优。

3. 预测的疾病相关基因验证

为了展现 LR-RPN 算法对新疾病和基因关联的能力，选择乳腺癌进行了分析。在 OMIM 数据库中收录了 23 个与乳腺有关的基因。在算法运行过程中，本节以这 23 个乳腺癌为基础对其他所有的基因进行预测打分。然后对打分值进行降序排列，筛选出前 10 个基因。最后，通过文献挖掘的方式，判断这 10 个基因是否与乳腺癌有关（表 9.4）。由表 9.4 可知，前 10 个基因中有 5 个基因可以获得文献佐证，可见 LR-RPN 算法可以很好地挖掘新的疾病和基因的关联关系。

表 9.4　预测出的乳腺相关基因

基因	PMID	论文网址
MID2	26791755	https://www.ncbi.nlm.nih.gov/pubmed/?term=MID2+breast+cancer
MED26	—	—
COPS6	—	—
HDAC1	28779562	https://www.ncbi.nlm.nih.gov/pubmed/28779562
RBBP7	30390344	https://www.ncbi.nlm.nih.gov/pubmed/30390344
BANP	—	—
PIAS4	26616021	https://www.ncbi.nlm.nih.gov/pubmed/26616021
WASF2	—	—
CBFA2T2	—	—
GPS2	19858209	https://www.ncbi.nlm.nih.gov/pubmed/19858209

9.4　基于鸽群优化算法的疾病基因预测

在 9.2 节和 9.3 节的研究中，使用了随机游走和逻辑回归方法来进行疾病基因的预测，发现预测问题可以看成一种目标函数的优化问题，故本节为疾病基因的预测设计了一个目标函数，并利用鸽群优化算法进行了求解，该算法称为 PDG-PIO（predicting disease-genes based on pigeon-inspired optimization）算法。

9.4.1　问题定义与描述

将疾病基因预测问题转化为一个优化问题，因此需要先确定问题的解空间，并定义目标函数。对于一种疾病，一个 $n+m$ 维的向量 $F = (f_1, f_2, \cdots, f_n, f_{n+1}, \cdots, f_{n+m})^T$

被用于表示基因和其他疾病与该疾病的相关程度。前 n 个元素代表基因与该疾病的相关性,后 m 个元素则表明其他疾病与该疾病的关联程度。如果某个基因的 f 值较大,则该基因很可能是该疾病的疾病基因。该向量能够表达每个基因的潜在致病性,提出的 PDG-PIO 算法使用向量 F 作为问题的解。

一种被广泛接受的假设是结构和功能相似且在 PPI 网络中具有相互作用的基因倾向于对相同的生物通路或对疾病具有相似的影响[33]。大多数基因网络都具有模块化特性,也就是说,功能越相似的基因,它们之间的相互作用也越强。因此,该方法使用网络聚类算法中的模块化模型[34]来测量疾病基因的分布。网络中每个结点的向量 F 应满足式(9.26)的条件:

$$
\begin{cases}
\min_{F} \sum_{i=1}^{n+m} \sum_{j=1, w_{ij} \neq 0}^{n+m} (P_{ij} - P_{i\cdot}P_{\cdot j}) \cdot (f_i - f_j)^2 \\
P_{ij} = W_{ij} / \sum_{i=1}^{n+m} \sum_{j=1}^{n+m} W_{ij}, \quad P_{i\cdot} = \sum_{j=1}^{n+m} W_{ij} / \sum_{i=1}^{n+m} \sum_{j=1}^{n+m} W_{ij}, \quad P_{\cdot j} = \sum_{i=1}^{n+m} W_{ij} / \sum_{i=1}^{n+m} \sum_{j=1}^{n+m} W_{ij}
\end{cases} \tag{9.26}
$$

式(9.26)可以理解为衡量网络中簇内边聚集程度与随机期望之间的差异。$(P_{ij} - P_{i\cdot}P_{\cdot j})$ 的值较大时,结点 i 和结点 j 倾向于属于同一个模块;$(P_{ij} - P_{i\cdot}P_{\cdot j})$ 的值较小时(可能小于 0),结点 i 和结点 j 则倾向于属于不同的模块;如果两个基因在同一模块中并且紧密相连,则它们应该具有相似的疾病分数,反之亦然。事实上,基因 i 和基因 j 的隶属度可以用 $1/(f_i - f_j)^2$ 表示,通过式(9.26)获得的解 F 对应于网络聚类分布。

此外,如果两个基因都与同一种疾病有关,那么它们在 GO 中应该会具有相似的功能注释。若这两个基因应该具有较高的 GO 语义相似性,则它们的 f 值应该相似。据此,增加解 F 的约束条件如下:

$$
\min_{F} \sum_{k \in \Phi} \sum_{i=1}^{n} \sum_{j=1, W_{ij} \neq 0}^{n} \frac{\left((f_i - f_j)^2 - (1 - GS^k)\right)^2}{|W|} \tag{9.27}
$$

其中,$|W|$ 是矩阵 W 中不为 0 的元素个数;$\Phi = \{BP, CC, MF\}$ 是 GO 标签的三种类型。

同时,受到传播算法的启发,解 F 应该像传播算法一样,有一个较为稳定的值,并且该优化方法需要已知疾病和基因关联信息的约束,否则方法在查询疾病过程中不具有特异性,进一步的限制条件如下:

$$
\min_{F} \sum_{i=1}^{n+m} \left(f_i - \sum_{j=1}^{n+m} W_{ij}^* \cdot f_j \right)^2 + \sum_{i=1}^{n+m} (f_i - y_i)^2 \tag{9.28}
$$

其中,矩阵 W^* 为矩阵 W 的列归一化矩阵。$Y = (y_1, y_2, \cdots, y_n, y_{n+1}, \cdots, y_{n+m})^{\mathrm{T}}$ 为已知

的疾病基因关系向量。如果基因 i 是疾病 d 的疾病基因，则 y_i 被置为 1，否则为 0，对应的疾病元素 y_{n+d} 也被置为 1。

最终，疾病基因预测问题的目标函数 $Q(F)$ 被构建如下：

$$Q(F) = \sum_{i=1}^{n+m} \sum_{j=1, w_{ij} \neq 0}^{n+m} (P_{ij} - P_i P_{\cdot j}) \cdot (f_i - f_j)^2 + \sum_{i=1}^{n+m} \left(f_i - \sum_{j=1}^{n+m} W_{ij}^* \cdot f_j \right)^2$$

$$+ \sum_{k \in \Phi} \sum_{i=1}^{n} \sum_{j=1, W_{ij} \neq 0}^{n} \frac{\left((f_i - f_j)^2 - (1 - GS^k) \right)^2}{|W|} + \sum_{i=1}^{n+m} (f_i - y_i)^2 \qquad (9.29)$$

9.4.2　PDG-PIO 算法预测

1. 异构网络的构建

构建异构网络的过程这里不再赘述，这里介绍一种新的网络结点相似性计算方法。基因网络 G 中基因 i 和基因 j，相似性被定义为

$$\begin{cases} GS(i, j) = \dfrac{2 |N_i \cap N_j| + 1}{|N_i| + \lambda_i + |N_j| + \lambda_j} \\[4mm] \lambda_i = \max \left\{ 0, \dfrac{\sum\limits_{x \in V} |N_x|}{|V|} - |N_i| \right\}, \quad \lambda_j = \max \left\{ 0, \dfrac{\sum\limits_{x \in V} |N_x|}{|V|} - |N_j| \right\} \end{cases} \qquad (9.30)$$

其中，λ_i、λ_j 是对只有少量邻居的结点的惩罚因子；$|N_i|$、$|N_j|$ 是基因 i 和基因 j 的度；$|V|$ 是所有基因的数量。

结合基因相似性网络 $GS_{(n \times n)}$、疾病和基因表型关联网络 $GD_{(n \times m)}$、疾病表型相似性网络 $D_{(m \times m)}$ 来构建一个简单的异构网络 W，具体如下：

$$W = \begin{bmatrix} GS & GD \\ GD^T & D \end{bmatrix} \qquad (9.31)$$

其中，GD^T 是 GD 的转置矩阵。

此外，GO 可被视为基因产物注释的标准。GO 注释可以通过一个有向非循环图来表示，该图主要包含两个关系，即"A 是 B"和"A 是 B 的一部分"。这些注释也分为了 3 类，分别描述了生物学过程、细胞组分和分子功能。本节使用 GOSemSim 工具[31]来测量基因产物之间的语义相似性。以分别获得关于 GO 的三个基因语义相似矩阵 GS^{BP}、GS^{CC} 和 GS^{MF}，每两个结点的相似值范围为[0, 1]。它们分别覆盖了基因网络 G 中的 8530 个结点、8796 个结点和 8870 个结点。将矩阵中未覆盖的结点对应的行和列元素设置为 0。

2. 生成初始鸽子种群

在基于鸽群启发优化算法[35]的疾病基因预测中，每个鸽子的每个位置代表了一个问题的解。鸽巢是最佳的解决方案。因此，初始的种群选择十分重要，特别是问题的规模非常大时。因此该算法首先使用 RWRH[14]来计算初始种群，在迭代10 次后，获得初始得分向量 F_0。之后通过在 F_0 添加随机因子生成 N_p 个鸽子。初始鸽子的位置生成公式如下：

$$F_i = \gamma F_0 + (1 - \gamma) \cdot \text{rand}() \qquad (9.32)$$

其中，γ 控制着随机程度，在该研究中，γ 被设置为 0.9。

3. 鸽群移动

问题的解 F 是数值向量，可以很好地应用于鸽群的地图、指南针算子和地标算子的操作。鸽群的地图、指南针算子和地标算子已在 4.9 节中详细介绍了，故不再赘述。在对最优鸽子的处理上，引入了 Lévy 飞行模型[36]。Lévy 飞行也是一种随机游走模型，其步长根据重尾概率分布。鸽子的最佳位置由式（9.33）更新：

$$F_g(t) = F_g(t-1) + a \oplus \text{Lévy}(\lambda), \quad 1 < \lambda \leqslant 3 \qquad (9.33)$$

其中，$a > 0$ 是一个步长，其值与问题的规模有关。在本问题中，a 被设置为 1，$\oplus$ 是矩阵点乘。文献[37]使用正态分布的方法来求解随机数。在 PDG-PIO 中，地图和罗盘操作中的最大迭代次数设置为 10，算法框架如图 9.4 所示。

9.4.3　实验结果与分析

本节将 PDG-PIO 与其他 4 种算法 RWR、RWRH[14]、DK[38]和 PDG-FA 进行比较。其中 PDG-FA 是一种使用萤火虫优化算法[37]的疾病基因预测方法。在PDG-PIO 和 PDG-FA 中使用相同的目标函数。根据提出这些算法的文献来设置它们的参数，对于 RWR 和 RWRH，它们的 α 设置为 0.5，DK 的参数 β 为 0.5，这些方法的收敛阈值设置为10^{-9}；对于 PDG-FA，步长被设置为10^{-5}，亮度吸收参数为 1.5。

PDG-PIO 和其他算法的性能如表 9.5 和表 9.6 所示。在至少具有两个疾病基因的疾病集合中，PDG-PIO 在这三个评估标准中均获得了最佳值。虽然在所有疾病集合中，PDG-PIO 的前 5%数量略低于 RWRH 数量，但 PDG-PIO 的 MRR 一直优于 RWRH。并且在多次运行后，所提出的方法的不同预测结果之间的差异很小，并且最优解基本稳定。

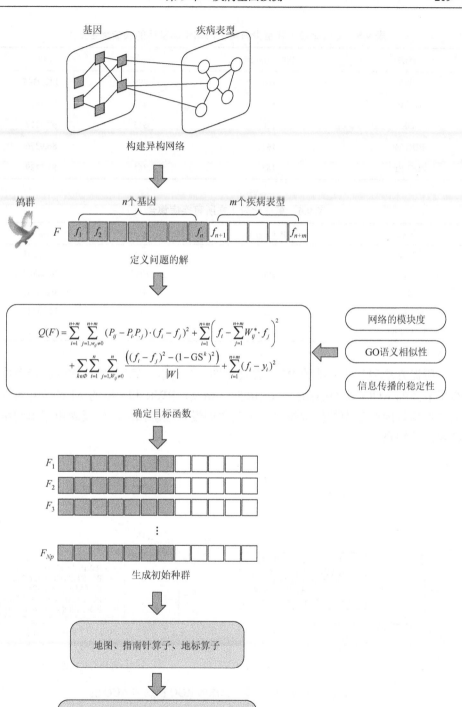

图 9.4 PDG-PIO 算法框架

表 9.5　算法比较（在至少有两个已知疾病基因的疾病集合上）

算法	NSP（Top 1）	Top 5%	MRR
RWR	107	299	102.9345
RWRH	147	358	92.7816
DK	120	315	99.5117
PDG-FA	**167**	356	86.9376
PDG-PIO	**167**	**361**	**84.7239**

表 9.6　算法比较（在所有疾病集合上）

算法	NSP（Top 1）	Top 5%	MRR
RWR	85	435	469.5261
RWRH	298	1087	343.3902
DK	79	441	468.6737
PDG-FA	313	1038	344.3427
PDG-PIO	**314**	**1040**	**332.0578**

所提方法和其他方法的 ROC 曲线如图 9.5 所示。算法 PDG-PIO 在竞争中获得了最高的 AUC 值（0.8305 和 0.7405）。相反，RWR 和 DK 的 AUC 值非常低。大量疾病基因在后面的位置排名，表明它们没有准确预测，还反映出了单网络传播算法的缺点。

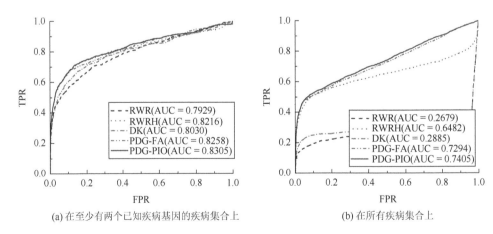

(a) 在至少有两个已知疾病基因的疾病集合上　　　　　　(b) 在所有疾病集合上

图 9.5　PDG-PIO 与其他算法的 ROC 曲线和 AUC 值

本节还评估了关于 PDG-PIO 和其他方法的 F-measure。对于每个算法，计算前 k 个位置的 F-measure，k 的范围是[5, 50]。结果如图 9.6 所示，两种疾病基因相关的疾病集合中，PDG-PIO 的 F-measure 在 Top-5 到 Top-30 的位置中最高。在所有疾病集合中，PDG-PIO 具有与 PDG-FA 值相似的最高 F-measure 值，并且所开发方法的结果明显优于其他方法产生的结果。

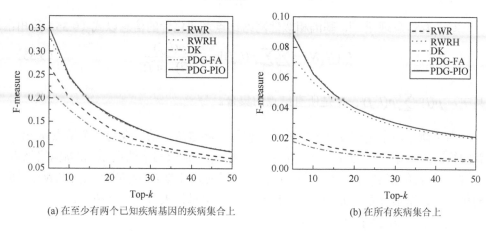

(a) 在至少有两个已知疾病基因的疾病集合上　　　　　(b) 在所有疾病集合上

图 9.6　PDG-PIO 与其他算法的平均 F-measure 值

9.5　基于网络信息损失模型的疾病基因预测

本节介绍一种基于网络损失模型的疾病基因预测方法。网络损失模型用于评估网络结点和反映基因之间相互作用的人类蛋白质复合物之间的相似性。此外，本节还结合了 lncRNA 等其他数据，构建了一个三元异构网络，并设计了一种应用于异构网络的传播算法，即基于网络信息损失和蛋白质复合物的疾病预测算法（predicting disease-genes based on network information loss and protein complexes in heterogeneous network，InLPCH）。该算法在预测疾病基因时，有效地减少了生物网络中的假阳性数量，并结合了异构网络的多条传播路径，提高了预测精度。

9.5.1　网络信息损失模型

生物高通量数据中存在着大量的假阳性数据，导致构建的异构网络中的某些结点之间的关系不是非常准确。为了优化网络，使用网络信息损失模型来评估结点之间的相似性。信息损失模型的基本思想为两个相似的结点在视作相同的结点时，导致的信息损失应该较少[39]。也就是说，如果两个结点比其他结点更相似，则它们的信息丢失率低于其他结点。以基因相似性网络为例，该网络的结点数记为 n，网络矩阵记为 $G = [g_{ij}]_{n \times n}$。若基因 i 和基因 j 之间存在边，则 g_{ij} 为 1，否则

为 0。g_{ii} 为结点 i 的度。基因 i 和基因 j 之间的联合密度概率函数的计算公式为

$$p(i,j) = \frac{g_{ij}}{\sum\limits_{i=1}^{n}\sum\limits_{j=1}^{n} g_{ij}} \tag{9.34}$$

基于互信息理论[40]，基因相似性网络结点之间包含的信息以式（9.35）给出：

$$I_G(N;N) = \sum_{i\in N}\sum_{j\in N} p(i,j)\log_2 \frac{p(i,j)}{p(i)\cdot p(j)} \tag{9.35}$$

其中，$p(i) = \sum\limits_{j=1}^{n} p(i,j)$；$N$ 是所有结点的集合。

为了衡量两个基因 u 和 v 之间的相似性，将这两个结点视为一个结点 (u,v)。新网络的结点集合记为 $N^* = N - \{u\} - \{v\} + \{u,v\}$，则原网络结点 N 和新网络结点 N^* 之间包含的信息为 $I_G(N:N^*)$。因此，可以通过计算 $I_G(N;N^*)$ 和 $I_G(N;N)$ 之间的信息损失来估计基因 u 和 v 之间的相似性，信息损失公式如下所示：

$$\begin{cases} \Delta I_G(u,v) = I(N;N) - I(N;N^*) \\ \qquad = p(u)\cdot\sum\limits_{k\in N} p(k\mid u)\cdot\log_2\frac{p(k\mid u)}{p(k\mid\langle u,v\rangle)} + p(v)\cdot\sum\limits_{k\in N} p(k\mid v)\cdot\log_2\frac{p(k\mid v)}{p(k\mid\langle u,v\rangle)} \\ p(k\mid u) = \frac{p(k,u)}{p(u)}, \quad p(k,\langle u,v\rangle) = p(k,u) + p(k,v), \quad p(\langle u,v\rangle) = p(u) + p(v) \\ p(k\mid\langle u,v\rangle) = \frac{p(k,u) + p(k,v)}{p(u) + p(v)} \end{cases} \tag{9.36}$$

这里需要注意的是，当 $p(k\mid u) = 0$ 时，将 $\log_2\dfrac{p(k\mid u)}{p(k\mid u,v)}$ 设为 0。

根据信息损失模型的计算原理，$I_G(u,v)$ 是恒大于等于 0 的。因此它可以很好地在网络拓扑层面衡量两个结点之间的相似性。实际上，信息损失模型反映了当两个结点共享的邻居结点越多，不同的邻居结点越少时，这两个结点越相似的情况。此外，即使两个结点之间没有连接，但它们在网络中的结构相似，它们的信息损失值也会较小，则认为这两个结点是较为相似的。另外，如果两个结点之间的相互作用增加，两个结点将更相似。然而，在生物网络中存在大量结点并且它们之间的边数较小，导致在生物网络中两个结点之间的 ΔI 较小，因此无法很有效地区分相似的结点和不相似的结点。因此，优化原始信息损失公式，两个基因之间的相似性 $S_G(u,v)$ 定义为

$$\Delta I_G^*(u,v) = \log_2\left(\Delta I_G(u,v)\cdot\sum_{i=1}^{n}\sum_{j=1}^{n} g_{ij} + 1\right) \tag{9.37}$$

$$S_G(u,v) = 1 - \frac{\Delta I_G^*(u,v)}{\max\{\Delta I_G^*\}} \qquad (9.38)$$

其中，$S_G(u,v) \in [0,1]$，两个结点的 S_G 值越大，这两个结点就越相似。根据该定义，计算了三个网络所有结点之间的相似性。

为了优化原有的网络，添加一些具有较大相似性值的边，并删除一些相似性较小的边。发现通过网络信息损失模型获得的结点之间的相似性服从正态分布，因此，可应用正态分布的 3σ 原则[12]。综上，新的基因相似性网络定义如下：

$$S_G^*(u,v) = \begin{cases} S_G(u,v), & g_{uv}=1;\ S_G(u,v) > \text{mean} - k\sigma \\ S_G(u,v), & g_{uv}=0;\ S_G(u,v) > \text{mean} + k\sigma \\ 0, & \text{其他} \end{cases} \qquad (9.39)$$

其中，mean 为集合 $\{S_G(u,v) \,|\, g_{uv}=1\}$ 的平均值；σ 为标准差；$k \in [0,3]$。在新网络中添加了一些边，这些边在原始网络中并不存在，但其连接的两个结点之间的相似性大于 $(\text{mean} + k\sigma)$，也从原始网络中删除了一些相似性小于 $(\text{mean} - k\sigma)$ 的边。最终，可以获得优化的基因网络 S_G^* 和 lncRNA 相似性网络 S_L^*。

9.5.2 异构网络传播算法

基于多个异构数据源，构建并优化了三个相似性网络和三个不同的关联关系网络，并最终构建了一个异构网络。为了对网络中感兴趣的疾病基因进行优先级排序，本节使用标签传播算法计算其得分，并预测疾病与基因之间的潜在关联关系。将疾病和基因关联预测的问题定义为对查询集（如一组感兴趣的疾病）和目标集（如一组感兴趣的基因）之间的关联分数排序。

通常在预测疾病基因的传播算法中，将查询疾病和与疾病相关的基因用作种子结点。这些结点的初始分数设置为 1，其余结点的分数设置为 0，之后使用传播算法对所有结点进行评分。因此，结点的初始分数非常重要。有研究指出，基因网络具有模块化特征，并假设同一蛋白质复合物中的基因通常与表型相似的疾病相关，反之亦然[41]。受文献[42]的启发，让每个疾病及其最近的邻居成为一个疾病簇。通过分析疾病簇蛋白质复合物之间的关系，推测潜在的疾病基因，则对于疾病 j，基因 i 的初始分数 $f_G^0(i,j)$ 为

$$f_G^0(i,j) = \frac{1}{2}\left(\frac{\sum_{k \in V_G(i)} S_G(i,k) \cdot \text{GP}(k,j)}{|V_G(i)|} + \frac{\sum_{k \in V_P(j)} P(k,j) \cdot \text{GP}(i,k)}{|V_P(j)|} \right) + g_{ij} \qquad (9.40)$$

其中，$V_G(i)$ 代表了包含基因 i 的所有蛋白质复合物中的蛋白质；$V_P(j)$ 代表了疾病表型 j 周围最近的邻居集合。通过前面介绍的 KNN 方法获得疾病表型 j 的最近 k 个邻居。$P(k,j)$ 是表型 k 和 j 之间的相似性。GP 是基因和疾病表型之间的关联

关系，若基因 i 关联了疾病表型 j，则 $GP(i, j)$ 为 1，否则为 0。

为了方便，本节将查询疾病对应的基因初始评分记为列向量 f_G^0。对于 lncRNA 和疾病表型的初始评分，这里使用常规方法，即如果 lncRNA 与查询疾病相关，则 lncRNA 的评分设置为 1，否则等于 0。要查询的疾病也被设置为 1，lncRNA 和疾病表型的初始分数分别被表示为列向量 f_L^0 和 f_P^0，注意 f_G^0、f_L^0 和 f_P^0 为归一化后的向量。

9.5.3　InLPCH 算法预测

在获得结点的初始分数后，本节使用异构网络传播该分数。网络中有两种类型的边：一种边连接的两个结点属于同质的网络（如基因相似性网络、疾病表型相似性网络、lncRNA 相似性网络）；另一种边连接的两个结点属于异构网络（如疾病和基因网络、基因和 lncRNA 网络、lncRNA 和疾病网络）。在该算法中，首先在同质网络中以相似性概率传播，然后在异构网络之间进行传播。重复传播直到得分收敛为止，基因的最终得分代表它们与某种疾病相关的概率。在第一次传播过程中，使用重启随机游走算法在单个同质网络中进行传播，第一次传播过程定义如下：

$$\begin{cases} f_G^1 = \alpha \overline{S_G^*} f_G^0 + (1-\alpha) f_G^0 \\ f_L^1 = \alpha \overline{S_L^*} f_L^0 + (1-\alpha) f_L^0 \\ f_P^1 = \alpha \overline{P} f_P^0 + (1-\alpha) f_P^0 \end{cases} \tag{9.41}$$

其中，f_G^1、f_L^1、f_P^1 分别是基因、lncRNA、疾病表型第一次传播时的分数；矩阵 S_G^*、S_L^*、P 被标准化为 $\overline{S_G^*} = D_G^{-\frac{1}{2}} S_G^* D_G^{-\frac{1}{2}}$、$\overline{S_L^*} = D_L^{-\frac{1}{2}} S_L^* D_L^{-\frac{1}{2}}$、$\overline{P} = D_P^{-\frac{1}{2}} P D_P^{-\frac{1}{2}}$；$D$ 是一个对角矩阵，对角线上的每个元素为各个对应矩阵每行元素之和。因此，$\overline{S_G^*}$、$\overline{S_L^*}$、$\overline{P}$ 是对称的。

在随后的传播中，不仅考虑了同质网络中结点分数的传播，还考虑了从其他网络传输的分数。例如，在对基因打分的过程中有三条路径。它们分别描述了从基因到基因、疾病表型到基因、lncRNA 到基因的联系，该传播过程可表示为

$$\begin{cases} f_G^t = \alpha \cdot \overline{S_G^*} f_G^{t-1} + \beta \cdot f_G^0 + \gamma \cdot \dfrac{\overline{GL} f_L^{t-1} + \overline{GP} f_P^{t-1}}{2} \\ f_L^t = \alpha \cdot \overline{S_L^*} f_L^{t-1} + \beta \cdot f_L^0 + \gamma \cdot \dfrac{\overline{LG} f_G^{t-1} + \overline{LP} f_P^{t-1}}{2} \\ f_P^t = \alpha \cdot \overline{P} f_P^{t-1} + \beta \cdot f_P^0 + \gamma \cdot \dfrac{\overline{PG} f_G^{t-1} + \overline{PL} f_L^{t-1}}{2} \end{cases} \tag{9.42}$$

其中，f_G^t、f_L^t、f_P^t 是 t 次传播后，基因、lncRNA、疾病表型的分数；矩阵 $\overline{GP}$、

$\overline{GL}$、$\overline{LP}$ 是 GP、GL、LP 的列归纳矩阵，$\overline{PG}$、$\overline{LG}$、$\overline{PL}$ 则是 GP^T、GL^T、LP^T 的列归纳矩阵；α、β、γ 是网络分数权重，满足 $\alpha + \beta + \gamma = 1$。式（9.42）可以分为三部分，第一部分描述了同质网络中的传播，第二部分使用原始分数作为约束，第三部分则描述了从其他网络传播来的分数。$\overline{GL}f_L^{t-1}$ 代表了从 lncRNA 出发的对基因的打分，$\overline{GP}f_P^{t-1}$ 描述了从疾病表型出发对基因的打分。本节选取了它们的平均值，并迭代运算直到每个列向量收敛为止。设置一个收敛阈值参数 η，当两次得分之间的差异小于阈值时，可认为该算法已经收敛。最后，对于某一感兴趣的疾病，获得所有基因的打分。某一个基因的分数越高，该基因越有可能是该疾病关联的基因。InLPCH 方法的流程如算法 9.1 所示。

算法 9.1　InLPCH 算法流程

算法：InLPCH

输入：　　同质网络：G、L、P
　　　　　异构网络：GP、GL、LP
　　　　　参数：α、β、γ、k

输出：最终分数向量 f_G^t、f_L^t、f_P^t

1：根据式（9.37）～式（9.39）构建新的基因相似网络 S_G^*、lncRNA 相似性网络 S_L^*

2：根据式（9.41）计算初始化分数 f_G^0、f_L^0 和 f_P^0

3：使用 RWR 算法计算 f_G^1、f_L^1、f_P^1

4：在全局网络中进行传播，通过式（9.42）更新 f_G^t、f_L^t、f_P^t

5：重复步骤 4，直到 $f_G^t - f_G^{t-1} \leqslant \eta$，$f_L^t - f_L^{t-1} \leqslant \eta$ 和 $f_P^t - f_P^{t-1} \leqslant \eta$

9.5.4　实验结果与分析

1. 与其他算法的对比实验

这里比较了几种常用的网络传播算法，如 RWR、BiRW_avg[43]、RWRH[14]、MINProp[44]、DK[38]、PRINCE[41]，分别在两组疾病集合上进行了比较。对于 RWR 和 RWRH，它们的参数 α 被设置为 0.5。在 BiRW_avg 中，参数 α、l、r 被分别设为 0.8、4、4。对于 MINProp，α 被设置为 0.25。DK 的参数 β 被设置为 0.5。PRINCE 的参数 α 和迭代次数被设定为 0.5 和 5。InLPCH 的收敛阈值设置为 10^{-9}。

InLPCH 算法与其他算法的性能比较如表 9.7 和表 9.8 所示。这两个表清楚地显示了 InLPCH 在 NSP、Top5、MRR 上有很好的结果。在表 9.7 中，InLPCH 在各种评价标准中均具有最高值。特别是在 MRR 中，平均排名远远高于 RWR、RWRH、MINProp、DK、PRINCE。在所有疾病集合中，InLPCH 的 NSP 略低于 RWRH，但 Top5% 和 MRR 是最高的。可以发现 RWR 和 DK 的 NSP 和 Top5% 值非常低。因为它们只在单一的 PPI 的网络中运行，而且大多数疾病只有一个已知的疾病基因，很难预测并验证。可见建立一个异构网络是必要的。

表 9.7　算法性能比较（在至少有两个已知疾病基因的疾病集合上）

算法	NSP（Top 1）	Top 5%	MRR
RWR	107	299	102.9345
BiRW_avg	143	356	79.3775
RWRH	147	358	92.7816
MINProp	150	362	96.3292
DK	120	315	99.5117
PRINCE	131	358	88.0686
InLPCH	154	368	77.5881

表 9.8　算法性能比较（在所有疾病集合上）

算法	NSP（Top 1）	Top 5%	MRR
RWR	85	435	469.5261
BiRW_avg	302	1093	297.1034
RWRH	298	1087	343.3902
MINProp	281	1102	330.834
DK	79	441	468.6737
PRINCE	256	1116	339.9196
InLPCH	293	1128	291.9817

InLPCH 算法与其他算法在两个集合上的 ROC 曲线如图 9.7 所示。图中也标出了相应曲线的 AUC 值。可见 InLPCH 的 AUC 值是最高的。与表 9.9 相似，

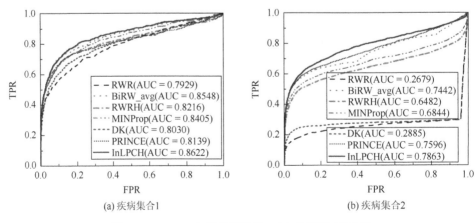

(a) 疾病集合1　　　　　　　　　　　　　(b) 疾病集合2

图 9.7　InLPCH 与其他算法的 ROC 曲线和 AUC 值

RWR 和 DK 在所有疾病集合中，AUC 值较小。大量的疾病基因被排在了较后的位置，这表明它们没有被有效地预测，反映了单一网络传播算法的缺点。

同时，对于每个至少有两个已知疾病基因的疾病，计算每个疾病预测的 AUC 值，则每种算法共产生 171 个 AUC 值。通过 t 假设检验来衡量两个算法之间的差异。如表 9.9 所示，InLPCH 算法与其他算法 AUC 值之间的 t 假设检验的 p-value 均小于 0.05，说明 InLPCH 算法明显好于其他算法。

表 9.9 每个算法预测 AUC 值之间的 t 假设检验

算法	p-value
RWR	1.8364×10^{-8}
BiRW_avg	1.4000×10^{-3}
RWRH	3.4289×10^{-5}
MINProp	3.4506×10^{-6}
DK	9.5470×10^{-16}
PRINCE	7.1000×10^{-3}

本节还在 Precision、Recall、F-measure 上对 InLPCH 进行评估。对于每种方法的评分矩阵，计算前 k 个位置的 Precision、Recall、F-measure。这有助于理解算法的局部特征，Precision 反映了查询疾病的前 k 个预测中真阳性的比例，Recall 则反映了前 k 个预测中真阳性与疾病测试中真阳性数据的比重。从图 9.8～图 9.10 可以看出，至少有两个疾病基因的疾病集合中，InLPCH 的 Precision 在所有位置中是最高的。在 Top5%中，平均 Precision 为 0.2865。相对于 Recall、F-measure，InLPCH 也在所有位置具有最高值。所有疾病集合中，在前 15%位置，InLPCH 具有最高的 Precision、Recall、F-measure。

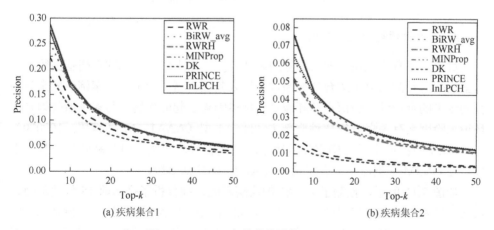

图 9.8 InLPCH 与其他算法的 Precision

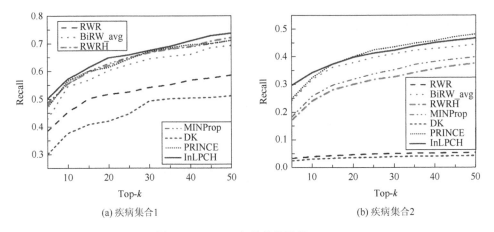

(a) 疾病集合1　　　　　　　　　　　　(b) 疾病集合2

图 9.9　InLPCH 与其他算法的 Recall

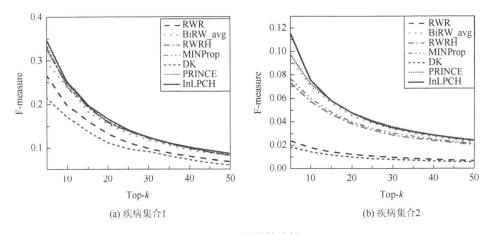

(a) 疾病集合1　　　　　　　　　　　　(b) 疾病集合2

图 9.10　InLPCH 与其他算法的 F-measure

2. 分析所预测的疾病基因

目前，还有大量疾病的疾病基因未被确定，由于缺乏已知的疾病基因数据，这些疾病的预测结果不适合单纯通过计算来验证。这里给出一个案例研究来说明预测结果的合理性。腹部主动脉瘤是一种多因素引起的疾病，与多种遗传因素和环境危险因素有关[45]。家族性腹部主动脉瘤 1 型（AAA1，MIM 编码：100070）在 OMIM 数据库中具有确定的孟德尔表型或表型基因座，但其基础分子基础未知，在 OMIM 数据库中没有明确提供 AAA1 的疾病基因。

如图 9.11 所示，预测了 AAA1 的疾病基因，并分析了排名前 15 位的基因、疾病表型和 lncRNA 组成的网络。三角形的结点代表 AAA1，该结点也是算法的种子结点，六边形结点表示所预测的与 AAA1 相关的 14 种疾病。圆形结点代表预测的疾病基因，菱形结点则是与 AAA1 最相关的 15 个 lncRNA。在网络中发现基因 PLP 与家族性高脂血症相关（MIM 编码：1444250）。Saika 等发现 LPL 的错误突变（L303F）会阻碍脂肪的分解但会使 LPL 质量不变，从而导致动脉粥样硬化[46]。动脉粥样硬化是导致腹部主动脉瘤的主要因素之一，对于基因 NOS3，Gillis 等的实验说明 NOS3 的变异可能对胸主动脉瘤（TAA）的发展具有保护作用[47]。这说明 NOS3 与 AAA1 有密切关系。并且发现基因 ALOX5 存在于人动脉粥样硬化主动脉、冠状动脉和颈动脉中。它可能在改变动脉粥样硬化的发病机制中发挥重要作用[48]。从另一个角度来看，该方法还可以预测与疾病相关的 lncRNA。在网络中，lncRNA HIF1A-AS1 与结点 AAA1 周围的颅内浆动脉瘤 1（MIM 代码：105800）有关。Li 等发现 HIF1A-AS 在主动脉组织中高表达，提示它们可能与 TAA 密切相关[49]。因此，可以推测 HIF1A-AS1 也与 AAA1 有关。

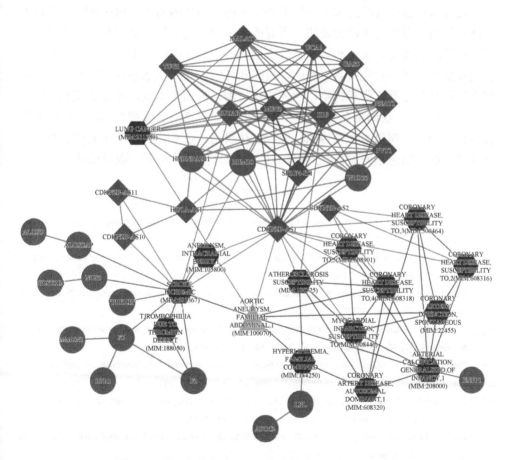

图 9.11　关于家族性腹部主动脉瘤疾病基因的预测分析

9.6 小　　结

本章提出了 4 种不同的疾病基因预测方法，分别从随机游走、逻辑回归、群智能优化以及网络信息损失模型的角度进行了方法研究。基于随机游走的方法易于理解和实现，并有较快的运行效率，但过于依赖建网步骤以及对冷启动问题效果不佳。基于逻辑回归来进行预测，其特征的选择是关键，本章提供了几种特征选择的方案。同时发现，疾病基因的预测问题可以转换为智能优化问题，可以采用鸽群优化算法等群智能优化方法进行求解；另外通过网络信息损失模型，可以提高疾病基因的预测效率。本章也对预测出的疾病基因进行了案例分析，进一步验证了结果的正确性。

人生病有各种各样的因素，但不外乎于内因和外因两类。内在的因素最根本的就是基因，现代医学研究表明，所有的疾病或多或少都和基因有一些关联，主要是由基因的改变、突变和表达的改变造成的，科学家一直不遗余力地寻找某种基因和某种疾病的对应关系。然而，内因和外因不是孤立地存在，缺一不可，它们之间存在着相互作用和影响，内因决定外因，内因是本质，外因是发展。引申到个人成长方面，法国著名生物学家巴斯德曾说"机遇只偏爱那些有准备的头脑"，机遇是外因，主观努力才是内因，能否抓住机遇，在于我们的思想素质、科学文化水平，在于勤奋钻研、锐意进取，只有这样才能抓住机遇，取得成功。

参 考 文 献

[1] Ashburner M, Ball C A, Blake J A, et al. Gene ontology: Tool for the unification of biology[J]. Nature Genetics, 2000, 25 (1): 25-29.

[2] Carbon S, Douglass E, Dunn N, et al. The gene ontology resource: 20 years and still GOing strong[J]. Nucleic Acids Research, 2019, 47 (1): 330-338.

[3] Prasad T S K, Goel R, Kandasamy K, et al. Human protein reference database-2009 update[J]. Nucleic Acids Research, 2009, 37: 767-772.

[4] Szklarczyk D, Franceschini A, Wyder S, et al. STRING V10: Protein-protein interaction networks, integrated over the tree of life[J]. Nucleic Acids Research, 2015, 43 (1): 447-452.

[5] Pinero J, Bravo A, Queralt-Rosinach N, et al. DisGeNET: A comprehensive platform integrating information on human disease-associated genes and variants[J]. Nucleic Acids Research, 2017, 45 (1): 833-839.

[6] Amberger J S, Bocchini C A, Scott A F, et al. OMIM.org: Leveraging knowledge across phenotype-gene relationships[J]. Nucleic Acids Research, 2019, 47 (1): 1038-1043.

[7] Pletscher-Frankild S, Palleja A, Tsafou K, et al. DISEASES: Text mining and data integration of disease-gene associations[J]. Methods, 2015, 74: 83-89.

[8] Zhang W, Lei X, Bian C. Identifying cancer genes by combining two-rounds RWR based on multiple biological data[J]. BMC Bioinformatics, 2019, 20 (18): 518.

[9]　Lei X，Zhang W. Logistic regression algorithm to identify candidate disease genes based on reliable protein-protein interaction network[J]. Science China Information Sciences，2021，64（7）：179101.

[10]　张文祥. 基于生物网络的疾病相关的基因和 circRNA 识别研究[D]. 西安：陕西师范大学，2020.

[11]　Zhang Y，Lei X，Cheng S. PDG-PIO：Predicting disease-genes based on pigeon-inspired optimization[C]. 2019 IEEE Congress on Evolutionary Computation，Wellington，2019：3285-3291.

[12]　Lei X，Zhang Y. Predicting disease-genes based on network information loss and protein complexes in heterogeneous network[J]. Information Sciences，2018，479：386-400.

[13]　Köhler S，Bauer S，Horn D，et al. Walking the interactome for prioritization of candidate disease genes[J]. The American Journal of Human Genetics，2008，82（4）：949-958.

[14]　Li Y，Patra J C. Genome-wide inferring gene-phenotype relationship by walking on the heterogeneous network[J]. Bioinformatics，2010，26（9）：1219-1224.

[15]　Luo J，Liang S. Prioritization of potential candidate disease genes by topological similarity of protein-protein interaction network and phenotype data[J]. Journal of Biomedical Informatics，2015，53：229-236.

[16]　Li Y，Li J. Disease gene identification by random walk on multigraphs merging heterogeneous genomic and phenotype data[J]. BMC Genomics，2012，13（7）：S27.

[17]　Valdeolivas A，Tichit L，Navarro C，et al. Random walk with restart on multiplex and heterogeneous biological networks[J]. Bioinformatics，2018，35（3）：497-505.

[18]　Huang Z，Shi J，Gao Y，et al. HMDD v3. 0：A database for experimentally supported human microRNA-disease associations[J]. Nucleic Acids Research，2019，47（1）：1013-1017.

[19]　Chen G，Wang Z，Wang D，et al. LncRNADisease：A database for long-non-coding RNA-associated diseases[J]. Nucleic Acids Research，2012，41（1）：983-986.

[20]　Chen X，Xie D，Zhao Q，et al. MicroRNAs and complex diseases：From experimental results to computational models[J]. Briefings in Bioinformatics，2017，18（4）：558.

[21]　Zeng X，Liu L，Lü L，et al. Prediction of potential disease-associated microRNAs using structural perturbation method[J]. Bioinformatics，2018，34（14）：2425-2432.

[22]　Peng J，Hui W，Li Q，et al. A learning-based framework for MiRNA-disease association identification using neural networks[J]. Bioinformatics，2019，35（21）：4364-4371.

[23]　van Driel M A，Bruggeman J，Vriend G，et al. A text-mining analysis of the human phenome[J]. European Journal of Human Genetics，2006，14（5）：535.

[24]　Lei C，Ruan J. A novel link prediction algorithm for reconstructing protein-protein interaction networks by topological similarity[J]. Bioinformatics，2012，29（3）：355-364.

[25]　Chen B，Li M，Wang J，et al. A fast and high performance multiple data integration algorithm for identifying human disease genes[J]. BMC Medical Genomics，2015，8（3）：S2.

[26]　Chen B，Shang X，Li M，et al. A two-step logistic regression algorithm for identifying individual-cancer-related genes[C]. 2015 IEEE International Conference on Bioinformatics and Biomedicine，IEEE，2015：195-200.

[27]　Chen B，Shang X，Li M，et al. Identifying individual-cancer-related genes by rebalancing the training samples[J]. IEEE Transactions on Nanobioscience，2016，15（4）：309-315.

[28]　唐婷，黎明. 大数据环境下的逻辑回归算法分析与研究[J]. 电子技术与软件工程，2022，（17）：178-181.

[29]　Ata S K，Fang Y，Wu M，et al. Disease gene classification with metagraph representations[J]. Methods，2017，131：83-92.

[30]　Consortium U. UniProt：A hub for protein information[J]. Nucleic Acids Research，2015，43（1）：204-212.

[31]　Yu G, Li F, Qin Y, et al. GOSemSim: An R package for measuring semantic similarity among GO terms and gene products[J]. Bioinformatics, 2010, 26 (7): 976-978.

[32]　Boyd S, Boyd S P, van Denberghe L. Convex Optimization [M]. Cambridge: Cambridge University Press, 2004.

[33]　Oti M, Brunner H G. The modular nature of genetic diseases[J]. Clinical Genetics, 2007, 71 (1): 1-11.

[34]　Newman M E. Fast algorithm for detecting community structure in networks[J]. Physical Review E, 2004, 69 (6): 066133.

[35]　段海滨, 叶飞. 鸽群优化算法研究进展[J]. 北京工业大学学报, 2017, 43 (1): 1-7.

[36]　Barthelemy P, Bertolotti J, Wiersma D S. A Lévy flight for light[J]. Nature, 2008, 453 (7194): 495.

[37]　Yang X S. Nature-Inspired Metaheuristic Algorithms [M]. Frome: Luniver Press, 2010.

[38]　Köhler S, Bauer S, Horn D, et al. Walking the interactome for prioritization of candidate disease genes[J]. American Journal of Human Genetics, 2008, 82 (4): 949-958.

[39]　Li Y, Peng L, Chong W. Information loss method to measure node similarity in networks[J]. Physica A Statistical Mechanics & Its Applications, 2014, 410 (12): 439-449.

[40]　Cover T M, Thomas J A. Elements of Information Theory [M]. NewYork: Wiley-Interscience, 2006.

[41]　Vanunu O, Magger O, Ruppin E, et al. Associating genes and protein complexes with disease via network propagation[J]. PLoS Computational Biology, 2010, 6 (1): e1000641.

[42]　Li X, Lin Y, Gu C, et al. SRMDAP: SimRank and density-based clustering recommender model for miRNA-disease association prediction[J]. BioMed Research International, 2018: 5747489.

[43]　Xie M, Hwang T, Rui K. Prioritizing disease genes by bi-random walk[C]. Pacific-asia Conference on Advances in Knowledge Discovery & Data Mining, Kuala Lumpur, 2012: 292-303.

[44]　Hwang T, Kuang R. A heterogeneous label propagation algorithm for disease gene discovery[C]. Proceedings of the 2010 SIAM International Conference on Data Mining, Columbus, 2010: 583-594.

[45]　Kuivaniemi H, Shibamura H, Arthur C, et al. Familial abdominal aortic aneurysms: Collection of 233 multiplex families[J]. Journal of Vascular Surgery, 2003, 37 (2): 340-345.

[46]　Saika Y, Sakai N M, Maruyama T, et al. Novel LPL mutation (L303F) found in a patient associated with coronary artery disease and severe systemic atherosclerosis[J]. European Journal of Clinical Investigation, 2015, 33 (3): 216-222.

[47]　Gillis E, Kumar A A, Luyckx I, et al. Candidate gene resequencing in a large bicuspid aortic valve-associated thoracic aortic aneurysm cohort: SMAD6 as an important contributor[J]. Frontiers in Physiology, 2017, 8: 400.

[48]　Riccioni G, Zanasi A, Vitulano N, et al. Leukotrienes in atherosclerosis: New target insights and future therapy perspectives[J]. Mediators of Inflammation, 2009: 737282.

[49]　Li Y, Yang N. Microarray expression profile analysis of long non-coding RNAs in thoracic aortic aneurysm[J]. The Kaohsiung Journal of Medical Sciences, 2018, 34 (1): 34-42.

第10章 非编码 RNA 与疾病关联关系预测

10.1 引 言

人类基因组计划揭示人基因组中有 30 亿个碱基对，其中只有 1.5%能够编码蛋白质，而 98.5%是非蛋白质编码基因。科学家发现了越来越多的非编码转录单元，即 ncRNAs，是一类不编码蛋白质却在细胞中起着调控作用的 RNA 分子。近年来，关于非编码 RNA 与疾病的关联关系预测研究备受关注。目前还涌现了大量产生生物数据的实验方法和技术，然而成本较高。采用 AI 的方法进行预测，特别是深度学习方法，目前受到了广泛的关注。

本章主要介绍了三种常见的非编码 RNA，即 miRNA、lncRNA 和 circRNA 与疾病的关联关系预测方法。其中 10.2 节探讨 miRNA 与疾病关联关系预测，10.3 节探讨 lncRNA 与疾病关联关系预测，10.4 节～10.7 节探讨 circRNA 与疾病关联关系预测。具体为基于变分自编码器的 miRNA 与疾病关联关系预测[1]、基于矩阵分解的 lncRNA 与疾病关联关系预测、基于 CNN 的 circRNA 与疾病关联关系预测[2, 3]、基于图注意力网络的 circRNA 与疾病关联关系预测[4, 5]、基于图嵌入方法和基于图因子分解机方法的 circRNA 与疾病关联关系预测[6, 7]。未来，ncRNA 依然将是人们瞩目的焦点，预计会有更多的分析 ncRNA 功能的新方法涌现出来。

10.2 基于变分自编码器的 miRNA 与疾病关联关系预测

越来越多的研究表明，一个复杂疾病通常经由多个 miRNA 协同调控，一个 miRNA 通常参与多个疾病的发生发展过程。因此预测 miRNA 与疾病的关联关系成为一个当前的研究热点。本节将探讨一种 miRNA 和疾病关联关系预测方法，该方法基于变分自编码器和矩阵分解方法来实现预测。

10.2.1 基于 VGAE 的非线性特征表示

变分图自编码器（variational graph auto-encoder，VGAE）是一种结合了 GCN 和 VAE 的无监督学习模型。该模型通常应用于图形结构的数据，它能学习无向图的可解释的潜在表示。由 VGAE 得到的非线性表示可以同时整合图的结构和数据分布。

设 miRNA 的相似度矩阵为 SM。将 miRNA 的初始标量特征 X 设置为 miRNA 和疾病邻接矩阵 A 的一行。在得到输入数据 SM 和 X 后，GCN 将 $t-1$ 步的图信号 $X(t-1)$ 转换为新的图信号 $X(t)$，具体如下：

$$X^{(t)} = \text{ReLU}\left(\tilde{D}_m^{-\frac{1}{2}}\widetilde{\text{SM}}\tilde{D}_m^{-\frac{1}{2}}X^{(t-1)}\Theta_m^{t-1}\right) \tag{10.1}$$

其中，SM 是加了自循环的邻接矩阵；$\tilde{D}_m$ 是一个对角矩阵；Θ_m^{t-1} 是第 $t-1$ 层 GCN 的参数。

VGAE 包括一个编码器和一个解码器。在编码部分，以一个邻接矩阵 SM 和一个特征矩阵 X 作为输入，得到一个潜在变量 z 作为 GCN 的输出，而在解码部分，VGCN 基于潜在变量 z 重构邻接矩阵 SM。它还包括一个得到最优参数的损失函数。

VGAE 的编码器包括两层 GCN。第一个 GCN 层生成一个较低维的特征矩阵。其定义如下：

$$\bar{X} = \text{GCN}(X,\text{SM}) = \text{ReLU}(\widetilde{\text{SM}}_m X W_0) \tag{10.2}$$

$$\widetilde{\text{SM}}_m = \tilde{D}_m^{-\frac{1}{2}}\widetilde{\text{SM}}\tilde{D}_m^{-\frac{1}{2}} \tag{10.3}$$

第二个 GCN 层生成如下所示：

$$\mu = \text{GCN}_\mu(X,\text{SM}) = \widetilde{\text{SM}}_m \bar{X} W_\mu \tag{10.4}$$

$$\sigma = \text{GCN}_\sigma(X,\text{SM}) = \widetilde{\text{SM}}_m \bar{X} W_\sigma \tag{10.5}$$

计算潜在变量 z 如下：

$$z = \mu + \sigma \times \varepsilon \tag{10.6}$$

其中，ε 遵循标准正态分布 $N(0, 1)$。该编码器也可以表示如下：

$$q(z_i \mid X,\text{SM}) = N(z_i \mid \mu_i, \text{diag}(\sigma_i^2)) \tag{10.7}$$

解码器由潜在变量 z 之间的内积定义，输出为重构的邻接矩阵，具体如下：

$$\widehat{\text{SM}}_m = S(zz^\text{T}) \tag{10.8}$$

其中，S 是 Sigmoid 函数。解码器也可以表示如下：

$$p(\text{SM}_{ij} \mid z_i^\text{T} z_j) \tag{10.9}$$

损失函数包括两部分。第一部分是目标 SM 与输出的 $\widehat{\text{SM}}_m$ 之间的二进制交叉熵，第二部分是 $q(z_i \mid X,\text{SM})$ 与 $p(z)$ 之间的 KL-散度。损失函数的定义如下：

$$L = E_{q(z|X,\text{SM})}[\log_2 p(\text{SM}\mid z)] - \text{KL}[q(z\mid X,\text{SM}) \| p(z)] \tag{10.10}$$

10.2.2　基于非负矩阵分解的线性特征表示

本节使用 NMF 算法来计算 miRNA 和疾病的线性表示。NMF 将 miRNA 和疾病关系映射到 miRNA 子空间和疾病子空间,通过将原始 MDA 矩阵分解为两个低秩矩阵,使其产物成为近似的,从而帮助揭示潜在特征。假设 MDA 矩阵 $A = a_{ij} \in \mathbb{R}^{m \times n}$ 近似低秩 miRNA 特征矩阵 $U = u_{ik} \in \mathbb{R}^{m \times k}$ 和疾病特征矩阵 $V = v_{kj} \in \mathbb{R}^{k \times n}$ 的内积。m 为 miRNA 的数量,n 为疾病的数量,k 为特征空间维数。为了充分利用已验证的关联,减少未知关联的不良影响,采用了一个指标加权矩阵 $W = w_{ij} \in \mathbb{R}^{m \times n}$。此外,使用 Tikhonov(L2)正则来保证 U 和 V 的平滑性。然后,目标函数定义如下:

$$\min_{U \geq 0, V \geq 0} \left\| W \odot (A - UV) \right\|_F^2 + \lambda_1 \left\| U \right\|_F^2 + \lambda_2 \left\| V \right\|_F^2 \tag{10.11}$$

根据 Karush-Kuhn-Tucker 条件,可以得到 u_{ik} 和 v_{kj} 的乘法更新规则如下:

$$u_{ik}^{(t+1)} \leftarrow u_{ik}^{(t)} \frac{((W \odot A)V^T)_{ik}}{((W \odot (UV))V^T + \lambda_1 U)_{ik}} \tag{10.12}$$

$$v_{kj}^{(t+1)} \leftarrow v_{kj}^{(t)} \frac{(U^T(W \odot A))_{kj}}{(U^T(W \odot (UV)) + \lambda_2 V)_{kj}} \tag{10.13}$$

10.2.3　VGAMF 算法预测

VGAMF 算法框架如图 10.1 所示。首先从多视图数据库中计算 4 种不同类型的 miRNA 相似性网络(包括 miRNA 序列相似性、miRNA 功能相似性、miRNA 语义相似性和 miRNA 的 GIP 相似性)和两种不同类型的疾病相似性网络(包括疾病语义相似性和疾病 GIP 相似性)。VGAMF 将这些不同的相似性网络融合成一个 miRNA 相似网络 SM 和一个疾病相似网络 SD,然后将相似性网络和从 miRNA 与疾病的邻接矩阵提取的结点特征作为输入,从中提取 miRNA 和疾病的非线性表示。接着基于 NMF 从 miRNA 和疾病邻接矩阵提取其线性表示。VGAMF 算法结合非线性表示和线性表示进行最终的预测。

10.2.4　实验结果与分析

基于 10 折交叉验证,将 VGAMF 与同一数据库 HMDD v2.0 上的其他 6 种 miRNA 与疾病关联关系预测方法在 AUC、AUPR、Precision、Recall 和 F-measure

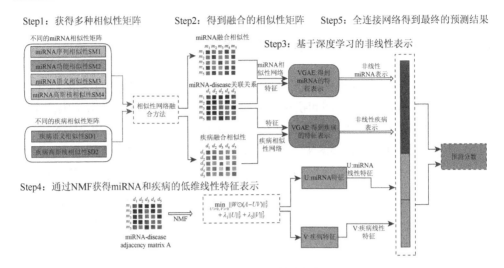

图 10.1　VGAMF 算法框架

等方面进行了比较。这 6 种方法包括基于网络的回归模型（CIPHER）[8]、基于布尔网络的方法（Boolean）[9]、基于路径的方法（PBMDA）[10]、基于随机游走的全局相似度方法（shi）[11]、基于 CNN 的方法 MDA-CNN[12] 和基于深度信念网络的 DBN-MF[13] 方法。所有对比方法的结果都是基于原文献的最佳参数计算得到的。结果如表 10.1 所示，显然，VGAMF 在 AUC、AUPR、Precision 和 F-measure 等方面都取得了最好的性能。虽然 CIPHER 的 Recall 最高，但其 F-measure 远低于 VGAMF，说明 VGAMF 的综合预测性能优于 CIPHER。

表 10.1　与其他 MDA 预测方法的 10 折交叉验证比较

算法	AUC	AUPR	Precision	Recall	F-measure
CIPHER	0.5564	0.5612	0.4942	0.9954	0.6605
Boolean	0.7897	0.8343	0.5876	0.9836	0.7356
PBMDA	0.6321	0.6140	0.5192	0.9036	0.6594
shi	0.7584	0.7584	0.7584	0.7584	0.7584
MDA-CNN	0.8897	0.8887	0.8244	0.8056	0.8144
DBN-MF	0.9169	0.9043	0.8377	0.8526	0.8451
VGAMF	0.9280	0.9225	0.8523	0.8550	0.8536

然后，在同一数据库 HMDD v2.0 上将 VGAMF 与其他 9 种方法的 5CV 进行比较，其中包括邻域约束矩阵补全方法（NCMCMDA）、基于流形正则化学习的方法（MRSLA）、基于自适应增强的模型（ABMDA）、学习图表示模型（GraRep）

和基于变分自编码器的方法（VAEMDA）。最后四种方法来自于一些经典研究，包括基于加权 k-近邻算法的方法（HDMP）、基于矩阵补全的方法（MCMDA）、组合优先级算法（maxFlow）和基于异构图推理的矩阵分解方法（MDHGI）。所有对比方法的参数均根据原文献设置。AUC 比较结果如图 10.2 所示。对 5CV 进行 10 次 VGAMF，以减少样本分割造成的影响，平均 AUC 值为 0.9263，明显高于比较方法。

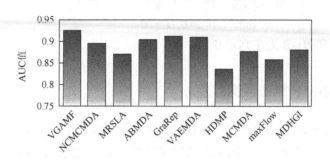

图 10.2　与其他 9 种方法的 5 折交叉验证比较

10.3　基于矩阵分解的 lncRNA 与疾病关联关系预测

lncRNA 也是一种常见的疾病相关的非编码 RNA。lncRNA 在癌症中显示出多种生物学功能，包括表观遗传调控、DNA 损伤和细胞周期调控、对 miRNA 的调控、参与信号转导通路和介导激素导致的癌症。越来越多的研究表明，lncRNA 参与许多生物进程并与复杂疾病相关，因此预测 lncRNA 和疾病的关联关系有助于了解疾病的发生发展过程并解释其分子机制，进而更有针对性地进行疾病的预防、诊断与治疗。本节将使用非负矩阵分解方法来预测 lncRNA 和疾病的关联关系。

10.3.1　非负矩阵分解算法

NMF 算法由 Lee 等[14]在 1999 年正式提出，经过数十年的发展，已经被广泛应用于各大领域，如图像分析、数据挖掘及语音识别等。其核心思想是将一个 $m \times n$ 的非负矩阵 $Y \in \mathbb{R}^{m \times n}$ 分解成两个非负矩阵相乘的形式，描述如式(10.14)所示：

$$Y \approx WH^{\mathrm{T}} \tag{10.14}$$

其中，$W \in \mathbb{R}^{m \times r}$ 称为基矩阵；$H \in \mathbb{R}^{m \times r}$ 称为系数矩阵；$r \ll \min\{m,n\}$。

为了能够使分解的矩阵更具有合理性，可以定义如下的损失函数：

$$\begin{cases} \min\limits_{W,H} & \left\| Y - WH^{\mathrm{T}} \right\|_{\mathrm{F}}^2 \\ \text{s.t.} & W \geqslant 0, H \geqslant 0 \end{cases} \qquad (10.15)$$

其中，X_{F} 表示矩阵 X 的 Frobenius 范数。

为了平衡最终结果的准确性以及算法的平滑性，Pauca 等[15]提出了一种正则化的非负矩阵分解算法，其损失函数如式（10.16）所示：

$$\begin{cases} \min\limits_{W,H} & \left\| Y - WH^{\mathrm{T}} \right\|_{\mathrm{F}}^2 + \alpha W_{\mathrm{F}}^2 + \beta H_{\mathrm{F}}^2 \\ \text{s.t.} & W \geqslant 0, H \geqslant 0 \end{cases} \qquad (10.16)$$

其中，$\alpha \in \mathbb{R}$ 和 $\beta \in \mathbb{R}$ 为正则项参数。

10.3.2　TDNMF 算法预测

以上两种基本的 NMF 算法虽然已经被广泛地应用于各个领域，但其目标函数主要使用欧几里得距离，因此很难发现数据空间内在的几何结构。而在实际问题的分析过程中，数据空间几何结构的分析往往是不可忽略的。具体来说，可以把 Y 矩阵的每一个行或者列视作一种对象，而矩阵中的每一个元素视作这些对象之间存在的某种关联关系，可以用一种图结构来表示。显然，以上非负矩阵分解算法并不能很好地利用这种类型的图结构。针对以上问题，Cai 等[16]提出了一种图正则化的非负矩阵分解方法，通过将数据空间的图结构转化成约束条件解决关联关系问题。实验结果表明，该算法有令人满意的表现性能。

此外，非负矩阵分解时，基矩阵列数(系数矩阵行数)r 的取值不唯一，具有多种可选方案，因此分解出来的基矩阵和系数矩阵存在一定的随机性，并不能很好地符合现实情况。因此，TDNMF 算法定义如下的损失函数：

$$\begin{cases} \min\limits_{W,H} \left\| Y - WH^{\mathrm{T}} \right\|_{\mathrm{F}}^2 + \lambda_1 \left(W_{\mathrm{F}}^2 + H_{\mathrm{F}}^2 \right) + \lambda_2 \left\| W - E \right\|_{\mathrm{F}}^2 + \lambda_3 \sum\limits_{i=1}^{n} \sum\limits_{p=1}^{n} \left\| h_i - h_p \right\|^2 C_{ip} \\ \text{s.t.} W \geqslant 0, H \geqslant 0 \end{cases} \quad (10.17)$$

其中，λ_1、λ_2 和 λ_3 是正则项参数；h_i 是系数矩阵 H 的第 i 行；E 代表 lncRNA 组织表达矩阵，其中行表示 lncRNA，列表示 53 种组织；矩阵 C 代表癌症相似性矩阵；C_{ip} 代表癌症 i 与癌症 j 的相似性；Y 代表 lncRNA-癌症关系矩阵，Y 中的每一个元素赋值如下：

$$Y_{ij} = \begin{cases} 1, & \ln\mathrm{cRNA}\ i\ 和癌症\ j\ 存在关联关系 \\ 0, & 其他 \end{cases} \qquad (10.18)$$

从式(10.17)可以看出，基矩阵和系数矩阵的列维度等于 lncRNA 组织表达中组织的个数，通过正则项 $\lambda_2 \left\| W - E \right\|_{\mathrm{F}}^2$，可以使分解出来的 W 矩阵更加偏向实际的

lncRNA 组织表达数据，而正则项 $\lambda_3 \sum_{i=1}^{n} \sum_{p=1}^{n} \| h_i - h_p \|^2 C_{ip}$ 可以确保系数矩阵行之间的相似性偏向于对应的癌症相似性。为了方便后续优化问题求解，式（10.17）可以转化成如下形式：

$$
\begin{cases}
\min_{W,H} & \left\| Y - WH^{\mathrm{T}} \right\|_{\mathrm{F}}^2 + \lambda_1 \left(W_{\mathrm{F}}^2 + H_{\mathrm{F}}^2 \right) + \lambda_2 \left\| W - E \right\|_{\mathrm{F}}^2 + \lambda_3 \mathrm{Tr}\left(H^{\mathrm{T}} L H \right) \\
\text{s.t.} & W \geqslant 0, H \geqslant 0
\end{cases}
\tag{10.19}
$$

其中，$\mathrm{Tr}(X)$ 代表矩阵 X 的迹；$L = D - C$ 代表一种图拉普拉斯算子[17]，其中 D 是对角矩阵，对角线的每一个元素值是对应癌症相似性矩阵 C 中相应行的所有元素数值之和，即 $D(i,i) = \sum_j C_{ij}$。TDNMF 算法框架如算法 10.1 所示。

算法 10.1　TDNMF 算法

算法：　TDNMF 算法
输入：lncRNA 与癌症关联关系矩阵 Y lncRNA 与组织表达矩阵 T 癌症相似性矩阵 C
输出：收敛后的矩阵 Y
1. 初始化基矩阵 W 2. 初始化系数矩阵 H 3. for i 从 1 至最大迭代次数 4. 更新基矩阵 W 和系数矩阵 H： 5.　　$W_{ik} \leftarrow \dfrac{\left(YH + \lambda_2 T \right)_{ik}}{\left(WH^{\mathrm{T}}H + \left(\lambda_1 + \lambda_2 \right) W \right)_{ik}} W_{ik}$ 　　　$H_{ik} \leftarrow \dfrac{\left(Y^{\mathrm{T}}W + \lambda_3 CH \right)_{ik}}{\left(HW^{\mathrm{T}}W + \lambda_1 H + \lambda_3 DH \right)_{ik}} H_{ik}$ 6.　　更新 Y 矩阵 7.　　if 收敛或迭代至最大迭代次数，则转到步骤 8，否则返回步骤 3 8. 输出收敛后的 Y 矩阵

10.3.3　实验结果与分析

为了分析 TDNMF 算法（$\lambda_1 = 2^{-5}, \lambda_2 = 2.5$ 和 $\lambda_3 = 1$）在预测 lncRNA 和癌症关联关系中的表现性能，将其与现有的 5 种方法（NMF、RNMF、GNMF、RWRH 和 RWRlnc）进行了比较，结果见图 10.3。NMF 算法[14]由 Lee 等在 1999 年提出，在矩阵分解过程中，仅有非负性约束条件。RNMF 算法[15]由 Pauca 等提出，相比于 NMF 算法，该算法在损失函数加入了正则项。GNMF 算法[16]由 Cai 等提出，该算法在 NMF 算法的基础上将图转化为约束条件。RWRH 算法[18]在异构网络上通过随机游走算法来预测疾病基因。RWRlnc 算法[19]在构建的 lncRNA 功能相似性网络上通过随机游走算法预测疾病基因。

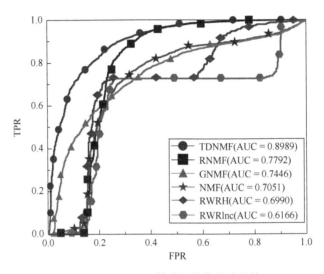

图 10.3　TDNMF 算法与其他算法比较

将 NSP、Top 5%和平均倒数排名（mean reciprocal rank，MRR）这三种评价指标分析的结果放到了表 10.2 中。从表 10.2 中可以看出，TDNMF 相比其他方法均获得了最优的结果。

表 10.2　NSP、Top 5%和 MRR 评价指标分析结果

方法	NSP	Top 5%	MRR
TDNMF	279	596	51.92
RNMF	223	552	59.88
GNMF	48	273	70.09
NMF	35	209	73.20
RWRH	217	576	55.02
RWRlnc	33	177	67.52

通过结果发现存在 25 种癌症仅与 1 个 lncRNA 相关，在 LOOCV 过程中，与癌症相关联的该 lncRNA 先会被删除，即在 lncRNA 和癌症关联关系矩阵 Y 中相应位置被置为 0。此时，这些癌症没有任何已知的 lncRNA 与其关联。因此，将这 25 种癌症视为未知癌症，通过实验来分析 TDNMF 算法在预测 lncRNA 和癌症关联关系上的

表现性能，具体情况如表 10.3 所示。表 10.3 中，第 1 列列举了 25 种癌症；第 2 列是与该癌症存在关系的 lncRNA；第 3 列与第 4 列分别展示了该 lncRNA 在 TDNMF 算法和 RWRH 算法中的排名，显然排名越低，相应算法的表现性能越好；第 5 列是将 TDNMF 算法与 RWRH 算法的表现性能进行比较，如果 TDNMF 算法预测该关联关系性能比 RWRH 算法好，则相应位置置为"＞"，反之为"＜"，如果相等则为"＝"。从表 10.3 可以看出，在 25 个癌症中，TDNMF 算法预测出来的相关 lncRNA 分数最高的有 6 个（即排位为 1），而 RWRH 仅有 5 个；此外，TDNMF 算法在预测结果上有 13 个要优于 RWRH 算法，有 8 个表现性能相同，而仅有 4 个落后于 RWRH 算法。显然，TDNMF 算法在预测未知癌症基因时性能更优。

此外，选择乳腺癌（breast cancer）、肺癌（lung cancer）和结肠癌（colon cancer）3 种常见的癌症进行实验验证，在本节的数据集中，它们分别与 63、35 和 26 个 lncRNA 相关联。在实验过程中，这些 lncRNA 在 lncRNA 和癌症关联关系矩阵中相应的位置始终为 1。针对这 3 种癌症，列举了得分排名前 10 的 lncRNA，并给出了说明两者关系文献的 PMID，结果如表 10.4 所示。表 10.4 的结果表明，预测 lncRNA 和乳腺癌关联关系中，有 4 条关系均可得到文献证实；预测 lncRNA-肺癌关联关系中，仅有 1 条关系未得到文献证实；在预测 lncRNA 和结肠癌关联关系中，有 3 条关系得到了文献证实。

表 10.3　TDNMF 算法和 RWRH 算法预测新 lncRNA 和癌症关联关系的表现性能

癌症名称	lncRNA	TDNMF 排名	RWRH 排名	比较
neurofibromatosis type 1	CDKN2B-AS1	11	13	＞
parotid cancer	BCYRN1	20	17	＜
myeloid leukemia	GAS5	9	7	＜
chronic myelogenous leukemia	H19	2	3	＞
chronic myelomonocytic leukemia	H19	275	1	＜
gestational choriocarcinoma	H19	2	2	＝
trophoblastic tumor	H19	2	2	＝
follicular thyroid carcinoma	HCP5	217	241	＞
acute monocytic leukemia	HOTAIR	3	4	＞
mucoepidermoid carcinoma	PDE10A	61	92	＞
spinal cord ependymoma	LINC00880	196	240	＞
chordoma	MIR31HG	27	30	＞
monocytic leukemia	MALAT1	1	3	＞
mantle cell lymphoma	MALAT1	1	1	＝
endometrial stromal sarcoma	MALAT1	1	2	＞

续表

癌症名称	lncRNA	TDNMF 排名	RWRH 排名	比较
bladder transitional cell carcinoma	MALAT1	1	1	=
hilar cholangiocarcinoma	MALAT1	1	1	=
medullary thyroid carcinoma	MALAT1	1	1	=
embryonal rhabdomyosarcoma	MEG3	4	5	>
phaeochromocytoma	MEG3	4	4	=
endometrial endometrioid adenocarcinoma	NEAT1	9	9	=
cervical squamous cell carcinoma	PVT1	5	8	>
teratocarcinoma	SOX2-OT	18	35	>
intrahepatic cholangiocarcinoma	TUG1	9	12	>
renal collecting duct carcinoma	XIST	14	12	<

表 10.4 预测 3 种癌症相关联的 lncRNA

排名	breast cancer		lung cancer		colon cancer	
	Gene	PMID	Gene	PMID	Gene	PMID
1	SNHG1	29886172	TUG1	29277771	NEAT1	—
2	HNF1A-AS1	—	XIST	29339211	CASC2	—
3	SNHG7	30536320	CASC2	30609134	AFAP1-AS1	30588252
4	ZEB1-AS1	—	PCAT1	—	DANCR	30127873
5	SNHG5	—	ZFAS1	30186041	HOXA11-AS	
6	SNHG6	30522015	SOX2-OT	28960757	PCAT1	
7	FOXD2-AS1	—	FEZF1-AS1	30416194	SOX2-OT	
8	DGCR9	—	SNHG12	30119255	FEZF1-AS1	
9	CASC9	30106089	HNF1A-AS1	29289833	SNHG12	
10	LINC00261		MIR31HG	30655759	MIR31HG	30195788

10.4 基于卷积神经网络的 circRNA 与疾病关联关系预测

circRNA 是一种特殊的长非编码 RNA，具有独特的闭环结构，在人体内大量存在且不易降解。研究显示，circRNA 在不同物种中起到 miRNA 海绵的作用，能竞争性地结合 miRNA，从而调控靶基因的表达。这说明 circRNA 可能通过竞争性结合疾病相关的 miRNA 在疾病调控中发挥重要作用，近年来是基础医学领域疾病诊断标记物开发和药物治疗靶点研究的热点。本节到 10.7 节将分别使用 CNN、GAT、图嵌入和图因子分子机等方法来预测 circRNA 和疾病的关联关系。

10.4.1　相似性特征融合

1. 相似性融合

本节利用相似性融合方法[20]可以将多个 circRNA 相似性矩阵和多个疾病相似性矩阵融合为一个 circRNA 相似性矩阵和一个疾病相似性矩阵。假设 $S_{c,m}(m=1,2,3,4)$ 代表 4 个 circRNA 相似性矩阵，$S_{d,n}(n=1,2,\cdots,7)$ 表示 7 个疾病相似性矩阵。首先，将每个 circRNA 相似性矩阵进行归一化，归　化公式如下．

$$\mathrm{NS}_{c,m}(c_i,c_j)=\frac{S_{c,m}(c_i,c_j)}{\sum\limits_{ck\in C}S_{c,m}(c_k,c_j)} \tag{10.20}$$

其中，$\mathrm{NS}_{c,m}$ 代表归一化的 circRNA 相似性矩阵，并满足 $\sum\limits_{c_k\in C}\mathrm{NS}_{c,m}(c_k,c_j)=1$。然后，根据式（10.21）对每个 circRNA 相似矩阵构建一个稀疏核：

$$F_{c,m}(c_i,c_j)=\begin{cases}\dfrac{S_{c,m}(c_i,c_j)}{\sum\limits_{c_k\in N_i}S_{c,m}(c_i,c_k)}, & c_j\in N_i\\[4mm]0, & c_j\notin N_i\end{cases} \tag{10.21}$$

其中，N_i 表示 c_i 及其邻居形成的集合；$F_{c,m}$ 表示一个稀疏核，而且在 $F_{c,m}$ 中满足 $\sum\limits_{c_j\in C}F_{c,m}(c_i,c_j)=1$。根据式（10.22）计算 4 个 circRNA 相似性状态矩阵：

$$\mathrm{SC}_{c,m}^{t+1}=\alpha\left(F_{c,m}\times\frac{\sum\limits_{r\neq1}\mathrm{SC}_{c,r}^{t}}{2}\times F_{c,m}^{\mathrm{T}}\right)+(1-\alpha)\left(\frac{\sum\limits_{r\neq1}\mathrm{SC}_{c,r}^{0}}{2}\right),\quad\alpha\in(0,1) \tag{10.22}$$

其中，$\mathrm{SC}_{c,m}^{t+1}$ 是第 m 个 circRNA 相似性矩阵在 $t+1$ 次迭代后形成的状态矩阵；$\mathrm{SC}_{c,r}^{0}$ 是 $\mathrm{SC}_{c,r}$ 的初始状态。在 $t+1$ 次迭代后，circRNA 的整体状态矩阵可以按照式（10.23）进行计算：

$$S_c=\frac{1}{4}\sum_{1}^{M}\mathrm{SC}_{c,m}^{t+1} \tag{10.23}$$

之后利用式（10.24）加权矩阵 w_c 消除矩阵 S_c 中的噪声，并利用式（10.25）计算融合后的 circRNA 相似性值：

$$w_c(c_i, c_j) = \begin{cases} 1, & c_i \in N_j; c_j \in N_i \\ 0, & c_i \notin N_j; c_j \notin N_i \\ 0.5, & \text{其他} \end{cases} \tag{10.24}$$

$$S_c^* = w_c \circ S_c \tag{10.25}$$

类似地，将利用 7 个不同的疾病相似性矩阵融合得到的疾病相似性表示为 S_d^*。

2. 特征融合

本节将通过融合的 circRNA 相似性、融合的疾病相似性、circRNA 和 miRNA 相互作用、circRNA 和疾病关联关系以及 miRNA 和疾病关联关系来构建每对 circRNA 和疾病关系的特征矩阵。该特征矩阵是由这些关联关系的 325 个 circRNA、53 个疾病和 3175 个 miRNA 之间的关联关系形成的。以 circRNA c_1 与疾病 $d_2(c_1\text{-}d_2)$ 特征矩阵的构建为例，如图 10.4 所示，基于"有相似功能的

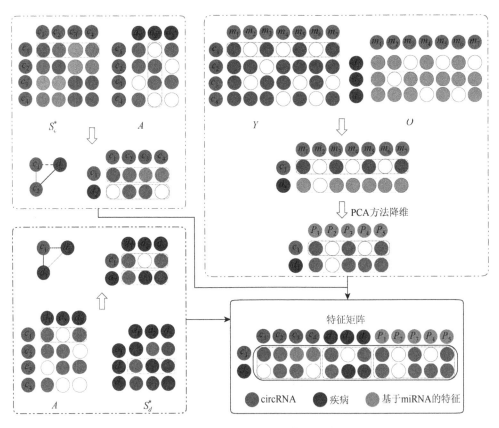

图 10.4　circRNA 和疾病之间的特征矩阵的构建

circRNA 可能与相似的疾病表型有关联；有相似表型的疾病倾向于与相似功能相关的 circRNA 有关联；circRNA 与越多相同的 miRNA 存在关联关系，越有可能具有相似的调控功能"的假设，融合 circRNA、疾病和 miRNA 之间的特征。

首先，基于两个相似的 circRNA 更倾向于与相同的疾病有关联的假设，即如果 c_1 与 c_2（或其他的 circRNA）有相似的功能，若已有证据表明 d_2 与 c_2（或其他的 circRNA）有关联，则表明 c_1 也很有可能与 d_2 存在关联关系。因此，从融合后的 circRNA 相似性矩阵 S_c^* 中提取 c_1 对应的行与 circRNA 和疾病关联矩阵 A 中提取 d_2 对应的列组成特征矩阵的第一部分，即形成一维矩阵 $2 \times n_c$。类似地，基于两个相似的疾病更有可能与同样的 circRNA 之间有关联的假设，整合 circRNA 和疾病关联矩阵 A 中 c_1 对应的行和融合后的疾病相似性矩阵 S_d^* 中 d_2 对应的行，并形成一个大小为 $2 \times n_d$ 的二维矩阵作为特征矩阵的第二部分。

此外，假设 d_2、c_2 与相同的 miRNA 之间均存在关联，则疾病 d_2 与 circRNA c_2 之间也有可能存在关联，可以通过整合 c_1 与 miRNA 之间的相互作用以及 d_2 与疾病之间的关联关系形成一个大小为 $2 \times n_m$ 二维矩阵作为特征矩阵。但是由于基于第三个假设形成大小为 $2 \times n_m$ 的二维矩阵非常稀疏，而 PCA 方法可以通过使用正交变换将一系列线性相关的变量转换为少于原本向量的线性无关的向量[21]。

利用 PCA 方法将大小为 $2 \times n_m$ 的二维矩阵进行降维后形成了一个大小为 $2 \times n_p$（本节中设置 n_p 的值为 50）的二维特征矩阵。将基于三个生物学假设构建的三个特征矩阵进行拼接，最后形成了 $2 \times (n_c + n_d + n_p)$ 大小的二维特征矩阵，将该 c_1-d_2 二维矩阵作为 CNN 模型的输入特征，如图 10.4 所示。

10.4.2　MSFCNN 算法预测

MSFCNN 模型主要由输入层、两个卷积层、池化层、全连接层及 Softmax 层组成，如图 10.5 所示。

将 10.4.1 节构建的 circRNA 和疾病（以 c_1-d_2 为例）的特征矩阵 X 输入 CNN 模型中，从而学习 circRNA 与疾病关联关系的原始特征表示，MSFCNN 模型可以表示为

$$\text{Out} = f^{\text{Softmax}} f^{\text{Concatenate}} f^{\text{GlobalMaxPool}} f^{\text{Conv2D\_ReLU}} f^{\text{Conv2D\_ReLU}}(X) \tag{10.26}$$

其中，X 为特征矩阵，用来输入到二维卷积层（Conv2D）。在第一个卷积层中，若设置过滤器的数目为 n_{conv1}，单个过滤器的宽度和长度分别为 n_w 和 n_l，则可以将卷积过滤器的权重参数矩阵表示为 $W_{\text{conv1}} \in \mathbb{R}^{n_{\text{conv1}} \times n_w \times n_l}$，将 W_{conv1} 作用于特征矩阵 X 上，则特征矩阵第一个卷积层的输出为 $Z_{\text{conv1}} \in \mathbb{R}^{n_{\text{conv1}} \times (2-n_w+1) \times (n_c+n_d+n_p-n_l+1)}$。卷积过程如下：

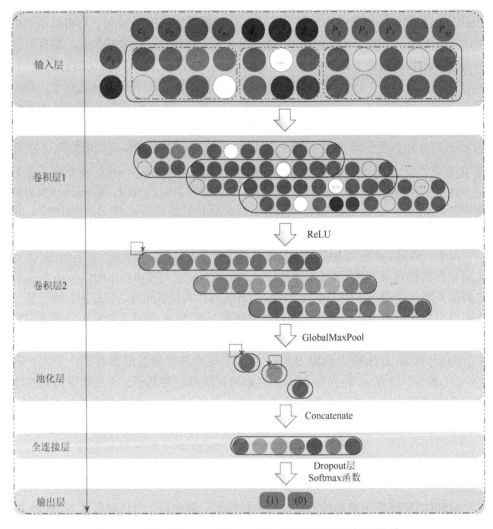

图 10.5 基于双层 CNN 的 circRNA 和疾病关联关系预测框架

$$X_{k,i,j} = X(i:i+n_w, j:j+n_l), \quad X_{k,i,j} \in \mathbb{R}^{n_w \times n_l} \tag{10.27}$$

$$Z_{\text{conv1},k}(i,j) = g(W_{\text{conv1}}(k,:,:)X_{\text{conv1},i,j} + b_{\text{conv1}}(k))$$
$$k \in [1, n_{\text{conv1}}], \quad i \in [1,2], \quad j \in [1, n_c + n_d + n_p - n_l + 1] \tag{10.28}$$

其中，$X(i,j)$ 是在矩阵 X 上第 i 行第 j 列的元素；$X_{k,i,j}$ 表示第 k 个卷积过滤器滑动到 $X(i,j)$ 的第 i 个位置时过滤器的区域；$g(\cdot)$ 是非线性激活函数，鉴于 ReLU[22] 函数具有便于稀疏化及有效减少梯度似然值的优点，因此选择它作为激活函数；b_{conv1} 是过滤器的偏置；$Z_{\text{conv1},k}(i,j)$ 表示第 k 个过滤器到第 i 行的第 j 列的卷积结果。

类似地，将 $Z_{conv1,k}$ 作为第二个卷积层的输入并用于学习高阶的特征。

为了压缩数据并减少过拟合，对卷积出来的特征进行采样处理从而获得鲁棒特征。本节在池化层中采取最大池化[20]，即对卷积层获取的特征的局部区域选取最大值，从而获得重要的特征信息。经过卷积及池化操作后，将池化层的输出结果连接成一个特征向量，经过一个全连接层和非线性 Softmax 函数对 circRNA 和疾病关联关系进行分类。在输出前加入 dropout 层可以有效地避免过拟合，其中每个神经元的输出以 0.5 的概率被设置为 0[21]。

10.4.3　实验结果与分析

为了评估 MSFCNN 模型预测 circRNA 和疾病关联关系的性能，利用 5 折交叉验证方法将 MSFCNN 模型运行 10 次。结果显示，MSFCNN 模型的 Precision、Recall、F-measure、ACC、MCC 的平均值分别为 0.9030、0.9464、0.9240、0.9220、0.8452，它们的标准差分别为 0.0360、0.0256、0.0292、0.0305、0.0605（如表 10.5 所示）。之后也比较了传统的机器学习方法，传统的机器学习方法主要通过提取特征作为输入数据，然后构建分类器模型，但是基于传统机器学习的方法涉及太多的人工干预，而且特征提取过程过于复杂。

表 10.5　MSFCNN 模型的性能表现

次数	Precision	Recall	F-measure	ACC	MCC
1	0.9573	0.9677	0.9625	0.9623	0.9246
2	0.8488	0.9380	0.8912	0.8854	0.7752
3	0.9251	0.9326	0.9289	0.9286	0.8572
4	0.8660	0.9057	0.8854	0.8827	0.7663
5	0.9203	0.9650	0.9421	0.9407	0.8824
6	0.9010	0.9568	0.9281	0.9259	0.8534
7	0.9258	0.9757	0.9501	0.9488	0.8989
8	0.8641	0.9084	0.8857	0.8827	0.7665
9	0.8835	0.9407	0.9112	0.9084	0.8184
10	0.9377	0.9730	0.9550	0.9542	0.9090
平均	0.9030±0.0360	0.9464±0.0256	0.9240±0.0292	0.9220±0.0305	0.8452±0.0605

本节利用基于 CNN 的方法可以有效地从构建特征矩阵中自动学习特征来达到预测 circRNA 和疾病关联关系的目的。为了验证 MSFCNN 模型的优势与

有效性，将其与 SVM、RF 和多层感知机（multi-layer perception，MLP）等机器学习方法进行了比较。为了保证实验结果的公平性，利用相同的特征矩阵作为输入。如表 10.6 所示，MSFCNN 模型在 5 折交叉验证下的 AUC 为 0.9179，其 AUC 值远远高于 SVM、RF 和 MLP 等机器学习算法。而且，MSFCNN 模型的 Precision、Recall、F-measure、ACC 和 MCC 等评价指标表现也优于 SVM、RF 和 MLP 方法。因此，MSFCNN 模型是一种挖掘潜在疾病相关 circRNA 的有效工具。

表 10.6　MSFCNN 模型及其他机器学习方法的性能评价表现

方法	AUC	Precision	Recall	F-measure	ACC	MCC
SVM	0.6317	0.6166	0.6415	0.6288	0.6213	0.2428
RF	0.6932	0.6851	0.5337	0.6000	0.6442	0.2957
MLP	0.6830	0.6455	0.6577	0.6515	0.6482	0.2965
MSFCNN	**0.9179**	**0.8468**	**0.8491**	**0.8479**	**0.8477**	**0.6954**

10.5　基于图注意力网络的 circRNA 与疾病关联关系预测

10.5.1　相似性融合

通过整合 circRNA 相似性和整合疾病相似性分别来构建 circRNA 特征和疾病特征。整合 circRNA 的相似性的方式如下：

$$\text{ICS}(c_u,c_v)=\begin{cases}\beta\times\text{CNS}(c_u,c_v)+(1-\beta)\times\text{CES}(c_u,c_v)\\ \text{CES}(c_u,c_v)\end{cases} \tag{10.29}$$

其中，CNS（c_u,c_v）表示 circRNA c_u 与 circRNA c_v 之间的网络相似度；CES（c_u,c_v）表示 circRNA c_u 与 circRNA c_v 之间的信息熵相似度；ICS（c_u,c_v）为 circRNA c_u 与 circRNA c_v 之间的整合 circRNA 相似性；β 为权重参数。

整合疾病的相似性的方式如下：

$$\text{IDS}(d_u,d_v)=\begin{cases}\alpha\times(\text{DNS}(d_u,d_v)+\text{DSS}(d_u,d_v))+(1-\alpha)\times\text{DES}(d_u,d_v)\\ \text{DES}(d_u,d_v)\end{cases}$$

$$\tag{10.30}$$

其中，DNS（d_u,d_v）为疾病 d_u 和疾病 d_v 之间的疾病网络相似性；DES（d_u,d_v）

为疾病 d_u 和疾病 d_v 之间的疾病信息熵相似性；DSS（d_u, d_v）为疾病 d_u 和疾病 d_v 之间的疾病症状相似性；IDS（d_u, d_v）为疾病 d_u 和疾病 d_v 之间的整合疾病相似性；α 为调整参数。

10.5.2　GATCDA 算法预测

GAT 的目标是构造一个隐藏的自注意力层，并通过给邻域的不同结点分配不同的权重来学习图上结点的特征表示。图注意力层的输入为

$$F = (f_1, f_2, \cdots, f_N), \quad f_i \in \mathbb{R}^d \tag{10.31}$$

其中，N 代表结点数（包含所有 circRNA 和所有疾病）；d 代表结点特征向量维度；矩阵 F 代表所有结点的特征。图注意力层的输出为

$$F' = (f_1', f_2', \cdots, f_N'), \quad f_i' \in \mathbb{R}^{d'} \tag{10.32}$$

其中，d' 代表新的结点特征向量维度；矩阵 f' 代表所有结点的新特征。

算法的第一步是计算结点的邻居的重要性。GAT 对每个结点实行了自注意力机制。circRNA c_i 与疾病 d_j 关联对的注意力系数 e_{ij} 表示为

$$e_{ij}(c_i, d_j) = \mathrm{att}(Wf_i, Wf_j) \tag{10.33}$$

其中，att 表示单层前馈神经网络。

为了使注意力系数更容易计算和便于比较，GAT 进一步将注意力系数 e_{ij} 进行正则化：

$$\theta_{ij} = \mathrm{Softmax}(e_{ij}) = \frac{\exp(e_{ij})}{\sum\limits_{t \in N_i} \exp(e_{it})} \tag{10.34}$$

其中，N_i 代表 circRNA c_i 的邻居结点集，为正则化注意力系数，表示疾病 d_j 在信息传播过程中对 circRNA c_i 的重要性。

综合式（10.33）和式（10.34），可得到完整的注意力机制如下：

$$\theta_{ij} = \frac{\exp(\mathrm{leakyReLU}(a^{\mathrm{T}}[Wf_i \| Wf_j]))}{\sum\limits_{t \in N_i} \exp(\mathrm{leakyReLU}(a^{\mathrm{T}}[Wf_i \| Wf_t]))} \tag{10.35}$$

第二步是根据邻居的注意力系数对给定结点的表示进行融合。给定结点的嵌入可以通过不同权重邻居的投影结点特征进行融合，具体的计算公式如下：

$$f_i' = \sigma\left(\sum_{t \in N_i} \theta_{it} W f_t\right) \tag{10.36}$$

GAT 采用多头注意力机制，提高了自我注意力学习过程的稳定性。多头注意力是多个自注意力结构的结合，每个头学习到在不同表示空间中的特征。整合 K 个独立的注意力机制的具体公式如下：

$$f_i' = \sigma\left(\frac{1}{K}\sum_{k=1}^{K}\sum_{t \in N_i} \theta_{it}^k W^k f_t\right) \tag{10.37}$$

其中，K 为注意力机制头数；W^k 为第 K 个注意力机制的权重矩阵。

最终，概率得分矩阵 S 可计算如下：

$$S = U \times V^{\mathrm{T}} \tag{10.38}$$

其中，$U \in \mathbb{R}^{n_c \times F'}$ 为 circRNA 的最终表示矩阵；n_c 为 circRNA 的个数；$V \in \mathbb{R}^{n_d \times F'}$ 为疾病的最终表示矩阵；n_d 为疾病的数量；概率得分矩阵 S 的维数为 $n_c \times n_d$。

图 10.6 显示了使用 GAT 预测 circRNA 与疾病之间关联关系的详细过程。将 circRNA 和疾病关联关系网络输入到 GAT，通过特征传播和注意力融合得到最终的结点表示。最后，根据结点特征表示计算预测得分。对于疾病 d_3 和 circRNA c_1，圆形表示疾病，三角形表示 circRNA，打分矩阵中网格表示 d_3 和 c_1 之间关联关系的预测得分。图 10.7 为 GATCDA 方法的框架图。

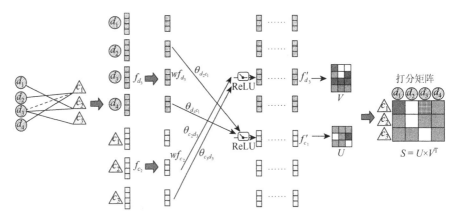

图 10.6　使用 GAT 预测 circRNA 和疾病之间关联的过程

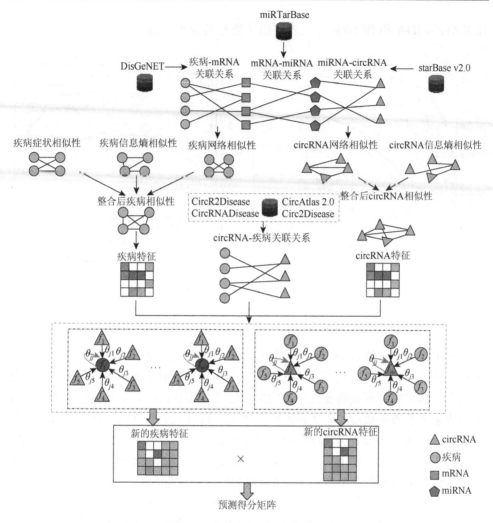

图 10.7　GATCDA 算法流程图

10.5.3　实验结果与分析

1. 对比实验

为了分析 GATCDA 在预测 circRNA-疾病相关性方面的表现,将其与 DWNN-RLS[23]、KATZHCDA[24]、双向重启随机游走法算法（bi-random walks with restart,BiRWR）[25]和 DeepWalk[26]四种方法进行了比较,在 5 折交叉验证下各方法的 ROC 曲线及 PR 曲线如图 10.8 所示。通过对比可以看出,GAT 在 circRNA 和疾病特征的提取方面比 DeepWalk 表现得更好。此外,作为一种深度学习方法,GAT

比 KATZHCDA 和 BiRWR 方法表现出了更好的预测性能。

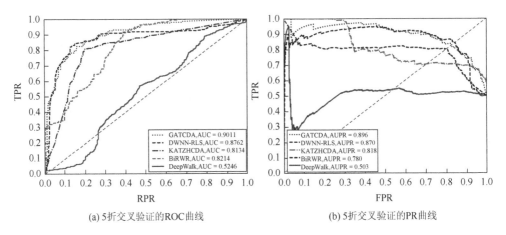

(a) 5折交叉验证的ROC曲线　　　　　　　　　　(b) 5折交叉验证的PR曲线

图 10.8　5 折交叉验证的 ROC 曲线和 PR 曲线

2. 案例分析

　　为了进一步评估 GATCDA 的预测效果,对膀胱癌、糖尿病视网膜病变和类风湿性关节炎三种常见疾病进行了病理研究。膀胱癌是影响尿路最常见的癌症,复发率高。糖尿病视网膜病变是一种常见的慢性代谢性疾病,随着人口的老龄化和糖尿病患者的增多而增加。类风湿性关节炎是最常见的慢性炎症性关节炎,可导致软骨和骨骼损伤和残疾。越来越多的证据表明,circRNA 作为膀胱癌、糖尿病视网膜病变和类风湿性关节炎的有效生物标志物。因此,选择膀胱癌、糖尿病视网膜病变和类风湿性关节炎来验证 GATCDA 的预测能力。

　　在这项研究中,所有已知的疾病和 circRNA 之间的关联都被假定为未知。通过 GATCDA,在所有被查询的疾病与 circRNA 之间的预测相关性中选择得分前 10 的 circRNA。然后通过查阅相关文献,确认了部分 circRNA 与所查询的疾病相关。三种疾病的病例研究结果见表 10.7。对于膀胱癌,可以看到预测得分最高的前 10 名候选 circRNA 有 8 个得到了相关文献的证实。值得注意的是,GATCDA 预测的第 7 个 circRNA(hsa_circ_0075828)与膀胱癌相关。对于糖尿病视网膜病变和类风湿性关节炎,预测得分最高的前 10 名候选 circRNA 中有 7 个得到了相关文献的证实。例如,Li 等发现 hsa_circ_0001859 在人类类风湿性关节炎中通过作为 MiR-204/211 海绵的功能调节 ATF2 的表达[27]。Zhang 等发现 hsa_circ_0005015 作为 miR-519d-3p 海绵抑制 miR-519d-3p 活性,导致糖尿病视网膜病变中 MMP-2、XIAP 和 STAT3 表达增加[28]。

表 10.7　GATCDA 鉴定的关于膀胱癌、糖尿病视网膜病变和类风湿性关节炎的候选 circRNA

疾病	排名	circRNA	来源
膀胱癌	1	hsa_circ_0091017	文献[29]
	2	hsa_circ_0002495	文献[30]
	3	hsa_circ_0071410	—
	4	hsa_circ_0001141	文献[31]
	5	hsa_circ_0007915	—
	6	hsa_circ_0041103	文献[32]
	7	hsa_circ_0075828	文献[33]
	8	hsa_circ_0061265	文献[32]
	9	hsa_circ_0002768	文献[34]
	10	hsa_circ_0082582	文献[32]
糖尿病视网膜病变	1	hsa_circ_0098964	—
	2	hsa_circ_0057093	文献[28]
	3	hsa_circ_0051172	—
	4	hsa_circ_0087215	文献[28]
	5	hsa_circ_0081162	文献[28]
	6	hsa_circ_0066922	文献[28]
	7	hsa_circ_0026388	文献[28]
	8	hsa_circ_0005525	—
	9	hsa_circ_0000615	文献[35]
	10	hsa_circ_0005015	文献[28]
类风湿性关节炎	1	hsa_circ_0083964	文献[36]
	2	hsa_circ_0064996	文献[36]
	3	hsa_circ_0004712	文献[36]
	4	hsa_circ_0061893	—
	5	hsa_circ_0052012	文献[36]
	6	hsa_circ_0032683	文献[36]
	7	hsa_circ_0001859	文献[27]
	8	hsa_circ_0088036	文献[37]
	9	hsa_circ_0003028	—
	10	hsa_circ_0010090	—

10.6　基于图嵌入方法的 circRNA 与疾病关联关系预测

10.6.1　Metapath2vec＋＋图嵌入

Metapath2vec（metapath to vector）是一种基于元路径（metapath）的异构网络表示学习算法[38]，目的是在考虑多种类型的结点和边时，最大化网络邻接结点之间的概率。在目标函数的优化过程中区分了结点的异构类型并通过跳字模型（skip-gram）[39]预测目标结点的局部相邻结点，其模型的基本框架示例如图 10.9 所示。一个异构网络可以用一个三元组 $G=(V,E,T)$ 来表示，每一个结点 v 和边 e 都映射到关系函数 $\phi(v): V \to T_V$ 和 $\varphi(e): E \to T_E$，其中 T_V 和 T_E 代表了结点和边的种类数。例如，在图 10.9 的学术网络中，有四种实体，即作者（A）、论文（P）、会议（C）和组织（O），以及共同作者关系（A-A）、发表关系（A-P，P-C）、隶属关系（O-A）、引用关系（P-P）等。

异构网络嵌入学习的目标是给定一个异构网络 G，去学习其 d 维的嵌入表达 $X \in \mathbb{R}^{|V| \times d}$，$d \ll |V|$，它们能够捕获网络结点之间的结构和语义关系。其数学公式可以用以下网络概率最大化来表示：

$$\arg\max_{\theta} \prod_{v \in V} \prod_{b \in N(v)} p(b|v;\theta) \tag{10.39}$$

其中，$N(v)$ 表示图中结点 v 的邻居结点，可以用不同的形式定义，如邻接邻居或者一跳邻居等；$p(b|v;\theta)$ 为给定结点 v 时结点 b 是其上下文邻居结点的条件概率。而在 Metapath2vec 中，将这一目标进一步转换为式（10.40）：

$$\arg\max_{\theta} \sum_{v \in V} \sum_{t \in T_V} \sum_{b_t \in N_t(v)} \log_2 p(b_t|v;\theta) \tag{10.40}$$

其中，$N_t(v)$ 代表了结点 v 的邻居中第 t 类型的结点；$p(b_t|v;\theta)$ 则利用 Softmax 函数来求解；$p(b_t|v;\theta)=e^{X_{b_t} X_v}/\sum_{u \in V} e^{X_u X_v}$，其中，$X_v$ 表示学习的嵌入特征矩阵 X 中的第 v 行，即结点 v 的特征向量。例如，图 10.9 中的学术网络，一个作者结点 a_2 的邻域可以在结构上接近其他作者（a_3、a_4）、论文（p_2）、组织（o_1、o_2）。同时 Metapath2vec 模型在构建网络结点的上下文语义句字库时，使用了不同的元路径 Metapath 进行随机游走传播，在一定程度上避免了过去 DeepWalk 方法偏向于网络枢纽结点的缺点。在 circRNA 和疾病关联关系预测问题中，具体的元路径 Metapath 和特征提取在后面进行详细描述。

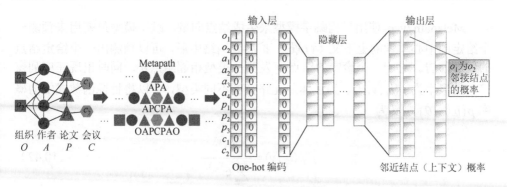

图 10.9　Metapath2vec 基本框架

10.6.2　PCD-MVMF 算法预测

嵌入学习中，在将图的结点转换为单词、将结点之间的关系体现为上下文句子的时候，通常考虑用随机游走和带有偏差的随机游走等方法来生成结点序列。本节主要研究的是异构实体 circRNA 和疾病之间的表征关系。因此元路径被用来生成结点序列更为合适。一个元路径的模式 ρ 被定义为 $V_1 \overset{R_1}{\to} V_2 \overset{R_2}{\to} \cdots \to V_{t+1} \overset{R_{t+1}}{\to} \cdots \to V_l$，$R$ 代表了两类结点之间的关系。

Metapath2vec 使用异构随机游走来生成多类型的路径。当移动到第 i 个结点时，转移概率 $\mathrm{tp}(v^{i+1}|v_t^i,\rho)$ 表示第 t 个类型的第 i 个结点移动到元路径 ρ 上的下一个点 $i+1$ 的概率。概率的计算公式如下：

$$\mathrm{tp}(v^{i+1}|v_t^i,\rho)=\begin{cases}1/|N_{t+1}(v_t^i)|, & (v^{i+1},v_t^i)\in E; \phi(v^{i+1})=t+1 \\ 0, & (v^{i+1},v_t^i)\in E; \phi(v^{i+1})\neq t+1 \\ 0, & (v^{i+1},v_t^i)\notin E\end{cases} \tag{10.41}$$

其中，$v_t^i\in V_t$；$N_{t+1}(v_t^i)$ 代表第 t 类型结点 i 的第 $t+1$ 类型的邻居集合；$\phi(v^{i+1})$ 代表结点 $i+1$ 的类型。在标准的 Metapath2vec 中，元路径通常是对称的，在开始和结束时具有相同类型的结点，并且通常只需要定义一条路径。而本节中的 circRNA 和疾病关联是一种异质关系，网络规模很小，可以使用路径长度为 5 的不同元路径。根据组合策略，共有 32 个元路径。然而，这些路径中有一些是与其他路径顺序相反的，因此这些路径可以被删除。例如，"circRNA-疾病-circNRNA-circRNA-circRNA" 和 "circRNA-circRNA-circRNA-疾病-circRNA" 可以看作相同的，因此 "circRNA-circRNA-circRNA-疾病-circRNA" 将被删除。最后，使用了余下的 20 种元路径。

Metapath2vec 使用异构跳字模型来生成结点向量。跳字模型最初用来预测一个给定的中心单词的上下文（背景）。扩展到网络中后，可以预测出一个给定结点的局部邻居。对于一个给定的结点 v 及其 t 类型相邻结点 b_t，同时出现在序列窗口中的概率为 $p(b_t|v;\theta)$。为了体现元路径的不同类型，可以将目标函数式中的概率 $p(b_t|v;\theta)$ 定义为

$$p(b_t|v) = \frac{e^{X_{b_t}X_v^{\mathrm{T}}}}{\sum_{u_t\in V_t} e^{X_{u_t}X_v^{\mathrm{T}}}} \tag{10.42}$$

其中，V_t 为第 t 类型的结点集合；X 为嵌入的特征矩阵；X_v、X_{b_t} 和 X_u 为 X 的第 v、b_t 和 u 行。

由于结点数通常很大，所以优化目标函数式（10.40）的计算成本会很高。因此，有两种主流的方法，一种是负采样方法，另一种是层次 Softmax 方法。这两种方法的核心目的都是减少结点 V 的计算量。受到预测文本嵌入算法（PTE）[40]启发，采用了负采样方法。对于 circRNA 或者疾病实体，结点 b_t 是结点 v 的局部邻居，被认为是两个独立事件的混合物。一是 b_t 和 v 同时出现在序列窗口中，另一种是噪声结点 M 与结点 v 同时出现在序列窗口中。因此，可以将目标函数转换为以下最大化公式：

$$O(X) = \log_2 \sigma(X_{b_t}X_v^{\mathrm{T}}) + \sum_{m=1}^{M} E_{u_t^m\sim P_t(u_t)}(\log_2 \sigma(-X_{u_t^m}X_v^{\mathrm{T}})) \tag{10.43}$$

其中，$\sigma(x) = 1/(1+e^{-x})$ 是 Sigmoid 函数；$P_t(u_t)$ 是采样的负样本；$E_{u_t^m\sim P_t(u_t)}$ 是 u_t^m 服从负样本分布时的期望，其中 u_t^m 是由负抽样得到的第 t 类结点。观察到原始的计算尺度是 V，现在被简化为 M，即 $M\ll|V|$，称使用式（10.42）和式（10.43）的 Metapath2vec 的方法为 Metapath2vec++。

在传统的跳字模型中，一个结点可以有两个嵌入向量，分别是作为中心结点和邻接结点时的嵌入向量（中心词向量和背景词向量）。通常使用中心结点向量来表示结点的嵌入式特征。而在 Metapath2vec++ 的嵌入学习中进行了简化，为所有结点只生成一种嵌入向量，能更好地提高学习效率。图 10.10 描述了整个 Metapath2vec++ 的异构网络跳字模型训练过程，假设所选择的元路径为 circRNA-疾病-circRNA-疾病-circRNA，滑动窗口为 3，则结点 d_1 和 d_4 是 c_3 的邻接结点，以期通过 c_3 来预测 d_1 和 d_4 与其邻接的概率。

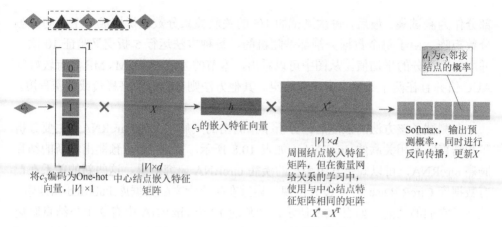

图 10.10 Metapath2vec++的跳字模型

10.6.3 实验结果与分析

为了验证 PCD_MVMF 的性能, 将其与其他预测方法如 KATZ[41]、BiRW_avg[42]、SIMCCDA[43]、MRLDC[44]、NCPCDA[45]与 PCD_MVMF 进行了比较。在 Metapath2vec++中, 将滑动窗口大小 (邻域大小) 设置为 5。嵌入特征的维数 k 为 64。每个结点的异构随机游走步长为 5 步, 每个结点的元路径游走序列条数为 5, 迭代次数为 100, 批处理大小设置为 128。在矩阵分解中, α 为 0.002, β 为 0.001。其他比较方法的参数均根据其文献中的默认参数进行设置。在数据库 CircR2Disease V1.0 (见图 10.11 (a)) 和 CircR2Disease V2.0 (见图 10.11 (b)) 的 5 折交叉验证中, 本节的方法均有较好的效果。在 5 折交叉验证中, 将所有 circRNA 和疾病关联随机分为五个相等的部分, 使用其中 4 个部分作为训练集, 剩下的 1 个

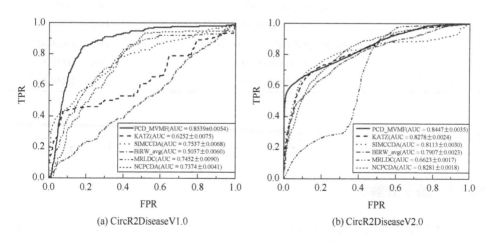

(a) CircR2DiseaseV1.0   (b) CircR2DiseaseV2.0

图 10.11 PCD_MVMF 与对比方法的 ROC 曲线和 AUC 值

部分作为测试集。最后,每次测试的 1/5 的关联关系分数被拼接成一个总的预测分数矩阵。由于每个数据分割都是随机的,每种方法运行 5 折交叉验证 10 次,并取每次得分的平均值。从图中可以看出,本节的方法 PCD_MVMF 具有较好的AUC 值并且在两个数据库中表现稳定。其他方法则会根据网络稀疏或稠密程度,有较大波动。

在测试了该方法的性能后,分析了预测出的疾病相关的 circRNA。主要分析了和结直肠癌相关联的 circRNA,如表 10.8 所示。筛选 10 个预测出的新的结直肠癌 circRNA,可以确定其中潜在的疾病 circRNA 研究对象。这些新的关系在已有数据库 CircR2Disease 中没有出现。通过在生物学文献数据库 PubMed 的搜索,验证了它们的功能。如表 10.9 所示,预测的 10 个 circRNA 中有 9 个与结直肠癌相关。在 Guo 等[46]的研究中,hsa_circ_0000069 能够上调结直肠癌细胞增殖并促进迁移和侵袭。hsa_circ_0000567 则可作为一种很有前途的人类结直肠癌的诊断标志物[47]。circRNA_001569 通过靶向 mir-145 调控结直肠癌[48]。Xiong 等[49]研究了结直肠癌的表达基质,发现多个 circRNA 存在差异表达,如 hsa_circ-0001824、hsa_circ_0006174、hsa_circ_0008509 和 hsa_circ_0007031。

表 10.8　预测出的前 10 个结直肠癌 circRNA

排名	circRNA 名称/ID	PubMed 文献证据
1	hsa_circ_0000069	PMID：28003761
2	hsa_circ_0000567	PMID：29333615
3	hsa_circ_0000677/hsa_circ_001569/circABCC	PMID：27058418
4	hsa_circ_0001824	PMID：28656150
5	circRNA_101419/hsa_circ_0032832	—
6	hsa_circ_0006174	PMID：28656150
7	hsa_circ_0008509	PMID：28656150
8	hsa_circ_001988/hsa_circ_0001451	PMID：25624062
9	hsa_circ_0007031	PMID：28656150
10	hsa_circ_0000504	PMID：28656150

10.7　基于图因子分解机的 circRNA 与疾病关联关系预测

10.7.1　因子分解机

因子分解机(factorization machine,FM)[50]是一种自动组合高维稀疏变量到二阶特征的机器学习模型,该模型从逻辑回归模型[51]演变而来,为传统的特征加权增加了特征间的交互，同时使用分解机制巧妙地降低了特征之间相互作用的权重。FM 本质上是一种广义的线性模型，它继承了逻辑回归的可解释性，同时还可以挖掘原始特征中的二阶交叉组合关系，并对计算公式进行了分解使模型参数训练的复杂度降到了 $O(n)$ 级。FM 参考逻辑回归模型，最初也是被应用于网站点击率（click through rate，CTR）的预测问题上。假设一个样本的 n 维特征为 $x = \{x_1, x_2, \cdots, x_n\}$，其具体模型如下：

$$y_{\text{FM}} = w_0 + \sum_{i=1}^{n} w_i x_i + \sum_{i=1}^{n} \sum_{j=i+1}^{n} \langle v_i, v_j \rangle x_i x_j \tag{10.44}$$

其中，w 为参数权重矩阵；v 则可看成特征的一个 d 维隐藏向量；$\langle v_i, v_j \rangle$ 为向量 v_i, v_j 的内积，表示特征值 x_i, x_j 交互的权重。可以看到，式（10.44）的第一部分就是简单的逻辑回归模型，第二部分则是特征值之间的交互组合，它已经被因子分解。另外，式（10.44）的第二部分也可以进行简化，成功地将原本的计算复杂度 $O(n^2)$ 降到了 $O(n)$ 级别，如式（10.45）所示：

$$\sum_{i=1}^{n} \sum_{j=i+1}^{n} \langle v_i, v_j \rangle x_i x_j = \frac{1}{2} \sum_{f=1}^{d} \left(\left(\sum_{i=1}^{n} v_{i,f} x_i \right)^2 - \sum_{i=1}^{n} v_{i,f}^2 x_i^2 \right) \tag{10.45}$$

在实际的 CTR 问题预测中，因子分解机模型图如图 10.12 所示。

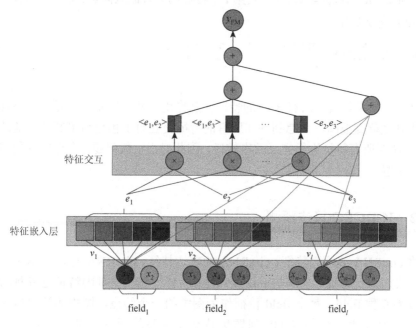

图 10.12　因子分解机模型

通常情况下，特征可以根据类型分为多个 field，并且对每个 field 进行独热编码（one-hot encoding），也就是每个 field 编码中一般只有一个位置为 1，其余位置则均为 0。从图中可以看出，FM 实际上已经有使用嵌入的思想来将一种离散的特征函数进行低维稠密化了。对于一个特征数值 x_i，可以用隐向量 $v_i = (v_{i,1}, v_{i,2}, \cdots, v_{i,d})$ 将它表示成一个 d 维的嵌入向量：

$$e_i = v_i x_i \tag{10.46}$$

因此在 FM 中可以得到一个样本的特征嵌入向量为 $E = (e_1, e_2, \cdots, e_n)$，式（10.46）可以转化为

$$y_{\text{FM}} = w_0 + \sum_{i=1}^{n} w_i x_i + \sum_{i=1}^{n} \sum_{j=i+1}^{n} \left\langle e_i, e_j \right\rangle \tag{10.47}$$

需要注意的是，当样本的特征是离散的分类样本特征（独热编码特征）时，真正交互的仅仅有 l 个嵌入特征，其余的嵌入特征为 0，即对于一个样本的特征 x，每一个 field 只有一个嵌入特征，交互只在这 l 个特征中进行。当使用非独热编码时，例如，一个 field 中有多个类别（即有多个 1），则这个 field 将提取多个嵌入特征。理论上，FM 也可以扩展到高阶的特征的组合上[52]，设 $k \in \{2, 3, \cdots, K\}$ 为特征之间交互的阶数，K 为最大阶数，$e_i^{(k)}$ 是第 i 个特征的 k 阶嵌入向量，则一个高阶的 FM（HOFM）定义如下：

$$y_{\text{HOFM}} = w_0 + \sum_{i=1}^{n} w_i x_i + \sum_{i_1 > i_2}^{n} \left\langle e_{i_1}^{(2)}, e_{i_2}^{(2)} \right\rangle + \sum_{i_1 > i_2 > i_3}^{n} \left\langle e_{i_1}^{(3)}, e_{i_2}^{(3)}, e_{i_3}^{(3)} \right\rangle + \cdots + \sum_{i_1 > \cdots > i_K}^{n} \left\langle e_{i_1}^{(K)}, \cdots, e_{i_K}^{(K)} \right\rangle \tag{10.48}$$

可见，如果包含了所有 K 阶的特征交互作用，其时间复杂度是指数爆炸的，会使计算复杂度很高。考虑到并非所有的特征交互对于预测结果都是有益的，使用 HOFM 对所有特征进行交互效率较低。因此对于一般问题，会更倾向使用二阶的 FM 模型。

10.7.2　ICDGFG 算法预测

将 circRNA 的序列特征、circRNA 的表达特征、circRNA 与 circRNA 的关联特征、疾病症状特征、疾病与 miRNA 的关联特征和疾病基因特征这 6 种特征自然地分为 6 种 field，每个 field 特征作为图中的一个结点，图中的边可以是特征之间的交互作用。但与 CTR 问题里特征是独热编码的稀疏分类特征不同，circRNA 与疾病的特征已经是经过降维后的稠密特征了。因此对于一个需要预测

的 circRNA-疾病关联关系来说，circRNA 的特征 F_{C_seq}、F_{C_exp}、F_{C_mir} 加上疾病的特征 F_{D_sym}、F_{D_mir}、F_{D_gene} 一共有 $d_{seq}+d_{exp}+d_{cmir}+d_{sym}+d_{dmir}+d_{gene}$ 维，过多特征之间的交互学习将对特征网络的构建效率造成影响。同时，同一 field 中的特征交互的解释意义不明显。因此在特征图构建前对特征 field 进行嵌入学习。假设在第 k 层，field 的特征嵌入向量为 $e_i^{(k)}$，$i \in \{C\_seq, C\_exp, C\_mir, D\_sym, D\_mir, D\_gene\}$ 代表 6 种类特征 field，用 f_{C_seq}，f_{C_exp}，f_{C_mir} 表示某个 circRNA 的特征，用 f_{D_sym}，f_{D_mir}，f_{D_gene} 表示某个疾病的特征，则在第 1 层第 i 个 field 的特征嵌入向量为

$$e_i^{(1)} = V_i f_i \tag{10.49}$$

其中，$V_i \in \mathbb{R}^{d_i \times d_e}$ 是需要学习的参数矩阵；特征 f_i 被转换成一个维度为 d_e 的嵌入向量。

在获得了 6 种 field 特征的嵌入向量后（即 circRNA 和疾病关联关系的特征嵌入向量），尝试学习构建这些 field 特征之间的交互网络。为了选择对关系有意义的成对特征交互，需要设计一种特征结点之间的边选择机制，也就是推断图的结构。传统的相互作用网络 $G = (V, E)$ 是离散的，如果基于这种思路，两个特征嵌入向量之间 $(e_i, e_j) \in E$ 只有存在与不存在这两种情况，这使得该过程的学习是不可微的，因此不能直接通过基于梯度下降的优化方法进行优化。本节则使用了权重网络 P 来衡量两个特征向量的权重。使用神经矩阵分解（neural matrix factorization，NeuMF）[53]和 MLP 的思想，特征之间的权重可以定义为

$$p_{ij} = \sigma(W_2^s \sigma(W_1^s(e_i \odot e_j) + b_1^s) + b_2^s) \tag{10.50}$$

其中，W_1^s、W_2^s、b_1^s、b_2^s 是 MLP 中的参数；σ 是 ReLU 激活函数。可以注意到由于对应元素相乘，所以权重矩阵 P 是一个对称矩阵，这将使得梯度能够反向传播。同时可以将特征的权重网络扩展到 K 层上，这将使得模型有多个权重矩阵 $P^{(k)}$，$k = 1, 2, \cdots, K$，在每层中都将根据嵌入的特征向量学习新的特征网络。

学习了特征网络的权重后，在每一层对有益的特征交互进行了采样，对于第 k 层的嵌入特征 $e_i^{(k)}$，采样其邻居中权重值最大的 s_k 个，为其构建邻居集合 $N_i^{(k)}$。对于一个目标特征结点 i，在筛选其与邻居的有益互动时，计算了该交互的注意力系数。其形式如式（10.51）所示：

$$c_{ij}^{(k)} = \text{LeakyReLU}\left(\left(a^{(k)}\right)^{\text{T}}\left(e_i^{(k)} \odot e_j^{(k)}\right)\right) \tag{10.51}$$

其中，$a^{(k)}$ 是一个可学习的投影向量；LeakyReLU 是一个非线性的激活函数；注意力系数 $c_{ij}^{(k)}$ 代表了第 k 层上，特征嵌入向量 $e_i^{(k)}$ 和 $e_j^{(k)}$ 之间的交互的重要性。在计算注意力机制时，只考虑采样的邻居。为了使不同结点特征之间易于比较，使用了 Softmax 函数进行归一化：

$$\alpha_{ij}^{(k)} = \frac{\exp\left(c_{ij}^{(k)}\right)}{\displaystyle\sum_{j' \in N_i^{(k)}} \exp\left(c_{ij'}^{(k)}\right)} \tag{10.52}$$

之后计算这些特征交互作用的线性组合，并用一个非线性函数来更新特征：

$$e'^{(k)} = \sigma\left(\sum_{j \in N_i} \alpha_{ij}^{(k)} p_{ij}^{(k)} W_a^{(k)} \left(e_i^{(k)} \odot e_j^{(k)}\right)\right) \tag{10.53}$$

其中，$W_a^{(k)}$ 是可学习的参数权重矩阵；$\alpha_{ij}^{(k)}$ 是归一化后的特征嵌入向量 $e_i^{(k)}$ 和 $e_j^{(k)}$ 的注意力系数；$p_{ij}^{(k)}$ 是它们之间交互有益的概率；$\alpha_{ij}^{(k)}$ 和 $p_{ij}^{(k)}$ 实际是软注意力与硬注意力机制的结合，使得参数学习能够很好地反向传播。为了特征交互的多样性，将注意力扩展为多头注意力机制：

$$e_i'^{(k)} = \overset{H}{\underset{h=1}{\Big\Vert}} \sigma\left(\sum_{j \in N_i} \alpha_{ij}^{h(k)} p_{ij}^{(k)} W_a^{h(k)} \left(e_i^{(k)} \odot e_j^{(k)}\right)\right) \tag{10.54}$$

其中，H 表示注意力机制的头数，将每头的特征进行连接。由于不同层学到的特征代表了不同的交互，因此在最终的特征嵌入矩阵输出时，将每层的输出连接起来表示每个 field 上的特征：

$$e_i^* = e_i^{(1)} \Vert \cdots \Vert e_i^{(K)} \tag{10.55}$$

最后，对所有特征的嵌入向量进行平均池化，获得图的最终输出（为一对关系的特征向量），并使用投影向量 z 进行最终预测：

$$e^* = \frac{1}{n}\sum_{i=1}^n e_i^*, \quad n = 6 \tag{10.56}$$

$$\hat{y} = z^{\mathrm{T}} e^* \tag{10.57}$$

在参数的学习过程中，使用交叉熵损失函数：

$$L = -\frac{1}{N}\sum_{i=1}^N y_i \log_2 \sigma(\hat{y}_i) + (1-y_i)\log_2(1-\sigma(\hat{y}_i)) + \lambda \sum_{w \in W} w^2 \tag{10.58}$$

其中，N 代表样本数。为了使参数矩阵尽可能稀疏，降低过拟合性，还加入了 L2 范数来正则化所有参数矩阵。ICDGFG 的方法框架图如图 10.13 所示。

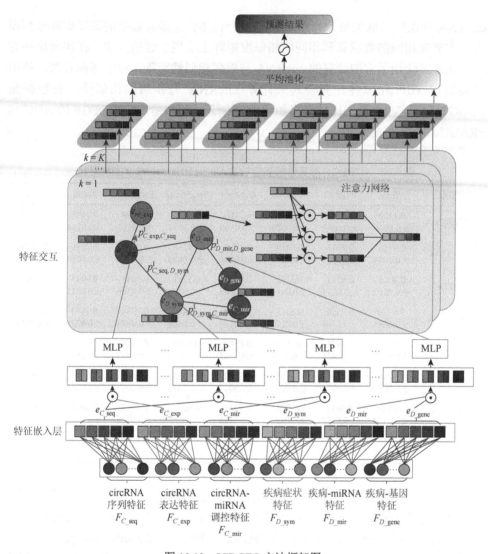

图 10.13　ICDGFG 方法框架图

10.7.3　实验结果与分析

为了验证 ICDFGF 算法的性能，与其他 7 种方法进行了比较，分别是 KATZHCDA[41]、SIMCCDA[43]、MRLDC[44]、iCircDA-MF[54]、DMC-CDA[55]、RNMFLP[56] 和 DMFMSF[57]。其中 KATZHCDA 是基于网络和投影的方法。MRLDC、iCircDA-MF、DMC-CD、RNMFLP、DMFMSF 是基于矩阵分解和矩阵变换的方法。RNMFLP 结合了稳健的非负矩阵分解和标签传播算法来预测

circRNA 和疾病关联关系。DMFMSF 则是一种结合了多源数据的深度矩阵分解模型。本节在相同的数据集和相同的相似度矩阵上实现了这些方法。在实现这些对比方法时，使用了它们计算的 circRNA 与疾病相似性矩阵，对于基础方法，使用了高斯核 GIP 相似性计算公式来计算 circRNA 与疾病的相似性。在数据集 CircR2Disease V2.0 上的比较结果如表 10.9 所示。可以看出，ICDFGF 的 AUC 与 PRAUC 均有较好的表现。

表 10.9　ICDFGF 与其他预测方法在 CircR2Disease V2.0 上的对比

方法	AUC	PRAUC	F-measure	Accuracy	Specificity	Precision	Recall	MCC
KATZHCDA	0.7310 ±0.0040	0.7704 ±0.0033	0.7230 ±0.0026	0.7118 ±0.0160	0.6753 ±0.0580	0.7069 ±0.0182	0.7482 ±0.0258	0.4279 ±0.0270
SIMCCDA	0.8356 ±0.0024	0.9044 ±0.0020	0.8619 ±0.0049	0.8761 ±0.0041	0.9786 ±0.0070	0.9735 ±0.0079	0.7736 ±0.0084	0.7689 ±0.0080
MRLDC	0.7028 ±0.0260	0.6058 ±0.0234	0.7783 ±0.0114	0.7408 ±0.0203	0.5781 ±0.0573	0.6858 ±0.0266	0.9035 ±0.0211	0.5107 ±0.0323
DMC-CDA	0.8776 ±0.0095	0.8530 ±0.0106	0.8615 ±0.0108	0.8448 ±0.0180	0.7417 ±0.0561	0.7964 ±0.0333	0.9479 ±0.0229	0.7127 ±0.0278
RNMFLP	0.9145 ±0.0028	0.8885 ±0.0053	0.8816 ±0.0017	0.8749 ±0.0022	0.8185 ±0.0068	0.8374 ±0.0047	0.9313 ±0.0033	0.7551 ±0.0036
iCircRNA-MF	0.9290 ±0.0009	0.9245 ±0.0013	0.9044 ±0.0013	0.8992 ±0.0019	0.8458 ±0.0093	0.8612 ±0.0065	0.9525 ±0.0065	0.8033 ±0.0029
DMFMSF	0.9348 ±0.0154	0.9611 ±0.0114	0.9308 ±0.0222	0.9332 ±0.0216	0.9647 ±0.022	0.9646 ±0.0226	0.9018 ±0.0244	0.8704 ±0.0428
ICDFGF	0.9764 ±0.0032	0.9782 ±0.0032	0.9281 ±0.0065	0.9282 ±0.0066	0.9292 ±0.0118	0.9296 ±0.011	0.9273 ±0.0056	0.8570 ±0.0131

本节分析了预测出的全新的与疾病相关的 circRNA。主要探讨了 5 种疾病所预测出的前 5 个 circRNA 的情况，如图 10.14 所示。本节列举了痤疮（acne vulgaris）、阿尔茨海默病（Alzheimer's disease）、糖尿病性神经病（diabetic neuropathies）、食管肿瘤（esophageal neoplasms）以及躁郁症（bipolar disorder）的 circRNA 预测情况，我们将疾病、miRNA、circRNA 进行了关联。从图中可以发现，食管肿瘤、糖尿病性神经病与躁郁症之间共享了多个 circRNA。hsa_circ_0057336、hsa_circ_0134501、hsa_circ_000495、hsa_circ_0072566 以及 hsa_circ_0000598 同时作用了这三种疾病。在阿尔茨海默病的研究过程中，已有多个 miRNA 被报道，hsa-let-7d、hsa-let-7g 等 miRNA 在阿尔茨海默病中显著下调[58]，而 hsa_circ_0085292 和 hsa_circ_003492 则作用在 hsa-let-7d 上，hsa_circ_0085295 和 hsa_circ_0003495 则共同作用在 hsa-let-7g 上。hsa_circ_0085290 和 hsa_circ_0003490 则通过 hsa-let-7b 来影响阿尔茨海默病和食管肿瘤。而对于心理疾病的躁郁症，其微观

的作用机制尚不清晰，因此直接预测了其相关的多个 circRNA，未找到明显的 miRNA 调控。由此可见，预测出的 circRNA 在一定程度上与疾病或疾病相关的 miRNA 有关。

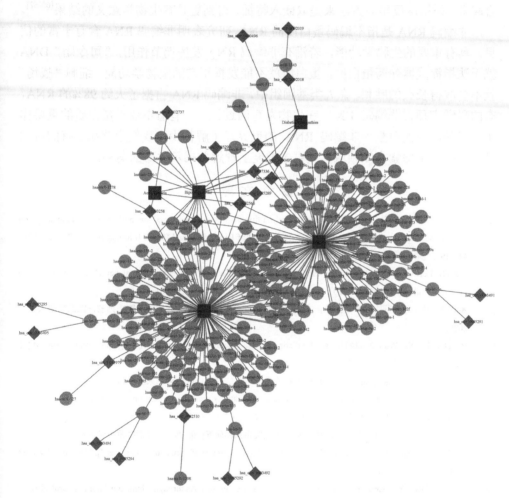

图 10.14　预测出的 circRNA 与疾病和 miRNA 之间的关联示例

10.8　小　　结

近年来基于网络传播、矩阵分解和深度学习的预测方法应用广泛。基于网络的方法通常具有快速的预测能力，并且易于理解。然而，由于稀疏关系，无法获得更真实的网络，限制了预测的精度。基于矩阵分解的方法往往具有较强的学习能力，可以更好地提取非编码 RNA 或疾病的特征。然而，在预测关联关系时，需要添加相应的约束条件。约束条件的构造是实现预测性能的关键，因此我们还构建了多目标优化模型进行了 circRNA 和疾病的关联关系预测[59]。深度学习具有更强的学习和预测能力，随着图神经网络的发展，可以将网络特征和生物特征结合起来，采用深度学习方法来提取嵌入特征，得到更具有生物学意义的结果[60-62]。

非编码 RNA 是指不编码蛋白质的 RNA，研究表明非编码 RNA 含有丰富的信息，具有重要的生物学功能，若没有非编码 RNA 发挥调节作用，"司令团" DNA 就无法指挥武器弹药蛋白质，蛋白质就不能发挥正常的生物学功能，细胞"战场"就不会取得长久的胜利。在人类基因组中，非编码 RNA 占据了大约 98% 的 RNA，有的科学家预言非编码 RNA 在生物发育的过程中，有着不亚于蛋白质的重要作用。但是，今天对整个非编码 RNA 的世界却了解甚少，我们应该在已有的认知基础上去勇于探索未知领域，从更多维度上理解并揭示生命的奥秘。

参 考 文 献

[1] Ding Y, Lei X, Liao B, et al. Predicting mirna-disease associations based on multi-view variational graph auto-encoder with matrix factorization[J]. IEEE Journal of Biomedical and Health Informatics, 2022, 26 (1): 446-457.

[2] Fan C, Lei X, Pan Y. Prioritizing circRNA-disease associations with convolutional neural network based on multiple similarity feature fusion[J]. Frontiers in Genetics, 2020, 11: 540751.

[3] 樊春燕. 基于异质网络和多数据融合的 circRNA 与复杂疾病关联关系预测研究[D]. 西安：陕西师范大学，2020.

[4] Bian C, Lei X, Wu F X. GATCDA: Predicting circrna-disease associations based on graph attention network[J]. Cancers, 2021, 13 (11): 2595.

[5] 卞晨. 基于异质网络的 circRNA 和疾病关联关系预测[D]. 西安：陕西师范大学，2022.

[6] Zhang Y, Lei X, Fang Z ,et al.CircRNA-disease associations prediction based on metapath2vec++ and matrix factorization[J].Big Data Mining and Analytics, 2020, 3 (4): 280-291.

[7] 张宇辰. 基于矩阵补全算法的 circRNA-疾病关联关系预测研究[D]. 西安：陕西师范大学，2022.

[8] Wu X, Jiang R, Zhang M, et al. Network-based global inference of human disease genes[J]. Molecular Systems Biology, 2008, 4: 189.

[9] Jiang Q, Hao, Y, Wang G, et al. Prioritization of disease microRNAs through a human phenome-microRNAome network[J]. BMC Systems Biology, 4: S2.

[10] You Z, Huang Z, Zhu Z, et al. PBMDA: A novel and effective path-based computational model for miRNA-disease association prediction[J]. PLoS Computational Biology, 2017, 13 (3): e1005455.

[11] Shi H, Xu J, Zhang G, et al. Walking the interactome to identify human miRNA-disease associations through the functional link between miRNA targets and disease genes[J]. BMC Systems Biology, 2013, 7: 101.

[12] Peng J, Hui W, Li Q, et al. A learning-based framework for miRNA-disease association identification using neural networks[J]. Bioinformatics, 2019, 35 (21): 4364-4371.

[13] Ding Y, Wang F, Lei X, et al. Deep belief network-based matrix factorization model for microRNA-disease associations prediction[J]. Evolutionary Bioinformatics, 2020, 16: 1176934320919707.

[14] Lee D D, Seung H S. Learning the parts of objects by non-negative matrix factorization[J]. Nature, 1999, 401 (6755): 788-791.

[15] Pauca V P, Piper J, Plemmons R J J L A, et al. Nonnegative matrix factorization for spectral data analysis[J]. Linear Algebra and its Applicatians, 2006, 416 (1): 29-47.

[16] Cai D, He X F, Han J W, et al. Graph regularized nonnegative matrix factorization for data representation[J]. IEEE Transactions on Pattern Analysis and Machine Intelligence, 2011, 33 (8): 1548-1560.

[17] Liu X M, Zhai D M, Zhao D B, et al. Progressive image denoising through hybrid graph laplacian regularization: A unified framework[J]. IEEE Transactions on Image Processing, 2014, 23 (4): 1491-1503.

[18] Li Y J, Patra J C. Genome-wide inferring gene-phenotype relationship by walking on the heterogeneous network[J]. Bioinformatics, 2010, 26 (9): 1219-1224.

[19] Sun J, Shi H B, Wang Z, et al. Inferring novel lncRNA-disease associations based on a random walk model of a lncRNA functional similarity network[J]. Molecular Biosystems, 2014, 10 (8): 2074-2081.

[20] Jiang L, Ding Y, Tang J, et al. MDA-SKF: Similarity kernel fusion for accurately discovering mirna-disease association[J]. Frontiers in Genetics, 2018, 9: 618.

[21] Jolliffe I T, Cadima J. Principal component analysis: A review and recent developments[J]. Philosophical Transactions Series A, Mathematical, Physical, and Engineering Sciences, 2016, 374 (2065): 20150202.

[22] Nair V, Hinton G E. Rectified linear units improve restricted boltzmann machines[C]. Proceedings of the Proceedings of the 27th International Conference on Machine Learning, Haifa, 2010: 807-814.

[23] Yan C, Wang J, Wu F X. DWNN-RLS: Regularized least squares method for predicting circRNA-disease associations[J]. BMC Bioinformatics, 2018, 19 (S19).

[24] Fan C, Lei X, Wu F X. Prediction of circrna-disease associations using KATZ model based on heterogeneous networks[J]. International Journal of Biological Sciences, 2018, 14 (14): 1950-1959.

[25] Lei X, Tie J. Prediction of disease-related metabolites using bi-random walks[J]. PLoS ONE, 2019, 14 (11): e0225380.

[26] Chen H, Perozzi B, Al-Rfou R, et al. A tutorial on network embeddings[J]. ArXiv, 2018, abs/1808.02590.

[27] Li B, Li N, Zhang L, et al. Hsa_circ_0001859 regulates ATF2 expression by functioning as an MiR-204/211 sponge in human rheumatoid arthritis[J]. Journal of Immunology Research, 2018: 9412387.

[28] Zhang S J, Chen X, Li C P, et al. Identification and characterization of circular rnas as a new class of putative biomarkers in diabetes retinopathy[J]. Investigative Ophthalmology and Visual Science, 2017, 58(14): 6500-6509.

[29] Zhang L, Xia H B, Zhao C Y, et al. Cyclic RNA hsa_circ_0091017 inhibits proliferation, migration and invasiveness of bladder cancer cells by binding to microrna-589-5p[J]. European Review for Medical and Pharmacological Sciences, 2020, 24 (1): 86-96.

[30] Cai D, Liu Z, Kong G. Molecular and bioinformatics analyses identify 7 circular rnas involved in regulation of oncogenic transformation and cell proliferation in human bladder cancer[J]. Medical Science Monitor, 2018, 24: 1654-1661.

[31] Yang C, Yuan W, Yang X, et al. Circular RNA circ-ITCH inhibits bladder cancer progression by sponging Mir-17/Mir-224 and regulating P21, PTEN expression[J]. Molecular Cancer, 2018, 17 (1): 19.

[32] Zhong Z, Lv M, Chen J. Screening differential circular RNA expression profiles reveals the regulatory role of circtcf25-Mir-103a-3p/Mir-107-CDK6 pathway in bladder carcinoma[J]. Scientific Reports, 2016, 6: 30919.

[33] Zhuang C, Huang X, Yu J, et al. Circular RNA Hsa_Circ_0075828 promotes bladder cancer cell proliferation through activation of CREB1[J]. BMB Reports, 2020, 53 (2): 82-87.

[34] Zhong Z, Huang M, Lü M, et al. Circular RNA MYLK as a competing endogenous RNA promotes bladder cancer progression through modulating VEGFA/VEGFR2 signaling pathway[J]. Cancer Letters, 2017, 403: 305-317.

[35] Liu C, Yao M D, Li C P, et al. Silencing of circular RNA-ZNF609 ameliorates vascular endothelial dysfunction[J]. Theranostics, 2017, 7 (11): 2863-2877.

[36] Zheng F, Yu X, Huang J, et al. Circular RNA expression profiles of peripheral blood mononuclear cells in rheumatoid arthritis patients, based on microarray chip technology[J]. Molecular Medicine Reports, 2017, 16 (6): 8029-8036.

[37] Zhong S, Ouyang Q, Zhu D, et al. Hsa_Circ_0088036 promotes the proliferation and migration of fibroblast-like synoviocytes by sponging Mir-140-3p and upregulating SIRT 1 expression in rheumatoid arthritis[J]. Molecular Immunology, 2020, 125: 131-139.

[38] Dong Y, Chawla N V, Swami A. Metapath2vec: Scalable representation learning for heterogeneous networks[C]. Proceedings of the Proceedings of the 23rd ACM SIGKDD International Conference on Knowledge Discovery and Data Mining, New York, 2017: 135-144.

[39] Mikolov T, Sutskever I, Chen K, et al. Distributed representations of words and phrases and their compositionality[C]. Proceedings of the Advances in Neural Information Processing Systems, Lake Tahoe, 2013: 26.

[40] Tang J, Qu M, Mei Q. Pte: Predictive text embedding through large-scale heterogeneous text networks[C]. Proceedings of the Proceedings of the 21th ACM SIGKDD International Conference on Knowledge Discovery and Data Mining, Sydney, 2015: 1165-1174.

[41] Fan C, Lei X, Wu F X. Prediction of circRNA-disease associations using KATZ model based on heterogeneous networks[J]. International Journal of Biological Sciences, 2018, 14 (14): 1950-1959.

[42] Xie M, Hwang T, Kuang R. Prioritizing disease genes by Bi-random walk[C]. Proceedings of the Advances in Knowledge Discovery and Data Mining, Berlin, 2012: 292-303.

[43] Li M, Liu M, Bin Y, et al. Prediction of circRNA-disease associations based on inductive matrix completion[J]. BMC Medical Genomics, 2020, 13 (5): 42.

[44] Xiao Q, Luo J, Dai J. Computational prediction of human disease-associated circRNAs based on manifold regularization learning framework[J]. IEEE Journal of Biomedical and Health Informatics, 2019, 23 (6): 2661-2669.

[45] Li G, Yue Y, Liang C, et al. NCPCDA: Network consistency projection for circRNA-disease association prediction[J]. RSC Advances, 2019, 9 (57): 33222-33228.

[46] Guo J N, Li J, Zhu C L, et al. Comprehensive profile of differentially expressed circular rnas reveals that Hsa_Circ_0000069 is upregulated and promotes cell proliferation, migration, and invasion in colorectal cancer[J]. OncoTargets and Therapy, 2016, 9: 7451-7458.

[47] Wang J, Li X, Lu L, et al. Circular RNA hsa_circ_0000567 can be used as a promising diagnostic biomarker for human colorectal cancer[J]. Journal of Clinical Laboratory Analysis, 2018, 32 (5): e22379.

[48] Xie H, Ren X, Xin S, et al. Emerging roles of circRNA_001569 targeting mir-145 in the proliferation and invasion of colorectal cancer[J]. Oncotarget, 2016, 7 (18): 26680-26691.

[49] Xiong W, Ai Y Q, Li Y F, et al. Microarray analysis of circular RNA expression profile associated with 5-fluorouracil-based chemoradiation resistance in colorectal cancer cells[J]. Biomed Research International, 2017: 8421614.

[50] Rendle S. Factorization machines[C]. Proceedings of the 2010 IEEE International Conference on Data Mining, Sydney, 2010: 995-1000.

[51] Richardson M, Dominowska E, Ragno R. Predicting clicks: Estimating the click-through rate for new ads[C]. Proceedings of the Proceedings of the 16th International Conference on World Wide Web, Banff Alberta, 2007: 521-530.

[52] Rendle S. Factorization machines with libfm[J]. ACM Transactions on Intelligent Systems and Technology, 2012, 3 (3): 1-22.

[53] He X, Liao L, Zhang H, et al. Neural collaborative filtering[C]. Proceedings of the Proceedings of the 26th International Conference on World Wide Web, Perth, 2017: 173-182.

[54] Wei H, Liu B. iCircDA-MF: Identification of circRNA-disease associations based on matrix factorization[J]. Briefings in Bioinformatics, 2020, 21 (4): 1356-1367.

[55] Zuo Z L, Cao R F, Wei P J, et al. Double matrix completion for circRNA-disease association prediction[J]. BMC Bioinformatics, 2021, 22 (1): 307.

[56] Peng L, Yang C, Huang L, et al. RNMFLP: Predicting circrna-disease associations based on robust nonnegative matrix factorization and label propagation[J]. Briefings in Bioinformatics, 2022: bbac155.

[57] Xie G, Chen H, Sun Y, et al. Predicting circrna-disease associations based on deep matrix factorization with multi-source fusion[J]. Interdisciplinary Sciences-computational Life Sciences, 2021, 13 (4): 582-594.

[58] Chen J, Qi Y, Liu C F, et al. Microrna expression data analysis to identify key mirnas associated with Alzheimer's disease[J]. Journal of Gene Medicine, 2018, 20 (6): e3014.

[59] Zhang Y, Lei X J, Dai C, et al. Identify potential circRNA-disease associations through a multi-objective evolutionary algorithm[J]. Information Sciences, 2023, 647: 119437.

[60] Yang J, Lei X J. Predict circRNA-disease associations based on autoencoder and graph embedding[J]. Information Sciences, 2021, 571: 323-336.

[61] 雷秀娟, 张文祥, 刘恋. 基于多数据融合的 circRNA-疾病关联关系预测[J]. 中国科学·信息科学, 2021, 51 (6): 927-939.

[62] Zhang Y, Lei X, Pan Y, et al. Prediction of disease-associated circRNAs via circRNA-disease pair graph and weighted nuclear norm minimization[J]. Knowledge-Based Systems, 2021, 214: 106694.

第 11 章 circRNA-RBP 结合位点预测

11.1 引　　言

circRNA 与 RNA 结合蛋白质（RNA binding protein，RBP）相互作用机制的研究对发现 circRNA 功能、挖掘 circRNA 与疾病之间微观层面的关系具有非常重要的意义[1, 2]。两者之间的相互作用可以通过高通量生物实验方法进行解析，目前已取得了一些重要的发现，但是这些高通量生物实验自身存在一定的局限性，费时、费力且花费高是生物实验面临的主要问题。然而，也正是得益于高通量生物实验技术的发展，为基于数据驱动的计算方法积累了海量的组学、图像以及信号等生物实验数据，推动了传统的假设驱动研究向数据驱动研究的范式转变。近几年，深度学习技术凭其在分析处理海量数据上独特的优势，在生物信息计算等领域得到了广泛的应用[3-5]。研究表明，深度学习方法可以准确有效地捕获生物序列的特异性[6, 7]，因此，利用深度学习方法预测 circRNA 与 RBP 的相互作用关系及结合位点序列特异性是可行且有效的。

本章通过收集整理公共数据库中的 circRNA 与 RBP 结合位点数据，从不同角度构建了多源的 RBP 结合位点数据集。基于此，以结合位点序列的特异性为研究对象，利用多种方法对序列进行编码处理，从局部、全局的依赖性以及结合位点的无方向性等多个角度设计开发了深度学习算法，分别是基于 CNN 的 circRNA 和 RBP 结合位点预测算法[8, 9]、基于胶囊神经网络的 circRNA 和 RBP 结合位点预测算法[9, 10]、基于 RNN 的 circRNA 和 RBP 结合位点预测算法[9, 11]以及基于伪孪生神经网络的 circRNA 和 RBP 结合位点预测算法[12]，继而为 circRNA 与 RBP 相互作用生物实验提供可靠的候选集，对揭开 circRNA 与疾病之间微观层面的关系具有非常重要的意义。

11.2　基于卷积神经网络的 circRNA-RBP 结合位点预测

本节利用 CNN 构建了一种深度学习算法（CSCRSites）[8]来识别 circRNA 上癌症特异性的 RBP 结合位点。给定一条 circRNA 序列或者片段，编码后将其输入训练好的癌症特异性预测算法 CSCRSites，分别通过不同尺度的卷积核捕获不同长度信息的结合基序特征，基序特征组合后输入前馈神经网络，最后完成癌症特异性的 RBP 结合位点识别。通常，卷积核也可以视为基序（motifs）探测器[13]，因此，CSCRSites 也可以完成结合基序的挖掘任务。为了充分训练 CSCRSites，从癌症特异性 circRNA 数据库 CSCD 中收集、整理了癌症特异性 RBP 结合位点数据集，将整理的数据随机划分为训练和测试数据集分别用于训练和测试。

11.2.1　癌症特异性结合位点序列

为了学习癌症特异性结合位点的特征，从癌症特异性 circRNA 数据库 CSCD 中下载整理了癌症特异性结合位点数据集。CSCD 数据库收录了 15 个，719 个，824 个人类癌症特异性的 RBP 结合位点信息[14]，CircBase[15]是一种提供有据可循的 circRNA 标准化信息数据库。为了获得可靠性更高的癌症特异性 RBP 结合位点，从 CSCD 数据库筛选出在 circBase 数据库有记录的 3026 种 circRNA，去除冗余位点后保留了 486060 个 RBP 结合位点。通过对结合位点序列长度的统计发现，近 80% 的序列长度分布在 50～100nt。对于序列长度在 50～100nt 的结合位点，以其中心为原点分别向两端扩展至 100nt，获得等长的样本序列；对于序列长度小于 50nt 的结合位点予以舍弃。最终，获得 circRNA 上的 43118 个癌症特异性 RBP 结合位点。负样本由打乱的正样本序列组成，对于每条序列，在打乱序列的同时保持二核苷酸的频率不变。这种负样本生成策略在序列生成中也被广泛使用[16]。

在深度学习应用于序列分析之前，受限于机器学习算法的学习能力，通常采用基于统计的方法对序列进行编码。k-mer 组合特征描述是被广泛使用的一种序列编码方法。核苷酸序列的 k-mer 组合特征通过统计每种 k-mer 片段在序列中出现的归一化频率，将序列映射到一个 4^k 维度的特征空间。这种基于统计方法的编码方式破坏了序列中隐含的上下文依赖顺序关系，虽然在一些分类任务中表现出色，但在依赖序列顺序关系的任务中表现一般。

独热（one-hot）编码是另一种常见的序列编码方法，可以快速地将离散特征映射到欧氏空间。给定一个 circRNA 序列片段 $s = 's_1 s_2 \cdots s_L'$，$s_i \in \{A, U, C, G\}$，$i = 1, 2, \cdots, L$，其中 L 为序列的长度，One-hot 编码将序列中的每个核苷酸 $[A, U, C, G]$ 分别转换为向量 $[1,0,0,0]$、$[0,1,0,0]$、$[0,0,1,0]$、$[0,0,0,1]$，从而将序列编码为 $4 \times L$ 维的矩阵，编码过程见式（11.1）：

$$X = (x_{j,i})_{4 \times L}, x_{j,i} = \begin{cases} 1, & s_i = h(j) \\ 0, & \text{其他} \end{cases} \tag{11.1}$$

其中，$j = 1, 2, 3, 4; i = 1, 2, \cdots, L, h(j) = [A, U, C, G]$。

通过式（11.1）可以将任意一条 circRNA 序列片段转换为一个 $4 \times L$ 维的[0, 1]矩阵。

11.2.2　多尺度卷积框架

CNN 是目前应用最为广泛的深度学习方法之一，由多层感知机演变而来，用卷积运算替代了矩阵乘法。近年来，CNN 被广泛应用于基因组序列特征提取任务中，其卷积核可视为基序探测器用于序列保守性研究[16]。circRNA 结合位点序列可视为一种特殊的基因文本数据，基于此，本节构建了参数化深度学习算法 CSCRSites，以学习 circRNA 上癌症特异性 RBP 结合位点的序列特征，进而完成癌症特异性结合位点的鉴定任务。

CSCRSites 算法是 TextCNN[17, 18]网络模型的变种，由输入层、卷积层、池化层和全连接（fully connected，FC）层组成。假设 x_i 是编码后序列片段的向量，用于描述 circRNA 序列片段 s 上的第 i 个核苷酸 s_i，长度为 L 的 circRNA 序列片段 s 的表示见式（11.2）：

$$X = x_1 \oplus x_1 \oplus \cdots \oplus x_L \qquad (11.2)$$

其中，X 为序列片段 s 对应的编码矩阵；$\oplus$ 为连接运算符。

卷积层作为首层，通过设置不同尺寸的卷积核来获取序列多层次的抽象特征。假设 c_i 是卷积运算在序列 s 的第 i 个位置上得到的卷积特征，c_i 的计算见式（11.3）：

$$c_i = f(w * x_{i:i+h-1} + b) \qquad (11.3)$$

其中，f 是一种非线性激活函数；*运算符是卷积运算；w 是卷积核的权重矩阵；b 是偏差项；$x_{i:i+h-1}$ 是序列 s 中相应位置的核苷酸编码向量的连接；h 是卷积核的尺寸（即权重矩阵 w 的宽度）。将窗口大小为 $h\{x_{1:h}, x_{2:h+1}, \cdots, x_{L-h+1:L}\}$ 的卷积核 c_i 依次作用于序列 s，可生成序列的卷积特征 c，见式（11.4）：

$$c_{\text{conv}}^k = [c_1^k, c_2^k, \cdots, c_{L-h+1}^k], \quad k = 1, 2, \cdots, n \qquad (11.4)$$

其中，k 表示卷积核的通道；n 表示通道数。

池化层主要的功能是降低卷积特征的维度以缓解过拟合。通常认为卷积特征 c 中的值越大，则其对最终的分类贡献越大。因此，在每个通道应用最大池化运算得到每个通道的最大特征值 c_{pool}^k，见式（11.5）：

$$c_{\text{pool}}^k = \max\{c_{\text{conv}}^k\}, \quad k = 1, 2, \cdots, n \qquad (11.5)$$

11.2.3　CSCRSites 算法预测

为了获得不同尺度下的卷积特征，CSCRSites 中设计了三个不同尺寸的卷积核窗口，各自通过卷积运算和池化运算得到不同的卷积特征，将不同尺度下的卷积特征拼接得到序列的特征向量，最后将其输入全连接神经网络完成序列的分类任务，CSCRSites 的框架见图 11.1。在将特征向量输入全连接层之前，对其进行丢弃运算，以减缓过拟合。CSCRSites 的整体运算过程见式（11.6）：

$$Out = f^{FC\_softmax} f^{Concatenate} f^{GlobalMaxPool} f^{Conv\_ReLU}(X) \tag{11.6}$$

其中，输入矩阵 X 是序列 s 编码后的特征矩阵；输出 Out 是序列 s 是否为癌症特异性结合位点的概率值。

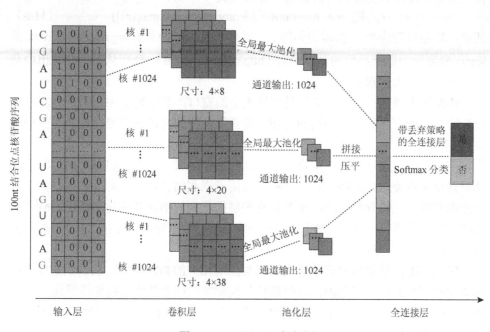

图 11.1　CSCRSites 框架图

CSCRSites 的目标是求解二分类交叉熵信息损失函数 $Loss(w, b)$ 最小化时的参数。因此，在训练过程中，可以结合梯度下降和反向传播算法得到优化后的参数 (w, b)，参数更新过程见式（11.7）：

$$\begin{cases} w' = w - \eta \dfrac{\partial Loss(w,b)}{\partial w} \\ b' = b - \eta \dfrac{\partial Loss(w,b)}{\partial b} \end{cases} \tag{11.7}$$

其中，η 是超参数学习率。

11.2.4　实验结果与分析

结合基序的挖掘在结合位点的研究过程中具有非常重要的意义，通常能够反映结合位点序列的保守性和特异性的特征，对下游的研究至关重要[19]。在深度学习被广泛应用于基因组序列分析时，卷积运算除了可以获取序列特征，还可以充当结合基序探测器，这也是 CNN 应用在基因组学的最大优势之一。本节中，应用算法首层获得卷积特征 c，进而选取特征 c 中的最大值及最大值的索引，通过最大值堆叠方法生成结合基序的位置频率矩阵（position frequency matrix，PFM）。特征 c 中的最大值及最大值的索引的计算见式（11.8）：

$$I_{idx}, V_{val} = K.\mathrm{function}(X, [K.\arg\max(c), K.\max(c)]) \tag{11.8}$$

其中，X 是目标序列 s 的编码矩阵；c 是卷积特征；函数 $K.\arg\max$ 和 $K.\max$ 是 Keras 深度学习框架提供的基准函数（https://keras.io/api），分别从卷积层输出中获取最大值及最大值索引。

依据最大值索引，向后扩展卷积核大小的窗口，从序列 s 中查询得到对应的核苷酸。对所有序列执行相同的操作，将获取的序列片段进行堆叠计算可生成最终的 PFM。

结合基序直观地反映了结合位点序列的保守区域，对于 circRNA 的生物学功能研究至关重要，CSCRSites 的卷积层可用于探测结合位点序列的基序。为了分析挖掘到的癌症特异性基序，本节将卷积层探测到的结合基序与 TOMTOM[20]提供的已知基序进行了比对，发现有 65 个癌症特异性基序与已知的 29 个基序高度契合，涉及 23 个基因。

DisGeNET 数据库中记录了大量的与疾病相关的基因数据。从该数据库中检索了与癌症相关的关联基因，这些癌症基因相关的结合基序序列标识见图 11.2。每个方图中显示 CSCRSites 学习到的基序（下）与 TOMTOM 中提供的人类 RNA 结合基序数据库中的基序（上）比对结果。

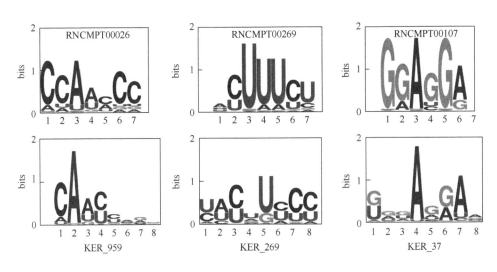

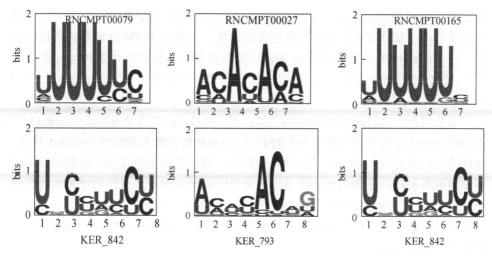

图 11.2　与人类癌症相关的基因基序高度相似的基序

例如，蛋白质 HNRNPK 过表达与若干种肿瘤[21]的发生有关，其结合基序 RNCMPT00026 与 CSCRSites 学习到的 KER_959 相匹配（E-value = 0.0429，E-value 是反映对比显著性的一种方式，较大的 E-value 表示序列相似性很可能是随机的，较小的 E-value 表示序列相似性的可靠程度较高）。在皮肤黑色素瘤中，脑转移是由 CD44 剪接变体 6（CD44v6）预先决定的，CD44v6 的表达与 PTBP1 和 U2AF2 剪接因子相关，特别是在晚期黑色素瘤中，PTBP1 被敲低后显著地降低了 CD44v6 的表达[22]，其结合基序 RNCMPT00269 和 RNCMPT00079 分别与 KER_269 和 KER_842 高度匹配（E-value = 0.0051，0.0036）。TIA1 在结直肠癌中亚型表达[23]，与其相关的结合基序 RNCMPT00165 与 KER_842 高度相似（E-value = 0.0122）。RNA 结合蛋白质 HNRNPL 此前已被证明与肝癌和肺癌[24]的发生有关，与其相关的结合基序 RNCMPT00027 与 KER_793 高度匹配（E-value = 0.0019）。此外，剪接因子 SRSF1 在人乳腺肿瘤中上调，其过表达促进了乳腺细胞的转化[25]，其关联的结合基序 RNCMPT00107 与 KER_37 匹配（E-value = 0.0391）。这些高度相似的结合基序说明 circRNA 与线性 RNA 在结合蛋白质时具有一定的序列相似性，同时也表明 CSCRSites 在探测癌症特异性 circRNA 和 RBP 结合基序方面的有效性。

11.3　基于胶囊网络的 circRNA-RBP 结合位点预测

胶囊就是将原有神经网络中的个体神经元替换成了一组神经元组成的向量，这些神经元被包裹在一起，组成了一个胶囊。因此，胶囊网络中的每层神经网络都包含了多个胶囊基本单元,这些胶囊与上层网络中的胶囊进行交互传递。胶囊网络是为了解决 CNN 存在的问题而提出的,不同于 CNN 用标量记录局部信息,胶囊网络使用向量特征状态来表征重要信息。胶囊网络中的神经元是一个整体,包含了特征状态的各类重要信息,如位置、角度等,可以很好地弥补 CNN 的不足。

本节结合 CNN 和胶囊网络的特性设计了一种高效的深度学习算法(circRB)[10]来识别 circRNA 结合蛋白质的序列特异性。circRB 允许输入变长的 circRNA 片段,通过卷积运算提取 circRNA 片段的卷积特征,然后将卷积特征输入胶囊网络学习不同通道卷积特征之间的状态关系以提高算法的预测精度,最终将序列的特征向量输入前馈神经网络以完成 circRNA 上的结合位点鉴定任务。从 CircInteractome 数据库中收集了 7 个经文献报道且与疾病相关的 circRNA 结合位点数据集,用于训练和测试 circRB。

11.3.1　RBP 特异性结合位点

为研究疾病相关的 circRNA 和 RBP 结合位点,构建了 7 个疾病相关的 circRNA 上 RBP 结合位点数据集,7 个数据集的详细信息见表 11.1。其中,与 RBP 相关的结合位点信息从 CircInteractome 数据库下载得到,作为正样本集,正样本中成熟的 circRNA 序列从 circBase 数据库中获取。与 11.2.1 节的方法类似,负样本通过扰乱正样本序列的方法生成,以这种方法生成的序列使原序列中的二核苷酸 [AA, AC, ···, GU, UU] 频率得以准确保留。与随机扰乱相比,二核苷酸扰乱(dinucleotide-shuffle)方法可以有效防止分类算法仅依靠序列区域(如 CG 二核苷酸)的低水平统计来区分正负样本[16]。因此,二核苷酸扰乱方法相比标准的随机序列扰乱方法,在序列分类方法中体现了其优越性。

表 11.1　7 组 RBP 通过与 circRNA 相互作用影响人类疾病

数据集	正样本数量	负样本数量	文献			
			RBP	circRNA	疾病名称	文献号(PMID)
DS_AGO2	111783	111783	AGO2	hsa_circ_0001346	Lung adenocarcinoma	29704631
				hsa_circ_0001946	Non-small cell lung cancer	31249811
				hsa_circ_0006101	Osteosarcoma	31103262
				hsa_circ_0006117	Non-small cell lung cancer	31160270
				hsa_circ_0007874	Chronic hepatitis B	31148365

续表

数据集	正样本数量	负样本数量	文献			
			RBP	circRNA	疾病名称	文献号（PMID）
DS_AUF1	2906	2906	AUF1	hsa_circ_102439	Breast cancer	29973691
DS_EIF4A3	251183	251183	EIF4A3	hsa_circ_0001162	Glioblastoma	30470262
DS_FUS	40918	40918	FUS	hsa_circ_0000005	Glioma	30736838
DS_IGF2BP3	54786	54786	IGF2BP3	hsa_circ_0006156	Gastric cancer	30963578
DS_MOV10	6003	6003	MOV10	hsa_circ_0033079	Glioma	30621721
DS_QKI	979	979	QKI	hsa_circ_0007874	Lung adenocarcinoma	30975029

一般情况下，深度学习分类算法使用并行处理小批量实例，因此，要求输入固定长度的编码序列，然而，真实的结合位点序列长度各异。为剔除数据集中的"异常"结合位点，统计了每个数据集中结合位点长度分布，使用箱型图可视化统计方法来确定每个数据集中结合位点长度的阈值，统计结果见图 11.3。

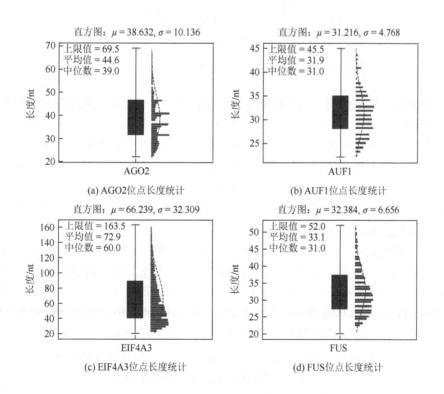

(a) AGO2位点长度统计　　　　　　　(b) AUF1位点长度统计

(c) EIF4A3位点长度统计　　　　　　　(d) FUS位点长度统计

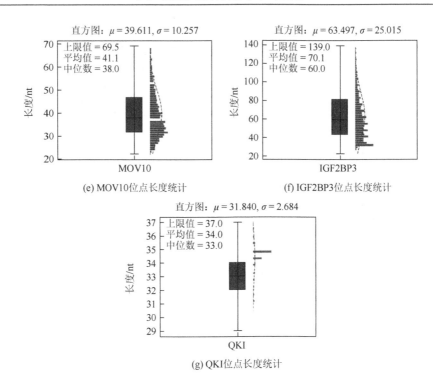

(e) MOV10位点长度统计　　　　　　　　(f) IGF2BP3位点长度统计

(g) QKI位点长度统计

图 11.3　7 组 RBP 结合位点数据集中位点长度统计结果

　　根据统计结果设置了每个数据集的长度阈值，将遵循不同长度阈值的序列作为分类算法的输入。长度短于阈值的结合位点序列，以每个结合位点的中心点为起始点向两侧扩展至阈值长度，上游和下游的序列分别延伸至阈值长度的一半。为避免产生过多序列噪声，延伸的序列使用字符 $'N'$ 填充，而没有使用剪接后的成熟 circRNA 序列。鉴于序列长度超过阈值的结合位点在数据集中占比较少，本节将其视为异常点剔除。通过上述的处理步骤，构建了 7 组 circRNA 序列上的 RBP 结合位点数据集，其详细信息见表 11.1。

　　在序列编码时，同样采用了 One-hot 编码，与之前不同的是序列中加入了特殊字符 $'N'$，因此，在编码时略有不同。对于给定的序列长度为 L 的序列 $s ='s_1 s_2 \cdots s_L', s_i \in \{A,U,C,G,N\}, i=1,2,\cdots,L$，序列中的每个核苷酸以及特殊字符分别被编码为 $[1,0,0,0], [0,1,0,0], [0,0,1,0], [0,0,0,1], [0,0,0,0]$。将字符 $'N'$ 编码为 $[0,0,0,0]$，而没有采取 $[0.25,0.25,0.25,0.25]$ 的处理方法，主要是因为填充 0 对卷积运算不会产生影响。最终，序列 s 可以编码为一个 $L \times 4$ 的矩阵，见式（11.9）：

$$x_{i,j} = \begin{cases} 1, & s_i \text{是}(A,U,C,G)\text{中的第}j\text{个碱基} \\ 0, & \text{其他} \end{cases} \qquad (11.9)$$

　　假设序列 $s ='NGACAN'$，那么可以表征为矩阵 X，见式（11.10）：

$$X = \begin{bmatrix} 0 & 0 & 0 & 0 \\ 0 & 0 & 0 & 1 \\ 1 & 0 & 0 & 0 \\ 0 & 0 & 1 & 0 \\ 1 & 0 & 0 & 0 \\ 0 & 0 & 0 & 0 \end{bmatrix} \qquad (11.10)$$

11.3.2　变体胶囊网络框架

虽然 CNN 已经被广泛应用于基因组序列特征提取，尤其在序列基序探测领域表现突出。然而卷积运算具有方向性且对序列的微小变化较为敏感，而结合位点序列有可能存在双向性且是不完全一致的，尤其 circRNA 上的结合位点。对于不同方向的类似结合位点，CNN 会误认为是两个不同的结合位点。胶囊网络通过将标量神经元替换为向量神经元解决了这个问题，向量的模表示基序存在的概率，向量的方向表示基序的特征属性，改变向量的方向不会影响基序存在的概率。

给定一个 circRNA 序列片段 s，将其编码为一个 $L \times 4$ 的特征矩阵 X 后，通过卷积运算从编码矩阵 X 中提取出序列的抽象卷积特征，每个卷积特征 conf_i 的计算见式（11.11）：

$$\mathrm{conf}_i = f\left(\sum_{j=1}^{h} w_j * x_j + b \right) \qquad (11.11)$$

其中，f 是非线性激活函数 ReLU；x_j 是序列 s 中第 j 个核苷酸的编码向量（编码矩阵的第 j 行）；w_j 是对应的卷积权重；h 是卷积核的大小；b 是偏置。

依次执行卷积运算后，可获取序列的抽象卷积特征谱 $[\mathrm{conf}_1, \mathrm{conf}_2, \cdots, \mathrm{conf}_{L-h+1}]$，为获取每个卷积通道特征谱中最大的响应值，利用最大池化运算对卷积特征图进行下采样降低维度并获取最大响应值。

为获取卷积特征的潜在状态关系及方向特征，将卷积特征谱输入主胶囊网络层，其主要功能是将卷积特征进行向量化表示，引入经典胶囊网络[26]的参数设置，胶囊特征向量 v 的维度设置为 8。由于胶囊网络中利用胶囊神经元模的大小表示特征存在的概率，因此，需要将胶囊神经元模的大小压缩到 0～1 的区间上，为此需引入新的非线性激活函数（挤压函数 Squash$(\cdot)$）来激活胶囊神经元。挤压函数不会改变向量的方向，仅仅会改变向量的大小。向量越大，压缩后越接近 1，越小则越接近 0。Squash$(\cdot)$的输出 v_{out} 见式（11.12）：

$$v_{\mathrm{out}} = \frac{\|v\|^2}{1 + \|v\|^2} \frac{v}{\|v\|} \qquad (11.12)$$

假设有 n 个主胶囊，则挤压函数的输出可表示为 $v_{out}^i \in (v_{out}^1, v_{out}^2, \cdots, v_{out}^n)$。对 v_{out}^i 进行仿射变换预处理得到主胶囊层的输出 u^i，然后输入分类胶囊层中，其中 u^i 的计算过程见式（11.13）：

$$u^i = w^i * v_{out}^i \qquad (11.13)$$

其中，w^i 是权重向量。

随后，将 $u^i(i \in (1,2,\cdots,n))$ 输入 T 次动态路由算法中，计算得到分类胶囊，每种胶囊向量长度代表该类的概率，其中 T 为超参数，在这里设置为 2。动态路由算法具体步骤见算法 11.1。c^i 是动态路由过程动态更新的耦合系数。v^t 是 t 次动态路由算法后的输出，其长度代表目标序列片段是否为结合位点的概率。结合位点预测任务本质上是二分类问题，在 circRB 中设计了两个 16 维的向量分别表示输入序列的两种状态：结合位点和非结合位点。

算法 11.1　动态路由算法

算法：动态路由算法

输入：u^i 表示仿射变换的输出，作为动态路由的输入

输出：v^t 表示 t 次动态路由的输出

初始化：$b_0^i = 0, i \in (1,2,\cdots,n); T = 2$

1: for $t = 1$ to T

2: $c_t^i = \mathrm{Softmax}(b_0^i)$

3: $a^t = \sum_{i=1}^n c_t^i \cdot u^i$

4: $v^t = \mathrm{Squash}(a^t)$

5: $b_t^i = b_{t-1}^i + v^t \cdot u^i$

11.3.3　circRB 算法预测

本节结合卷积运算和胶囊结构设计了 circRB 来识别 circRNA 结合蛋白质的序列特异性，其结构见图 11.4。circRB 通过卷积运算提取 circRNA 的序列特征，然后利用胶囊网络中的两次动态路由学习卷积特征之间的关系以区分不同的结合位点。

通过卷积运算提取序列的卷积特征，利用最大池化方法对卷积特征进行降维，将低维度的特征输入两次动态路由算法来提取卷积特征的组合关系特征，得到隐含结合位点相似性信息以及方向属性的胶囊向量，向量模的大小表示输入序列是结合位点的概率。考虑到序列数据不涉及空间特征的维度，丢弃了胶囊网络中的重构层并且添加了最大池化层以提高分类速度。

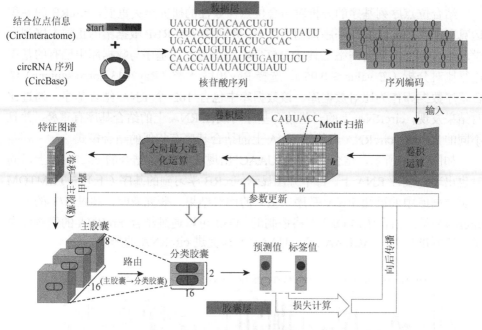

图 11.4　circRB 结构图

胶囊网络中除了耦合系数由动态路由过程更新，其他的参数均需要根据损失函数进行动态学习更新，在训练阶段，利用间边际失函数（Marginloss）更新参数，见式（11.14）：

$$\text{Loss} = T_c \max(0, m^+ - \| v^t \|)^2 + \lambda (1 - T_c) \max(0, \| v^t \| - m^-)^2 \qquad (11.14)$$

其中，c 表示分类的种类，如果分类结果为 c，则 T_c 为 1；$m^+ = 0.9$，$m^- = 0.1$，$\lambda = 0.5$。总损失为所有种类的损失之和。

11.3.4　实验结果与分析

与 11.2.4 节的方法类似，circRB 的卷积运算可视为基序探测器。对于每个通道的卷积核，仅考虑序列 s 中卷积运算结果 $\text{conf}_i > 0$ 的位置 i，选取最大的卷积值位置 $j = \arg\max(\text{conf}_i)$ 作为潜在的基序位点，之后从序列 s 中提取子序列 '$s_j s_{j+1} \cdots s_{j+h-1}$'，其中，$h$ 为卷积核大小。为了分析 RBP 的特异性结合基序，在正样本中挖掘每种 RBP 的结合基序，利用训练好的 circRB 从测试集的正样本序列中提取所有潜在的结合基序序列，然后堆叠生成 PFM。与之前不同的是，在计算生成 PFM 时会舍弃序列中存在的特殊字符 'N'，不计入频率矩阵中。最后，将 PFM 转换为序列标识图。

　　结合位点序列基序的分析对结合位点保守性的研究至关重要，circRB 的卷积运算同样具备结合序列基序探测的能力。分别在 7 组 RBP 数据集的正样本序列上学习结合基序，使用网络工具 TOMTOM 将学习到的基序与数据库中已有的基序进行比对分析（E-value ≤ 0.05），选择 Ray2013 人类（Ray2013 homo sapiens）结合基序数据库作为比对数据库，该数据库中包含 102 个 RNA 结合基序。通过比对结果发现，circRNA 上的一些结合基序与线性 RNA 上的结合基序有重叠，并且不同的 RBP 在 circRNA 和线性 RNA 上的结合基序有相似的结合模式。

　　如图 11.5 所示，结合基序'ACUAAC'出现在与 QKI 结合的 circRNA 上，同时也出现在线性 RNA 上。每个方图显示 circRB 学习到的基序（下）与 TOMTOM 人类数据库中的已知 RNA 基序（上）的比对结果。研究表明，超过 1/3 的人类 circRNA 是由结合蛋白 QKI 严格控制的，QKI 可以通过结合 circRNA 的侧链内含子上的标准序列（$ACUAACN_{1-20}UAAC$）来促进 circRNA 的形成[27]。

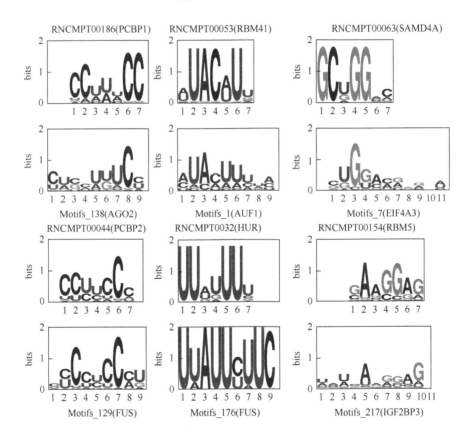

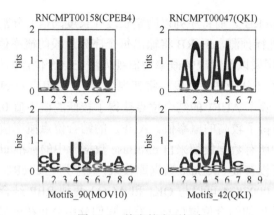

图 11.5　基序的序列标志

circRB 学习到的序列基序可以作为区分 RBP 结合位点和非结合位点的重要特征信息。因此，在负样本集上探测了序列基序，与正样本集的序列基序进行比对发现（E-value ≤ 0.001），虽然大多数正样本基序也出现在负样本集的序列基序中，但是仍然有一些基序仅仅出现在正样本集中。图 11.6 列出了仅仅出现在正样本集中的结合基序，可以看出，QKI 数据集上的基序 motifs_49 包含已经证实的基序 'UAAC'。遗憾的是，在其他 3 个 RBP 数据集中没有发现显著的正样本基序，很可能是因为其他 3 个数据集的数据量大。在这三个数据集中，IGF2BP3 的正样本数量最少，但也有超过 50000 个正样本序列。

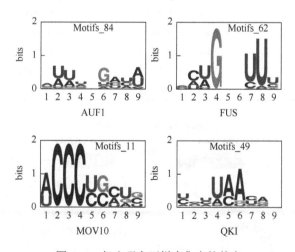

图 11.6　仅出现在正样本集中的基序

为验证 circRB 的有效性以便为当前研究提供参考，收集了已验证的可结合 RBP 的全长 circRNA 序列，将其输入相应训练好的 circRB 中鉴定潜在的 RBP 结合位点。在输入 circRB 之前将序列以固定长度（长度阈值）分割为序列片段，然后输入 circRB 中进行预测，circRB 将输出每个序列片段的概率值。统计出概率均值最高的区域，该区域以及对应的概率均值视为潜在结合位点的位置以及概率值。在表 11.2 中列出了评分最高的片段，将其视为 RBP 在相应 circRNA 序列上的潜在结合位点信息。除了 AUF1 的结合位点获得了较低的概率值 0.5640，大多数潜在的结合位点都获得了较高的概率值。AUF1 的结合位点概率值较低可能是因为 circRB 训练所用的所有数据集都来自 circBase 数据库中的标准 circRNA 序列，而 hsa_circ_102439 还没有被 circBase 数据库收录，其序列是 circRB 中没有的。此外，研究表明 hsa_circ_0007874 可以与 QKI 和 AGO2 两种 RBP 结合，进一步分析它们在 circRNA 上准确的结合位置信息，发现它们分别分布在外显子 1 和外显子 2 上。如图 11.7 所示，QKI 和 AGO2 都结合在 hsa_circ_0007874 的侧链附近。

表 11.2　全长 circRNA 序列上的 RBP 结合序列特异性

RBP	circRNA	预测位置	评分
AGO2	hsa_circ_0001346	104～175	0.7812
	hsa_circ_0001946	458～529	0.8719
	hsa_circ_0006101	77～148	0.8536
	hsa_circ_0006117	173～244	0.8442
	hsa_circ_0007874	209～280	0.8182
AUF1	hsa_circ_102439	36～87	0.5640
EIF4A3	hsa_circ_0001162	70～235	0.6946
FUS	hsa_circ_0000005	41833～41888	0.8935
IGF2BP3	hsa_circ_0006156	330～471	0.8772
MOV10	hsa_circ_0033079	6120～6191	0.7526
QKI	hsa_circ_0007874	87～128	0.7430

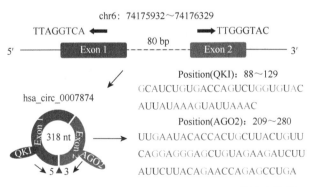

图 11.7　hsa_circ_0007874 上 AGO2 和 QKI 的结合位置

11.4　基于循环神经网络的 circRNA-RBP 结合位点预测

本节通过融合多个数据源构建了膀胱癌中 4 种潜在致癌 RBP 的 circRNA 结合位点数据集，同时设计了一种深度学习算法（CRPBsites）[11] 来预测膀胱癌中 circRNA 上的 RBP 结合位点。为捕捉 circRNA 序列的上下文特征信息，采用 3-mer 核苷酸分词方法对 circRNA 核苷酸序列进行分词，然后利用 word2vec 模型得到每个词的词向量。将编码后的变长结合位点输入 LSTM 编码器中编码成固定长度的序列特征信息，然后，利用一种基于 LSTM 的解码器进行解码并结合注意力机制加强潜在的结合基序信息，最终完成结合位点识别的任务。

11.4.1　膀胱癌中差异表达 RBP 结合位点

研究表明 circRNA 广泛存在于各种组织中，可以作为 RBP 的海绵，影响 RBP 对靶基因的调控，进而抑制与 RBP 相关联的癌症。鉴于此，通过生物信息学分析方法构建了 4 组与膀胱癌相关的 RBP 结合位点数据集，用于训练和测试构建的深度学习算法，这 4 种 RBP 在膀胱癌组织中高度表达，是潜在的致癌 RBP。首先，筛选识别正常组织和膀胱癌组织中表达不同的 RBP。从癌症基因组图谱（the cancer genome atlas，TCGA）数据库下载与膀胱癌相关的测序数据，其中包括 19 例正常膀胱组织样本和 414 例肿瘤样本，共涉及 1328 个 RBP。通过对这些 RBP 的表达量进行分析，筛选出 108 个 p-value ＜ 0.05 且 |LogFC| ＞ 1.0 的差异表达 RBP，其中 52 个表达上调，56 个表达下调。这些 RBP 的差异表达谱和分布见图 11.8（a）和图 11.8（b）。

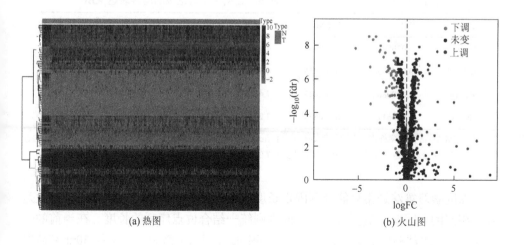

(a) 热图　　　　　　　　　　　　(b) 火山图

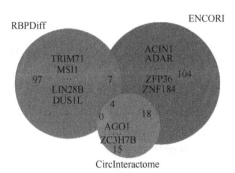

(c) ENCORI和CircInteractome数据库记录的RPB与差异表达RBP的交集

图 11.8　膀胱癌中 RBP 的差异表达谱及分布

　　为训练和测试构建的深度学习预测算法，分别从 ENCORI 和 CircInteractome 数据库中检索膀胱癌中差异表达的 RBP，最终得到了 4 种差异表达的 RBP（IGF2BP1、IGF2BP3、LIN28A 和 LIN28B），见表 11.3。之后，分别从 ENCORI 和 CircInteractome 数据库下载这 4 种潜在致癌 RBP 的结合位点信息。为得到可靠的 circRNA，从 ENCORI 下载 RBP 结合位点数据时，仅选择 circBase 数据库中的 circRNA，RBP 结合位点的序列从 UCSC 基因组浏览器镜像中检索获取。对于 CircInteractome 数据库中的 RBP 结合位点信息，从 circBase 数据库下载成熟的 circRNA 序列，以便截取指定结合位点序列片段。通过上述步骤，建立了 4 组膀胱癌中潜在致癌 RBP 的结合位点数据集，正样本数量见表 11.3。负样本选取结合位点末端的下游与正样本序列长度相同的序列片段，继而保证正、负样本的比例为 1∶1。

表 11.3　ENCORI 和 CircInteractome 数据库同时记录的差异表达 RBP

RBP	NM-Mean	TM-Mean	logFC	p-value	FDR	正样本量
IGF2BP1	0.030547	0.960963	4.975369	3.65×10^{-6}	2.27×10^{-5}	372249
IGF2BP3	0.034973	0.845915	4.596187	8.84×10^{-5}	3.22×10^{-4}	570591
LIN28A	0.000980	0.166842	7.411715	2.02×10^{-3}	4.55×10^{-3}	204277
LIN28B	0.023517	0.216579	3.203112	1.21×10^{-2}	2.16×10^{-2}	57281

　　注：NM-Mean 为正常样本中表达的平均值；TM-Mean 为肿瘤样本中表达的平均值；logFC 为差异表达倍数，一般表达相差 2 倍以上是有意义的；FDR 为错误发现率的期望。

　　深度学习算法通常只能处理固定长度的输入数据，但结合位点的序列长度是各不相同的，因此，需要设计合理的规则统一结合位点序列的长度。在当前的一些研究中，通常的做法是从结合位点序列中心分别向上游和下游延伸 50nt 来截取长度为 101nt 的序列片段[28]，以便将所有的结合位点序列扩展为统一长度。这种做法的缺陷是有可能引入大量的干扰核苷酸，尤其对于长度较短的序列。另外，这种方法也会丢失结合位点原本的长度信息。

　　鉴于此，此处采取与 11.3.1 节相同的策略，利用箱线图的统计方法来图形化描述序列长度分布，经过统计分析后，设置每种 RBP 结合位点数据集的长度阈值，见图 11.9。在箱线图中，超过上限值的点为异常点，因此，将每个 RBP 结合位点数据集中序列长度的上限值设置为该数据集的长度阈值，分别设置为 126nt、139nt、79nt（上限值向上取整）和 82nt，超过指定长度阈值的结合位点视为异常位点而舍弃。由于结合位点的上下游序列已经视为负样本，短于指定长度阈值的结合位点没有使用上下游序列填充而使用字符'N'填充。

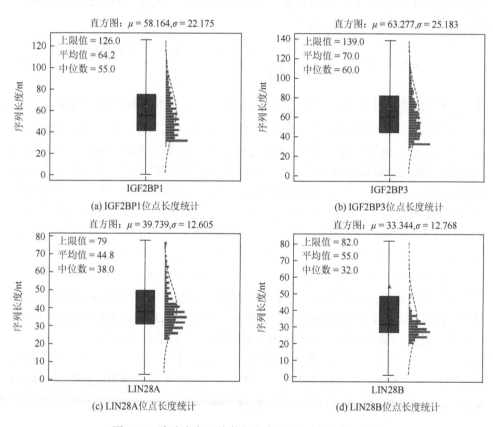

图 11.9　膀胱癌中 4 种潜在致癌 RBP 结合位点数据集

　　深度学习算法不能直接识别字符类型的核苷酸序列数据，因此，需要将核苷酸序列编码为数字向量方可输入预测算法。本节对 One-hot 编码、高阶编码和 Word2vec 三种编码方式分别进行实验，并分析总结了三种编码方法的优缺点。

对于每条结合位点序列，One-hot 编码将序列中每个位置的核苷酸映射到一个 4 维向量空间，建立 4 维零向量，将第 i 维设为 1，其中 i 为待编码核苷酸在列表 $[A,U,C,G]$ 中的索引。长度为 L 的结合位点序列 s 的表示见式（11.15）：

$$X = (x_{i,j})_{4 \times L}, x_{i,j} = \begin{cases} 1, & s_j 是 (A,T,C,G) 中的第 i 个碱基 \\ 0, & 其他 \end{cases} \quad (11.15)$$

其中，s_j 是序列 s 中的第 j 个核苷酸；$x_j \in \mathbb{R}^4$ 是第 j 个核苷酸的编码向量。

高阶编码方法是一种基于 DNA 或 RNA 序列特征的 One-hot 编码方法的扩展，该方法考虑了核苷酸之间的依赖性[29]。利用 k-mer 方法对 RNA 序列进行窗口滑动分词，然后对分词后的序列进行 One-hot 编码。假设用 3 个核苷酸对序列分词，将会产生一个大小为 4^3 的单词列表 $[AAA, \cdots, GGG]$。一般地，对于长度为 L 的序列 s，k 阶编码方法见式（11.16）：

$$X = (x_{i,j})_{4^k \times (L-k+1)}, \quad x_{i,j} = \begin{cases} 1, & s'_j 是 (A^k, \cdots, G^k) 中的第 i 个碱基 \\ 0, & 其他 \end{cases} \quad (11.16)$$

式中，s'_j 是序列 s 中的第 j 个核苷酸；$x_j \in \mathbb{R}^4$ 是第 j 个核苷酸的编码向量。

受自然语言处理中的词嵌入技术和高阶编码方法的启发，本节也尝试采用经典的 Word2vec 模型和跳字模型（skip-gram）对核苷酸序列进行编码，通过学习 k-mer 的共现统计量和分布表示，将其投影到 d 维空间 $\mathbb{R}^d$ 中[30]。对于长度为 L 的 circRNA 核苷酸序列片段 s，类似高阶编码方法，首先利用滑动窗口方法将序列分割为 k-mer 子序列，滑动窗口步幅设为 1 时，可生成核苷酸序列 s 的长度为 k 的所有 $L-k+1$ 个子序列，同时生成一个词汇列表 V，其中包含 4^k 个长度为 k 的单词。将所有正样本核苷酸序列通过上述的分词过程，输入 Word2vec 模型进行预训练，生成词汇列表 k 中所有词的词向量矩阵，即嵌入矩阵。之后，根据词汇表 k 中对应的单词索引，从嵌入矩阵中查询每个输入核苷酸序列中 k-mer 单词的向量输入预测算法，在预测算法训练更新参数的过程中嵌入矩阵也将参与训练自动进行微调。最终，每个 RBP 结合位点核苷酸序列的表示见式（11.17）：

$$X_{1:L-k+1} = [x_1, x_2, \cdots, x_{L-k+1}] \quad (11.17)$$

其中，$x_i \in \mathbb{R}^d$ 为结合位点核苷酸序列中第 i 个 k-mer 单词的 d 维词向量，实际应用中，d 为超参数；L 为结合位点核苷酸序列的长度。

11.4.2　基于 LSTM 的上下文依赖关系学习

RNN 通常用于发现序列数据中的上下文依赖关系，然而在实践中，RNN 在长时间步的矩阵连乘运算中，可能会导致梯度消失或爆炸的问题。因此，RNN 只能捕获短期的依赖关系[31]。一些门控循环神经网络如 LSTM 和 GRU，通过使用门控记忆单元代替 RNN 中的激活函数来解决这一问题，在捕获序列的长期依赖信息的同时丢弃一些不重要的信息内容。门控记忆单元机制见图 11.10。

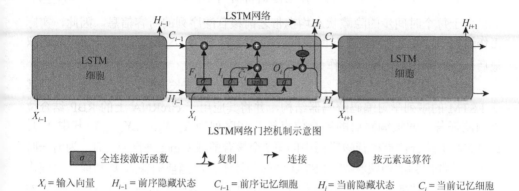

图 11.10　LSTM 中的门控记忆单元机制

假设 LSTM 中隐藏神经元数为 h。$X_i \in \mathbb{R}^{n \times d}$ 为分词后的核苷酸序列中第 i 个词的词向量，n 为小批量输入样本数量，d 为词向量维数。$C_{i-1} \in \mathbb{R}^{n \times h}$ 和 $H_{i-1} \in \mathbb{R}^{n \times h}$ 是前一个词向量的记忆内容和隐藏信息。输入门 $I_i \in \mathbb{R}^{n \times h}$，遗忘门 $F_i \in \mathbb{R}^{n \times h}$，输出门 $O_i \in \mathbb{R}^{n \times h}$ 分别用于读入、遗忘和输出隐藏状态的信息，计算过程见式（11.18）~式（11.20）：

$$F_i = \sigma(W_f[H_{i-1}, X_i] + b_f) \tag{11.18}$$

$$I_i = \sigma(W_{in}[H_{i-1}, X_i] + b_{in}) \tag{11.19}$$

$$O_i = \sigma(W_{out}[H_{i-1}, X_i] + b_{out}) \tag{11.20}$$

其中，W_f、W_{in}、W_{out} 和 b_f、b_{in}、b_{out} 表示可以通过反向传播算法自动优化的门控参数；σ 为非线性激活函数，核苷酸序列信息通过三种门的信息流动控制后，F_i、I_i 和 O_i 不仅携带了之前核苷酸的内容信息，还包含了当前词向量 X_i 的信息。

此外，长记忆和短记忆需要计算候选记忆单元 $\tilde{C}_t$ 来控制每个时间步的输入，从而长期传递当前输入的词向量 X_i 的内容。计算过程与以上三种门控机制类似，见式（11.21）：

$$\tilde{C}_t = \tanh(W_c[H_{i-1}, X_i + b_c]) \tag{11.21}$$

其中，$\tanh$ 为激活函数；W_c 和 b_c 为门控参数。

至此，LSTM 已经可以通过输入门 I_i、遗忘门 F_i 和输出门 O_i 来控制当前数据内容和隐藏信息的流动，当前状态记忆内容 C_i 和隐藏状态信息 H_i 的计算过程见式（11.22）和式（11.23）：

$$C_i = F_i * C_{i-1} + I_i * \tilde{C}_i \qquad (11.22)$$

$$H_i = O_i * \tanh(C_i) \qquad (11.23)$$

由于每个时间步的隐藏状态均携带之前核苷酸序列的内容信息，因此，实际工作过程中，可以选取每个时间步的隐藏状态 H_i 作为 LSTM 的输出，也可以选取最后一个时间步的隐藏状态作为 LSTM 的输出。

由于 circRNA 上的 RBP 结合位点核苷酸序列是变长序列，本节设计了一种基于 LSTM 的序列学习编码解码器结构，并将其应用于 circRNA 上的 RBP 结合位点预测任务。假设编码后的结合位点核苷酸序列为 $X_1, X_2, \cdots, X_{L-k+1}$，其中 X_i 是 circRNA 上结合位点核苷酸序列中的第 i 个核苷酸或 k-mer 词向量，H_{i-1} 为前一时间步核苷酸序列的隐藏状态。LSTM 中的门控单元将当前的输入 X_i 和前一时间步隐藏状态 H_{i-1} 转换为当前隐藏状态 H_i。通过 LSTM 编码器将每个位置的隐藏状态转换为包含上下文信息的变量 C，见式（11.24）：

$$C = F(H_1, H_2, \cdots, H_n) \qquad (11.24)$$

其中，F 为隐藏层变换函数。

在实际应用过程中，设置 $C = H_n$ 为编码器的输出序列特征向量。鉴于 RBP 结合位点在两个方向上是等效的，不区分起始和结束位置，而特征向量 C 只依赖于前序核苷酸隐藏状态，无法感知后续核苷酸的隐藏状态，因此利用双向 LSTM（BiLSTM）来捕获核苷酸序列的双向依赖关系。获得编码的序列特征后，利用多层的 LSTM 作为解码器，使用解码后的前序隐藏状态 $S_{i'-1}$ 和编码后的序列特征向量 C 更新当前的隐藏状态 $S_{i'}$，解码过程见式（11.25）：

$$S_{i'} = G(S_{i'-1}, C) \qquad (11.25)$$

其中，G 代表了多层的 LSTM 网络。

在获得解码后的特征向量 $S_{i'}$ 后，理论上可以直接输入分类器中完成分类任务。然而，为了捕获序列中潜在的基序特征信息，进一步利用注意力机制增强序列中隐藏的关键特征的贡献，从而达到提高分类准确率的目的。

11.4.3 CRPBsites 算法预测

本节基于 LSTM 构建了一种深度学习算法 CRPBsites 来识别 circRNA 上的 RBP 结合位点，其结构见图 11.11。首先筛选膀胱癌中过表达的 RBP，融合 ENCORI 和 CircInteractome 数据库的结合位点信息，分别从 circBase 和 UCSC 数据库中收集结合位点序列。紧接着，circRNA 上的结合位点序列经过 Word2vec 编码后输入基于 LSTM 的编码解码框架中，最后通过注意力机制和前馈网络进行分类预测。

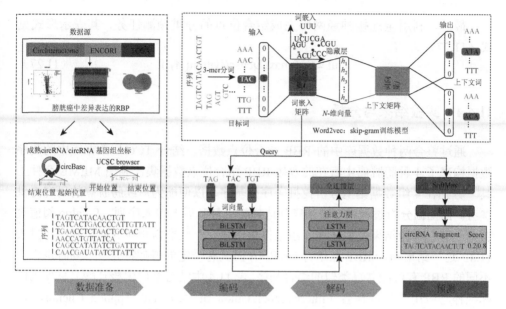

图 11.11　CRPBsites 构建与数据处理流程

　　circRNA 上结合位点的核苷酸序列通过 Word2vec 进行编码，向量化后的变长结合位点核苷酸序列通过 LSTM 编码网络层编码为定长向量，同时学习编码核苷酸序列的上下文结构信息。为了识别方向相反的相似结合位点，使用 BiLSTM 代替 LSTM 作为编码网络。利用另一个 LSTM 神经网络对编码序列进行解码，为提高分类的准确率，使用自注意力机制来增强序列特征向量中隐藏的关键特征信息，最后，输入前馈神经网络完成分类预测。

　　RBP 结合位点的核苷酸序列通常会存在一些潜在的特异性结合基序，因此，解码后的序列特征信息对分类预测任务并非同等重要，序列特征中隐藏的结合基序信息对分类预测任务的准确率贡献更多。本节引入注意力机制，利用全连接神经网络计算序列特征的权重，以加强解码后序列特征中潜在关键特征的贡献。首先，对解码后的特征矩阵 S 进行转置，得到初始权重矩阵，然后，利用全连接神经网络和 Softmax 函数得到每个解码后特征向量 $S_{i'}$ 的特征权重。为便于权重矩阵与特征矩阵相乘，将权重矩阵进行转置，得到最终的权重矩阵，进而将特征向量权重与特征向量相乘以实现自注意力机制。自注意力机制计算过程见式（11.26）：

$$\begin{cases} S = (S_1, S_2, \cdots, S_{i'}) \\ A = \mathrm{Softmax}(\mathrm{Dense}(S^{\mathrm{T}})) * S \end{cases} \quad (11.26)$$

其中，S 是解码器输出的特征矩阵；S^{T} 是 S 的转置矩阵；Dense 是全连接神经网络。

最后，利用全连接神经网络完成结合位点的分类预测任务，其表示形式见式（11.27）：

$$Out = Softmax(Dense(flatten(A)))$$ （11.27）

11.4.4 实验结果与分析

通过整合两种数据库中的 RBP 结合位点数据，结合 TCGA 数据库中的测序数据构建了 4 种膀胱癌中潜在的致癌 RBP 结合位点数据集，利用 MEME 套件工具[32]分别在 4 组数据集上分析挖掘了序列基序，以便能为后续膀胱癌的研究提供参考。在挖掘分析过程中，控制序列选择随机打乱后的输入序列，E-value 阈值设置为 0.05。实验结果发现在这 4 组数据集中存在一些非常相似的结合基序，见表 11.4。这一结果暗示 RBP 在结合 circRNA 时具有一定的癌症特异性，同时也表明不同的 RBP 有可能共享类似的结合基序。表 11.4 中结合基序中核苷酸名称使用国际纯粹与应用化学联合会（International Union of Pure and Applied Chemistry，IUPAC）核苷酸编码标准，其中非基础核苷酸字符代表两个或多个核苷酸的组合[33]。标识栏列出了结合基序的序列标识。

表 11.4　每种 RBP 的重要结合基序

RBP	基序	标识	长度/nt	E-value
IGF2BP1	GRAGA		5	1.9×10^{-8}
IGF2BP3	GWRGA		5	1.4×10^{-107}
LIN28A	GRAGAW		6	3.1×10^{-32}
LIN28B	GRAGMUG		7	1.7×10^{-17}

注：在基序中，R 为 "Purine" = AG；W 为 "Weak" = AU；M 为 "Amino" = AC。

研究表明，circCDYL 在非肌肉浸润性膀胱癌患者中高表达，并与预后良好呈正相关[34]。IGF2BP1 是一种转录后调控因子，通常具有致癌作用。另一项研究证实 circCDYL 可作为 IGF2BP1 的海绵，抑制 IGF2BP1 在膀胱癌细胞中的致癌作用[35]。为证明 CRPBsites 的有效性，为膀胱癌的机制研究提供参考，本节将 circCDYL 核苷酸序列输入经过训练的 CRPBsites 中，以识别 circCDYL 核苷酸序列上的 IGF2BP1 结合位点。CRPBsites 会自动将输入序列进行切割、编码，依次输入模型中进行序列片段评分，最后输出每个序列片段的概率值，通过统计连续的高得分区域得到潜在的结合位点信息。

　　表 11.5 中列出了详细的潜在结合位点的位置、核苷酸序列以及概率值。大多数潜在结合位点的序列长度分布在 5~10nt，因此，起止位置为 191~215，序列长度为 25nt 的结合位点有进一步研究的价值。值得注意的是，circCDYL 上起止位置为 158~163 的潜在结合位点核苷酸序列 'GAAGCA' 与结合基序 'GAAGA' 高度相似。以上的实验结果均表明 CRPBsites 在预测 circRNA 上 RBP 结合位点的有效性。

表 11.5　CircCDYL 上 IGF2BP1 的潜在的结合位点信息以及评分

起始位置	结束位置	序列	长度/nt	评分
20	24	AAGGA	5	0.9455
80	87	GGACGACA	8	0.9552
120	136	GAGGAATACATCCACGA	17	0.9073
141	153	AACAGACGCCACA	13	0.9456
158	163	GAAGCA	6	0.9618
178	182	TGACC	5	0.9618
191	215	CAGGACCTCTCCCAACAATGCTAGG	25	0.9609
226	230	CCAGA	5	0.8622
236	244	CAACAGCAA	9	0.9347
272	276	CGTGA	5	0.9563
289	296	ACGAATCC	8	0.8408
328	334	AGTTCAG	7	0.9198
367	374	AGAACATG	8	0.8540
424	430	AGAGCAG	7	0.8881
487	495	AGGGTCAGG	9	0.8592

11.5　基于伪孪生神经网络的 circRNA-RBP 结合位点预测

　　伪孪生神经网络（pseudo-siamese network）由两个任意的神经网络进行连接，它们可以是不同类型的神经网络（如一个是 LSTM，一个是 CNN），也可以是相同的神经网络，但彼此之间权重相互独立、互不影响。两个独立的神经网络的结构可以使两个分支分别提取不同的特征，整合这两个结构可以有效提高预测算法的性能。

本节从 CircInteractome 数据库收集了 17 种与疾病相关的 RBP 所对应的 circRNA 结合位点数据，构建了一个 circRNA 序列数据集，并基于伪孪生神经网络构建了一种深度学习算法（circ-pSBLA）[12]对 circRNA-RBP 结合位点进行预测。circ-pSBLA 包括两个子网络，除分类预测模块之外，两个子网络具有相同的输入和网络结构。该算法采用 CNN 对序列的原始编码矩阵进行特征提取，紧接着使用 BiLSTM 和自注意力机制进行特征学习。基于此，在分类预测模块分别使用两种分类器以得到最终的预测结果。

11.5.1　疾病相关 RBP 结合位点与特征提取

通过文献检索，构建了 17 种疾病相关 RBP 所对应的 circRNA 结合位点序列数据集。数据集的详细信息见表 11.6，其中，circRNA 序列来自 CircInteractome 数据库。从对应于 CLIP-seq 读取峰的每个结合位点，分别在其上游和下游延伸 50 个核苷酸来提取长度为 101nt 的 circRNA 片段作为正样本。负样本在非结合位点的 circRNA 片段中随机提取，其长度与正样本相同。每一个数据集正样本和负样本的比例均为 1∶1，以平衡数据集，此外，使用阈值为 0.8 的 CD-HIT 工具分别消除正样本和负样本中的冗余序列，最终得到了与 17 种 RBP 相关的 circRNA-RBP 结合位点数据集。

表 11.6　17 种疾病相关 RBP 所对应的数据集信息

样本个数	RBP	正样本个数	负样本个数
0～1000	FXR1	927	927
	WTAP	496	496
1000～5000	AGO3	3124	3124
	AUF1	2896	2896
	PUM2	2829	2829
	QKI	1033	1033
	TAF15	1467	1467
5000～10000	FXR2	5635	5635
	LIN28B	7888	7888
	TDP43	5484	5484
	TIAL1	5456	5456
	U2AF65	8224	8224

样本个数	RBP	正样本个数	负样本个数
	AGO1	17318	17318
	DGCR8	20000	20000
10000~20000	FMRP	20000	20000
	FUS	20000	20000
	HNRNPC	14224	14224

对数据集中的每一个序列片段 $s = 's_1 s_2 \cdots s_L ', s_i \in \{A, U, C, G\}, i = 1, 2, \cdots, L$，采用式（11.1）所示的 One-hot 编码方法将其转换为一个 $4 \times L$ 维的原始编码矩阵，作为 circ-pSBLA 的输入信息。

在特征提取部分，使用了一个一维卷积层、一个批标准化（batch normalization，BN）[36]层、一个激活函数与一个平均池化层。首先，对输入的原始编码矩阵采用式（11.3）和式（11.4）所示的卷积操作得到了卷积特征谱，紧接着，为了克服神经网络层数加深引起的梯度消失或梯度爆炸，引入了 BN 与 ReLU 激活函数，BN 的运算过程见式（11.28）～式（11.31）：

$$\mu_B \leftarrow 1/m \sum_{i=1}^{m} x_i \tag{11.28}$$

$$\sigma_B \leftarrow 1/m \sum_{i=1}^{m} (x_i - \mu_B)^2 \tag{11.29}$$

$$x_i^* \leftarrow (x_i - \mu_B)/\sqrt{\sigma_B^2 + \varepsilon} \tag{11.30}$$

$$y_i \leftarrow \gamma x_i^* + \beta \equiv BN_{\gamma, \beta}(x_i) \tag{11.31}$$

其中，$B = \{x_1, x_2, \cdots, x_m\}$ 是一个小批次输入；y_i 是输出；γ、β 是参数；μ_B 是小批次均值；σ_B 是小批次方差。式（11.30）用于归一化，式（11.31）用于尺度变换和偏移。

通过 BN，所有输出不会都分布在 0 的一侧（正或负），在此基础上实现了 ReLU 的单边抑制作用，此外，BN-ReLU 结构加快了收敛速度。紧接着，使用一个平均池化层获取每个通道的平均特征值。通过一系列步骤，得到了序列的局部特征信息。

11.5.2　基于 BiLSTM-Attention 的特征学习

如前面内容分析，LSTM 可以捕获序列的长期依赖信息，而 BiLSTM 由两个方向的 LSTM 组成，可以充分学习前向信息与后向信息，其结构见图 11.12。

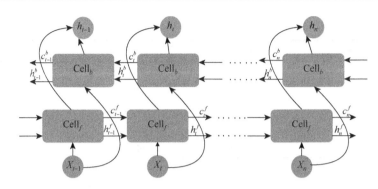

图 11.12 　BiLSTM 结构示意图

前向的输出 $\{h_0^f, h_1^f, h_2^f, \cdots, h_n^f\}$ 与反向的输出 $\{h_0^b, h_1^b, h_2^b, \cdots, h_n^b\}$ 进行拼接后，可以得到 BiLSTM 的输出，输出中包含了序列前向与反向的上下文信息：$\{h_0, h_1, h_2, \cdots, h_n = [h_0^f, h_0^b], [h_1^f, h_1^b], [h_2^f, h_2^b], \cdots, [h_n^f, h_n^b]\}$。

在 BiLSTM 后，使用注意力层来学习与分类任务相关的特征信息。在大量的特征信息中，部分特征对分类预测任务的准确率贡献更多，为了进一步提高关键特征的贡献，引入了自注意力机制，见图 11.13。

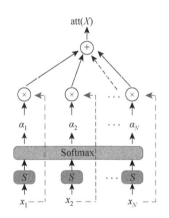

图 11.13 　自注意力机制流程图

自注意力机制的计算过程可以分为两步：①计算所有输入信息的注意力权重 α；②根据 α 计算输入信息的加权平均值。给定输入特征 X，$d \in [1, N]$ 表示 X 的索引位置，第 i 个索引的注意力权重计算过程见式（11.32）：

$$\alpha_i = p(d = i \mid X) = \mathrm{Softmax}(s(x_i)) = \frac{\exp(s(x_i))}{\sum_{j=1}^{N} \exp(s(x_j))} \tag{11.32}$$

其中，$s(x_i)$ 是注意力打分函数，计算过程见式（11.33）：

$$s(x_i) = u \cdot \tanh(Wx_i + b) \tag{11.33}$$

其中，u、W、b 是模型的参数，在训练过程中，u、W 被随机初始化，b 被初始化为 0。最后，计算自注意力机制的输出，见式（11.34）：

$$\text{att}(X) = \sum_{i=1}^{N} \alpha_i x_i \tag{11.34}$$

通过自注意力机制计算输入信息的加权平均值，然后将其输入神经网络进行分类，这里将 $\text{att}(X)$ 输入具有 102 个神经元的全连接层。全连接层可以提高算法的泛化能力。

11.5.3　circ-pSBLA 算法预测

基于伪孪生神经网络，circ-pSBLA 包括了两个子网络，每个子网络都由特征提取、特征学习以及分类预测三个模块组成，其框架见图 11.14。其中，CNN 用于提取序列的局部特征，并将提取结果输入 BiLSTM-Attention 中，用于学习序列的上下文依赖关系与深层特征，进一步提高算法的分类准确率。在分类预测模块，两个子网络分别使用了全连接层-Softmax 结构与 CatBoost。

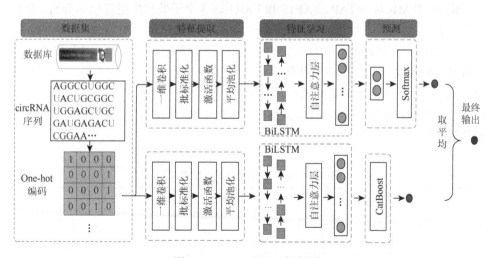

图 11.14　circ-pSBLA 框架图

在第一个子网络中，使用具有两个神经元的全连接层和一个 Softmax 函数作为分类器。由前面内容可知，结合位点预测任务本质上是二分类问题。通过全连接层-Softmax 结构，可以得到两个映射到（0，1）区间的分类结果，分别表示输入序列属于结合位点与非结合位点的概率。

在第二个子网络中，使用 CatBoost[37]作为分类器。CatBoost 是一种梯度提升决策树（gradient boosting decision tree，GBDT）框架，基于对称决策树，参数较少，准确率高。CatBoost 解决了梯度偏差和预测偏移的问题，从而减少了过拟合的发生，进一步提高了 circ-pSBLA 的准确性和泛化能力。在 circ-pSBLA 中，将树的深度设置为 6，学习率设置为 0.01，迭代次数设置为 2000，在训练阶段，将 Logloss 用作损失函数，见式（11.35）：

$$L = -1/N \sum_{i=1}^{N} (y_i \log_2 p_i + (1-y_i) \log_2 (1-p_i)) \tag{11.35}$$

其中，N 是样本个数；y_i 是真实标签（1 表示结合位点；0 表示非结合位点）；p_i 是预测成功的概率，且 $p_i = 1/(1+e^{-a_i})$；a_i 是 CatBoost 在第 i 个样本上的预测结果。

最后，circ-pSBLA 取两个子网络分类结果的平均值作为最终的分类预测结果。

11.5.4　实验结果与分析

使用 MEME 对 WTAP、TAF15 和 FXR1 这 3 个子数据集进行模体分析，分析结果见表 11.7。通过模体分析，发现 circ-pSBLA 性能的提高可能与模体有关。由表 11.7 可知，这些数据集都有明显的模体，且频率较高，尤其是"G"和"A"。从核苷酸的高度看，每个位置都包含很多信息。同时，采用 TOMTOM 工具对其两两比较，结果表明它们具有较高的相似性，这说明不同的 RBP 可能有相似的结合基序，而 circ-pSBLA 在这些数据集中所展现的优势可能是因为其对这些相似的模体更敏感。

表 11.7　3 个子数据集上的模体分析

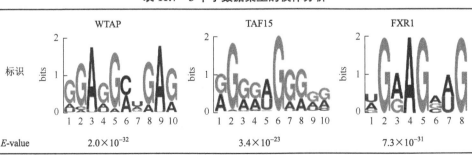

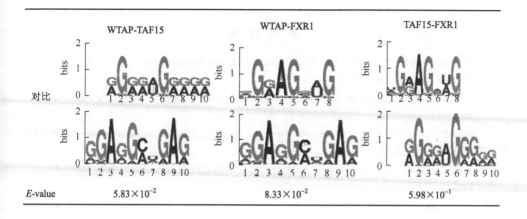

11.6　小　　结

circRNA 与 RBP 相互作用已经成为其发挥生物学功能的重要途径之一。两者之间的相互作用虽然可以通过 CLIP-seq 等高通量的生物实验方法进行解析,并且也取得了一些重要的发现,但生物实验也存在费时、费力和花费高等局限性。深度学习算法基于其自身优势,适用于挖掘序列特异性。另外,我们还使用了自注意力机制、时间卷积网络等深度学习算法对 circRNA 与 RBP 结合位点进行了预测,算法均展现出了优异的性能[38, 39]。本章以 circRNA-RBP 相互作用位点预测问题为研究对象,利用 One-hot 编码、词嵌入技术对序列进行编码处理,从序列的局部与全局信息、结合位点的无方向性以及关键特征对分类的贡献等多个角度出发,分别整合了 CNN、胶囊网络、RNN 以及伪孪生神经网络,构建了 4 种不同的深度学习算法,预测 circRNA 与 RBP 相互作用并分析和挖掘结合位点的序列特异性,对探究 circRNA 与 RBP 的相互作用机制具有重要的作用。

RBP 是细胞中一类重要的蛋白质,RBP 通过识别特殊的 RNA 结合域与 RNA 相互作用,广泛参与到 RNA 的剪切、转运、序列编辑、胞内定位及翻译控制等多个转录后调控过程中。circRNA 结合蛋白的调控机制非常灵活,RBP 可以作为 circRNA 形成的激活剂或抑制剂,并调节 circRNA 表达水平。预测 circRNA-RBP 结合位点有助于揭示生物分子间的相互作用,对于解析基因调控机制以及疾病发生机理具有重要意义。深度学习方法的应用使我们能够更好地预测 circRNA-RBP 结合位点,让我们认识到在新兴的交叉学科中,应该强调探索式学习,着力培养创新思维和创新能力。同时,在将人工智能方法用于生命科学研究时,我们也必须密切关注数据隐私和生物信息安全等重要问题,以确保我们的研究符合伦理标准。

参 考 文 献

[1]　Dong X，Chen K，Chen W B，et al. CircRIP：An accurate tool for identifying circRNA-RBP interactions[J]. Briefings in Bioinformatics，2022，23（4）：1-9.

[2]　Liu C X，Chen L L. Circular RNAs：Characterization，cellular roles，and applications[J]. Cell，2022，185（12）：2016-2034.

[3]　Wang Y Y，Lei X J，Pan Y. Predicting microbe-disease association based on heterogeneous network and global graph feature learning[J]. Chinese Journal of Electronics，2022，31（2）：345-353.

[4]　张冀东，王志晗，刘博. 深度学习在生物序列分析领域的应用进展[J]. 北京工业大学学报，2022，48（8）：878-887.

[5]　Niu M，Zou Q，Wang C. GMNN2CD：Identification of circRNA-disease associations based on variational inference and graph Markov neural networks[J]. Bioinformatics，2022，38（8）：2246-2253.

[6]　Niu M，Zou Q，Lin C. CRBPDL：Identification of circRNA-RBP interaction sites using an ensemble neural network approach[J]. PLoS Computational Biology，2022，18（1）：e1009798.

[7]　Zhang Q，Zhu L，Huang D S. High-order convolutional neural network architecture for predicting DNA-protein binding sites[J]. IEEE/ACM Transactions on Computational Biology and Bioinformatics，2018，16（4）：1184-1192.

[8]　Wang Z F，Lei X J，Wu F X. Identifying cancer-specific circRNA-RBP binding sites based on deep learning[J]. Molecules，2019，24（22）：4035.

[9]　王政锋. 基于深度学习的 circRNA-RBP 相互作用关系及结合序列特异性预测研究[D]. 西安：陕西师范大学，2022.

[10]　Wang Z F，Lei X J. Identifying the sequence specificities of circRNA-binding proteins based on a capsule network architecture[J]. BMC Bioinformatics，2021，22（1）：1-16.

[11]　Wang Z F，Lei X J. Prediction of RBP binding sites on circRNAs using an LSTM-based deep sequence learning architecture[J]. Briefings in Bioinformatics，2021，22（6）：bbab342.

[12]　Guo Y J，Lei X J. A pseudo-siamese framework for circRNA-RBP binding sites prediction integrating BiLSTM and soft attention mechanism[J]. Methods，2022，207：57-64.

[13]　Pan X，Shen H B. Predicting RNA-protein binding sites and motifs through combining local and global deep convolutional neural networks[J]. Bioinformatics，2018，34（20）：3427-3436.

[14]　Xia S Y，Feng J，Chen K，et al. CSCD：A database for cancer-specific circular RNAs[J]. Nucleic Acids Res，2018，46（1）：925-929.

[15]　Glažar P，Papavasileiou P，Rajewsky N. CircBase：A database for circular RNAs[J]. Rna，2014，20（11）：1666-1670.

[16]　Babak A，Andrew D，Matthew T W，et al. Predicting the sequence specificities of DNA-and RNA-binding proteins by deep learning[J]. Nature Biotechnology，2015，33（8）：831-838.

[17]　Kim Y. Convolutional neural networks for sentence classification[C]. 2014 Conference on Empirical Methods in Natural Language Processing，Doha，2014.

[18]　Zhang Y，Wallace B C. A sensitivity analysis of（and practitioners' guide to）convolutional neural networks for sentence classification[C]. 2017 International Joint Conference on Natural Language Processing，Taipei，2017.

[19]　Pan X，Shen H B. RNA-protein binding motifs mining with a new hybrid deep learning based cross-domain knowledge integration approach[J]. BMC Bioinformatics，2017，18（1）：1-14.

[20]　Shobhit G，John A S，Timothy L B，et al. Quantifying similarity between motifs[J]. Genome Biology，2007，8（2）：1-9.

[21]　Chen X，Gu P，Xie R H，et al. Heterogeneous nuclear ribonucleoprotein K is associated with poor prognosis and regulates proliferation and apoptosis in bladder cancer[J]. Journal of Cellular and Molecular Medicine，2017，21（7）：1266-1279.

[22]　Diego M M，Liu M，Jamie L H，et al. Brain metastasis is predetermined in early stages of cutaneous melanoma by CD44v6 expression through epigenetic regulation of the spliceosome[J]. Pigment Cell & Melanoma Research，2015，28（1）：82-93.

[23]　Zadeh M A H，Amin E M，Hoareau-Aveilla C，et al. Alternative splicing of TIA-1 in human colon cancer regulates VEGF isoform expression，angiogenesis，tumour growth and bevacizumab resistance[J]. Molecular Oncology，2015，9（1）：167-178.

[24]　Zhou X M，Li Q，He J C，et al. HnRNP-L promotes prostate cancer progression by enhancing cell cycling and inhibiting apoptosis[J]. Oncotarget，2017，8（12）：19342-19353.

[25]　Anczuków O，Akerman M，Cléry A，et al. SRSF1-regulated alternative splicing in breast cancer[J]. Molecular Cell，2015，60（1）：105-117.

[26]　Sabour S，Frosst N，Hinton G E. Dynamic routing between capsules[C]. Proceedings of The 31st International Conference on Neural Information Processing Systems，Long Beach，2017：3859-3869.

[27]　Zhang B B，Chen M L，Jiang N，et al. A regulatory circuit of circ-MTO1/miR-17/QKI-5 inhibits the proliferation of lung adenocarcinoma[J]. Cancer Biology and Therapy，2019，20（8）：1127-1135.

[28]　Zhang K M，Pan X Y，Yang Y，et al. CRIP：Predicting circRNA-RBP binding sites using a codon-based encoding and hybrid deep neural networks[J]. RNA，2019，25（12）：1604-1615.

[29]　Zhang Q H，Zhu L，Huang D S. High-order convolutional neural network architecture for predicting DNA-protein binding sites[J]. IEEE-ACM Transactions on Computational Biology and Bioinformatics，2019，16（4）：1184-1192.

[30]　Church K W. Word2Vec[J]. Natural Language Engineering，2017，23（1）：155-162.

[31]　刘建伟，王园方，罗雄麟. 深度记忆网络研究进展[J]. 计算机学报，2021，44（8）：1549-1589.

[32]　Timothy L. Bailey and charles elkan，fitting a mixture model by expectation maximization to discover motifs in biopolymers[C]. Proceedings of the Second International Conference on Intelligent Systems for Molecular Biology，Menlo Park，1994：28-36.

[33]　Bailey T L. DREME：Motif discovery in transcription factor chIP-Seq data[J]. Bioinformatics，2011，27（12）：1653-1659.

[34]　Okholm T L H，Nielsen M M，Hamilton M P，et al. Circular RNA expression is abundant and correlated to aggressiveness in early-stage bladder cancer[J]. NPJ Genomic Medicine，2017，2（1）：1-14.

[35]　Okholm T L H，Sathe S，Park S S，et al. Transcriptome-wide profiles of circular RNA and RNA-binding protein interactions reveal effects on circular RNA biogenesis and cancer pathway expression[J]. Genome Medicine，2020，12（1）：1-22.

[36]　Ioffe S，Szegedy C. Batch Normalization：Accelerating deep network training by reducing internal covariate shift[C]. 2015 International Conference on Machine Learning，Lille，2015：448-456.

[37]　Prokhorenkova L，Gusev G，Vorobev A，et al. CatBoost：Unbiased boosting with categorical features[C]. 2018 Conference on Neural Information Processing Systems，Montreal，2018.

[38]　Guo Y，Lei X，Liu L，et al. circ2CBA：Prediction of circRNA-RBP binding sites combining deep learning and attention mechanism[J]. Frontiers of Computer Science，2023，17（5）：175904.

[39]　Guo Y，Lei X，Pan Y. Prediction of circRNA-RBP binding sites using a CNN-based encoding and decoding framework[J]. Chinese Journal of Electronics，2023，33（1）：1-9.

第 12 章　代谢物与疾病的关联关系预测

12.1　引　　言

代谢物在生物体的维持、生长和繁殖中起着重要的作用，代谢物水平可以直接反映人体的生理状态。代谢产物作为生物反应和活动的中间体，在连接各种细胞通路和不同系统之间的通信中起着重要作用。代谢产物的水平取决于相应酶的含量、活性和性质，它们参与多种生化反应，涉及不同的调控过程，发挥不同的功能。就获得能量而言，代谢物分为两种：一种是通过大分子的分解代谢获得能量，如细胞呼吸；另一种是通过细胞内部的合成，如蛋白质和核酸来获取能量。人类各种常见疾病都属于复杂疾病，它们不是由单一基因所决定的，而是由多因素、遗传和环境共同作用的结果。已有充分的证据表明疾病总是伴随着代谢物的变化。因此，识别异常疾病相关代谢物不仅对提高临床诊断水平，而且对更好地理解代谢病理过程具有重要意义。代谢组学是系统生物学的重要组成部分，是继基因组学和蛋白质组学后最近发展起来的一门学科。代谢组学已被应用于定义与疾病预后或诊断相关的代谢物，并可为疾病提供更好的病理生理学理解。

本章分别使用不同的 AI 方法预测代谢物与疾病关联关系。首先主要介绍了基于 KATZ 算法的代谢物与疾病关联关系预测[1, 2]，其次使用蜂群优化算法预测代谢物与疾病关联关系[1, 3]，再次基于轻量级梯度提升树算法构建代谢物与疾病关联关系预测模型[1, 4]，接着采用深度游走和随机森林算法预测代谢物和疾病的关联关系[5, 6]，最后通过图卷积网络预测代谢物与疾病的关联关系[5, 7]。

12.2　基于 KATZ 算法的代谢物与疾病关联关系预测

代谢物在疾病预防和诊断等方面有着重要的作用，研究人员利用生物实验挖掘了越来越多的代谢物与疾病关联关系，为预测代谢物与疾病关联关系打下了坚实的数据基础。本节提出了一种基于 KATZ 的算法来预测代谢物与疾病的关联关系，算法简记为 KATZMDA[2]。

12.2.1 KATZ 算法

KATZ 最早是用来发掘潜在社会关系的一种预测模型,其基本预测原理是根据各个结点间的路径数量及每条路径的长度计算出相应结点间的权重。结点间的权重越大,潜在的关联关系越大。在本小节中,以代谢物和疾病作为结点,对于代谢物 i 和疾病 j 之间的潜在关联情况,需要考虑的是代谢物 i 和疾病 j 之间的路径数量及每条路径的长度[8]。$M^{*l}(i, i)$ 表示连接代谢产物 i 和疾病 j 的路径数量。由于存在不同长度的路径,且路径越长两结点间的影响会越弱,因此,需要把不同长度路径下代谢物 i 和疾病 j 的路径数量考虑进去。这里,采用非负参数 δ 来控制不同长度路径的影响[9]。如果 $l_1 < l_2$ 则 $\delta_2 < \delta_1$。$Z(m_i, d_j)$ 表示单个代谢物与单个疾病对间的权重,计算公式如下:

$$Z(m_i, d_j) = \sum_{l=1}^{k} \delta_l M^{*l}(i, j) \tag{12.1}$$

所有代谢物与疾病对的权重矩阵计算见式(12.2):

$$Z = \sum_{l \geqslant 1} \delta^l \mathrm{MD}^l = (I - \delta M)^{-1} - I \tag{12.2}$$

其中,Z 表示所有代谢物与疾病间的权重。

12.2.2 KATZMDA 算法预测

在 KATZMDA 中,首先,从最新版本的 HMDB 数据库中提取代谢物与疾病关系对数据,构造出已知的代谢物与疾病网络。然后利用疾病语义相似性和改进的疾病高斯核相似性进行融合得到疾病相似性网络,通过代谢物高斯核相似性得到代谢相似性网络,利用 KATZ 算法进行疾病预测,算法框架见图 12.1。

1. 相似性构建

将已知的代谢物与疾病关系矩阵记为 $M(n \times m)$,其中 n 代表疾病的总个数,m 代表代谢物的总个数,如果疾病 i 和代谢物 j 有已知关联关系,则 M 中相应位置的元素值设为 1,否则为 0。最后以疾病和代谢物为结点,对应的已知关联关系作为结点间的连边,构建代谢物与疾病二分网络。根据式(3.16)计算疾病的语义相似性,用矩阵 DSS 来表示,并根据式(3.21)~式(3.23)计算高斯核相似性,记为 GDL,并将两种相似性进行融合,得到疾病的相似性矩阵 SD:

$$\mathrm{SD}(d(i), d(j)) = \begin{cases} \mathrm{GDL}(d(i), d(j)), & \mathrm{DSS}(i, j) = 0 \\ (1-\gamma)\mathrm{DSS}(d(i), d(j)) + \gamma\mathrm{GD}(d(i), d(j)), & \text{其他} \end{cases} \tag{12.3}$$

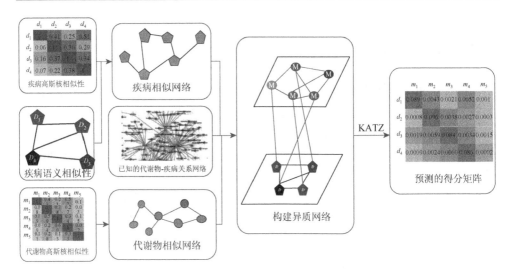

图 12.1　KATZMDA 方法框架

同理,利用高斯核来计算代谢物之间的相似性,记为 SM。式(12.2)中参数 δ 的选择范围为 $\delta < 1/\|M\|^2$ [10]。根据 SM 和 SD,邻接矩阵 M 可更新为

$$M = \begin{bmatrix} \text{SM} & M \\ M^{\text{T}} & \text{SD} \end{bmatrix} \tag{12.4}$$

2. KATZ 算法用于关联关系预测

本节采用 KATZ 预测代谢物和疾病的关联关系。根据构建的相似性以及代谢物和疾病间不同路径长度($k = 2, 3, 4$)进行预测,见式(12.5)~式(12.7):

$$Z^{k=2}(M^*) = \delta M + \delta^2 \cdot (\text{SM} \times M + M \times \text{SD}) \tag{12.5}$$

$$Z^{k=3}(M^*) = Z^{k=2}(M^*) + \delta^3 (M \times M^{\text{T}} \times M + \text{SM}^2 \times M + \text{SM} \times M \times \text{SD} + M \times \text{SD}^2) \tag{12.6}$$

$$\begin{aligned}
Z^{k=4}(M^*) = & Z^{k=3}(M^*) + \delta^4 (\text{SM}^3 \times M + M \times M^{\text{T}} \times \text{SM} \times M \\
& + \text{SM} \times M \times M^{\text{T}} M + M \times \text{SD} \times M^{\text{T}} \times M) \\
& + \delta^4 (M \times M^{\text{T}} M \times \text{SD} + \text{SM}^2 \times M \times \text{SD} \\
& + \text{SM} \times M \times \text{SD}^2 + M \times \text{SD}^3)
\end{aligned} \tag{12.7}$$

其中,$Z^{k=2}(M^*)$、$Z^{k=3}(M^*)$、$Z^{k=4}(M^*)$ 分别表示代谢物和疾病之间不同路径长度的计算;M 表示由已知关联关系构成的邻接矩阵;SM 表示代谢物相似性矩阵;SD 表示疾病相似性矩阵。

12.2.3　实验结果与分析

为了评价 KATZMDA 算法的性能，本节首先采用了第 2 章提到的 LOOCV 和 5 折交叉验证。对于 LOOCV 而言，依次将每个已知代谢物和疾病关联关系作为测试集，其余的已知关联关系作为训练集，而未知的代谢物和疾病关联关系作为候选集。因为有 4537 个已知关联关系，所以 LOOCV 要循环 4538 次。本算法在 5 折交叉验证中得到的平均 AUC 值为 0.8897，见图 12.2。

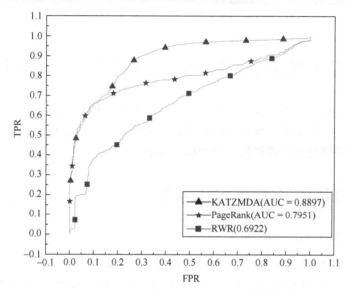

图 12.2　5 折交叉验证下不同预测算法的 ROC 曲线及对应的 AUC 值

为了展现 KATZMDA 算法挖掘潜在疾病与代谢物关联关系的能力，本节对肝病进行了案例研究。具体地，对数据库中所有与肝病有关的代谢物进行打分并将分值从高到低排列，挑选出前 10 个代谢物。通过查阅生物方面的文献进一步佐证这些代谢物是否与相应的疾病存在关联，见表 12.1。

表 12.1　肝病的候选代谢物

排名	代谢物名称	证据
1	Glycine	PMID: 16344603
2	L-Serine	PMID: 25644346
3	Creatine	PMID: 26832170

排名	代谢物名称	证据
4	Cholesterol	PMID：28733574
5	L-Alanine	PMID：1742521
6	L-Lysine	PMID：7890898
7	L-Phenylalanine	PMID：17615399
8	L-Tyrosine	PMID：22847184
9	L-Tryptophan	PMID：21841000
10	Creatinine	PMID：26311594

12.3　基于蜂群优化算法的代谢物与疾病关联关系预测

代谢物与疾病的关联关系预测对于深入理解致病机理及推进人类疾病的诊断和治疗有着重要的意义。本节通过融入间谍策略和人工蜂群算法对疾病与代谢物的关联关系进行预测，算法简记为 SSABCMDA[3]。

12.3.1　相似性网络和网络一致性投影

1. 相似性网络融合

与 12.2 节类似，首先计算代谢物和疾病的多个相似性矩阵，包括疾病的功能相似性 DFS1、疾病症状相似性 DFS2、疾病高斯核相似性 KD、代谢物的功能相似性 MFS 以及代谢物高斯核相似性矩阵 KM，并进行融合，得到代谢物相似性矩阵 MS 和疾病相似性矩阵 DS。

这里给出疾病的功能相似性 DFS1 的计算方式，从 DisGeNET[11]中得到疾病和相关基因的关联关系。随后，使用 Jaccard 相似性计算疾病之间的相似性评分，见式（12.8）和式（12.9）[12]：

$$\text{DFS1}(d_i, d_j) = \frac{p}{p+q+r} \tag{12.8}$$

$$G_n(d_i) = \begin{cases} 1, & \text{基因}G_n\text{与疾病}d_i\text{关联} \\ 0, & \text{其他} \end{cases} \tag{12.9}$$

其中，$d_i = [G_1(d_i), \cdots, G_n(d_i), \cdots, G_{nd}(d_i)]$；$p$ 表示疾病 i 和疾病 j 共有的基因数量；q 表示与疾病 i 有关但与疾病 j 无关的基因数量；r 表示与疾病 j 有关但与疾病 i 无关的基因数量。

之后，将两种疾病的功能相似性整合为疾病的生物特征相似矩阵 DB，其列表如下：

$$DB(d_i,d_j) = \begin{cases} DFS1(d_i,d_j), & FS2(d_i,d_j)=0 \\ (1-\alpha DFS2(d_i,d_j)+\alpha DFS1(d_i,d_j)), & \text{其他} \end{cases}$$

（12.10）

融合疾病的生物和拓扑特性得到疾病最终的相似性，见式（12.11）：

$$SD(d_i,d_j) = \begin{cases} DB(d_i,d_j), & DB(d_i,d_j) \neq 0 \\ (1-\beta)DB(d_i,d_j)+\beta KD(d_i,d_j), & \text{其他} \end{cases}$$
（12.11）

基于两种功能相似的代谢物可能具有更相似的相关酶的假设，计算代谢物的权重向量 M_a，具体如下：

$$M_a = (w_{a,1}, w_{a,2}, \cdots, w_{a,G})$$
（12.12）

$$w_{a,b} = W_{a,b} \log_2 \frac{n}{n_b}$$
（12.13）

$$MFS(m_a, m_y) = \cos(M_a, M_y) = \frac{\sum_{b=1}^{G} M_{a,b} M_{y,b}}{\sqrt{\sum_{b=1}^{G} M_{a,b}^2} \sqrt{\sum_{b=1}^{G} M_{y,b}^2}}$$
（12.14）

其中，G 表示代谢物相关酶的数量；$w_{a,b}$ 量化代谢物 a 和酶 b 之间关联的强度；n_b 表示与酶 b 相关的代谢物的数量；n 表示整个代谢物的数量；$W_{a,b}$ 表示代谢物 a 和酶 b 之间的关联数。

融合代谢物功能相似性 MFS 和高斯核相似性 KM 得到代谢物相似矩阵 SM，见式（12.15）：

$$SM(m_i,m_j) = \begin{cases} MFS(m_i,m_j), & MFS(m_i,m_j) \neq 0 \\ (1-\gamma)MFS(m_i,m_j)+\gamma KM(m_i,m_j), & \text{其他} \end{cases}$$

（12.15）

2. 网络一致性投影

利用 Gu 等提出的一种名为网络一致性投影的方法[12]推断代谢物和疾病的关联。具体地，对于疾病相似性矩阵来说，如果疾病 i 和其他疾病（包括疾病 i 本身）之间的相似性较高，而这些与疾病 i 具有高相似性的其他疾病在已知的人类疾病与代谢物关联关系矩阵中和代谢物 j 相关联，那么疾病 i 与代谢物 j 之间存在高度的空间相似性。疾病 i 和代谢物 j 之间的预测评分与它们在疾病或代谢物相似性网络中的空间相似性呈正相关。详细的计算步骤如下。

首先，计算代谢物空间一致性投影的得分，计算见式（12.16）：

$$\text{msp}(i,j) = \frac{A_i \times \text{SM}_j}{|A_i|} \tag{12.16}$$

其中，$\text{msp}(i,j)$ 表示在 A_i 上 MS_j 的投影分数；A_i 表示代谢物和疾病关联关系网络中疾病 i 与所有代谢物之间关联的向量；SM_j 表示代谢物相似性网络中代谢物 j 与所有代谢物之间相似性的向量；$|A_i|$ 表示向量 A_i 的长度。

其次，计算疾病空间一致性投影的得分，计算见式（12.17）：

$$\text{dsp}(i,j) = \frac{\text{SD}_i \times A_j}{|A_j|} \tag{12.17}$$

其中，$\text{dsp}(i,j)$ 表示 A_j 上 DS_i 的投影分数；A_j 表示编码代谢物和疾病关联关系网络中代谢物 j 与所有疾病之间关联的向量；SD_i 表示疾病相似性网络中疾病 i 与所有疾病之间相似性的向量；$|A_j|$ 表示向量 A_j 的模。

最后，通过将疾病 i 的空间投影和代谢物 j 的空间投影的得分相结合得到疾病 i 和代谢物 j 最终的预测分数，见式（12.18）：

$$\text{ncp}(i,j) = \frac{\text{dsp}(i,j) + \text{msp}(i,j)}{|\text{SD}_i| + |\text{SM}_j|} \tag{12.18}$$

其中，$\text{ncp}(i,j)$ 表示疾病 i 和代谢物 j 的预测评分；$|\text{SD}_i|$ 表示向量 SD_i 的模；$|\text{SM}_j|$ 表示向量 SM_j 的模。

12.3.2 SSABCMDA 算法预测

SSABCMDA 算法流程见图 12.3。首先，将传统计算相似性方法进行融合；其次，利用融合的相似性和网络一致性映射算法，并通过间谍策略筛选潜在的负样本。关于参数的选择，本节使用人工蜂群算法选出合适的参数。

1. 间谍策略

众所周知，邻接矩阵 M 中存在许多未标记的代谢物和疾病关联关系，为了方便起见，它们大多被视为负训练样本，这对结果有一定的影响。因此，这里采用间谍策略[13]从未标记的代谢物和疾病对中探索可靠的负样本。间谍策略的相关步骤如下。首先，从标记关联关系中提取 10%的间谍样本，将它们从 1 变为 0。其次，采用网络一致性投影算法和相关的高斯核相似性来获得最终预测得分。其中，将间谍样本中最低的分数设置为阈值。如果候选样本中的最终分数低于阈值，则相关值将设置为"−1"，在代谢物和疾病关联关系邻接矩阵 M 中，该值被视为可靠的负样本。最后，重复 100 次间谍策略，取每次负样本的交集作为最终的负样本。间谍策略的采样图见图 12.4。

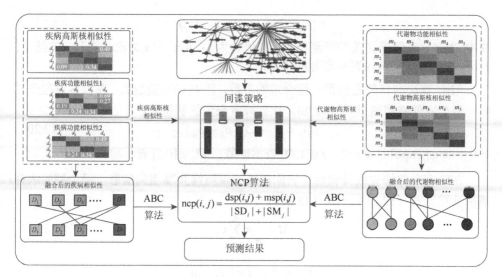

图 12.3　SSABCMDA 算法流程图

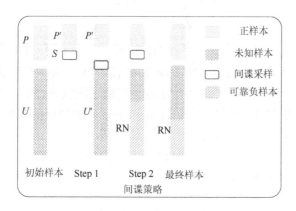

图 12.4　间谍策略采样

2. 基于人工蜂群算法的参数选择

参数在性能预测中也起着很重要的作用，有文章指出群体智能算法可用于优化参数[14, 15]，本节将利用人工蜂群算法（artificial bee colony algorithm，ABC）[16]得到合适的参数 α、β 和 γ。在 ABC 搜索过程中，首先需要对算法中的参数进行初始化，包括蜜源位置数（npo）、最大迭代次数（max_iter）以及参数范围等。蜜源的每个位置被看作一个解（即一组要优化的参数值）x_i（$i = 1, 2, 3, \cdots, \text{npo}$），初始化后，雇佣蜂、跟随蜂和侦察蜂开始迭代搜索，直到达到最大迭代次数 max_iter。根据适应度函数（12.19）对整个参数值进行测试，最终得到算法的合适参数值。适应度函数 $F(x_i)$ 的计算见式（12.19）：

$$F(x_i) = \text{Per}\_c - \text{Act}\_c(x_i) \tag{12.19}$$

其中，Per_c 表示最完美的预测结果，其值设为 1；Act_c(x_i) 表示关于 x_i 的结果；且 $x_i = \{\alpha, \beta, \gamma\}$；$F(x_i)$ 表示蜜源的代价值。

ABC 算法的目的是获得一组合适的参数，使 $F(x_i)$ 的值最低。在搜索过程开始时，每个雇佣蜂都通过式（12.20）找到蜂蜜来源的新位置：

$$Np_{ij} = p_{ij} + \varnothing_{ij}(p_{ij} - p_{ik}) \tag{12.20}$$

其中，$k \in [1, \text{npo}]$ 且 $k \neq i$；$j \in [1, D]$ 表示维数；$\varnothing_{ij} \in [0,1]$ 表示随机数。

在所有雇佣蜂完成搜索后，它们需要与跟随蜂共享相关信息，每个解的选择概率计算见式（12.21）～式（12.23）：

$$M = \frac{1}{n} \times \sum_{i=1}^{n} C_i \tag{12.21}$$

$$F_i = e^{\frac{C_i}{M}}, \quad i = 1, 2, \cdots, n \tag{12.22}$$

$$P_i = \frac{F_i}{\sum_{i=1}^{n} F_i}, \quad i = 1, 2, \cdots, n \tag{12.23}$$

其中，$n \in [1, \text{npo}]$；C_i 表示第 i 个蜜源的代价值；P_i 表示第 i 个蜜源的选择概率。

根据每个蜜源的选择概率，跟随蜂选择蜜源并更新相关的蜜源。当一些蜜源被放弃时，与其对应的雇佣蜂成为侦察蜂。在满足收敛条件后，可以得到蜜源的最佳代价值，见图 12.5。这里，将 max_iter、npo 和雇佣蜂的数量分别设置为 40、10、10，得到的最优参数组合为 $\alpha = 0.56, \beta = 0.89, \gamma = 0.6$。此外，Act_c$(x_i)$ 通过 5 折交叉验证[17]计算得到。同时，对已知关联关系保持相同的划分方式有利于减少其他因素对参数选择的影响。

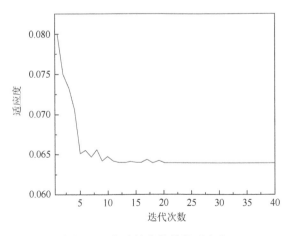

图 12.5　每次迭代的最优适应度

12.3.3　实验结果与分析

1. 对比实验

在与其他算法对比时，RLS[17]、RWR[18]算法均在与本节相同的数据集上进行了比较。LOOCV 的性能比较见图 12.6（a），SSABCMDA、RLS、RWR 算法的 AUC 分别为 0.9412、0.7313、0.6851。此外，SSABCMDA、RLS、RWR 算法的 AUC 平均值分别为 0.9355、0.6738、0.4371，见图 12.6（b）。

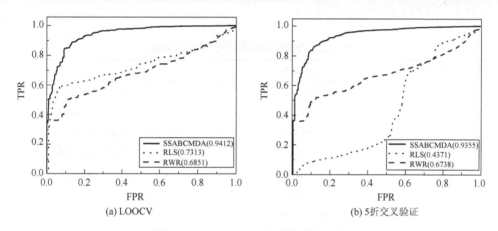

(a) LOOCV　　　　　　　　　　　　(b) 5折交叉验证

图 12.6　SSABCMDA 与其他算法对比

为了分析间谍策略和 ABC 对 SSABCMDA 算法性能的影响，这里比较了不考虑间谍策略的 SSABCMDA 算法（SSABCMDA_1）以及只使用随机参数的 SSABCMDA 算法（SSABCMDA_2）。5 折交叉验证的结果见图 12.7。由图 12.7

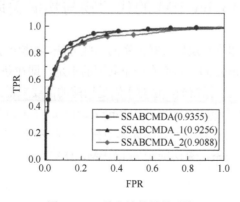

图 12.7　3 种方法的效果对比

可知，SSABCMDA 算法优于 SSABCMDA_1 和 SSABCMDA_2，这表明间谍策略和 ABC 有利于提高 SSABCMDA 算法的预测性能。进一步说明了 SSABCMDA 算法在预测潜在代谢物和疾病对的关联关系时效果更佳。

2. 案例分析

为了验证 SSABCMDA 算法预测与疾病相关的潜在代谢物的能力，本节以结核病为例，评估 SSABCMDA 算法对结核病相关代谢物的预测能力，帮助研究者有目的地进行实验验证，节省人力物力。研究结果见表 12.2，前 10 个候选代谢物中有 7 个得到了相关文献的验证。

表 12.2　与结核病相关的前 10 个代谢物

排名	代谢物	证据
1	Cholesterol	PMID：29906645
2	Uric acid	PMID：26398460
3	Phosphate	PMID：27105642
4	Dopamine	PMID：25549893
5	Homocysteine	PMID：28936998
6	Quinolinic acid	—
7	Homovanillic acid	—
8	Hyaluronic acid	—
9	Potassium	PMID：30716121
10	Norepinephrine	PMID：27609282

12.4　基于 LightGBM 的代谢物与疾病关联关系预测

当前用于预测代谢物与疾病关联关系的一些方法，如梯度提升决策树（GBDT）和极端梯度增强（XGBoost），它们有一个共同的不足，即在获得最佳分割点时，对每个特征的所有样本点进行扫描，这对于满足当前的需要来说是非常耗时的[19, 20]。而轻量级梯度提升树（light gradient boosting machine，LightGBM）可以很好地避免这一现象，从而降低实验成本。因此本节提出一种基于 LightGBM 的算法来预测代谢物和疾病关联关系，算法简记为 LGBMMDA[4]。

12.4.1　轻量级梯度提升树

LightGBM 包括两种主要的算法：基于梯度的单面采样（gradient-based one-side sampling，GOSS）和互斥特征捆绑（exclusive feature bundling，EFB）。

由于具有较大梯度的数据实例在信息获取计算中起更重要的作用，使用 GOSS 算法排除了很大比例的小梯度数据实例，只用剩下的较大梯度数据实例来估计信息收益。因此，GOSS 可以用更小的数据量对信息增益进行相当准确的估计。在 GOSS 算法中，首先，根据训练样本梯度的绝对值对其进行排序。然后，保留具有较大梯度的样本，设其占总样本中的比率为 a，并将其组合成样本集合 A。剩下的比率为 $1-a$ 的样本划分到剩余集合 A^c，并从该集合中随机采样抽取 $b \times |A^c|$ 个样本作为集合 B。最后，集合 $A \cup B$ 中的样本会根据估计方差增益 $V_j'(d)$ 进行分割，在点 d 处的分裂特征 j 的方差增益计算见式（12.24）[19]：

$$V_j'(d) = \frac{1}{n}\left(\frac{\left(\sum_{x_i \in A_l} g_i + \frac{1-a}{b}\sum_{x_i \in B_l} g_i\right)^2}{n_l^j(d)} + \frac{\left(\sum_{x_i \in A_r} g_i + \frac{1-a}{b}\sum_{x_i \in B_r} g_i\right)^2}{n_r^j(d)}\right) \quad （12.24）$$

其中，$A_l = \{x_i \in A : x_{ij} \leqslant d\}$；$A_r = \{x_i \in A : x_{ij} > d\}$；$B_l = \{x_i \in B : x_{ij} \leqslant d\}$；$B_r = \{x_i \in B : x_{ij} > d\}$；系数 $\frac{1-a}{b}$ 常用于将集合上的梯度归一化成 A^c 的大小。

在 EFB 算法中，通过将互斥特征绑定在直方图中形成特征，避免了对零特征值的不必要的计算。EFB 有两个主要的算法，算法 12.1 考虑哪些特征应该捆绑在一起，而算法 12.2 决定如何进行特征合并。基于这些知识，这里使用 Python 中的 LightGBM 包进行实验。

算法 12.1　贪婪捆绑

算法：贪婪捆绑（greedy bundling）

Input: F_t: features，Max_c: max conflict count

　　　Construct graph G

searchOrder← G.sortByDegree（）

bundles ← {}, bundlesConflict ← {}

for i in searchOrder do

　　needNew ← True

　　for j = 1 to len（bundles）do

cnt ← ConflictCnt（bundles[*j*]，$F_t[i]$）

    If cnt + bundlesConflict[*i*] ≤Max_*c* then

        bundles[*j*].add（$F_t[i]$），needNew ← False

        break

    if needNew then

        Add $F_t[i]$ as a new bundle to bundles

Output：bundles

算法 12.2　特征合并

算法：特征合并（merge exclusive features）

Input：*nD*：number of data

        F：One bundle of exclusive features

binRanges ← {0}，totalBin ← 0

for *f* in *F* do

    totalBin + = *f*.numBin

    binRanges.append（totalBin）

newBin ← new Bin（numData）

for *i* = 1 to *nD* do

  newBin[*i*] ← 0

  for *j* = 1 to len（*F*）do

  if *F*[*j*].bin[*i*]≠0 then

      newBin[*i*] ← *F*[*j*].bin[*i*] + binRanges[*j*]

Output：newBin，binRanges

12.4.2　LGBMMDA 算法预测

LGBMMDA 算法的基本框架见图 12.8。首先，从 HMDB、HSDN 数据库中提取代谢物与疾病相互作用关系、代谢物与通路相互作用关系和疾病与症状相互作用关系，计算疾病相似性、代谢物相似性，并构建相应的相似性网络及已知的关联关系网络；其次，使用统计、图论、矩阵分解的方法及 PCA 方法从三种网络中提取疾病、代谢物特征；最后，将得到的特征及对应的标签输入到 LightGBM 分类器中进行训练并得到预测打分。

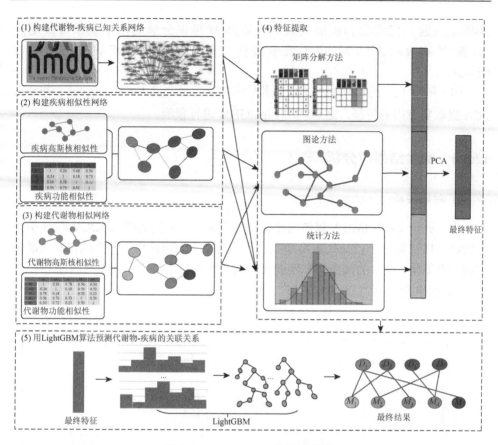

图 12.8　LGBMMDA 算法流程图

（1）构建代谢物与疾病相似性。计算方法与 12.3 节类似，代谢物相似性矩阵记为 IMS，疾病相似性矩阵记为 IDS，关联关系矩阵记为 M。首先，计算 M 的第 i 行（j 列）中已知关联的数目，然后根据 IDS（IMS）的第 i 行（j 列），计算每行（列）的相似性分数的平均值。同时，针对每个疾病或代谢物，将[0, 1]范围内的相似性分数分成 n 个部分（在本节中 $n = 5$），并将每个得分段的数量占总数量的比例作为直方图特征，最终将这些特征组成 F_1。

（2）F_2 特征包括有关图论相关信息。在获得这种类型的特征之前，分别构造了代谢物、疾病对应的无权图，在该图中如果两个结点的相似性分数超过 IDS/IMS 中所有相似性的平均值，则认为两个结点是相连的。因此，在相应的无权图中提取疾病/代谢相似网络的相关邻居信息、中间性、封闭性、特征向量中心性和 PageRank 值[21]。

（3）F_3 特征来源于非负矩阵分解的代谢物和疾病关系的特征。非负矩阵因式分解(NMF)[22, 23]在 1999 年由 Lee 和 Seung 提出，可以帮助解决已知关系矩阵稀疏问题。代谢物和疾病关联关系矩阵 M 可以分解为两个低秩特征矩阵 $A \in \mathbb{R}^{nm \times k}$ 和 $B \in \mathbb{R}^{k \times nd}$，其中 k 表示低秩空间中代谢物和疾病特征的维数（$k = 20$）。

（4）融合 F_1、F_2、F_3 得到了疾病和代谢物的特征集合 $F = [F_1, F_2, F_3]$，并使用 PCA 提取更有用的特征，之后利用 LightGBM 进行预测。

12.4.3 实验结果与分析

1. 对比实验

为了评价 LGBMMDA 算法的性能，本节采用前面提到的 LOOCV 和 5 折交叉验证。依次将每个已知代谢物和疾病关联关系作为测试集，其余的已知关联关系作为训练集，未知的代谢物和疾病关联关系作为候选集。LGBMMDA 算法得到的 AUC 值分别为 0.9738 和 0.9715，见图 12.9。

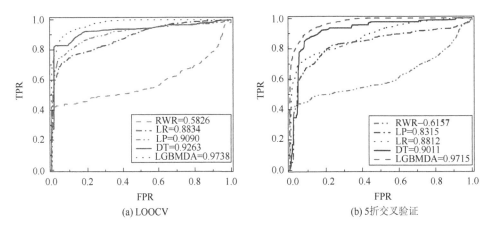

图 12.9　LGBMMDA 算法与其他算法对比

此外，统计了 LOOCV 下每个算法正确识别出已知关联关系的数量以及在其他评价指标（Precision、Recall 和 F-measure）下的性能比较，见图 12.10 和图 12.11。由图 12.10 可知，LGBMDA 算法能正确识别出更多的已知关联关系。从图 12.11 可以看到，LGBMMDA 算法的 Recall 和 F-measure 的值均高于其他方法（分别为 0.90566 和 0.9021）。虽然 LR 的 Precision 高于 LGBMMDA 算法，但 LR 的 Recall 明显较低，由此可以看出 LGBMMDA 算法比 LR 更稳定。

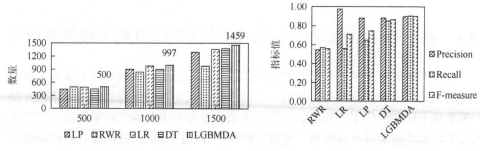

图 12.10　不同方法对前 k 个排名的比较　　　图 12.11　比较不同方法的 Precision、Recall 和 F-measure

2. 案例分析

以贫血症为例，图 12.12 显示了贫血症及其相关代谢物的网络图，椭圆代表了与贫血症相关的已知代谢物；三角形代表了预测的与贫血症相关的前 10 个代谢物；菱形代表了预测或已知代谢物的前 10 个的邻居。从图 12.12 中可以看出挖掘出的关联关系为研究贫血症与代谢物的关联关系提供了参考。

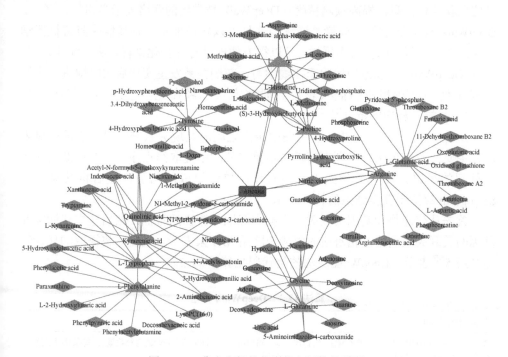

图 12.12　贫血和相关代谢物之间的关系图

12.5　基于 DeepWalk 和随机森林的代谢物与疾病关联关系预测

人体疾病的发生是一系列各种因素共同导致的结果，其他生物学数据可能会对疾病相关代谢物的预测提供帮助。目前提出的代谢物与疾病关联关系预测方法大多是基于已知的代谢物和疾病的关联关系，没有利用其他生物学数据。本节引入代谢物和基因关联关系数据，提出一种基于 DeepWalk 和随机森林的代谢物和疾病关联关系预测方法，简称 NERF[6]。

12.5.1　DeepWalk 网络表征提取

网络表征的目的是学习网络中结点的低维表示，所学习的特征表示可用于基于图[24]的各种任务。Word2vec 通过语料库中的句子序列来描述词与词的共现关系，进而学习到词语的向量表示。而 DeepWalk 使用图中结点与结点的共现关系来学习结点的向量表示，挖掘网络中结点之间的隐藏信息，进一步丰富结点的语义信息和结构信息，提高预测精度。DeepWalk 是常用的网络表示学习算法之一，DeepWalk 学习到的低维向量是连续的并且可以轻松地整合到其他的监督机器学习算法[25]中，基于随机游走采样，可以很方便地进行并行化采样，从而提高效率，同时 DeepWalk 可以方便地用于在线学习，在图关系发生变化后实时地进行采样生成序列并更新相应的嵌入表达。研究人员已经在生物信息学计算中使用DeepWalk 提取相应的特征[26, 27]。

DeepWalk 的主要思想是利用图中结点之间的共现关系来学习结点的向量表示，主要有两个步骤：①利用随机游走算法从图中提取结点序列；②借助自然语言处理的思路，将生成的结点序列看作由单词组成的句子，然后将其输入到Skip-gram 算法中获得结点的特征表示。

首先从代谢物和基因关联关系数据中提取代谢物的特征，然后建立代谢物和基因的关联关系网络，相对应的邻接矩阵用 MG 来表示。最后，将提取的代谢物特征用 S^{NE} 表示。DeepWalk 算法的伪代码见算法 12.3。

算法 12.3　DeepWalk 算法

算法：DeepWalk 算法
输入：代谢物和基因关联关系网络 MG，窗口尺寸 w，输出维度 d，每个结点开始的路径数量 γ，每条路径长度 t 输出：结点特征矩阵 Φ DeepWalk（MG, w, d, γ, t）   1. 随机初始化 Φ；   2. for $i = 0$ to γ do   3. 　　将顶点随机排列，即 O = Shuffle（V）；

4.　　　for $v_i \in O$ do:
5.　　　　　W_{v_i} = RandomWalk（MG, v_i, t）;
6.　　　　　SkipGram（Φ, W_{v_i}, w）;
7.　　　end for
8. end for

12.5.2　NERF 算法预测

NERF 的算法框架见图 12.13。

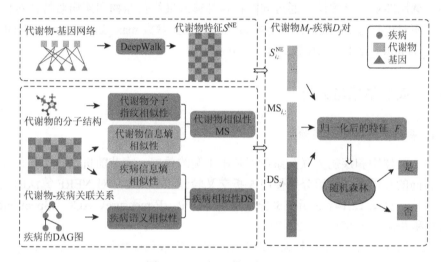

图 12.13　NERF 的工作流程图

1. 构建代谢物和疾病关系对的特征向量

为了预测代谢物和疾病关联关系，首先需要描述代谢物和疾病对的特征。三种类型的特征向量用于描述代谢物和疾病对的特征：基于代谢物相似性得到的特征向量 S^m、基于代谢物和基因关联关系中提取的代谢物特征向量 S^{NE} 和基于疾病相似性的特征向量 S^d。因此，代谢物 m_i 和疾病 d_j 的特征向量按照式（12.25）描述：

$$
\begin{aligned}
F_{ij} &= (S_{i*}^{NE}, S_{i*}^m, S_{j*}^d) \\
&= (S_{i1}^{NE}, S_{i2}^{NE}, \cdots, S_{idim}^{NE}, S_{i1}^m, S_{i2}^m, \cdots, S_{inm}^m, S_{j1}^d, S_{j2}^d, \cdots, S_{jnd}^d)
\end{aligned}
\tag{12.25}
$$

其中，F_{ij} 表示代谢物 m_i 和疾病 d_j 关联关系对的特征向量；dim 表示 S^{NE} 的维度（这里，dim = 128）。另外，F 表示所有代谢物和疾病对的特征矩阵，维度为 nm×(dim + nm + nd)。根据式（12.26）将 F 归一化为 F^{final}：

$$F^{\text{final}} = \frac{F - F_{\min}}{F_{\max} - F_{\min}} \qquad (12.26)$$

其中，$F_{\min}$ 和 $F_{\max}$ 分别代表 F 中的最小值和最大值。

2. 通过随机森林预测代谢物和疾病相关关系

随机森林（random forest，RF）是一种通过集成学习思想将多棵树集成在一起的算法，它依靠对大多数决策树的分类来确定最终的分类结果。在代谢物和疾病关联关系数据中，正样本和负样本是不平衡的。Chen 等发现 RF 在处理不平衡问题方面有很好的表现[28]。随机森林是一种成熟的算法，已经集成到了 Python 模块中。调用随机森林算法，通过向随机森林输入最终代谢物和疾病对特征对代谢物和疾病对进行分类。根据经验将随机森林的主要参数 max_features、n_estimators 和 min_samples_leaf 分别设置为 0.2、30 和 10。

12.5.3　实验结果与分析

1. 参数分析与对比实验

由于代谢物和疾病关联关系数据是不平衡的数据，本节随机选择了与正样本数量相同的负样本。然后分别使用 5 折交叉验证和 LOOCV 对 NERF 算法的性能进行评估，见图 12.14。5 折交叉验证下的 AUPR、F-measure、ACC、Specificity、Recall 和 Precision 值如表 12.3 所示。

DeepWalk 从代谢物和基因关联关系网络中提取代谢物特征。提取的代谢物特征维数对 AUC 的影响见图 12.15，当维度为 128 时，AUC 值最高。

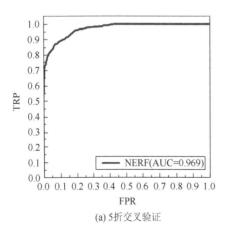
(a) 5折交叉验证

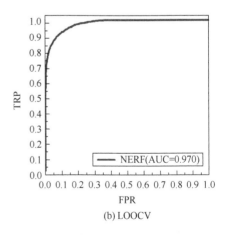
(b) LOOCV

图 12.14　NERF 算法的 ROC 曲线和对应的 AUC 值

表 12.3　5 折交叉验证下 AUPR、F-measure、ACC、Specificity、Recall 和 Precision 的值

次数	AUPR	F-measure	ACC	Specificity	Recall	Precision
1	0.971	0.899	0.901	0.908	0.894	0.904
2	0.956	0.883	0.884	0.896	0.872	0.895
3	0.963	0.901	0.905	0.922	0.887	0.912
4	0.971	0.904	0.886	0.855	0.934	0.875
5	0.972	0.895	0.899	0.908	0.869	0.922
平均	0.966	0.896	0.895	0.897	0.891	0.901

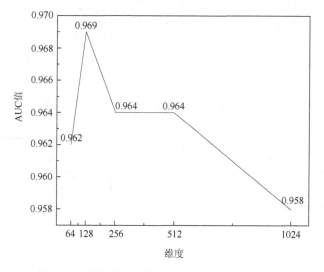

图 12.15　提取的代谢物特征维数对 AUC 的影响

为了评估分类器的性能，将随机森林算法与常用的机器学习算法进行了比较，包括逻辑回归（LR）、支持向量机（SVM）、高斯朴素贝叶斯（GNB）、k-近邻（KNN）和自适应增强（Adaboost）。5 折交叉验证下，不同分类器的结果比较见图 12.16。

此外，对 9 种常见疾病分别进行了实验，包括路易体病、节段性回肠炎、帕金森病、自闭症、脂泻病、牙周病、尿毒症、前列腺癌和痛风，见图 12.17。从图 12.17 可以看出，NERF 算法表现良好，其在 9 种疾病上的 AUC 值均高于除痛风以外的其他分类器。对于痛风而言，SVM 的 AUC 为 0.882，NERF 算法的 AUC 为 0.721。NERF 算法利用 DeepWalk 提取代谢物的特征。DeepWalk 的参数主要是从大多数疾病的有益方面进行的，因此预测结果在少数疾病上的表现不如其他分类器。

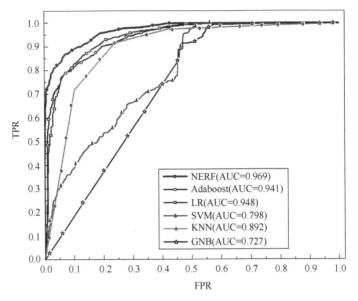

图 12.16　5 折交叉验证下不同分类器的结果比较

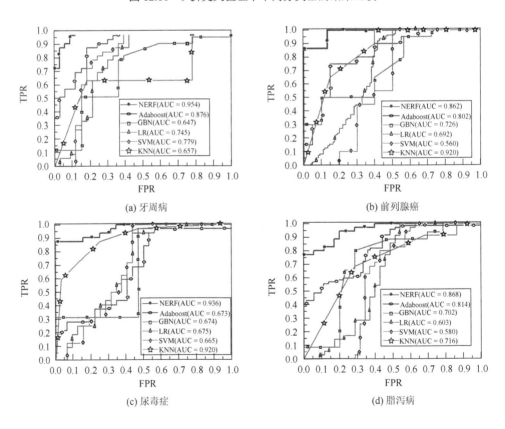

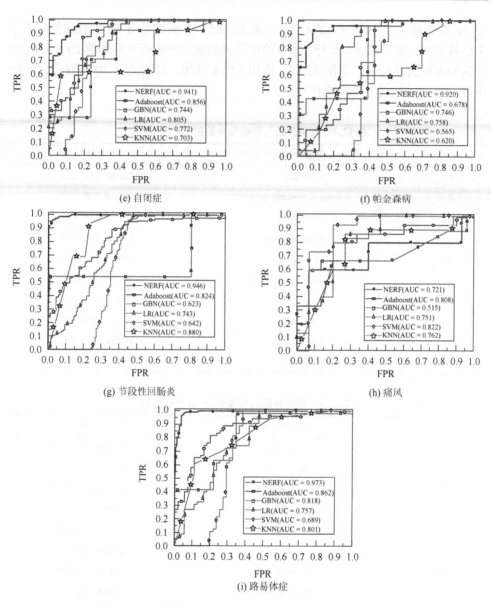

图 12.17　5 折交叉验证下 9 种疾病在不同分类器下的比较

2. 案例分析

为了进一步评估 NERF 算法的性能，对三种人类疾病——阿尔茨海默病（Alzheimer's disease）、结直肠癌（colorectal cancer）和肺癌（lung cancer）的预测结果进行分析,对每种疾病得到的排名前 10 的代谢物在 NCBI 数据库中进行搜索，阿尔茨海默病排名前 10 的代谢物中有 9 个已经被证实，见表 12.4；结直肠癌排名前 10 的代谢物中 10 个均已被证实，见表 12.5；肺癌排名前 10 的代谢物中有 9 个已被证实，见表 12.6。此外，本节给出预测的这三种疾病对应的前 20 个候选代谢物的关联关系网络，见图 12.18。由图 12.18 可知，预测的前 20 个候选代谢物中有一些与一种或多种疾病有关。

表 12.4　与阿尔茨海默病相关的前 10 个代谢物

排名	代谢物名称	文献
1	Betaine	PMID：28671332
2	Adenosine monophosphate	未证实
3	L-Tyrosine	PMID：24898638
4	L-Phenylalanine	PMID：23857558
5	L-Alanine	PMID：21292280
6	L-Isoleucine	PMID：29519576
7	L-Lysine	PMID：9693263
8	L-Serine	PMID：28929385
9	L-Glutamine	PMID：26402632
10	Creatine	PMID：26402632

表 12.5　与结直肠癌相关的前 10 个代谢物

排名	代谢物名称	文献
1	Acetic acid	PMID：25700314
2	beta-Alanine	PMID：30296444
3	Creatine	PMID：29168152
4	8-hydroxy-Deoxyguanosine	PMID：30932412
5	Choline	PMID：25785727
6	Glycine	PMID：27351202
7	Gentisic acid	PMID：25037050
8	Hypoxanthine	PMID：28640361
9	L-Phenylalanine	PMID：31289671
10	L-Alanine	PMID：28207045

表 12.6　与肺癌相关的前 10 个代谢物

排名	代谢物名称	文献
1	Taurine	PMID：29552188
2	L-Alanine	PMID：25961003

续表

排名	代谢物名称	文献
3	Acetic acid	PMID：22157537
4	L-Threonine	未证实
5	Glycine	PMID：18953024
6	Betaine	PMID：23383301
7	Creatine	PMID：25961003
8	Trimethylamine N-oxide	PMID：22157537
9	Choline	PMID：25591716
10	L-Serine	PMID：29251665

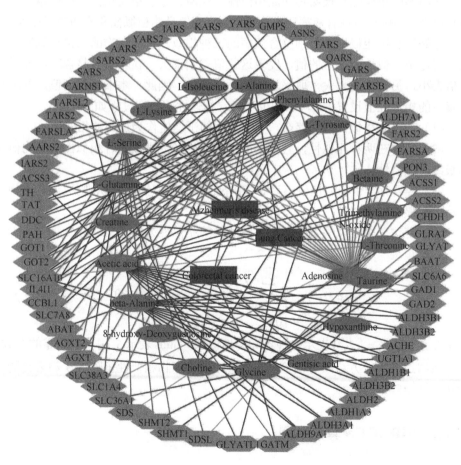

图 12.18　预测的前 20 种候选代谢物与疾病关系图

12.6　基于图卷积网络的代谢物和疾病关联关系预测

疾病的发生总是伴随着代谢物的变化,研究代谢物和疾病的关系可以更好地了解疾病机理。目前提出的计算方法都是基于代谢物相似性和疾病相似性的,不能考虑代谢物与疾病之间的拓扑信息,且相似性计算的不准确也会影响预测结果。基于此,本节引入图卷积网络提取代谢物和疾病异构网络中的特征,充分挖掘网络中的拓扑信息,预测代谢物和疾病的潜在关联关系,算法简称 MDAGCN[7]。

12.6.1　代谢物与疾病相似性计算与融合

代谢物的相似性有代谢物功能相似性、代谢物分子指纹相似性和代谢物信息熵相似性。疾病相似性有疾病语义相似性、疾病信息熵相似性和疾病功能相似性。为了更好地利用相似性,分别整合疾病的三种相似性和代谢物的三种相似性。通过分析每个相似性矩阵中的值,发现这些值差别很大。在相似性整合时,如果一个值太小,另一个值太大,取平均值是不合理的。因此,本节引入阈值,并将小于阈值的相似性值设置为 0,以减少干扰。相似性的整合过程如下。

(1)若三个相似性值都存在,则取三者的平均值作为最终的相似性。

(2)若存在两种相似性,且剩余的一个值为 0,则取两种相似性的平均值作为最终的相似性。

(3)若只有一个相似性值不为 0,剩下的两个相似性值为 0,则取该非零相似性值作为最终的相似性。

(4)若这三个相似性都不存在,则最终的相似性为 0。

此过程进一步可描述为式(12.27):

$$\mathrm{SIM}(i,j) = \begin{cases} \dfrac{\sum\limits_{1 \leqslant k \leqslant 3} S_k(i,j)}{\mathrm{num}}, & S_k(i,j)\text{不全为}0 \\ 0, & S_k(i,j)\text{为}0 \end{cases} \qquad (12.27)$$

其中,$S_k(i,j)(k=1,2,3)$ 表示三种不同的相似性;num 表示 $S_k(i,j)$ 中非零的个数。

依据这种整合方法,可以整合得到最终的代谢物相似性矩阵 MS 和最终的疾病相似性矩阵 DS。

12.6.2　MDAGCN 算法预测

MDAGCN 算法框架图见图 12.19。

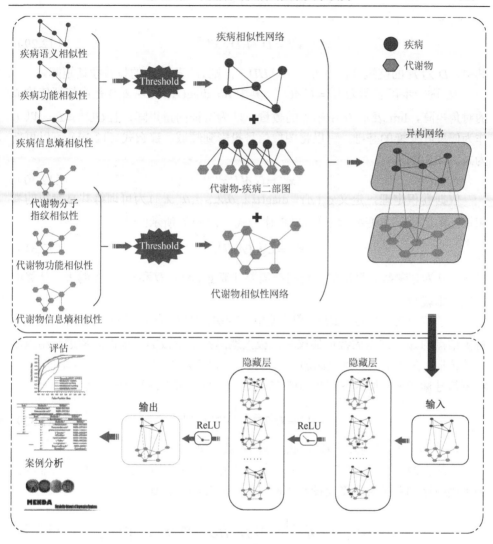

图 12.19　MDAGCN 算法框架图

基于代谢物相似性网络、疾病相似性网络以及代谢物和疾病关联关系网络构建一个异构网络，记为 H，异构网络的矩阵表示见式（12.28）：

$$H = \begin{bmatrix} MS & A \\ A^T & DS \end{bmatrix} \tag{12.28}$$

其中，A^T 表示代谢物和疾病关系矩阵的转置。

异构网络 H 将作为图卷积网络的输入。在图信号处理中，图的傅里叶变换能更好地反映图的性质[29]。因此，使用图傅里叶变换将图信号 x 从状态 t–1 变换到状态 t，其计算见式（12.29）：

$$x^{(t)} = D^{-\frac{1}{2}} H D^{-\frac{1}{2}} x^{(t-1)} \tag{12.29}$$

其中，D 为 H 的度矩阵；令 $H' = D^{-\frac{1}{2}} H D^{-\frac{1}{2}}$，则 H' 表示 H 的拉普拉斯矩阵。

H' 进一步可表示为 $H' = U \Lambda U^{-1}$，其中 $\Lambda = \mathrm{diag}(\lambda_1, \lambda_2, \cdots, \lambda_{\mathrm{hm}})$ 是由特征值构成的对角矩阵，hm 表示 H 中结点的数量，U 为特征向量矩阵，且 $UU^{\mathrm{T}} = E$。以 U 作为傅里叶变换的基础，可以将图像信号投影到频域。那么式（12.29）可以更新为式（12.30）：

$$x^{(t)} = U \Lambda U^{\mathrm{T}} x^{(t-1)} \tag{12.30}$$

依据卷积定理，定义 $g_\theta(\Lambda) = \mathrm{diag}(\theta_1 \lambda_1, \theta_2 \lambda_2, \cdots, \theta_{\mathrm{hm}} \lambda_{\mathrm{hm}})$ 为可训练共享参数的卷积核。图信号 $x^{(t-1)}$ 变换为 $x^{(t)}$ 可以描述为式（12.31）所示：

$$x^{(t)} = U g_\theta(\Lambda) U^{\mathrm{T}} x^{(t-1)} \tag{12.31}$$

其中，θ 为超参数。每次前向传播都需要计算 $g_\theta(\Lambda)$、U 和 U^{T}，图越大，计算的相应成本就越高。

为了解决这一问题，Kipf 等[30]使用一阶切比雪夫近似地将 $g_\theta(\Lambda)$ 转化为一个特定结点的邻居结点的特征加权和，极大地降低了参数的复杂性。考虑到结点本身的传播，在图中的结点上添加了自连接，可以表示为 $\tilde{H} = H + I$，I 为单位矩阵。将图信号标量 x 扩展为图信号矩阵 X，式（12.31）可以改写为式（12.32）：

$$x^{(t)} = \tilde{D}^{-\frac{1}{2}} \tilde{H} \tilde{D}^{-\frac{1}{2}} x^{(t-1)} \Theta^{(t-1)} \tag{12.32}$$

其中，$\tilde{D}$ 是 $\tilde{H}$ 的度矩阵；Θ 是滤波器的参数矩阵。

非线性激活函数可以改善算法的性能表达[31]。根据上述单层运算，将非线性激活函数添加并扩展到多层图卷积网络中，其传播规则如下：

$$X^{(t)} = \sigma \left(\tilde{D}^{-\frac{1}{2}} \tilde{H} \tilde{D}^{-\frac{1}{2}} \left(\cdots \sigma \left(D^{-\frac{1}{2}} \tilde{H} \tilde{D}^{-\frac{1}{2}} X^{(1)} \Theta^{(1)} \right) \cdots \right) \Theta^{(t)} \right) \tag{12.33}$$

其中，$\sigma(\cdot)$ 表示激活函数，本节使用 ReLU 激活函数。X 为特征矩阵，按照之前研究[30]的 Karate Club 例子设置 X 为单位矩阵。考虑到 MDAGCN 的性能，选择两层图卷积网络（$l = 2$）[30]。最后一个图卷积层的输出表示代谢物和疾病的特征。因此，代谢物和疾病的预测打分定义如式（12.34）所示：

$$S_{\mathrm{md}} = \mathrm{Sigmoid}(X_m^{(t)} \times (X_d^{(t)})^{\mathrm{T}}) \tag{12.34}$$

其中，$X_m^{(t)}$ 和 $X_d^{(t)}$ 分别表示代谢物和疾病的特征矩阵。Sigmoid 函数将最后一个图卷积层的输出值转换为 0～1 的值来表示预测结果。

在整个训练过程中使用交叉熵作为损失函数，并且使用 Adam 优化器来进行优化。最后，将预测得分按降序排序，以预测与疾病最相关的代谢物。

12.6.3　实验结果与分析

为了评估 MDAGCN 的性能，在 5 折交叉验证下将 MDAGCN 算法与 RWR、RWRH、KBMFMDA[32]、UCF[33]、MDBIRW[34]、RCNMF[35]方法进行对比，不同方法的 AUC 和 AUPR 结果见图 12.20。从图 12.20（a）中可以看出，MDAGCN 的 AUC 为 0.9195，RWR、RWRH、KBMFMDA 和 UCF 的 AUC 分别为 0.8489、0.6594、0.8780 和 0.7745。图 12.20（b）为不同方法 AUPR 的比较结果，MDAGCN 的 AUPR 为 0.9275，远远高于其他比较方法。

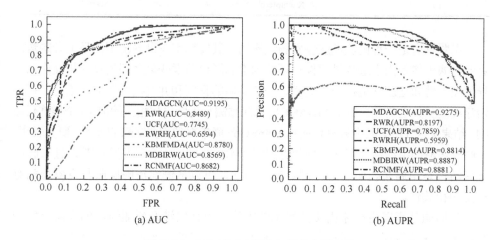

(a) AUC　　　　　　　　　　　　　　　　　(b) AUPR

图 12.20　MDAGCN 算法与其他方法对比

为了进一步验证 MDAGCN 的性能，对三种人类疾病——癫痫（epilepsy）、克罗恩病（Crohn's disease）和牙周病（periodontal disease）进行案例分析。

癫痫是大脑反复发作的一种暂时性疾病[36, 37]。临床表现有大发作、小发作、精神运动性发作、局限性发作和混合性发作。它的发病率很高，据统计，在我国约有 600 万此类患者。它作为一种慢性病，对患者的身体、精神、婚姻以及经济和社会状况造成巨大的影响[38]。使用 MDAGCN 算法预测与癫痫相关的前 10 个候选代谢物，结果见表 12.7。10 个候选代谢物中有 9 个已经被相关文献证明。

表 12.7　癫痫相关的前 10 的代谢物

排名	代谢物	文献
1	L-Phenylalanine	PMID：28121442
2	Protocatechuic acid	PMID：23573115

续表

排名	代谢物	文献
3	gamma-Aminobutyric acid	PMID：11520315
4	L-Tyrosine	PMID：26362394
5	L-Histidine	PMID：25218893
6	Cyanocobalamin	PMID：31092496
7	L-Valine	PMID：14992292
8	L-Tryptophan	PMID：31129366
9	Homovanillic acid	PMID：803305
10	Kaempferol	未证实

克罗恩病是一种慢性炎症性胃肠道疾病，其发病率在世界范围内呈上升趋势。克罗恩病可能是由于遗传易感性、环境因素和肠道菌群变化之间的复杂相互作用，导致先天性和适应性免疫应答失衡。评估疾病的程度和并发症的预后因素对于指导治疗决定至关重要[39]。使用 MDAGCN 算法预测与克罗恩病相关的前 10 个候选代谢物，结果见表 12.8，其中只有代谢物 Putrescine 尚未得到相关文献的证实。研究表明，二胺氧化酶的组织活性有助于预测克罗恩病术后复发或吻合口并发症[40]，且二胺氧化酶活性是用腐胺代谢法进行测定的。因此，可以从侧面反映腐胺与克罗恩病有一定的相关性。

牙周病是指发生在牙齿支持组织的疾病，包括仅涉及牙龈组织的牙龈疾病和影响牙周深部组织的牙周炎[41]。牙周病是一种常见的口腔疾病。它是成人牙齿脱落的主要原因之一。它也是危害人类牙齿和整体健康的主要口腔疾病。牙周病的早期症状不易引起重视，导致牙周组织长期慢性感染和反复炎症，不仅损害口腔咀嚼系统的功能，而且严重影响健康[42]。牙周病相关的前 10 个候选代谢物结果如表 12.9 所示。10 个候选代谢物中有 9 个已经被相关文献证明。

表 12.8　克罗恩病相关的前 10 的代谢物

排名	代谢物	文献
1	L-Threonine	PMID：27609529
2	L-Valine	PMID：30083065
3	L-Tryptophan	PMID：29902437
4	Putrescine	未证实
5	L-Glutamine	PMID：27940405
6	L-Proline	PMID：21970810
7	L-Isoleucine	PMID：24757065

排名	代谢物	文献
8	L-Lysine	PMID：17269711
9	Ethanol	PMID：27161390
10	Phenol	PMID：24811995

表 12.9　牙周病相关的前 10 的代谢物

排名	代谢物	文献
1	L-Isoleucine	PMID：29408884
2	Ornithine	PMID：20831369
3	Pipecolic acid	PMID：20300169
4	L-Histidine	PMID：27470067
5	L-Threonine	PMID：20300169
6	L-Valine	PMID：26690520
7	L-Proline	PMID：29408884
8	Tyrosol	未证实
9	L-Leucine	PMID：31557327
10	L-Tyrosine	PMID：30361782

12.7　小　　结

研究发现，代谢物会告诉人类人体发生了什么，疾病的发生总是伴随着代谢物的改变，从而表现出疾病在不同阶段的症状。预测代谢物和疾病的关联关系有助于研究疾病的发生发展、预防和治疗，进一步有助于疾病特效药物的研发。本章分别从网络拓扑结构、生物特征等角度来识别与疾病相关的代谢物，分别使用 KATZ 算法、ABC 算法、LightGBM、DeepWalk 以及 GCN 来预测代谢物与疾病的关联关系，此外，我们还提出了基于矩阵分解的方法[43,44]，这些方法是识别疾病相关的代谢物的典型代表。此外，这些方法也具有很好的扩展性，如可以选取其他优化相似性网络的方法进一步提高预测精度。

代谢物与疾病的关联关系预测是医生诊断和治疗的重要判断之一，具有重要意义和前景，如可以寻找疾病风险因子，为疾病预防研究提供新思路；通过代谢物差异分析找到癌症的标志物；从基因、代谢双角度解释疾病成因，深度挖掘疾病代谢通路等。

实际上细胞内许多生命活动是发生在代谢物层面的，如细胞信号释放、能量传递、细胞间通信等都是受代谢物调控的，代谢组学与生理学的联系更加紧密。代谢物与外界因素密切相关，也就是说代谢物更多地反映了细胞所处的环境，这又与细胞的营养状态、药物和环境污染物的作用以及其他外界因素的影响密切相关。因此代谢物的指标变化可以作为疾病诊断的重要依据，代谢物与细胞之间的平衡则映射出人与自然之间的平衡，这种平衡是人类可持续发展的条件之一。因此我们不仅要关注食品安全，还要保护生态环境，我们要尊重自然、顺应自然、保护自然，牢固树立绿水青山就是金山银山的理念，站在人与自然和谐共生的高度谋划发展，共建健康地球村。

参 考 文 献

[1] 张程. 基于相似性网络的代谢物与疾病关联关系预测算法研究[D]. 西安：陕西师范大学，2021.

[2] Lei X，Zhang C. Predicting metabolite-disease associations based on KATZ model[J]. BioData Mining，2019，12：19.

[3] Lei X，Zhang C，Wang Y. Predicting metabolite-disease associations based on spy strategy and ABC algorithm[J]. Frontiers in Molecular Biosciences，2020，7：603121.

[4] Zhang C，Lei X，Liu L. Predicting metabolite-disease associations based on lightGBM model[J]. Frontiers in Genetics，2021，12：660275.

[5] 帖娇娇. 基于生物网络的代谢物-疾病关联关系预测[D]. 西安：陕西师范大学，2021.

[6] Tie J，Lei X，Pan Y. Metabolite-disease association prediction algorithm combining deepwalk and random forest[J]. Tsinghua Science and Technology，2021，27（1）：58-67.

[7] Lei X，Tie J，Pan Y. Inferring metabolite-disease association using graph convolutional networks[J]. IEEE/ACM Transactions on Computational Biology and Bioinformatics，2022，19（2）：688-698.

[8] Hüseyin，Vural，Mehmet，et al. Prediction of new potential associations between lncRNAs and environmental factors based on KATZ measure[J]. Computers in Biology and Medicine，2018，102：120-125.

[9] Katz L J P. A new status index derived from sociometric analysis[J]. Psychometrika，1953，18（1）：39-43.

[10] Zou Q，Li J，Hong Q，et al. Prediction of microRNA-disease associations based on social network analysis methods[J]. Biomed Research International，2015：810514.

[11] Piñero J，Ramírez-Anguita J M，Saüch-Pitarch J，et al. The disGeNET knowledge platform for disease genomics：2019 update[J]. Nucleic Acids Research，2020，48（1）：845-855.

[12] Gu C，Liao B，Li X，et al. Network consistency projection for human miRNA-disease associations inference[J]. Scientific Reports，2016，6（1）：36054.

[13] Jiang Z C，Zhen S，Bao W. SPYSMDA：SPY strategy-based miRNA-disease association prediction[C]. International Conference on Intelligent Computing，Liverpool，2017：457-466.

[14] Niu M，Zhang J，Li Y，et al. CirRNAPL：A web server for the identification of circRNA based on extreme learning machine[J]. Computational and Structural Biotechnology Journal，2020，18：834-842.

[15] Wu C，Gao R，Zhang D，et al. PRWHMDA：Human microbe-disease association prediction by random walk on the heterogeneous network with PSO[J]. International Journal of Biological Sciences，2018，14（8）：849-857.

[16] Karaboga D，Akay B J. A comparative study of artificial bee colony algorithm[J]. Applied Mathematics and Computation，2009，214（1）：108-132.

[17] Luo J，Xiao Q. A novel approach for predicting microRNA-disease associations by unbalanced bi-random walk on heterogeneous network[J]. Journal of Biomedical Informatics，2017，66：194-203.

[18] Liu Y，Feng X，Zhao H，et al. A novel network-based computational model for prediction of potential lncRNA-disease association[J]. International Journal of Molecular Sciences，2019，20（7）：1549.

[19] Ke G，Meng Q，Finley T W，et al. LightGBM：A highly efficient gradient boosting decision tree [C]. The 31st International Conference on Neural Information Processing Systems，Long Beach，2017：3149-3157.

[20] Friedman J H. Greedy function approximation：A gradient boosting machine[J]. Annals of Statistics，2001，29（5）：1189-1232.

[21] Franceschet M. PageRank：Standing on the shoulders of giants[J]. Communications of the ACM，2010，54（6）：DOI：10.48550/arxiv.1002.2858.

[22] Jamali A A，Kusalik A，Wu F X. MDIPA：A microRNA-drug interaction prediction approach based on nonnegative matrix factorization[J]. Bioinformatics，2003，36（20）：5061-5067.

[23] Lee D D，Seung H S. Learning the parts of objects by non-negative matrix factorization[J]. Nature，1999，401（6755）：788-791.

[24] 尚敏，贺平安. 基于网络间随机游走算法的 lncRNA 与疾病关系预测[J]. 浙江理工大学学报，2020，43（5）：693-700.

[25] Qiu J，Dong Y，Ma H，et al. Network embedding as matrix factorization：Unifying Deepwalk，LINE，PTE，and node2vec [C]. The Eleventh ACM International Conference on Web Search and Data Mining，USA，2018：459-467.

[26] Li G，Luo J，Xiao Q，et al. Predicting microRNA-disease associations using network topological similarity based on deepwalk[J]. IEEE Access，2017，5（2017）：24032-24039.

[27] Zhang H，Liang Y，Peng C，et al. Predicting lncRNA-disease associations using network topological similarity based on deep mining heterogeneous networks[J]. Mathematical Biosciences，2019，315（2019）：108229.

[28] Chen C，Liaw A，Breiman L. Using random forest to learn imbalanced data[D]. Berkeley：University of California，2004：1-12.

[29] Defferrard M，Bresson X，Vandergheynst P. Convolutional neural networks on graphs with fast localized spectral filtering[J]. Curran Associates Inc. 2016，9：9.

[30] Kipf T N，Welling M. Semi-supervised classification with graph convolutional networks[C]. International Conference on Learning Representations，Toulon，2017：1-14.

[31] Lecun Y，Bengio Y，Hinton G. Deep learning[J]. Nature，2015，521（7553）：436.

[32] Chen X，Li S，Yin J，et al. Potential miRNA-disease association prediction based on kernelized Bayesian matrix factorization[J]. Genomics，2020，112（1）：809-819.

[33] Gupta G，Katarya R. Recommendation analysis on itembased and user-based collaborative filtering[C]. 2019 International Conference on Smart Systems and Inventive Technology，Tirunelveli，2019：1-4.

[34] Lei X，Tie J. Prediction of disease-related metabolites using birandom walks[J]. PLoS One，2019，14（11）：e0225380.

[35] Lei X，Tie J，Fujita H. Relational completion based nonnegative matrix factorization for predicting metabolite-disease associations[J]. Knowledge-Based Systems，2020，204：106238.

[36] Guerrini R，Parrini E. Epilepsy and malformations of the cerebral cortex[J]. Childhood and Adolescence Epileptic Syndromes in Infancy，2012，8（4）：607-629.

[37] Zheng J，Hsieh F，Ge L. A data-driven approach to predict and classify epileptic seizures from brain-wide calcium

imaging video data[J]. IEEE/ACM Transactions on Computational Biology and Bioinformatics，2020，17（6）：1858-1870.

[38]　Semah F，Picot M C，Adam C，et al. Is the underlying cause of epilepsy a major prognostic factor for recurrence?[J]. Neurology，1998，51（5）：1256-1262.

[39]　Torres J，Mehandru S，Colombel J F，et al. Crohn's disease[J]. The Lancet，2017，389（10080）：1741-1755.

[40]　Thompson J S，Burnett D A，Markin R S，et al. Intestinal mucosa diamine oxidase activity reflects intestinal involvement in crohn's disease[J]. American Journal of Gastroenterology，1988，83（7）：756-760.

[41]　Highfield J. Diagnosis and classification of periodontal disease[J]. Australian Dental Journal，2010，54（1）：195-216.

[42]　Cristianaelena V，Liliana F，Cosminalexandru A，et al. Periodontal disease[J]. Clinical Veterinary Advisor，2013，23（2）：132-134.

[43]　Gao H，Sun J，Wang Y，et al. Predicting metabolite-disease associations based on auto-encoder and non-negative matrix factorization[J]. Briefings in Bioinformatics，2023：bbad259.

[44]　Zhao Y，Ma Y，Zhang Q. Metabolite-disease interaction prediction based on logistic matrix factorization and local neighborhood constraints[J]. Front Psychiatry，2023，14：1149947.

第13章 微生物与疾病的关联关系预测

13.1 引 言

微生物群落主要包含细菌、原生生物、病毒和真菌等，被认为是控制人体健康和疾病的重要"器官"[1]。它们受宿主遗传和宿主环境的影响，如饮食习惯、生活方式、季节和抗生素等[2]。越来越多的临床数据表明，微生物在人体健康和疾病中发挥着基础性作用，影响着人类的健康。因此，了解微生物与疾病的关联关系，对疾病的预防、早期诊断和预后具有深远的意义。随着测序技术的进步，宏基因组学和生物信息学的发展，越来越多微生物与人类疾病之间的联系被证实[3-6]。HMDAD[7]、Disbiome 数据库[8]等的建立，为利用计算方法预测微生物与人类疾病之间的关系奠定了基础。基于已有的生物组学数据，利用计算方法预测微生物与疾病之间的潜在联系，可以避免传统生物学实验耗时耗力的缺点。人工智能算法可以对微生物和疾病关联关系图中的潜在信息进行提取，从而学习到生物网络中潜在的信息，有利于挖掘出更多潜在的微生物和疾病的关联关系。

本章基于人工智能算法预测微生物和疾病关联关系，分别介绍基于 Node2vec 的微生物和疾病关联关系预测[9, 10]、基于结构深度网络嵌入算法的微生物和疾病关联关系预测[11, 12]、基于大规模信息网络嵌入算法的微生物和疾病关联关系预测[9, 13]、基于元路径聚合图神经网络的微生物和疾病关联关系预测[11, 14]、基于去噪自编码器和卷积神经网络的微生物和疾病关联关系预测[11, 15]以及基于关系图卷积网络的微生物和疾病关联关系预测[9, 16]。若后期将 AI 方法预测出的潜在微生物和疾病关联关系进一步用于生物学实验验证，可有效减少生物学实验对海量数据的一一验证。

13.2 基于Node2vec 的微生物和疾病关联关系预测

Node2vec 是一种综合考虑了深度优先搜索（depth first search，DFS）邻域和广度优先搜索（breadth first search，BFS）邻域的图嵌入方法。简单来说，可以将其看作 DeepWalk 的一种扩展，即结合了 DFS 和 BFS 随机游走的 DeepWalk。

本节提出了一个基于图表征算法 Node2vec[17]的微生物和疾病关联关系预测算法，简称 LGRSH。首先，基于 HMDAD 中已知的微生物和疾病关联关系，分别计算了微生物和疾病的高斯核相似性网络；其次，通过整合微生物和疾病关联关系网络和相似性网络，构建了微生物和疾病异构网络；然后，使用嵌入算法 Node2vec 学习异构网络中不同结点的特征；最后，根据结点特征，使用基于规则的推理方法预测潜在的关联关系。

13.2.1　Node2vec

Node2vec 通过引入返回参数 p 和 in-out 参数 q 将 BFS 和 DFS 相结合[18]，从而学习到结点的邻域信息。

在 Node2vec 中，任意两个结点 u 和 x 之间的转移概率见式（13.1）：

$$P(c_i = x \mid c_{i-1} = u) = \begin{cases} \dfrac{\pi_{ux}}{Z}, & (u,x) \in E \\ 0, & 其他 \end{cases} \quad (13.1)$$

其中，Z 代表归一化常数；π_{ux} 代表从结点 u 开始选择边 (u,x) 的转移概率。受当前游走序列的影响，若当前的游走从 t 转移到 u，则 $\pi_{ux} = \alpha_{pq}(t,x) \cdot w_{ux}$，其中

$$a_{pq}(t,x) = \begin{cases} 1/p, & d_{tx} = 0 \\ 1, & d_{tx} = 1 \\ 1/q, & d_{tx} = 2 \end{cases} \quad (13.2)$$

其中，d_{tx} 取值范围为 $\{0,1,2\}$，表示结点 t 与 x 之间的最短路径距离；p 表示返回参数；q 表示 in-out 参数。

参数 p 用于控制游走过程中立即重新访问某个结点的可能性。参数 q 用于控制游走偏向于访问当前结点附近的结点，还是偏向于访问离当前结点较远的结点[19]。它的游走策略示意图见图 13.1，若当前随机游走从 t 转移到 u，就计算它在结点 u 的下一步。

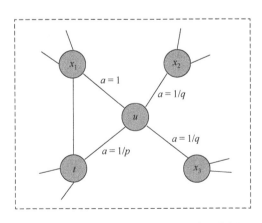

图 13.1　Node2vec 的随机游走策略示意图

在该方法中，Node2vec 反复将新选择的结点标记为当前结点，重复进行结点的序列游走。最后，Node2vec 将游走得到的结点序列对应成一个文本语料库。其中，每个结点对应一个单词。使用 Skip-gram 算法[20]来获取每个结点的特征。该算法的详细描述见表 13.1。

表 13.1　Node2vec 算法实现伪代码

算法：学习结点特征

输入：图 $P = (V, E, W)$，维数 d，每个结点游走次数 r，游走长度 l，上下文大小 k，返回参数 p，in-out 参数 q

输出：每个结点的特征向量

```
Node2vec(P, d, r, l, k, p, q)
π = TP preprocessing(P, p, q)              //计算转移概率
P' = (V, E, π)                             //转移概率归一化
Initialize walks to Empty
    For iter = 1 to r:
        for all nodes u ∈ V:                       //从开始结点模拟随机行走
            Initialize walk to [u]
            for walk_length = 1 to l:
                curr = walk[−1]
                Vcurr = Get Neighbors(curr, P')    //查找当前结点的邻居结点
                s = probability select(Vcurr, π)   //依据转移概率进行行走
                Append s to walk
    Append walk to walks
    F = Skip-gram(k, d, walks)             //为每个结点生成特征向量
return F
```

13.2.2　LGRSH 算法预测

为了预测微生物和疾病关联关系，本节首先通过整合微生物高斯核相似性、疾病高斯核相似性与已知的关联关系，构建了微生物和疾病异构网络。其次，引入 Node2vec 来学习结点的特征。在该实验中，将游走的序列长度设置为 10，上下文的大小设为 5，特征向量的维数设为 128。最后，根据每个结点的特征，利用改进的基于规则推理的评分机制对微生物和疾病关联关系进行打分。算法的整体框架见图 13.2。

本节使用 $\text{Score}(m_i, d_j)$ 来表示异构网络中第 i 种微生物与第 j 种疾病之间的关联关系得分。计算方法见式（13.3）：

$$\text{Score}(m_i, d_j) = \frac{\sum_{k=1}^{m}\text{Sim}(m_i, m_k)\text{MD}(j, k) + \sum_{k=1}^{d}\text{Sim}(d_j, d_k)\text{MD}(k, i)}{\sum_{k=1}^{m}\text{Sim}(m_i, m_k) + \sum_{k=1}^{d}\text{Sim}(d_j, d_k)} \quad （13.3）$$

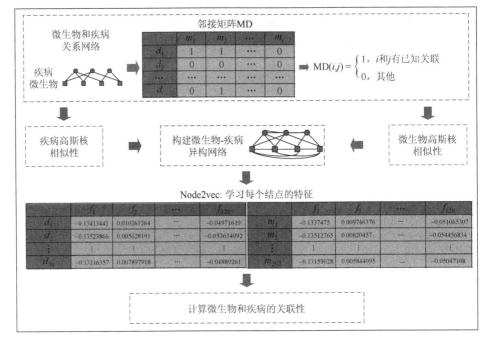

图 13.2　LGRSH 算法框架图

其中，m 表示微生物数量；d 表示疾病数量；m_i 表示向量 m 的分量；d_j 表示向量 d 的分量；$MD(j,k)$ 表示疾病 j 与微生物 k 之间的关联关系；$Sim(u,v)$ 表示 u 与 v 之间的相似度，计算见式（13.4）：

$$Sim(u,v) = \frac{\sum\limits_{k=1}^{dm} u_k v_k}{\sqrt{\sum\limits_{k=1}^{dm} u_k^2}\sqrt{\sum\limits_{k=1}^{dm} v_k^2}} \qquad (13.4)$$

其中，dm 表示向量的维数；u_k 表示向量 u 的分量；v_k 表示向量 v 的分量。

13.2.3　实验结果与分析

（1）为了评估 LGRSH 的预测性能，本节对 HMDAD 中的微生物和疾病关联关系实行了 LOOCV 以及 5 折交叉验证。通过绘制 ROC 曲线、PR 曲线，计算 AUC 与 AUPR 值来评估算法的性能。

首先，对 Node2vec 中的返回参数 p 和 in-out 参数 q 进行参数分析，在 5 折交叉验证中通过设置不同的 p 和 q 进行参数对比，最后确定了最优参数 $p=0.5$，$q=4$。

其次，将 LGRSH 与现有的方法进行比较。从图 13.3 中可以看出，LGRSH 比其他三种方法的预测性能好。

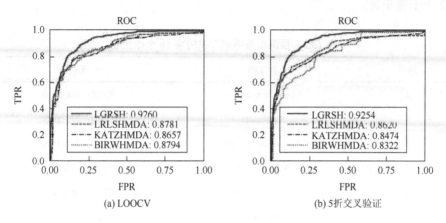

(a) LOOCV　　　　　　　　　(b) 5折交叉验证

图 13.3　LGRSH 与其他三种方法的预测性能比较

最后，将所有微生物和疾病关联关系预测打分降序排列，统计 LGRSH 和其他三种方法在 LOOCV 中的性能对比，预测结果见图 13.4，与其他三种方法相比，在预测出的前 500 种与疾病相关的微生物中，LGRSH 可以预测出更多正确的关联关系。

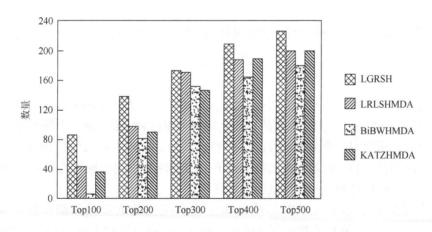

图 13.4　LOOCV 中不同方法预测的正确关联关系数量

（2）为评估 LGRSH 算法挖掘潜在微生物和疾病关联关系的能力，本节对哮喘进行案例分析。首先，为使结果更加稳定，将实验反复运行 10 次，然后对关联关系打分取平均值；其次，在计算出所有微生物和疾病关联关系预测打分后，将与哮喘相关的微生物的打分降序排序，挑选出前 10 个微生物；最后，通过查阅生物方面的文献进一步佐证这些微生物是否与哮喘存在关联，预测结果见表 13.2，有 2 个未被验证。

表 13.2　预测出与哮喘相关的前 10 个微生物

排序	微生物	证据
1	Clostridium difficile	PMID：21872915
2	Firmicutes	PMID：27078029
3	Clostridium coccoides	PMID：21477358
4	Actinobacteria	PMID：30286807
5	Enterobacteriaceae	PMID：28947029
6	Lactobacillus	PMID：30400588
7	Bacteroides	PMID：18822123
8	Burkholderia	—
9	Lachnospiraceae	PMID：28912020
10	Enterococcus	—

注：—表示未找到相关文献来佐证该微生物与哮喘有关。

13.3　基于大规模信息网络嵌入算法的微生物和疾病关联关系预测

给定一个大的网络 $G = (V, E)$，大规模网络信息嵌入（large-scale information network embedding，LINE）问题的目的是将每个顶点 $v \in V$ 表示成一个低维空间 $\mathbb{R}^d$ 中的向量，即学习一个函数 $f(G): V \to \mathbb{R}^d$，其中 $d \ll |V|$。在 $\mathbb{R}^d$ 空间中，顶点之间的一阶相似度和二阶相似度都被保留下来。LINE 是实现图嵌入的算法，即输入是网络图，输出是网络图中结点的向量表示。

本节提出了基于 LINE 算法的微生物和疾病关联关系预测算法，简称 MSLINE。首先，通过收集现有文献中已被证实的微生物和疾病关联关系来扩充 HMDAD 中已知的关联关系数据。其次，通过整合已知的关联关系和多种相似性网络，构建微生物和疾病异构网络。然后，结合随机游走和 LINE 算法学习异构网络中结点的特征。最后，根据每个结点的特征预测潜在的微生物和疾病的关联关系。算法整体框架见图 13.5。

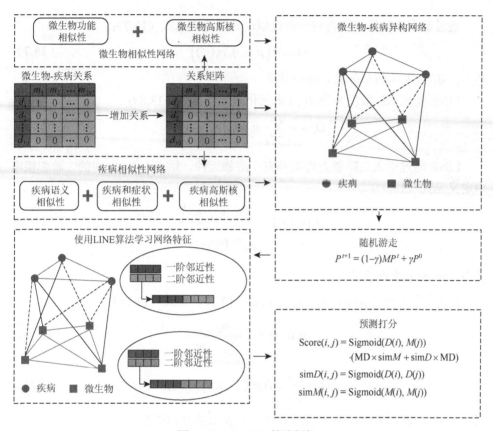

图 13.5　MSLINE 算法框架

13.3.1　基于 LINE 算法的特征表示

LINE[21]通过引入一阶邻近性和二阶邻近性来学习网络结构。若两个结点由权重较大的边连接，则它们的一阶邻近性较高；若两个结点共享的邻居结点较多，则它们的二阶邻近性较高。

结点 i 与 j 的一阶邻接概率定义见式（13.5）：

$$p_1(v_i, v_j) = \frac{1}{1 + \exp\left(-u_{i1}^{\mathrm{T}} \cdot u_{j1}\right)} \tag{13.5}$$

其中，u_{i1} 表示结点 v_i 的 d 维向量。

结点 i 与 j 的经验概率定义见式（13.6）：

$$p_1^*(i, j) = \frac{w_{ij}}{W} \tag{13.6}$$

其中，w_{ij} 表示异构网络中结点 i 和 j 之间的权重向量；W 表示网络中所有边的权重之和。

通过最小化目标函数得到一阶近似，其表达式见式（13.7）：

$$O_1 = d\left(p_1^*(\cdot,\cdot), p_1(\cdot,\cdot)\right) \tag{13.7}$$

其中，$d(\cdot,\cdot)$ 表示两个分布之间的差异。

LINE 使用 KL-散度替换 $d(\cdot,\cdot)$ 来优化函数，见式（13.8）：

$$O_1 = -\sum_{(i,j)\in E} w_{ij} \log_2 p_1(v_i, v_j) \tag{13.8}$$

LINE 通过引入二阶邻近性来补充一阶邻近性。结点 i 和 j 之间的二阶邻接概率定义见式（13.9）：

$$p_2(v_j \mid v_i) = \frac{\exp(u_{j2} \cdot u_{i2})}{\displaystyle\sum_{k=1}^{v} \exp(u_{k2} \cdot u_{i2})} \tag{13.9}$$

其中，$|v|$ 表示结点数量。

结点 i 与 j 的二阶经验概率定义见式（13.10）和式（13.11）：

$$p_2^*(i,j) = \frac{w_{ij}}{\displaystyle\sum_{k\in\text{neighbor}(i)} w_{ik}} \tag{13.10}$$

$$O_2 = \sum_{i\in V} \lambda_i d\left(p_2^*(\cdot \mid v_i), p_2(\cdot \mid v_i)\right) \tag{13.11}$$

其中，$d(\cdot,\cdot)$ 表示两个分布之间的差异；λ_i 表示结点 i 的度。

LINE 使用 KL-散度替换 $d(\cdot,\cdot)$ 来优化函数，见式（13.12）：

$$O_2 = -\sum_{(i,j)\in E} w_{ij} \log_2 p_2(v_j \mid v_i) \tag{13.12}$$

通过拼接整合两阶相似性，异构网络中的每个结点可表示为一个低维向量。考虑到在 LINE 仅有两阶相似性，而微生物和疾病关联关系异构网络中可能存在更多阶近似信息。在使用 LINE 算法之前，引入随机游走以获得更多的邻接信息。随机游走如式（13.13）所示：

$$P^{t+1} = (1-\gamma)MP^t + \gamma P^0 \tag{13.13}$$

其中，M 表示异构网络 P 的列归一化；P^t 表示 t 步转移概率；P^0 表示最初的转移概率；γ 表示重启概率。

13.3.2　MSLINE 算法预测

在该方法中，首先将 HMDAD 中已知的微生物和疾病关联关系与相似性网络相结合，构建了微生物和疾病异构网络。其中，微生物相似性网络包含了微生物高斯核相似性、微生物功能相似性，疾病相似性网络包含疾病高斯核相似性、疾病语义相似性以及疾病症状相似性。同时，通过收集不同文献中已证实的关联关系来增加 HMDAD 中微生物与疾病的关联关系。

其次，考虑到 LINE 只能学习到网络的两阶邻域特征，引入随机游走以获得更多的邻接信息。

最后，根据微生物与疾病结点的特征，对潜在的微生物和疾病关联关系进行预测，见式（13.14）：

$$\text{Score}(i, j) = \text{Sigmoid}(D(i), M(j)) \cdot (\text{MD} \times \text{sim}M + \text{sim}D \times \text{MD}) \quad (13.14)$$

其中，$D(i)$ 表示疾病 i 的特征；$M(j)$ 表示微生物 j 的特征。

$\text{sim}M$ 和 $\text{sim}D$ 是通过特征信息计算出的新的微生物相似性和疾病相似性，计算方法见式（13.15）和（13.16）：

$$\text{sim}D(i, j) = \text{Sigmoid}(D(i), D(j)) \quad (13.15)$$

$$\text{sim}M(i, j) = \text{Sigmoid}(M(i), M(j)) \quad (13.16)$$

13.3.3　实验结果与分析

（1）为了评估 MSLINE 的预测性能，对 HMDAD 中的微生物和疾病关联关系进行了 LOOCV 以及 5 折交叉验证。

首先，对算法中的向量维度、重启概率和随机游走长度进行参数分析，选取了最优的参数组合，$d = 32$，$\gamma = 0.1$，$t = 5$。同时，评估扩充关联关系和随机游走对算法性能的影响。由表 13.3 可知，扩充已知关联关系以及在算法中引入随机游走均可提高算法的预测性能。

表 13.3　增加关联关系以及随机游走对算法的影响

关联关系	引入随机游走	不引入随机游走
450	0.8776	0.8699
615	0.8935	0.8850

其次，将 MSLINE 与其他 8 种方法进行了比较。实验结果见图 13.6，MSLINE 在 LOOCV 和 5 折交叉验证中取得了最高的 AUC 值。

最后，统计不同方法在 LOOCV 中的预测结果。由图 13.7 可知，除了得分最高的前 200 个微生物和疾病关联关系，MSLINE 能够预测出更多正确的关联关系。

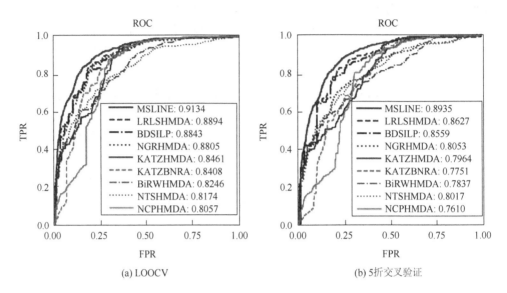

图 13.6　MSLINE 与其他方法对比

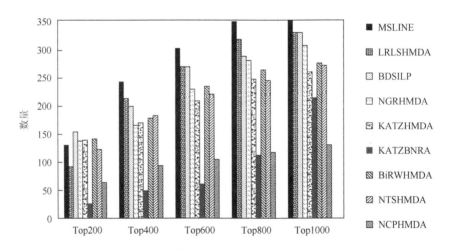

图 13.7　LOOCV 中不同方法预测的正确关联关系数量

（2）为了评估 MSLINE 的预测性能，本节对哮喘进行案例研究。具体地，对所有微生物进行了排序，并选择了 MSLINE 算法预测的前 20 种微生物，见图 13.8。从图 13.8 可以看出，12 种微生物已被 HMDAD 所收录，4 种微生物已被文献证实，其余 4 种尚未得到验证。也就是说，MSLINE 算法预测的前 20 种微生物中有 16 种已得到证实，进一步证明了 MSLINE 方法在微生物和疾病关联关系预测方面表现出了良好的性能。

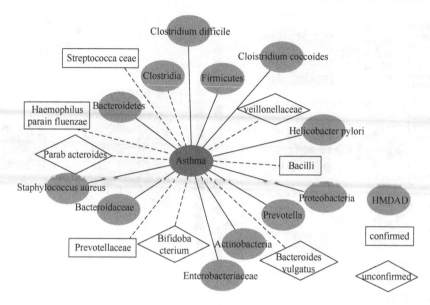

图 13.8　预测出与哮喘相关的前 20 种微生物

13.4　基于结构深度网络嵌入算法的微生物和疾病关联关系预测

DeepWalk 倾向于具有更高二阶邻近度的结点产生类似的低维表示，LINE 则是同时保留了一阶和二阶邻近度。然而，无论 DeepWalk 还是 LINE，它们都是浅层模型，很难捕捉高度非线性的网络结构。由于深度神经网络在挖掘非线性特征方面的良好性能，结构深度网络嵌入（structural deep network embedding，SDNE）算法由此产生。除了 LINE 采用浅层模型，SDNE 采用深层神经网络结构外，SDNE 与 LINE 最大的不同在于如何结合一阶和二阶邻近。LINE 算法对于一阶和二阶邻近度是分别进行训练的，而 SDNE 算法直接利用一个损失函数将二者结合起来，然后进行联合优化。

本节提出了一种基于 SDNE 的算法来预测微生物和疾病的关联关系，方法简称 NEMDA。首先，通过已知的微生物和疾病关联关系构建一个二分网络，用网络嵌入方法 SDNE 在该二分网络上学习结点嵌入。其次，计算微生物功能相似性、微生物相互作用谱相似性和疾病语义相似性、基于症状的疾病相似性分别表示微生物和疾病的生物学特征，并结合学习到的微生物和疾病嵌入特征得到新的特征来表示微生物和疾病对。最后，用深度神经网络（deep neural network，DNN）构建预测算法，并将微生物和疾病对的特征作为 DNN 的输入来计算微生物与疾病的关联概率。NEMDA 的框架见图 13.9。

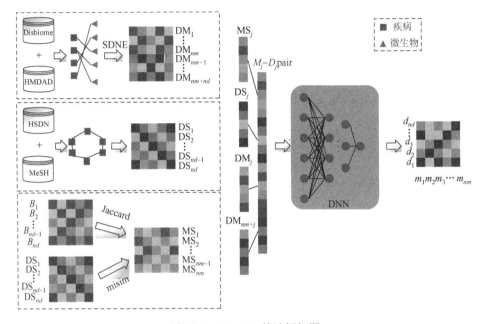

图 13.9　NEMDA 算法框架图

13.4.1　基于 SDNE 的特征提取

　　近年来，图嵌入[22-24]即网络表征学习成为复杂网络分析方面的研究重点，其目的是用一个低维、稠密的向量表示图中的点，并且该向量能够反映网络的结构。为了捕获网络结构中的高度非线性关系，SDNE 使用一种深层算法对网络进行向量表示。整个算法可以被分为无监督和有监督两个部分，无监督部分是用一个深层自编码器来捕获二阶相似性，有监督部分是用拉普拉斯矩阵映射捕获一阶相似性。最后 SDNE 算法将深层自编码器的中间层作为结点的网络表示。

　　SDNE 算法希望保持一阶和二阶相似性，而且想要同时优化，以同时捕获局部成对相似性和结点邻域结构相似性。给定一个图 G，SDNE 可以通过重构邻接矩阵与原始邻接矩阵的相似程度来表示二阶相似性，因此，二阶相似性的损失函数定义见式（13.17）：

$$L_{2\text{nd}} = \sum_{i=1}^{n_m+n_d} \left\| \left(M_i' - M_i \right) \odot b_i \right\|_2^2 = \left\| \left(M' - M \right) \odot B \right\|_F^2 \qquad （13.17）$$

其中，M 表示图 G 所对应的邻接矩阵；M' 表示重构后的邻接矩阵；$\odot$ 表示阿达马乘积；B 表示惩罚系数矩阵。

　　对于一阶相似性，可以利用自编码器的嵌入向量，计算左侧嵌入向量和右侧嵌入向量之间的距离。因此，损失函数的定义见式（13.18）：

$$L_{1st} = \sum_{i,j=1}^{n_m+n_d} M_{ij} \left\| Z_i - Z_j \right\|_2^2 \tag{13.18}$$

其中，Z_i 表示结点 i 的低维嵌入向量；Z_j 表示结点 j 的低维嵌入向量。

SDNE 为了保证一阶相似性和二阶相似性，提出了半监督学习的方法，结合上面的监督学习和无监督学习，联合后的损失函数见式（13.19）：

$$L_{mix} = L_{2nd} + \alpha L_{1st} + \gamma L_{reg} = \left\| (M'-M) \odot B \right\|_F^2 + \alpha \sum_{i,j=1}^{n_m+n_d} M_{ij} \left\| Z_i - Z_j \right\|_2^2 + \gamma L_{reg} \tag{13.19}$$

其中，α 表示控制一阶损失的参数；γ 表示控制正则化的参数；L_{reg} 表示 L_2 范数正则化项，用来防止过拟合。

L_{reg} 的计算公式如式（13.20）所示：

$$L_{reg} = \frac{1}{2} \sum_{k=1}^{K} \left(\left\| W^{(k)} \right\|_F^2 + \left\| W'^{(k)} \right\|_F^2 \right) \tag{13.20}$$

其中，K 表示隐藏层的层数；$W^{(k)}$ 表示自编码器编码时第 k 层的权重向量；$W'^{(k)}$ 表示自编码器解码时第 k 层的权重向量。

13.4.2　NEMDA 算法预测

1. 数据集

本节使用的数据来自两个数据库，一个是 HMDAD，另一个是 Disbiome。对这两个数据库进行整合，去冗余后，共得到 254 种疾病和 1519 种微生物以及 7258 个微生物和疾病关联关系。本节进一步构建微生物和疾病关联关系邻接矩阵 $B \in \mathbb{R}^{n_m \times n_d}$，其中，$n_m$ 表示微生物的数量，n_d 表示疾病的数量，如果微生物结点 m_i 和疾病结点 d_j 有已知的关联关系，则 A_{ij} 的值为 1，否则为 0。

2. 微生物和疾病的生物学特征表示

1）微生物生物学特征表示

通过整合微生物功能相似性和微生物相互作用谱相似性来表示微生物的最终相似性，则微生物 m_i 和 m_j 的相似性定义见式（13.21）：

$$MS(m_i, m_j) = \begin{cases} MS^M(m_i, m_j), & MS^M(m_i, m_j) \neq 0 \\ MS^J(m_i, m_j), & MS^J(m_i, m_j) = 0 \end{cases} \tag{13.21}$$

其中，MS^M 表示微生物功能相似性矩阵；MS^J 表示微生物相互作用谱相似性矩阵。

所有微生物的功能相似性可以表示为一个 $n_m \times n_m$ 的矩阵 MS，矩阵 MS 的第 i 行和第 j 列对应的值表示微生物 m_i 和 m_j 之间的相似性。对于一个具体的微生物 m_i，使用 MS 的第 i 行向量 MS_i 来表示它的生物学特征。

2）疾病生物学特征表示

通过整合疾病语义相似性和疾病症状相似性来表示最终的疾病相似性，则疾病 d_i 和 d_j 的相似性定义见式（13.22）：

$$\mathrm{DS}(d_i, d_j) = \frac{\mathrm{DS}^{\mathrm{sem}}(d_i, d_j) + \mathrm{DS}^{\mathrm{sym}}(d_i, d_j)}{2} \qquad (13.22)$$

其中，$\mathrm{DS}^{\mathrm{sem}}$ 表示疾病语义相似性矩阵；$\mathrm{DS}^{\mathrm{sym}}$ 表示疾病症状相似性矩阵。

所有疾病的相似性值可以表示为一个 $n_d \times n_d$ 的矩阵 DS，并且 DS 矩阵的第 i 行和第 j 列的值表示疾病 d_i 和 d_j 的语义相似性。对于一个特定疾病 d_i，用 DS 矩阵的第 i 行向量 DS_i 表示它的生物学特征。

3. NEMDA 算法

本节利用 n_m 个微生物、n_d 个疾病和已知的微生物和疾病关联关系构建一个二分网络，其中，微生物和疾病看作网络的结点，它们之间的关联关系看作网络的连边。该网络对应的邻接矩阵记为 M，它的大小为 $(n_m + n_d) \times (n_m + n_d)$，见式（13.23）：

$$M = \begin{bmatrix} 0 & A \\ A^{\mathrm{T}} & 0 \end{bmatrix} \qquad (13.23)$$

将 SDNE 方法应用到微生物和疾病二分网络上，可以得到一个 $(n_m + n_d) \times d$ 的嵌入矩阵 DM，其中 d 表示结点嵌入的维数，DM 的每一行 DM_i $(i = 1, 2, \cdots, (n_m + n_d))$ 表示相应的 n_m 个微生物结点和 n_d 个疾病结点的嵌入表示。

本节将微生物和疾病关联关系预测问题转化为二分类问题，将从 SDNE 提取得到的特征与微生物和疾病的生物学特征结合得到 $(2d + n_m + n_d)$ 维的特征向量，并将这些特征输入 DNN 中，经过训练算法，最小化训练后，如果给定微生物和疾病对的预测概率超过阈值，则说明存在相应的微生物和疾病关联关系。

13.4.3　实验结果与分析

1. 参数分析

本节主要针对从 SDNE 中提取的特征的维数，以及 DNN 的层数进行参数敏感性分析，采用 5 折交叉验证并且综合考虑 SDNE 特征维数和隐藏层层数对于 NEMDA 算法性能的影响。具体做法如下：采用网格搜索穷举遍历所有的参数组合，并计算每组参数值对应的 AUC 值。参数分析的结果见图 13.10。

从图 13.10 可以看出，随着特征维数的增加，NEMDA 算法的性能会提高，因为增加维数可以编码更多有用的信息，但是当维数超过 128，再增加特征维数时，NEMDA 算法的 AUC 值逐渐减小，预测性能开始缓慢下降，产生这一结果的原因可能是特征维数过大，导致在编码时引入了一些噪声。此外，隐藏层层数在一定程度上也会影响 NEMDA 算法的性能。随着隐藏层层数的增加，算法的性能绝大多数呈下降趋势。当 SDNE 嵌入特征维数设置为128，隐藏层层数设置为 3 时，NEMDA 算法的性能最好。因此，在实验中，将特征的维数设置为128，隐藏层层数设置为 3。

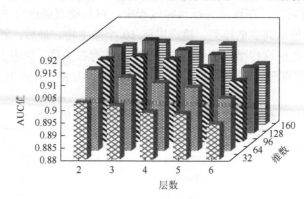

图 13.10　NEMDA 算法参数分析

2. 与其他方法对比

为了评估 NEMDA 算法的预测性能，将其与一些经典的微生物和疾病预测方法进行对比。包括 KATZHMDA、NCPHMDA、LRLSHMDA、PBHMDA、NTSHMDA 和 BRWMDA。通过 5 折交叉验证来评估 NEMDA 算法与其他 6 种比较方法的预测性能，比较结果见图 13.11。结果表明，NEMDA 算法的预测性能优于其他对比方法。进一步说明 NEMDA 算法在微生物和疾病关联关系预测问题上表现良好，是一种有效的预测工具。

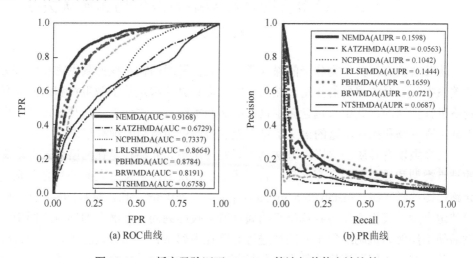

图 13.11　5 折交叉验证下 NEMDA 算法与其他方法比较

3. 案例分析

为了展现 NEMDA 算法挖掘潜在微生物和疾病关联关系的能力，本节对结直肠癌进行了案例研究。在算法进行预测过程中，对与结直肠癌有关的所有微生物进行打分并将分值从高到低排列，挑选出前 10 个微生物。最后，通过查阅生物方面的文献进一步佐证这些微生物是否与相应的疾病存在关联，见表 13.4。从表 13.4中可以看出，与结直肠癌有关的排名前 10 的微生物中有 8 个得到相关文献的佐证。

表 13.4　与结直肠癌有关的排名前 10 的微生物

排名	微生物	证据
1	Veillonella	PMID：31992345
2	Shigella	PMID：21850056
3	Clostridium	PMID：26811603
4	Rothia	PMID：28111632
5	Proteobacteria	PMID：32071370
6	Subdoligranulum	—
7	Ruminococcus gnavus	—
8	Odoribacter	PMID：28153960
9	Erysipelotrichaceae	PMID：22761885
10	Bacteroidetes	PMID：31653078

注：—表示未找到相关文献来佐证该微生物与结直肠癌有关。

13.5　基于元路径聚合图神经网络的微生物和疾病关联关系预测

随着对疾病相关生物分子的深入研究，人们发现药物在挖掘微生物和疾病关联关系中起着至关重要的作用。然而，绝大多数算法都是基于微生物和疾病关联网络进行预测的，其中只包含微生物和疾病两类结点，这使算法在预测过程中由于缺乏微生物和疾病丰富的语义信息而无法获得更加精确的预测结果。

大多数现有异质网络嵌入方法基于元路径思想。元路径是在网络模式上定义的结点类型和边类型的有序序列，它描述了所涉及的结点类型之间的复合关系。元路径图神经网络（metapath aggregated graph neural network，MAGNN）首先应用特定类型的线性变换将异构结点的属性特征投影到同一个潜在的向量空间中。然后使用注意力机制对每个元路径进行元路径内部聚合。在该过程中，每个目标结点从元路径实例所连接的基于元路径邻居结点中提取并组合信息。通过这种方式，MAGNN 从两个相邻结点和它们之间的元路径上下文中捕获异构图的结构和语义信息。在元路径内聚合之后，MAGNN 使用注意力机制进一步进行元路径间聚合，将从多个元路径中获得的潜在向量融合到最终结点嵌入中。

　　本节提出一种基于多源异构网络和 MAGNN 的算法来预测微生物和疾病的关联关系，方法简称 MATHNMDA。首先，引入微生物和药物相互作用、药物和疾病关联关系、微生物和疾病关联关系来构建微生物-药物-疾病异构网络，并将其作为 MAGNN 的输入。其次，针对 MAGNN 的每一层，本节通过在元路径定义模式下对元路径实例进行编码，采用多头注意力机制进行元路径内聚合，从而学习目标结点上下文、基于元路径的邻居结点及其上下文中嵌入的结构和语义信息，并聚合不同元路径的语义信息。然后，将 MAGNN 最后一层的输出作为微生物结点和疾病结点的嵌入特征。最后，本节通过重建微生物和疾病关联关系邻接矩阵来预测潜在的微生物和疾病关联关系。MATHNMDA 算法的框架图见图 13.12。

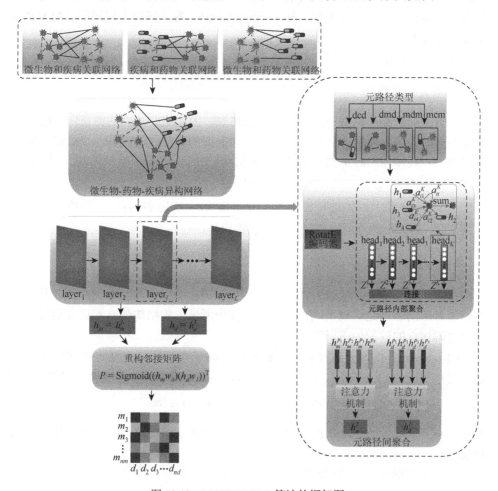

图 13.12　MATHNMDA 算法的框架图

13.5.1 基于 MAGNN 的特征学习

大量现实世界的图形和网络本质上是异构的，涉及各种各样的结点类型和关系类型，异构图嵌入是将异构图丰富的结构和语义信息嵌入到低维结点表示中，现有算法通常在异构图中定义多个元路径，以捕获复合关系并指导邻居选择。虽然基于元路径的嵌入方法在各种任务上优于传统的网络嵌入方法，如结点分类和链路预测，但它们仍然受到以下至少一个限制：①忽略结点的属性信息，不能很好地处理结点属性特征丰富的异质图，如 metapath2vec[25]、HIN2vec[26]等；②只考虑两个末端结点而舍弃元路径上的所有中间结点，造成信息丢失，如 HERec[27]、HAN[28]等；③只依赖于单个元路径，需要人工选择元路径，丢失了来自其他元路径的部分信息，导致性能不佳，如 metapath2vec。为了解决上述限制，MAGNN 算法应运而生[29]。

MAGNN 算法由以下三部分组成。

1. 结点内容转换

异质图中的不同类型的结点有不同的属性，因此这些结点的特征向量的维度可能不同，为了方便统一处理，需要将不同类型的特征映射到同一个隐藏层的向量空间中。具体地，对于类别为 $A \in \Lambda$ 的结点 $v \in V_A$，其特征转换见式（13.24）：

$$h'_v = W_A \cdot x_v^A \tag{13.24}$$

其中，$x_v \in \mathbb{R}^{d_A}$ 表示原始的特征向量；$h'_v \in \mathbb{R}^d$ 表示映射后结点 v 的特征向量；$W_A \in \mathbb{R}^{d \times d_A}$ 表示类型为 A 的结点对应的权重矩阵。

2. 元路径内部聚合

给定元路径 P，通过对 P 的元路径实例编码，可以学习到目标结点、基于元路径所对应的邻居结点以及结点之间上下文中所嵌入的结构信息和语义信息。元路径内部聚合的过程如下所述。

（1）RotatE 作为元路径实例编码器将元路径实例的所有结点特征转换成向量，转换见式（13.25）：

$$h_{p(v,u)} = f_\theta(P(v,u)) = f_\theta\left(h'_v, h'_u, \{h'_t, \forall t \in \{m^{P(v,u)}\}\}\right) \tag{13.25}$$

其中，$m^{P(v,u)}$ 表示元路径 P 的中间结点；$P(v,u)$ 表示端结点为 v 和 u 的单个元路径实例。

（2）采用图注意力层将与目标结点 v 相关的 P 的元路径实例进行加权聚合：

$$\begin{cases} e_{vu}^{P} = \mathrm{LeakyReLU}\left(a_{P}^{\mathrm{T}} \cdot \left[h_{v}' \| h_{P(v,u)}\right]\right) \\ \alpha_{vu}^{P} = \dfrac{\exp\left(e_{vu}^{P}\right)}{\sum\limits_{s \in N_{v}^{P}} \exp\left(e_{vu}^{P}\right)} \\ h_{v}^{P} = \sigma\left(\sum\limits_{u \in N_{v}^{P}} \alpha_{vu}^{P} \cdot h_{P(v,u)}\right) \end{cases} \tag{13.26}$$

其中，c_{vu}^{P} 表示 $h_{P(v,u)}$ 对结点 v 的注意力得分；a_{P} 表示元路径 P 参数化的注意力向量；α_{vu}^{P} 是 e_{vu}^{P} 归一化后的值，区分不同元路径实例 $h_{P(v,u)}$ 对结点 v 的重要性。

（3）将上述注意力机制扩展成多头，有助于稳定算法的学习过程。

$$h_{v}^{P} = \mathop{\|}\limits_{k=1}^{K} \sigma\left(\sum\limits_{u \in N_{v}^{P}} \left[\alpha_{vu}^{P}\right]_{k} \cdot h_{P(v,u)}\right) \tag{13.27}$$

其中，K 表示注意力头的个数。

3. 元路径间聚合

对于结点 v 而言，上一步可得到其对应的所有元路径的嵌入向量，进一步聚合这些嵌入向量得到所有元路径对于目标结点 v 的语义信息。具体过程如下所述。

（1）针对每条元路径 P_i，对所有类型为 A 的结点在该元路径下的嵌入向量进行转换，然后取平均：

$$s_{P_i} = \frac{1}{|V_A|} \sum\limits_{v \in V_A} \tanh\left(M_A \cdot h_v^{P_i} + b_A\right) \tag{13.28}$$

其中，M_A 和 b_A 表示可学习到的参数向量。

（2）与上一步类似，使用注意力机制聚合特定元路径对于结点 v 的特征向量，得到 $h_v^{\tilde{P}_A}$，这里 $\tilde{P}_A$ 表示起始结点为 A 的元路径集合。

（3）采用线性变换将结点嵌入映射到具有所需输出维度的向量空间：

$$h_v = \sigma\left(W \cdot h_v^{\tilde{P}_A}\right) \tag{13.29}$$

其中，$\sigma(\cdot)$ 为激活函数；W 为输出空间的权重矩阵。

13.5.2　MATHNMDA 算法预测

1. 数据集

本节从不同的数据源中整合信息。具体地，从 Peryton 和 MicroPMenoDB 中收集微生物和疾病关联关系数据；微生物和与之相关的药物是从 MDAD、 drugVirus 和 aBiofilm 中收集得到的；疾病和药物相互作用数据是从 drugBank 和 CTD 数据库中收集得到的，详细的关联关系数据见表 13.5。这里需要注意的是，本节根据疾病在医学主题词表（medical subject headings，MeSH）中的 ID、微生物在 NCBI 数据库中的 ID 以及药物的化学结构信息分别对疾病、微生物和药物进行统一，此外，与疾病有关的药物包含在与微生物有关的药物里面。

表 13.5　MATHNMDA 所用数据集

关联类型	数据库	微生物	疾病	药物	关联关系
微生物和疾病关联	Peryton MicroPMenoDB	2492	538	—	9202
微生物和药物关联	MDAD aBiofilm drugVirus	132	—	1933	3345
疾病和药物关联	drugBank CTD	—	127	247	9604

2. 构建三重异构网络

本节将利用微生物和疾病关联关系、微生物和药物关联关系以及疾病和药物关联关系构建三重网络，对于微生物和疾病而言，某种微生物失衡会导致某些疾病的发生，某种疾病的发病机理会受某些微生物群落的影响；对于疾病和药物而言，某种药物可以治疗某些疾病，而某种疾病可以用某种药物治疗；对于微生物和药物而言，微生物可以调节药物的活性和毒性，反之，药物可以改变微生物群落的多样性和功能。设 M、C、D 分别表示异构网络中所有微生物、药物和疾病集合，则 $m_i \in M$ 表示一个微生物，其中 $i = 1, 2, 3, \cdots, n_m$；$c_j \in C$ 表示一个药物，其中 $j = 1, 2, 3, \cdots, n_c$；$d_k \in D$ 表示一个疾病，其中 $k = 1, 2, 3, \cdots, n_d$。根据微生物-药物-疾病之间的关联关系构建三重异构网络，在这里，将其简化为一个无向无权的网络来表示关联关系的存在。得到三重网络之后，进一步构造微生物和疾病邻接矩阵 $B \in \mathbb{R}^{n_m \times n_d}$，其中 n_m 代表微生物数量，n_d 代表疾病数量，如果已知微生物结点 i 与疾病结点 j 之间存在关联，则 $B(i, j)$ 的值为 1，否则为 0。

3. MATHNMDA 算法

本节将基于 MAGNN 和三重异构网络预测潜在的微生物和疾病关联关系，GNN 的目标是学习每个结点的低维向量表示，可以用于许多下游任务，如结点聚类、结点分类和链路预测问题。因此，本节将使用 L 层的 GNN 来学习微生物结点和疾病结点的低维向量表示。在 GNN 的每一层，采用 13.5.1 节介绍的元路径内部聚合和元路径间聚合获得每个结点基于元路径的向量表示，从而学习结点之间丰富的语义信息和结构信息。给定结点 v，根据式（13.29），可以得到其在 l 层的向量表示：

$$h_v^l = \sigma\left(W^l \cdot \left[h_v^{\tilde{P}_A} \right]^l \right) \tag{13.30}$$

其中，$\sigma(\cdot)$ 表示激活函数；W^l 表示第 l 层的权重向量；h_v^l 表示结点 v 在第 l 层的向量表示，同时也是第 $l+1$ 层的输入；这里，$h_v^0 = W_A \cdot X_v^A$，W_A 表示结点类型 A 的线性转换矩阵；X_v^A 表示类型为 A 的结点 v 初始特征向量，用 One-hot 编码来初始化。

最终，将结点 v 在第 L 层的向量表示作为该结点最终的嵌入表示：

$$h_v^L = h_i^L \tag{13.31}$$

其中，h_v^L 表示结点 v 在第 L 层的向量表示。

在得到所有微生物结点和疾病结点的最终嵌入后，通过重构微生物与疾病的关联来预测新的微生物与疾病的关联。在这里，本节对微生物和疾病嵌入进行简单内积运算实现重构邻接矩阵的目的。在这种情况下，每对微生物和疾病关联将获得一个新的评分。具体而言，给定一个微生物结点 m 和一个疾病结点 d，它们之间的预测得分 C_{md} 可计算为

$$C_{md} = \text{Sigmoid}(h_m^{\text{T}} \cdot h_d) \tag{13.32}$$

其中，h_m 和 h_d 分别表示微生物和疾病结点最终的嵌入表示。

预测微生物和疾病的相关性相当于一个二元分类问题。因此 MATHNMDA 算法在训练时使用交叉熵函数作为损失函数，通过负采样进行优化：

$$L = -\sum_{(m,d)\in\mu} \log_2(C_{md}) - \sum_{(m,d)\in\mu^-} \log_2(-C_{md}) \tag{13.33}$$

其中，μ 表示正样本集；μ^- 表示负抽样得到的负样本集。

13.5.3 实验结果与分析

使用 5 折交叉验证来评估 MATHNMDA 算法的性能，为了减少随机样本划分引起的误差，在实验过程中，5 折交叉验证进行了 10 次。

1. 消融实验

13.5.1 节提到，MAGNN 是为了解决某些特定问题提出的，为了验证 MATHNMDA 算法各个模块的有效性，进一步对 MATHNMDA 算法的不同变体进行实验。以 MATHNMDA 算法作为参考算法，对它的三个变体进行了实验，分别为：

（1）MATHNMDA_nb：仅考虑基于元路径的邻居结点，而不考虑中间结点；

（2）MATHNMDA_sm：仅考虑单一最佳元路径；

（3）MATHNMDA_avg：用平均值编码器替换 RotatE。

实验结果见图 13.13。从图中可以看出，MATMNMDA 算法的 AUC 值和 AUPR 值最高，其次是 MATMNMDA_avg，而 MATMNMDA_sm 的性能最差。MATMNMDA 的性能优于 MATMNMDA_avg，这是因为平均值编码器实质上是将元路径实例作为一个集合，忽略了元路径序列结构中嵌入的信息，而 RotatE 可以根据元路径的序列结构建模，从而保留了元路径序列结构中嵌入的信息，因此 RotatE 在一定程度上有助于提高算法的性能。对比 MATMNMDA 和 MATMNMDA_nb 可以发现，考虑元路径内部的中间结点可以帮助算法获得更多的结构信息，从而提高算法的性能。对比 MATMNMDA 和 MATMNMDA_sm，结果表明结合多元路径可以显著提高算法性能。

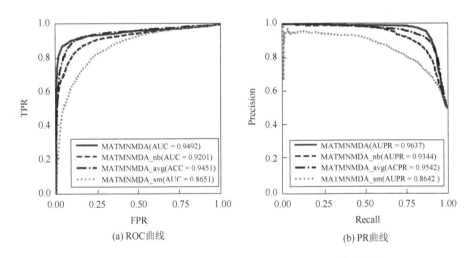

(a) ROC曲线 (b) PR曲线

图 13.13　5 折交叉验证下 MATHNMDA 算法及其变体对比

2. 与其他方法对比

将 MATMNMDA 算法与经典的微生物和疾病关联关系预测方法进行对比，实验过程中对比方法均采用默认参数运行，实验结果见图 13.14。由图可知，MATMNMDA 算法对这两个评价指标的预测效果良好，AUC 和 AUPR 分别达到 0.9492 和 0.9637，优于所有对比方法。CRPGCN 算法次优，它采用 RWR 算法，允许每个结点更好地融合来自邻近结点的信息，使得 GCN 可以更快地学习特征，预测性能更优。再次是 LRLSHMDA 算法，因为微生物和疾病关联关系网络的拓扑结构有助于算法有效利用结点和边的隐藏信息，这有助于训练最优分类器，从而更准确地预测微生物疾病关联关系。

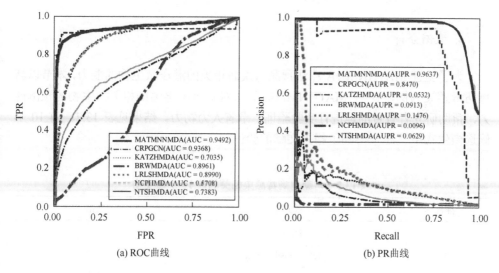

图 13.14　5 折交叉验证下 MATHNMDA 算法与其他方法对比

3. 不同数据集的比较

本节扩充了已知的微生物和疾病关联关系数据。为了验证 MATHNMDA 算法在本节所用数据集的有效性，这里将 MATHNMDA 算法与对比方法在 HMDAD 和 Disbiome 数据集上进行实验，这两个数据集是微生物和疾病关联关系预测的常用数据集。实验结果见表 13.6，在每个数据集上，MATHNMDA 算法性能最优，并且在本节所用数据集上表现最好。因此，增加已知的微生物和疾病关联关系有助于提高 MATHNMDA 的性能。

表 13.6　MATHNMDA 算法及其对比方法在不同数据集上的性能比较

| 算法 | 数据集 | | | | | |
| | HMDAD | | Disbiome | | Our Dataset | |
	AUC	AUPR	AUC	AUPR	AUC	AUPR
CRPGCN	0.8798	0.4533	0.8702	0.4965	0.9368	0.8470
KATZHMDA	0.8815	0.4828	0.6743	0.0508	0.7035	0.0532
BRWMDA	0.8748	0.3966	0.8199	0.0705	0.8961	0.0913
LRLSHMDA	0.8766	0.4960	0.8672	0.1370	0.8990	0.1476
NCPHMDA	0.7524	0.0795	0.7299	0.1024	0.5708	0.0092
NTSHMDA	0.8276	0.2975	0.6880	0.0630	0.7383	0.0629
MATHNMDA	0.9181	0.9297	0.9245	0.9322	0.9492	0.9637

4. 案例分析

为了验证 MATHNMDA 算法预测与疾病相关的潜在微生物的能力,本节以新冠病毒感染为例,评估 MATHNMDA 算法对新冠病毒感染相关微生物的预测能力,帮助研究者有目的地进行实验验证,节省人力物力。结果见表 13.7,前 10 个候选微生物中有 3 个得到了相关文献的验证。

表 13.7　与新冠病毒感染相关的前 10 个微生物

排名	微生物	证据
1	Dyella	—
2	Acinetobacter calcoaceticus	—
3	Coriobacteriaceae bacterium	—
4	Bacteroides intestinalis	—
5	Bacteroides thetaiotaomicron	PMID: 32442562
6	Pisolithaceae	—
7	Pigmentiphaga	—
8	Mucor	PMID: 34009676
9	Prevotella disiens	PMID: 33577896
10	Blumeria graminis	—

注: —表示未找到相关文献来佐证该微生物与新冠病毒感染有关。

13.6　基于去噪自编码器和卷积神经网络的微生物和疾病关联关系预测

本节提出了一种基于去噪自编码器(denoising autoencoder,DAE)和 CNN 的方法来预测微生物与疾病的关联关系,方法简称 MMHN-MDA。首先,基于微生物、疾病、药物和代谢物两两之间的关联关系,构建了一个多分子关联的异质网络;其次,将图嵌入算法拉普拉斯特征映射(Laplacian eigenmap,LE)应用于该异质网络,学习微生物结点和疾病结点的行为特征(attribute)。同时,使用 DAE 来学习微生物结点和疾病结点的属性特征(behavior)。最后,结合结点的属性特征和行为特征得到微生物和疾病结点的最终嵌入特征,并将其输入 CNN 以预测微生物和疾病的关联关系。MMHN-MDA 算法的框架图见图 13.15。

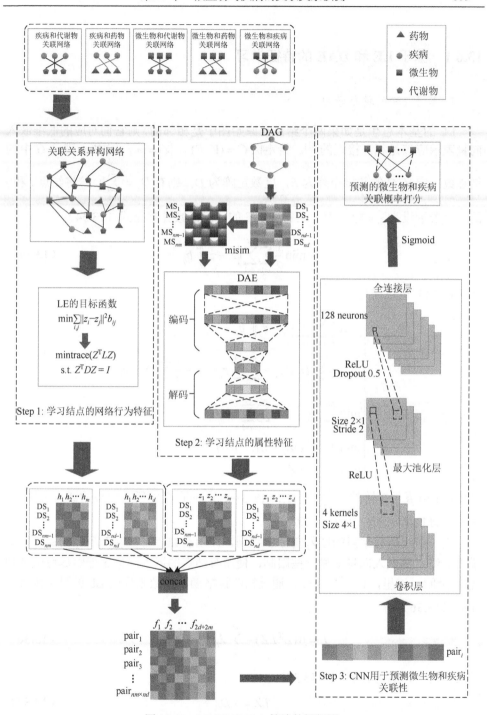

图 13.15　MMHN-MDA 算法的框架图

13.6.1 基于 LE 和 DAE 的特征学习

1. 基于 LE 的特征学习

LE 的基本思想是如果两个结点在原始图中是相邻的，则它们对应的低维嵌入向量表示应该是相互接近的[21]。给定图 $G = (V, E)$，$|V| = m$，其中 m 表示 G 中的结点数。定义 G 的邻接矩阵为 B，度数矩阵为 D，则有 $D_{ii} = \sum_{j=1}^{m} b_{ij}$。将结点 i 和 j 的向量表示设为 $z_i \in \mathbb{R}^k$，且 $z_j \in \mathbb{R}^k$，LE 的目标函数计算见式（13.34）：

$$\min \frac{1}{2} \sum_{i=1}^{m} \sum_{j=1}^{m} \left\| z_i - z_j \right\|^2 b_{ij} \tag{13.34}$$

式（13.34）可以简化为

$$\begin{cases} \min \dfrac{1}{2} \sum_{i=1}^{m} \sum_{j=1}^{m} \left\| z_i - z_j \right\|^2 b_{ij} \\ \min \dfrac{1}{2} \sum_{i=1}^{m} D_{ii} z_i^{\mathrm{T}} z_i - \sum_{i=1}^{m} \sum_{j=1}^{m} z_i z_j b_{ij} + \dfrac{1}{2} \sum_{i=1}^{m} D_{ii} z_i^{\mathrm{T}} z_1 \\ \min \sum_{i=1}^{m} D_{ii} z_i^{\mathrm{T}} z_i - \sum_{i=1}^{m} \sum_{j=1}^{m} z_i z_j b_{ij} \\ \min \ \mathrm{tr}(Z^{\mathrm{T}} D Z) - \mathrm{tr}(Z^{\mathrm{T}} B Z) \\ \min \ \mathrm{tr}(Z^{\mathrm{T}} L Z) \end{cases} \tag{13.35}$$

其中，$\mathrm{tr}(\cdot)$ 表示矩阵的迹；$Z = (z_1, z_2, z_3, \cdots z_m)^{\mathrm{T}}$ 表示 G 中所有结点的嵌入特征；L 表示拉普拉斯矩阵；并且 $L = D - B$。

为了防止所有结点的嵌入向量 z 相同，即所有结点都被映射到相同的位置，需要对结点的嵌入向量 z 做一些限制，使所有结点的嵌入向量 z 能够尽可能地填充 $\mathbb{R}^k$ 空间。这里，设 $z_i^{\mathrm{T}} D z_i = 1$，通过构建拉格朗日函数来优化 LE 的目标函数，见式（13.36）。

$$L = \mathrm{tr}(Z^{\mathrm{T}} L Z) - \sum_{i=1}^{m} \lambda_i (1 - z_i^{\mathrm{T}} D z_i) \tag{13.36}$$

然后，对 Z 求偏导，见式（13.37）：

$$L Z = \lambda D z \tag{13.37}$$

式（13.37）本质上是一个广义的特征向量求解问题。我们通过计算结点的特征值和特征向量获得结点的低维表示。

2. 基于 DAE 的特征学习

DAE 的基本思想是通过在输入的训练数据中加入噪声，并让自编码器学习去除这些噪声，可得到不受噪声污染的真实输入[30]。因此，编码器可以从原始输入中获得最基本的特征和更稳健的低维表示。

与其他自编码器类似，DAE 也分为编码和解码两个过程。其编码过程见式（13.38）：

$$H = \sigma(WX + b) \tag{13.38}$$

其中，X 表示 DAE 的输入；W 表示权重矩阵；b 表示偏置；$\sigma(\cdot)$ 表示激活函数；H 表示编码器的输出。

解码过程见式（13.39）：

$$X' = \sigma(W^{\mathrm{T}}H + c) \tag{13.39}$$

其中，W^{T} 表示 W 的转置；X' 表示 DAE 的输出。

利用均方误差损失函数最小化输入和输出之间的误差，见式（13.40）：

$$\mathrm{MSE}(X, X') = \frac{1}{n}\sum_{i=1}^{n}(x_i - x_i')^2 \tag{13.40}$$

其中，n 表示结点的数目。

13.6.2　MMHN-MDA 算法预测

1. 数据集

此前对不同组学间关联的研究提供了大量有用的数据。本节收集了大量经实验验证的与微生物和疾病有相互作用关系的多组学数据，分别是微生物和疾病关联关系、微生物和药物关联关系、疾病和药物关联关系、微生物和代谢物关联关系以及疾病和代谢物关联关系，前三者关联关系的收集见表 13.5。微生物和代谢物关联数据收集自 gutMGene[31]数据库，疾病和代谢物关联关系数据收集自人类代谢组数据库（human metabolome database，HMDB）[32]，考虑到同一生物分子在不同的数据库中可能拥有不同的名称，因此，对同一种生物分子，使用相同的命名规则来统一命名。具体地，MeSH ID 用于统一命名疾病，Taxonomy ID 用于统一命名微生物，药物的化学结构信息用于统一命名药物，HMDB ID 用于统一命名代谢物。详细的生物分子类型以及关联关系类型的分布如图 13.16 所示。

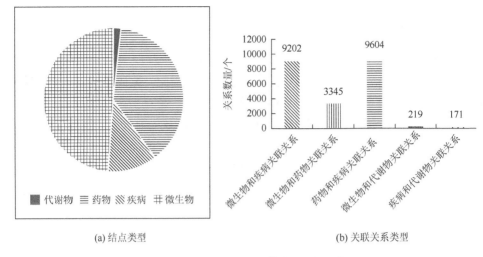

(a) 结点类型　　　　　　　　　　　　　　　　(b) 关联关系类型

图 13.16　MMHN-MDA 算法所用数据集

2. 构建关联关系异构网络

MMHN-MDA 算法的出发点是利用与微生物和疾病相关的多源组学数据构建关联关系异构网络。本节将通过整合微生物和疾病、微生物和药物、微生物和代谢物、疾病和药物以及疾病和代谢物这五种关联关系数据构建异构网络。具体地，定义该异质网络为 G，$G = (V, E)$。V 表示由微生物、疾病、药物和代谢物结点构成的结点集，记为 $V = \left\{ V_{微生物} \bigcup V_{疾病} \bigcup V_{药物} \bigcup V_{代谢物} \right\}$。且 $(v_i, v_j) \in E$，E 表示 V 中所有结点连边的集合。进一步构建微生物和疾病关联关系邻接矩阵，记为 A，$A \in \mathbb{R}^{n_m \times n_d}$，其中 n_m 表示微生物的数量，n_d 表示疾病的数量。如果微生物 i 和疾病 j 之间存在已知的关联，则 $A(i, j) = 1$；否则 $A(i, j) = 0$。

3. 基于 LE 学习结点的网络行为特征

网络作为一种重要的数据结构，包含了丰富的结点及其关联信息。在关联关系网络中，一个生物分子结点与其他结点的连边可看作在生物功能上两种生物分子的协同关系。这些广泛的连边可以看作生物分子[33]的网络行为。为了获得关联关系网络中微生物结点和疾病结点的有效特征，本节使用 LE 来学习微生物和疾病结点的网络行为特征。将前一步构建的异构网络 G 及其邻接矩阵输入 LE 中，可获得每一个微生物和疾病结点的低维表示，进而得到结点的网络行为特征，LE 的学习过程见图 13.15 的 Step 1。具体的计算过程见式（13.34）～式（13.37）。

4. DAE 学习结点的低维属性特征

由于微生物和疾病结点的行为特征是从它们与其他分子的关联关系中学习得

到的，然而，结点自身也有属性特征。由于要预测微生物和疾病的关联关系，因此只需要获得微生物和疾病结点的属性特征。对于疾病而言，将疾病的语义相似性作为其属性特征；对于微生物而言，采用 misim 方法来计算微生物的功能相似性，并将其作为微生物的属性特征。

考虑到上一步得到的属性特征是高维的、有噪声的和不完整的，而且不同类型结点的属性特征向量的维度也不统一，因此，采用 DAE 来提取结点的低维特征并统一维度。DAE 的训练过程见图 13.15 的 Step 2，训练结束后，对于每一个微生物和疾病结点而言，均可获得 64 维的嵌入特征。DAE 学习结点低维表示的具体过程见式（13.38）～式（13.40）。实验过程中，将噪声系数设置为 0.2，并使用 Softplus 和 Adam 函数来优化损失函数，使用反向传播（back propagation，BP）算法来训练 DAE。

5. CNN 用于微生物和疾病关联关系预测

CNN 是一种具有卷积结构的深度神经网络。卷积结构可以显著降低深层网络的复杂度，因此被广泛应用于图像分类、句子分类等分类问题[34]。微生物和疾病关联预测实际上是一个二元分类问题。因此，我们使用 CNN 作为预测模型来识别潜在的微生物和疾病关联，见图 13.15 的 Step 3。该模型包括卷积层、最大池化层、全连接层和输出层，具体过程如下所述。

首先，CNN 使用卷积层进行特征提取，有助于从输入向量中学习局部和全局特征，输入向量由四个大小为 4×1 的核组成。假设输入向量 X 的长度为 l，通过卷积和非线性激活函数 ReLU，可获得 4 个长度为 $(l-4)+1$ 的映射特征，将其记为 M。第 i 个映射 M_i 的计算见式（13.41）：

$$M_i = \sum_{k=1}^{4} f(W_k X_{i+k} + b_i) \qquad (13.41)$$

其中，$i \in \{0,1,2,\cdots,l-4\}$；$W$ 是由截断正态分布初始化的权重向量；b 是偏置向量；$f(\cdot)$ 是 ReLU 激活函数。

接着，使用最大池化层减少特征的维度。本节将池化层大小设置为 2×1，步长设为 2，并将卷积层的输出向量作为该层的输入向量。将式（13.41）得到的 M_i 作为最大池化层的输入，则其输出向量 Y 的长度为 $((l-2)+1)/2$。

最后，将得到的向量 Y 输入全连接层，并将该层的输出作为微生物和疾病对 c 的潜在关联关系概率，见式（13.42）：

$$P_c = \sigma(Y \times W_t) \qquad (13.42)$$

其中，$\sigma(\cdot)$ 表示 Sigmoid 函数；W_t 表示全连接层的权重矩阵；P_c 表示微生物和疾病对 c 的潜在关联关系概率。

13.6.3　实验结果与分析

1. 消融实验

本节结合微生物和疾病结点的网络行为特征和属性特征来预测微生物与疾病的关联。为了验证组合特征的良好预测性能，我们将其与单独的网络行为特征或属性特征进行比较。结果见图 13.17。从图 13.17 中可以看出，组合特征（combine）获得了最好的预测性能。

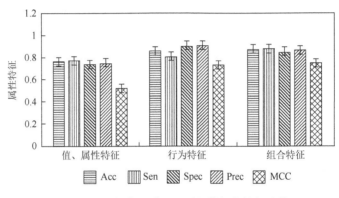

图 13.17　5 折交叉验证下不同特征的性能比较

2. 方法对比

为了评估 MMHN-MDA 算法的性能，将其与 KATZHMDA、NCPHMDA、LRLSHMDA、BRWMDA 和 NTSHMDA 算法进行对比。在 5 折交叉验证下，不同方法的 AUC 和 AUPR 结果见图 13.18。从图 13.18（a）中可以看出，MMHN-MDA 的 AUC 为 0.9379，KATZHMDA、NCPHMDA、LRLSHMDA、BRWMDA 和 NTSHMDA 的 AUC 分别为 0.7035、0.5709、0.8994、0.8963 和 0.7383。图 13.18（b）为不同方法 AUPR 的比较结果，MMHN-MDA 的 AUPR 为 0.9379，远高于其他比较方法，从而进一步说明 MMHN-MDA 算法的预测效果最好。

3. 案例分析

研究发现，肠道菌群及其代谢产物不仅维持神经系统的正常发育，还参与各种精神和心理疾病的病理生理过程，甚至影响个体的社会行为和认知功能。以往的研究表明，功能性胃肠疾病、抑郁症和自闭症谱系障碍具有不同程度和特点的菌群干扰。某些细菌成分或其代谢物有可能成为精神药物。这为精神病学的发展

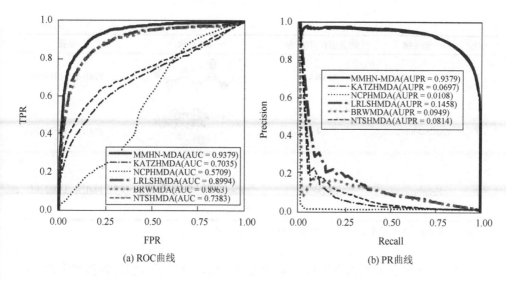

(a) ROC曲线　　　　　　　　　　　　(b) PR曲线

图 13.18　5 折交叉验证下 MMHN-MDA 算法与其他方法对比

提供了有利的方向[35]。因此，本节以精神分裂症为例进行分析，通过查阅生物方面的文献佐证这些微生物是否与相应的疾病存在关联关系。在分析过程中，发现了与微生物和疾病相关的异常表达基因或可治疗的药物，见表 13.8。

表 13.8　与精神分裂症相关的前 10 个微生物

排名	微生物	相关蛋白质/药物	3D 结构	证据
1	Trichosporon asahii	—	—	—
2	Staphylococcus aureus	ZNF729		PMID：30572456
3	SARS-CoV-2	RUNX1T1		PMID：35185890
4	Streptococcus pyogenes	—	—	—
5	Pseudomonas aeruginosa	PON1		PMID：30552634 PMID：32638685
6	Serratia marcescens	—	—	—
7	Escherichia coli	DAO		PMID：29859859 PMID：19497370

续表

排名	微生物	相关蛋白质/药物	3D 结构	证据
8	Bacteroides	GABA		PMID：34518605
9	Candida albicans	C4		PMID：33632634
10	Enterococcus	GCDCA		PMID：35982185

注：—表示未找到相关文献来佐证该微生物与精神分裂症有关。

此外，本节在数据集中选取了 4 种心理疾病，分析了它们与各自候选微生物的相关性，并探索了影响心理疾病的常见微生物，以帮助医学研究者进行有针对性的湿实验，提高心理疾病的治疗水平。具体来说，针对每种疾病，我们筛选出相应的前 10 个候选微生物，并根据预测得分给出它们之间的相互作用关系，如图 13.19（a）所示。一种微生物不仅与一种心理疾病有关，它可以影响多种心理疾病。因此，我们探索了影响这四种疾病的常见微生物。从图 13.19（b）可以看出，在这四种疾病的候选微生物中，阿萨斯丝孢酵母（T. asahii）、金黄色葡萄球菌（S. aureus）、化脓链球菌（S. pyogenes）、铜绿假单胞菌（P. aeruginosa）和新型冠状病毒（SARS-CoV-2）都在前 10 位。这表明这五种微生物可能会以某种方式影响心理疾病。因此，医务人员可以对这五种微生物进行有针对性的湿实验，揭示它们与心理疾病的关系，从而帮助人们更好地治疗心理疾病。

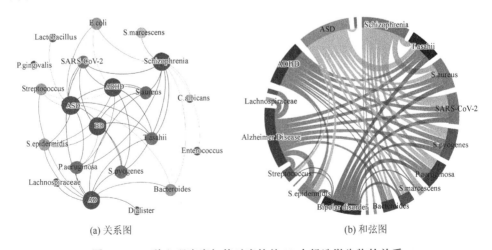

(a) 关系图　　　　　　　　　　　(b) 和弦图

图 13.19　4 种心理疾病与其对应的前 10 个候选微生物的关系

13.7　基于关系图卷积网络的微生物和疾病关联关系预测

关系图卷积网络（relation graph convolutional network，R-GCN）和 GCN 不同的关键之处：在 R-GCN 中，边可以表示不同的关系。具体地，在 GCN 中，权重是 l 层中所有的边共享的；而在 R-GCN 中，不同类型的边使用不同的权重，只有相同关系类型的边才使用相同的映射权重。

本节结合 R-GCN 和三重网络来预测潜在的微生物和疾病关联关系，方法简称 TNR-GCN。首先，分别从 HMDAD、Disbiome、MDAD 和 CTD 中收集微生物和疾病、微生物和药物以及疾病和药物的关联关系，进而构建微生物-疾病-药物三重网络。其次，分别通过计算不同的相似性获得微生物、疾病和药物的相似性网络，并在相似网络上利用 PCA 来提取三重网络中结点的主要特征。最后，基于三重网络和初始特征，使用两层 R-GCN 来预测微生物和疾病关联关系。

13.7.1　基于 R-GCN 的特征学习

GCN 通过卷积运算聚合邻居的信息来提取特征，在 miRNA 和疾病关联关系预测[36]、蛋白质和表型关联关系预测[37]及代谢物和疾病关联关系预测[38]等方面表现出良好的性能。但是 GCN 将所有的边和结点看作同一类型。在 GCN 的基础上，RGCN 在卷积时考虑了边的类型和方向，不同类型的边共享不同的权重[39]。因此，它可以应用于包含不同类型结点和边的异构网络。对于结点 i，它的卷积运算见式（13.43）：

$$h_i^{l+1} = \sigma\left(\sum_{r \in R} \sum_{j \in N_i^r} \frac{1}{c_{i,r}} W_r^l h_j^l + W_0^l h_i^l \right) \tag{13.43}$$

其中，h_i^l 表示结点 i 在第 l 层的特征；r 表示边的类型；N_i^r 表示结点 i 在关系 r 中的所有邻居个数；$c_{i,r}$ 表示归一化常数；W_r^l 表示第 l 层中关系 r 所对应的权重；$\sigma(\cdot)$ 表示激活函数。

13.7.2　TNR-GCN 算法预测

1. 数据处理与三重网络构建

首先，从 HMDAD 和 Disbiome 中筛选出 254 种疾病、1519 种微生物以及与之相关的 7258 个微生物和疾病关联关系。其次，对于 1519 个与疾病相关的微生物，从 MDAD 中筛选出与它们相关的 3783 个微生物和药物关联关系，涉及 1181 种药物。最后，对于 1181 种药物和 254 种疾病，从 CTD 中筛选出了 4552 个对应的疾病和药物关联关系。

根据微生物和疾病、微生物和药物、疾病和药物的关联关系，构建了一个微生物-疾病-药物三重网络。如果网络中任意两个结点有已知的关联关系，则将它们用一条边连接。

2. 特征初始化

1）微生物功能相似性

根据 HMDAD 和 Disbiome 中微生物的寄居器官以及作用信息，计算了微生物功能相似性。对于同一种疾病，若与其关联的微生物寄居于同一器官且具有同种作用（促进或抑制），则其有更强的相似性。因此，在同一个器官中，如果两种微生物同时对一种疾病有相同作用，将这两种微生物间的相似性增加 1。通过整合所有器官中微生物对疾病的影响，最终归一化的相似性矩阵 FM 见式（13.44）。

$$FM(m_i, m_j) = \frac{FM(m_i, m_j) - \min(FM)}{\max(FM) - \min(FM)} \tag{13.44}$$

其中，$\max(FM)$ 和 $\min(FM)$ 分别代表相似性矩阵 FM 中的最大值和最小值。

2）疾病语义相似性

MeSH 数据库中的疾病描述符将疾病描述为有向无环图，根据有向无环图中疾病之间的联系计算了疾病语义相似性，并将其用矩阵 DSS 表示。

3）药物高斯核相似性

基于共享更多邻居结点的两种药物可能更具相似性的假设。基于疾病和药物关联关系网络，微生物和药物关联关系网络分别计算了药物的高斯核相似性。在疾病和药物关联关系网络中，药物 i 与 j 的高斯核相似性计算见式（13.45）和式（13.46）[40]：

$$G_{u1}(i, j) = \exp(-\gamma_{u1} \| A_{du}(u(i)) - A_{du}(u(j)) \|^2) \tag{13.45}$$

$$\gamma_{u1} = \gamma_{u1}' \bigg/ \frac{1}{N_u} \sum_{i=1}^{N_u} \| A_{du}(u(i)) \|^2 \tag{13.46}$$

其中，$A_{du}(u(i))$ 表示邻接矩阵 MD 的第 i 列；γ_{u1} 表示控制内核带宽参数，受新的带宽参数 γ_{u1}' 的影响，为了简单起见，参数 γ_{u1}' 将被设置为 1；N_u 表示药物的数量，值为 1181。

类似地，基于微生物和药物关联关系网络计算药物高斯核相似性 G_{u2}，将相似性矩阵 G_{u1} 和 G_{u2} 结合构建最终的药物相似度矩阵，计算见式（13.47）：

$$G_u = (G_{u1} + G_{u2}) / 2 \tag{13.47}$$

根据微生物、疾病和药物的相似性，利用 PCA 对每个结点进行降维，并将其作为初始特征输入 R-GCN。

3. 使用 R-GCN 预测微生物和疾病关联关系

本节构建了一个两层的 R-GCN（$l=2$）。第一层特征维度设置为 64，第二层设置为 32。在实验中，使用 ReLU 作为激活函数。在微生物-疾病-药物三重网络中，考虑了 6 种类型的边：microbe-influence-disease，disease-influenced by-microbe，microbe-relate-drug，drug-related by-microbe，drug-treat-disease 和 disease-treated by-drug。根据学习到的结点特征，使用点积来预测潜在的微生物和疾病关联关系。

该算法通过 Adam 优化器对交叉熵损失函数进行优化训练。交叉熵损失函数见式（13.48）：

$$\text{Loss} = \sum_{(d_i, m_j) \in E} -\text{label}(d_i, m_j) \log_2(p(d_i, m_j)) \\ -(1 - \text{label}(d_i, m_j)) \log_2(1 - p(d_i, m_j))$$ （13.48）

其中，E 表示微生物和疾病间的所有边；$\text{label}(d_i, m_j)$ 表示疾病 i 和微生物 j 之间的真实标签；$p(d_i, m_j)$ 表示疾病 i 和微生物 j 之间的预测打分。

TNR-GCN 的整体框架图见图 13.20。

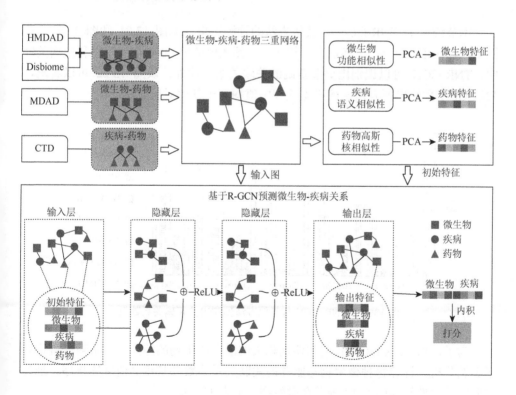

图 13.20　TNR-GCN 算法框架

13.7.3 实验结果与分析

为了评估 TNR-GCN 的预测性能，本节使用了 5 折交叉验证。为了减少随机样本划分造成的偏差，将 5 折交叉验证运行了 10 次。

本节将 TNR-GCN 与现有的微生物和疾病关联关系预测方法进行比较。从表 13.9 可以看出，TNR-GCN 比其他方法的预测性能要好。

表 13.9　5 折交叉验证下 TNR-GCN 与其他方法对比

算法	AUC	AUPR	算法	AUC	AUPR
TNR-GCN	**0.9003**	**0.1528**	NTSHMDA	0.6606	0.0325
BRWMDA	0.7943	0.0405	KATZBNRA	0.6494	0.0118
BDSILP	0.8047	0.0439	NCPHMDA	0.7044	0.0748
BiRWHMDA	0.4476	0.0253	PBHMDA	0.8630	0.1511

本节统计了 TNR-GCN 和其他方法的预测结果，见图 13.21 和图 13.22。从图 13.21 中可以看出，与其他方法相比，在预测出的前 1000 个微生物和疾病关联中，TNR-GCN 可以识别出更多正确的关联关系。此外，从图 13.22 可以看出，TNR-GCN 预测出所有疾病的平均值和中值均高于其他对比方法。

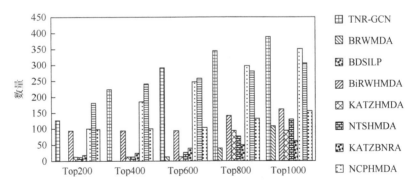

图 13.21　TNR-GCN 与其他方法预测出的正确关系数量

为了评估 TNR-GCN 预测与疾病相关的潜在微生物的能力，本节对肥胖进行了案例分析，计算每种微生物与肥胖的关联关系分数并且将分值降序排序，选出与肥胖关联性最高的前 10 种潜在微生物，见表 13.10。

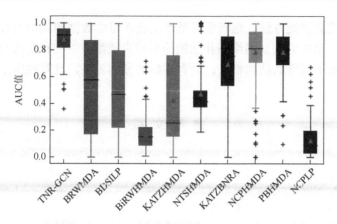

图 13.22　5 折交叉验证所有疾病的 AUC 值分布

表 13.10　与肥胖相关的前 10 种微生物

排序	微生物	证据
1	Actinomyces	PMID：29922272
2	Shigella	PMID：29280312
3	Desulfovibrio	PMID：31346040
4	Dorea	PMID：32708278
5	Escherichia coli	PMID：26599039
6	Neisseria	PMID：21996660
7	Parvimonas	PMID：27499582
8	Ruminococcus gnavus	PMID：33482223
9	Roseburia Inulinivorans	—
10	Streptococcus salivarius	—

注：—表示未找到相关文献来佐证该微生物与肥胖有关。

13.8　小　　结

　　微生物群落的变化与人体健康密切相关，了解微生物与疾病之间的关联关系有利于对疾病诊断和治疗。本章基于已知的微生物和疾病关联关系数据，采用 AI方法来预测潜在的微生物和疾病关联关系。主要介绍了基于图表征学习 Node2vec算法的微生物和疾病关联关系预测、基于 SDNE 算法的微生物和疾病关联关系预测、基于图表征学习 LINE 算法的微生物和疾病关联关系预测、基于 MAGNN 和三重网络的微生物和疾病关联关系预测、基于去噪自编码器和卷积神经网络的微生物和疾病关联关系预测以及基于关系图卷积网络 R-GCN 与三重网络的微生物和疾病关联关系预测方法。也有学者基于生物多组学数据和图学习方法进行了相关研究[41, 42]。这些方法从网络拓扑结构的角度来预测微生物和疾病的潜在关联关系，充分利用了网络的结构特征，具有良好的预测效果，且对临床及实验有一定的参考价值。

参 考 文 献

[1]　Methe B A, Nelson K E, Pop M, et al. A framework for human microbiome research[J]. Nature, 2012, 486 (7402): 215-21.

[2]　Althani A A, Marei H E, Hamdi W S, et al. Human microbiome and its association with health and diseases[J]. Journal of Cellular Physiology, 2016, 231 (8): 1688-1694.

[3]　郁霞青, 吕中伟, 李丹. 肠道微生物对甲状腺碘代谢的潜在调控机制[J]. 中华核医学与分子影像杂志, 2022, 42 (3): 181-185.

[4]　林冬佳, 杨利洒, 王智. 口腔微生物与免疫细胞及上皮屏障互作在口腔黏膜稳态维持及疾病发生中的作用研究进展[J]. 四川大学学报（医学版）, 2022, 53 (2): 188-193.

[5]　常露露, 刘顶鼎, 曾贵荣, 等. 肠道微生物参与偏头痛发病机制的研究进展[J]. 中国现代应用药学, 2022, 39 (4): 560-565.

[6]　Mammen M J, Sethi S. COPD and the microbiome[J]. Respirology, 2016, 21 (4): 590-599.

[7]　Ma W, Zhang L, Zeng P, et al. An analysis of human microbe-disease associations[J]. Briefings in Bioinformatics, 2017, 18 (1): 85-97.

[8]　Janssens Y, Nielandt J, Bronselaer A, et al. Disbiome database: Linking the microbiome to disease[J]. BMC Microbiology, 2018, 18 (1): 50.

[9]　王悦悦. 基于图表征学习的微生物-疾病关联关系预测[D]. 西安：陕西师范大学, 2022.

[10]　Lei X J, Wang Y Y. Predicting microbe-disease association by learning graph representations and rule-based inference on the heterogeneous network[J]. Frontiers in Microbiology, 2020, 11: 579.

[11]　陈亚丽. 基于多源数据融合与图嵌入算法的微生物-疾病关联关系预测[D]. 西安：陕西师范大学, 2023.

[12]　陈亚丽, 雷秀娟. 基于结构深度网络嵌入方法的微生物-疾病关联关系预测[J]. 陕西师范大学学报（自然科学版）, 2023, 51 (5): 11-24.

[13]　Wang Y Y, Lei X J, Lu C, et al. Predicting microbe-disease association based on multiple similarities and LINE algorithm[J]. IEEE-ACM Transactions on Computational Biology and Bioinformatics, 2022, 19 (4): 2399-2408.

[14]　Chen Y L, Lei X J. Metapath aggregated graph neural network and tripartite heterogeneous networks for microbe-disease prediction[J]. Frontiers in Microbiology, 2022, 13: 919380.

[15]　Lei X J, Chen Y L, Pan Y. Multi-source data with Laplacian eigenmaps and denoising autoencoder for predicting microbe-disease association via convolutional neural network[J]. Journal of Computer Science and Technology, Accepted.

[16]　Wang Y Y, Lei X J, Pan Y. Predicting microbe-disease association via tripartite network and relation graph convolutional network[C]. International Symposium on Bioinformatics Research and Applications, Shenzhen, 2021: 92-104.

[17]　Grover A, Leskovec J. Node2vec: Scalable feature learning for networks[C]. Proceedings of the 22nd ACM SIGKDD International Conference on Knowledge Discovery and Data Mining, San Francisco, 2016: 855-864.

[18]　Zeng M, Li M, Fei Z H, et al. A deep learning framework for identifying essential proteins by integrating multiple

types of biological information[J]. IEEE-ACM Transactions on Computational Biology and Bioinformatics，2021，18（1）：296-305.

[19] Jang B，Kim I，Kim J W. Word2vec convolutional neural networks for classification of news articles and tweets[J]. PLoS One，2019，14（8）：e0220976.

[20] Zong N，Kim H，Ngo V，et al. Deep mining heterogeneous networks of biomedical linked data to predict novel drug-target associations[J]. Bioinformatics，2017，33（15）：2337-2344.

[21] Tang J，Qu M，Wang M，et al. LINE：Large-scale information network embedding[C]. Proceedings of the 24th International Conference on World Wide Web，Florence，2015：1067-1077.

[22] Su C，Tong J，Zhu Y J，et al. Network embedding in biomedical data science[J]. Briefings in Bioinformatics，2020，21（1）：182-197.

[23] 祁志卫，王笳辉，岳昆，等. 图嵌入方法与应用：研究综述[J]. 电子学报，2020，48（4）：808-818.

[24] 陈劲松，孟祥武，纪威宇，等. 基于多维上下文感知图嵌入算法的兴趣点推荐[J]. 软件学报，2020，31（12）：3700-3715.

[25] Dong Y X，Chawla N V，Swami A. Metapath2Vec：Scalable representation learning for heterogeneous networks[C]. Proceedings of the 23rd ACM SIGKDD International Conference on Knowledge Discovery and Data Mining，Halifax，2017：100-109.

[26] Fu T Y，Lee W C，Lei Z. HIN2Vec：Explore meta-paths in heterogeneous information networks for representation learning[C]. Proceedings of the 2017 ACM on Conference on Information and Knowledge Management，Singapore，2017：1797-1806.

[27] Shi C，Hu B B，Zhao W X，et al. Heterogeneous information network embedding for recommendation[J]. IEEE Transactions on Knowledge and Data Engineering，2019，31（2）：357-370.

[28] Wang X，Ji H，Shi C，et al. Heterogeneous graph attention network[C]. The World Wide Web Conference，San Francisco，2019：2022-2032.

[29] Fu X Y，Zhang J N，Meng Z Q，et al. MAGNN：Metapath aggregated graph neural network for heterogeneous graph embedding[C]. Proceedings of The Web Conference 2020，Taipei，2020：2331-2341.

[30] Hinton G E，Salakhutdinov R R. Reducing the dimensionality of data with neural networks[J]. Science，2006，313（5786）：504-507.

[31] Cheng L，Qi C L，Yang H X，et al. GutMGene：A comprehensive database for target genes of gut microbes and microbial metabolites[J]. Nucleic Acids Research，2022，50（1）：795-800.

[32] Wishart D S，Guo A C，Oler E，et al. HMDB 5.0：The human metabolome database for 2022[J]. Nucleic Acids Research，2022，50（1）：622-631.

[33] Yi H C，You Z H，Huang D S，et al. Learning representations of molecules to predict intermolecular interactions by constructing a large-scale heterogeneous molecular association network[J]. iScience，2020，23（7）：101261.

[34] Xin R Y，Zhang J，Shao Y T. Complex network classification with convolutional neural network[J]. Tsinghua Science and Technology，2020，25（4）：447-457.

[35] Kennedy P J，Murphy A B，Cryan J F，et al. Microbiome in brain function and mental health[J]. Trends in Food Science and Technology，2016，57：289-301.

[36] Tang X R，Luo J W，Shen C，et al. Multi-view multichannel attention graph convolutional network for miRNA-disease association prediction[J]. Briefings in Bioinformatics，2021，22（6）：bbab174.

[37] Liu L Z，Mamitsuka H，Zhu S F. HPOFiller：Identifying missing protein-phenotype associations by graph convolutional network[J]. Bioinformatics，2021：btab224.

[38] Lei X J, Tie J J, Pan Y. Inferring metabolite-disease association using graph convolutional networks[J]. IEEE-ACM Transactions on Computational Biology and Bioinformatics, 2022, 19 (2): 688-698.

[39] Schlichtkrull M, Kipf T N, Bloem P, et al. Modeling relational data with graph convolutional networks[C]. European Semantic Web Conference, Heraklion, 2018: 593-607.

[40] Chen X, Huang Y A, You Z H, et al. A novel approach based on KATZ measure to predict associations of human microbiota with non-infectious diseases[J]. Bioinformatics, 2017, 33 (5): 733-739.

[41] Wang Y, Lei X, Pan Y. Microbe-disease association prediction using RGCN through microbe-drug-disease networks[J]. IEEE-ACM Transactions on Computational Biology and Bioinformatics, 2023, https://doi.org/10.1109/TCBB.2023.3247035.

[42] Wang F, Yang H, Wu Y, et al. SAELGMDA: Identifying human microbe-disease associations based on sparse autoencoder and LightGBM[J]. Frontiers in Microbiology, 2023, 14: 1207209.

第 14 章　RNA 甲基化位点预测及模式分析

14.1　引　　言

RNA 甲基化是指将甲基修饰在 RNA 分子的不同位置上。作为核酸和蛋白质的重要修饰，甲基化在细胞增殖、代谢稳态、胚胎发育等方面起着重要作用，与动植物生长发育、疾病发生等有密切的关系[1]，并且能够调节基因的表达和关闭，是表观遗传学研究的重要内容之一。随着高通量测序技术的发展，MeRIP-Seq 测序技术拉开了 RNA 表观遗传学的序幕，使人们能够在全基因组范围内研究 RNA 甲基化[2]。MeRIP-Seq 技术一经提出就迅速应用于 N6-甲基腺苷（即腺嘌呤第 6 个碳原子上的氨基被一个甲基修饰，m^6A）RNA 甲基化的相关研究，使从组学角度研究 m^6A RNA 甲基化的生物学功能成为可能。此外，这些技术通过提供 12 种可整合到转录组修饰的详细图谱，提供了 mRNA 修饰的全局视图，包括 m^6A、假尿苷（Ψ）、N4-乙酰胞苷（ac^4C）、N1-甲基腺苷（m^1A）、N7-甲基鸟苷（m^7G）、2'O-甲基化（Nm or Cm、Am、Gm、Um）、5-甲基胞苷（m^5C）、5-羟甲基胞苷（hm^5C）和肌苷（I）。

目前，在 tRNA 中发现了大概 111 种修饰，rRNA 中 33 种，mRNA 中 17 种，lncRNA 和其他非编码 RNA 中 11 种。大量研究表明，RNA 甲基化位点预测及其模式分析能够进一步揭示细胞的生长发育以及疾病机理，对于设计研发出能够控制疾病、杀死癌细胞或者调节基因表达的小分子有很大的帮助。由于技术的差异，RNA 甲基化数据分析和处理的方法与 DNA 甲基化有很大不同。

本章主要针对 RNA 甲基化位点预测以及 RNA 共甲基化模式分析的方法进行介绍。本章首先介绍了基于卷积神经网络（CNN）的 mRNA 中 m^6A 甲基化位点预测[3]，然后采用随机森林（RF）预测了 lncRNA 中 m^6A 甲基化位点[4]，接着基于非负矩阵分解方法对 RNA 共甲基化模式进行了分析[3, 5]，最后介绍了基于机器学习的 RNA 甲基化位点预测平台开发[6]。

14.2　基于卷积神经网络的 mRNA 中 m^6A 甲基化位点预测

本节提出一种基于多模态 CNN 的 m^6A 甲基化位点预测方法[2, 7]。首先分别提取 RNA 的序列编码特征、二级结构编码特征及碱基化学性质编码特征，然后将三类特征分别输入 CNN 网络，最后通过整合三个 CNN 网络的输出结果，输入全连接层进行 m^6A 甲基化位点预测。

14.2.1 mRNA 中 m^6A 数据集构建

本节数据集来自文献[8]，该数据集由 1307 个正样本（每个正样本的序列长度为 51nt，其中心位置为 m^6A 位点），正样本通过寻找 1183 个酿酒酵母基因的 RGAC 模体，根据模体附近是否包含 m^6A 位点而构建；负样本通过搜索酿酒酵母基因组，在以 RGAC 模体为中心的附近获得了 33280 个腺嘌呤，而这些腺嘌呤是非 m^6A 位点（即未被 MeRIP-Seq 检测到），为平衡正负样本数目，从 33280 个非甲基化位点中随机选取了 1307 个作为负样本（每个负样本的序列长度为 51nt，其中心位置不是 m^6A 位点）。另外，正、负样本间的序列相似性小于 85%。

14.2.2 序列特征编码

1. RNA 序列编码方法

一个 mRNA 序列由四种碱基组成，包括腺嘌呤（A）、鸟嘌呤（G）、胞嘧啶（C）和尿嘧啶（U）。对于序列信息使用二进制编码方式对四种碱基分别进行编码，则每一个碱基被转化为一个四维的二进制向量，分别为 $A = [1, 0, 0, 0]^T$、$G = [0, 1, 0, 0]^T$、$C = [0, 0, 1, 0]^T$ 及 $U = [0, 0, 0, 1]^T$。如一个碱基分布为 "CUGGAUCGUU" 的 s 序列，其 RNA 序列编码结果如下：

$$X^{Seq} = \begin{bmatrix} 0 & 0 & 0 & 0 & 1 & 0 & 0 & 0 & 0 & 0 \\ 0 & 0 & 1 & 1 & 0 & 0 & 0 & 1 & 0 & 0 \\ 1 & 0 & 0 & 0 & 0 & 0 & 1 & 0 & 0 & 0 \\ 0 & 1 & 0 & 0 & 0 & 1 & 0 & 0 & 1 & 1 \end{bmatrix}$$

2. 碱基化学性质编码

长度为 21nt 的序列（位点上游 10 个碱基和下游 10 个碱基）被用来表示位点信息。一个 mRNA 序列由四种碱基组成，包括腺嘌呤（A）、鸟嘌呤（G）、胞嘧啶（C）和尿嘧啶（U），每一个碱基有不同的化学结构和化学键。四种碱基中，嘌呤均具有两个环，而嘧啶只有一个环。虽然 RNA 是单链结构，但它的生物学功能却与二级结构有关。当形成二级结构时，鸟嘌呤和胞嘧啶最多形成三个氢键，而腺嘌呤和尿嘧啶最多形成两个氢键，因此，根据氢键的强弱，鸟嘌呤和胞嘧啶具有强氢键，而腺嘌呤和尿嘧啶却有弱氢键。此外，腺嘌呤和胞嘧啶都含有氨基，分为氨基组，而鸟嘌呤和尿嘧啶都含有酮，分为酮基组。因此根据核苷酸的不同结构特征，将其描述为三个特征：环数、化学功能和氢键。因此，根据上述特征，每个核苷酸都可以被编码成一个三维的向量：

$$x=\begin{cases}1, & s\in\{A,G\} \\ 0, & s\in\{C,U\}\end{cases}, \quad y=\begin{cases}1, & s\in\{A,C\} \\ 0, & s\in\{G,U\}\end{cases}, \quad z=\begin{cases}1, & s\in\{A,U\} \\ 0, & s\in\{C,G\}\end{cases} \quad (14.1)$$

根据以上化学性质的定义，A、G、C、U 分别编码为 $A=[1,1,1]$，$G=[1,0,0]$，$C=[0,1,0]$，$U=[0,0,1]$。

为了包含碱基频率信息及每个碱基在序列中的分布，在化学性质特征中加入碱基的频率累积值作为第四个特征，即第 i 个碱基在前 i 个碱基中出现的频率。第 i 个碱基的密度定义为在前 i 个位置中第 i 个碱基出现的频率，即

$$f_i = d_i / i \quad (14.2)$$

其中，d_i 为前 i 个碱基中第 i 个碱基出现的次数之和。

一个碱基分布为"CUGGAUCGUU"的 s 序列，第一个碱基为 C，而 C 在前一个碱基中出现一次，频率为 1（1/1）；第二个碱基为 U，在前两个碱基中 U 出现了一次，频率为 0.5（1/2）；第三个碱基为 G，在前三个碱基中 G 出现了一次，频率为 0.33（1/3）；第四个碱基为 G，在前四个碱基中出现了两次，频率为 0.5（2/4）；第五个碱基为 A，在前五个碱基中出现了一次，频率为 0.2（1/5）；第六个碱基为 U，在前六个碱基中 U 出现了两次，频率为 0.33（2/6）；以此类推，能得到序列中每一个碱基中的频率累积值。

基于以上化学性质特征和累积频率分布，"CUGGAUCGUU"序列中的碱基分别编码为$[0,1,0,1]^T$、$[0,0,1,0.5]^T$、$[1,0,0,0.33]^T$、$[1,0,0,0.5]^T$、$[1,1,1,0.2]^T$、$[0,0,1,0.33]^T$、$[0,1,0,0.29]^T$、$[1,0,0,0.375]^T$、$[0,0,1,0.33]^T$、$[0,0,1,0.4]^T$，其序列的编码矩阵如下：

$$X^{CP} = \begin{bmatrix} 0 & 0 & 1 & 1 & 1 & 0 & 0 & 1 & 0 & 0 \\ 1 & 0 & 0 & 0 & 1 & 0 & 1 & 0 & 0 & 0 \\ 0 & 1 & 0 & 0 & 1 & 1 & 0 & 0 & 1 & 1 \\ 1 & 0.5 & 0.33 & 0.5 & 0.2 & 0.33 & 0.29 & 0.375 & 0.33 & 0.4 \end{bmatrix}$$

3. RNA 二级结构编码方式

四种碱基依次排列形成的为 RNA 一级结构，在一级结构的基础上，RNA 通过碱基互补配对（A 与 U 配对，G 与 C 配对）形成各种平面结构，如单链区结构、茎环结构以及双链结构等。这些结构通过自我折叠运动形成的结构称为 RNA 二级结构。而 RNA 三级结构是由二级结构之间的相互作用力折叠而成的，决定 RNA 功能的重要因素之一就是 RNA 三级结构，但是三级结构中的相互作用力比二级

结构弱很多，所以为了简化计算，本节仅考虑 RNA 二级结构作为预测 RNA 甲基化位点的特征。

采用 MATLAB 中的 RNAfold 工具预测 RNA 二级结构[9, 10]。RNAfold 是 Vienna RNA Package 中用来预测 RNA 二级结构的方法，该方法基于最小自由能进行二级结构预测[11]。在只有 RNA 序列信息的情况下预测 RNA 二级结构最常用的模型是最小自由能。作为热力学的一个重要参量，任一封闭系统在标准状况下都会尽量使自由能达到最小。在 RNA 二级结构中，碱基对氢键之间螺旋堆积力的存在会使 RNA 二级结构保持稳定，并降低自由能[12]。所以假设真实的 RNA 会形成一个具有最小自由能的二级结构，而最小自由能模型利用这种假设进行 RNA 二级结构预测。

将序列信息作为输入，输出有三个值，分别为点括号表示的配对结果、最小自由能以及一个表示 RNA 序列最小自由能二级结构的连通性矩阵。这个矩阵是一个二值的上三角阵，其中的元素表示如下：

$$
\text{RNAmatrix}(i, j) = \begin{cases} 1, & \text{第}i\text{个碱基与第}j\text{个碱基配对} \\ 0, & \text{第}i\text{个碱基与第}j\text{个碱基不配对} \end{cases} \tag{14.3}
$$

一个碱基分布为"CACAUAUGUG"的 s 序列，其 MATLAB 中使用 RNAfold 函数得到的 RNAmatrix 二级结构特征矩阵为一个 10×10 的矩阵 X^{SS}，其中的"1"表示第一个碱基 C 与第十个碱基 G 配对，第二个碱基 A 与第九个碱基 U 配对，第三个碱基 C 与第八个碱基 G 配对，如下所示：

$$
X^{\text{SS}} = \begin{bmatrix}
0 & 0 & 0 & 0 & 0 & 0 & 0 & 0 & 0 & 1 \\
0 & 0 & 0 & 0 & 0 & 0 & 0 & 0 & 1 & 0 \\
0 & 0 & 0 & 0 & 0 & 0 & 0 & 1 & 0 & 0 \\
0 & 0 & 0 & 0 & 0 & 0 & 0 & 0 & 0 & 0 \\
0 & 0 & 0 & 0 & 0 & 0 & 0 & 0 & 0 & 0 \\
0 & 0 & 0 & 0 & 0 & 0 & 0 & 0 & 0 & 0 \\
0 & 0 & 0 & 0 & 0 & 0 & 0 & 0 & 0 & 0 \\
0 & 0 & 0 & 0 & 0 & 0 & 0 & 0 & 0 & 0 \\
0 & 0 & 0 & 0 & 0 & 0 & 0 & 0 & 0 & 0 \\
0 & 0 & 0 & 0 & 0 & 0 & 0 & 0 & 0 & 0
\end{bmatrix}
$$

14.2.3　基于多模态 CNN 的 m⁶A 甲基化位点预测

基于多模态 CNN 的 m⁶A 甲基化位点预测首先分别将 RNA 的序列编码特征

X^{Seq}、二级结构编码特征 X^{SS} 及碱基化学性质编码特征 X^{CP} 输入包括卷积层、带 "Dropout" 的最大池化层以及全连接层的 CNN 网络，然后整合三个 CNN 网络输出结果，输入全连接层，采用 Softmax 输出分类结果。图 14.1 为基于三模态 CNN 的 RNA 甲基化位点预测模型结构。

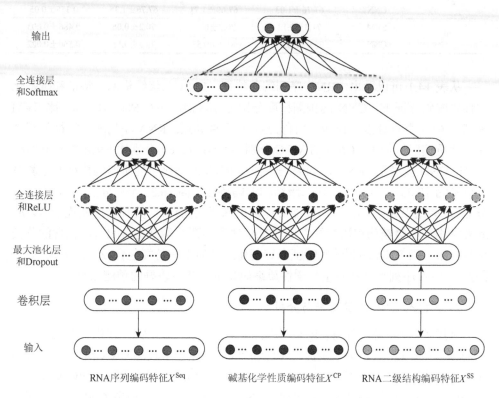

图 14.1　基于多模态 CNN 的 RNA 甲基化位点预测模型结构

14.2.4　实验结果与分析

1. 单源编码特征实验结果与分析

本节采用 5 折交叉验证，分别将 RNA 序列编码特征、RNA 二级结构编码特征、碱基化学性质编码特征输入 CNN 和 SVM，预测 RNA 甲基化位点。RNA 序列编码特征为 4×51 矩阵，RNA 二级结构编码特征为 51×51 矩阵，碱基化学性质编码特征为 4×51 矩阵。5 折交叉验证下，单源编码特征的 CNN 和 SVM 预测结果如表 14.1 所示。

表 14.1　单源编码特征的 CNN 和 SVM 预测结果

编码特征	分类器	Sn/%	Sp/%	ACC/%	MCC
Seq	SVM	70.4±0.11	72.8±0.3	71.1±0.07	0.484±0.003
	CNN	75.98±0.7	80±0.72	78.08±0.69	0.560±0.03
SS	SVM	0	1	51±0.05	—
	CNN	67.76±1.03	67.69±1.71	67.76±1.35	0.355±0.05
CP	SVM	71.3±0.12	70.2±0.32	70.2±0.06	0.486±0.003
	CNN	75.07±0.81	81.1±0.58	78.2±0.55	0.560±0.022

从表 14.1 可以看出,RNA 序列编码特征、RNA 二级结构编码特征和碱基化学性质编码特征下,CNN 的预测精度分别为 78.08%、67.76%、78.2%,比 SVM 提高了 6.98 个百分点、16.76 个百分点、8 个百分点;RNA 序列编码特征和碱基化学性质编码特征下,CNN 的 MCC 分别为 0.56、0.56,分别比 SVM 提高 0.076、0.074。CNN 模型下,RNA 序列编码特征和 RNA 碱基化学性质编码特征的预测精度分别为 78.08%、78.2%,比二级结构编码特征提高 10.32 个百分点、10.44 个百分点。这些结果说明,由于 CNN 能够提取更深层次的特征,其预测性能优于 SVM。此外,由于二级结构编码特征表示 RNA 序列中两个碱基是否配对,包含的分类信息有限,而 RNA 序列编码特征和碱基化学性质编码特征包含较多的分类信息,因此,RNA 序列特征和碱基化学性质编码特征有相对较好的预测效果。

2. 多模态 CNN 实验结果与分析

利用单源编码特征预测 RNA 甲基化位点,序列编码特征和化学性质编码特征的预测性能较佳,为进一步提高预测精度,本节采用多模态 CNN 模型预测 RNA 甲基化位点,5 折交叉验证下,双模态 CNN(即利用序列编码特征和碱基化学性质编码特征的双模态 CNN,Methyl-CNN(Seq + CP))、三模态 CNN(即利用序列编码特征、RNA 二级结构编码特征和碱基化学性质编码特征的三模态 CNN,Methyl-CNN(Seq + CP + SS))预测结果,以及与目前预测效果较好的其他两种方法 M6A-HPCS[13]和 RAM-ESVM[8]的比较结果如表 14.2 所示。

表 14.2　5 折交叉验证下各种方法的预测结果

方法	Sn/%	Sp/%	ACC/%	MCC
M6A-HPCS	77.35	67.41	72.38	0.45
RAM-ESVM	78.93	77.78	78.35	0.57
Methyl-CNN(Seq + CP)	80.50	77.18	78.84	0.58
Methyl-CNN(Seq + CP + SS)	80.10	78.40	79.00	0.58

由表 14.1 和表 14.2 可知,多模态 CNN 的预测结果优于单模态 CNN 的预测

结果，如 Methyl-CNN(Seq + CP) 的预测精度为 78.84%，分别比利用序列编码特征、碱基化学性质编码特征的单模态 CNN 提高了 0.76 个百分点、8.64 个百分点，Methyl-CNN (Seq + CP) 的 MCC 为 0.58，分别比利用序列编码特征、碱基化学性质编码特征的单模态 CNN 提高 0.02、0.02；而 Methyl-CNN(Seq + CP + SS) 的预测性能与 Methyl-CNN(Seq + CP) 的预测性能基本相等，仅 Sp 稍高于 Methyl-CNN(Seq + CP)，说明 RNA 二级结构编码特征 CNN 对改善预测结果贡献非常小。Methyl-CNN (Seq + CP + SS) 和 Methyl-CNN(Seq + CP) 的预测结果均优于 M6A-HPCS、RAM ESVM 的预测结果，如 Methyl-CNN(Seq + CP + SS) 的 Sn、Sp、ACC 及 MCC 分别比 M6A-HPCS 提高了 2.75 个百分点、10.99 个百分点、6.62 个百分点和 0.13，比 RAM-ESVM 提高了 1.17 个百分点、0.62 个百分点、0.65 个百分点和 0.01，说明 Methyl-CNN 算法可有效预测 RNA 甲基化位点。

14.3　基于随机森林的 lncRNA 中 m^6A 甲基化位点预测

本节提出一种基于随机森林的 lncRNA 中 m^6A 甲基化位点预测方法 LITHOPHONE[3]。首先根据碱基的物理化学性质以及频率累积特性对 RNA 序列进行编码得到 RNA 序列特征，根据 m^6A 甲基化位点的位置信息、生物特性等得到甲基化位点的基因组特征，然后将两类特征拼接起来采用随机森林分类器进行 m^6A 甲基化位点预测。

14.3.1　lncRNA 中 m^6A 数据集构建

LITHOPHONE 是一种用于预测 lncRNA 中 m^6A 甲基化位点的集成预测器。使用的数据包括来自 HEK293T、MOLM13、A549、CD8T 和 HeLa 等五种细胞类型的六个数据集的六个单基分辨率 m^6A 实验，其中 HEK293T 有两个样本，见表 14.3。lncRNA 的注释信息通过 Bioconductor TxDb.Hsapiens.UCSC.hg19. lincRNAsTranscripts R 语言包获得。正样本 m^6A 位点被定义为在 DRACH 一致模体下 6 个数据集中至少有 2 个数据集中存在。从含有正样本位点的完整转录本上的非正样本 DRACH 模体中随机选择负样本 m^6A 位点。每一组训练数据都有相同数量的负样本和正样本位点，基本的模体限制在 DRACH 上，并且不存在一个位点映射到多个基因区域的情况。

表 14.3　lncRNA 位点预测中单碱基 m^6A 数据集

细胞	注释	来源
HEK293T	abacm antibody	[7]
HEK293T	sysy antibody	[7]

续表

细胞	注释	来源
MOLM13		[14]
A549		[15]
CD8T		[15]
HeLa		[16]

最后,共收集到 2582 个全转录 m^6A 位点,其中正样本 1291 个,负样本 1291 个;成熟 lncRNA 模式下获得 2214 个 m^6A 位点,正样本 1107 个,负样本 1107 个。分别在全转录和成熟 RNA 模式随机挑选 4/5 的位点用于训练,其余被保留下来进行测试。为了进行比较,生成了 mRNA 的匹配数据,全转录模式包括 57105 个正样本位点和相同数量的负样本位点,成熟 RNA 模式以及 54476 个正样本位点和 54476 个负样本位点。与 lncRNA 相比,有更多的 mRNA 甲基化位点,表明 mRNA 甲基化位点通常主导了上转录组分析结果。

14.3.2 序列特征与基因组特征编码

LITHOPHONE 分别使用序列特征和基因组特征表示 m^6A 位点,其中序列特征采用碱基化学性质编码,基因组特征编码如下所述。

目前的 RNA 甲基化位点预测方法通常只使用序列特征,而序列特征不能代表 RNA 甲基化位点的拓扑信息,因此产生了 60 个额外的基因组特征,有助于 RNA 甲基化位点的预测(详细信息见表 14.4)。LITHOPHONE 方法产生了 60 个基因组特征来反映 lncRNA 中 RNA 甲基化预测的信息。为了提取基因组特征,选择了最长的转录本以防止转录异构体的影响,并使用 hg19 TxDb R 语言包的转录注释提取所有特征。这些特征具体如下:特征 1~10 代表虚拟变量特征,表明该位点是否与 RNA 转录本上的拓扑区域重叠;特征 11~12 代表剪接连接的距离;特征 13~14 代表包含甲基化位点的转录区域的长度;特征 15~32 代表 RNA 甲基化位点所属的一致性模体;特征 33~36 代表聚类指标或模体聚类,反映 RNA 甲基化位点的聚类效果;特征 37~40 代表与进化守恒相关的得分,包括两个阶段序列保守性得分和两个适应度结果得分;特征 41~42 使用 RNAfold 获得 RNA 的二级结构信息;与 m^6A 生物学相关的 RNA 注释是特征 43~55;特征 56 是指示 lncRNA 是否为 miRNA 靶点的虚拟变量;特征 57~60 包括异构体和外显子数目的两个 z 值和 GC 含量的两个 z 值。

表 14.4　LITHOPHONE 中考虑的基因组特征

序号	名称	描述	备注
1	TSS	位于 TSS 下游 100nt 范围内	虚拟变量，指示该位点是否与主要 RNA 转录本上的拓扑区域重叠
2	TSS_A	位于 TSS 下游 100nt 内，以 A 开头的位点	
3	alternative_exon	与交替剪接的外显子重叠的位点	
4	constitutive_exon	与组成性剪接的外显子重叠的位点	
5	internal_exon	与内部外显子重叠的位点	
6	long_exon	与长外显子重叠的位点（外显子长度≥400nt）	
7	last_exon	与最后一个外显子重叠的位点	
8	last_exon_400nt	位于最后一个外显子的 5′端起始 400nt 处的位点	
9	intron	与内含子重叠的位点	
10	pos_exons	外显子上位点的相对定位	
11	dist_sj_5_p2000	从位点到上游（5′端）拼接接头的距离	距离剪接异构体的距离
12	dist_sj_3_p2000	从位点到下游（3′端）拼接接头的距离	
13	length_gene_ex	基因外显子区与位点重叠的长度	区域的长度
14	length_gene_full	基因与位点重叠的长度	
15	AAACA	模体—AAACA	模体
16	AGACA	模体—AGACA	
17	AAACT	模体—AAACT	
18	AGACT	模体—AGACT	
19	AAACC	模体—AAACC	
20	AGACC	模体—AGACC	
21	GAACA	模体—GAACA	
22	GGACA	模体—GGACA	
23	GAACT	模体—GAACT	
24	GGACT	模体—GGACT	
25	GAACC	模体—GAACC	
26	GGACC	模体— GGACC	
27	TAACA	模体—TAACA	
28	TGACA	模体—TGACA	
29	TAACT	模体—TAACT	
30	TGACT	模体—TGACT	
31	TAACC	模体—TAACC	

序号	名称	描述	备注
32	TGACC	模体—TGACC	
33	clust_DRACH_f1000	1000nt 侧翼区域内 DRACH 邻居的数量	聚类指示器和模体聚类
34	clust_DRACH_f100	100nt 侧翼区域内 DRACH 邻居的数量	
35	dist_DRACH_p2000	到最近的一个 DRACH 模体的距离（最大为 2000nt）	
36	dist_DRACH_p200	距离最近的 DRACH 模体的距离（最大为 200nt）	
37	PC_1nt	序列保守性得分	与进化保守型相关的得分
38	PC_101nt	以位点为中心的 101nt 窗口内的平均序列保守性分数	
39	FC_1nt	适应度（FC）得分	
40	FC_101nt	以位点为中心的 101nt 窗口内的平均适应度分数	
41	struct_hybridize	位于 RNA 二级结构预测的 sterm 区的位点	RNA 二级结构
42	struct_loop	RNA 二级结构预测环区内的位点	
43	HNRNPC_eCLIP	HNRNPC RNA 结合位点的 eCLIP 数据	与 m1A 生物学相关的注释
44	YTHDC1_TREW	YTHDC1 RNA 结合位点的 TREW 数据	基因或转录本属性
45	YTHDF1_TREW	YTHDF1 RNA 结合位点的 TREW 数据	
46	YTHDF2_TREW	YTHDF2 RNA 结合位点的 TREW 数据	
47	METTL3_TREW	METTL3 RNA 结合位点的 TREW 数据	
48	METTL14_TREW	METTL14 RNA 结合位点的 TREW 数据	
49	WTAP_TREW	WTAP-RNA 结合位点的 TREW 数据	
50	METTL16_CLIP	METTL16 RNA 结合位点的 CLIP 数据	
51	ALKBH5_PARCLIP	ALKBH5_PAR RNA 结合位点的 CLIP 数据	
52	FTO_CLIP	FTO-RNA 结合位点的 CLIP 数据	
53	FTO_eCLIP	FTO-RNA 结合位点的 eCLIP 数据	
54	TargetScan	通过 TargetScan 预测 miRNA 靶向位点	
55	Verified_miRtargets	实验验证的 miRNA 靶向位点	
56	miR_targeted_genes	与 microRNA 靶基因重叠的位点	
57	isoform_num	由该位点重叠的基因转录的异构体的数目	异构体和外显子数目的 z 值
58	exon_num	外显子数 z 值	
59	GC_cont_genes	生成基因水平 GC 含量 z 值	GC 含量的 z 值
60	GC_cont_101nt	101nt GC 含量 z 值	

14.3.3　基于 RF 的 m⁶A 甲基化位点预测

LITHOPHONE 使用随机森林作为最终的分类器。随机森林算法是 Breiman 结合了 Bagging 算法和随机子空间算法的特点和优势，在 2001 年提出的分类算法[17]。随机森林算法以决策树作为基分类器，在训练集抽样时采用 Bagging 算法的无放回抽样法，并且借鉴随机子空间方法，在训练集中只抽取部分特征进行训练；最终的分类结果由训练出的决策树投票决定。

mRNA 甲基化位点也可用于 lncRNA 位点预测，并且考虑到只有有限数量的 lncRNA 甲基化位点，可能不足以用于训练，为了进一步提高 lncRNA 位点预测的准确性，提出了一种基于 mRNA 和 lncRNA 混合预测结果的集成模型，流程如图 14.2 所示。

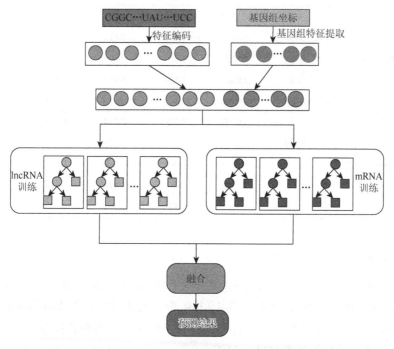

图 14.2　LITHOPHONE 流程图

本模型中 lncRNA 位点预测的概率定义如下：

$$P_{en} = \alpha P_m + (1-\alpha)P_{lnc} \tag{14.4}$$

其中，P_{en} 表示成熟 lncRNA 模式下位点的最终预测概率；P_m 表示 mRNA 位点数据用于训练时位点的预测概率；P_{lnc} 表示 lncRNA 数据用于训练时位点的预测概率。

14.3.4　实验结果与分析

1. 分类器结果比较

为了比较随机森林分类器的表现，LITHOPHONE 分别使用 RF、SVM、KNN、LR 以及极端梯度提升（XGBoost）在全转录和成熟的 lncRNA 模式下仅使用 lncRNA 位点进行训练，然后对训练数据集进行了 10 折交叉验证，并采用 Sn、Sp、ACC、MCC、AUC 作为评价指标。表 14.5 总结了不同分类器的性能，表明 RF 在全转录模式和成熟 lncRNA 模式下的性能最好，AUC 分别为 0.971 和 0.827。

表 14.5　五种分类器 10 折交叉验证结果

模式	方法	Sn	Sp	ACC	MCC	AUC
全转录模式	RF	0.923	0.938	0.930	0.861	0.971
	SVM	0.884	0.942	0.913	0.828	0.964
	KNN	0.5	0.501	0.500	0.001	0.945
	LR	0.881	0.944	0.912	0.827	0.962
	XGBoost	0.907	0.940	0.924	0.848	0.955
成熟 lncRNA 模式	RF	0.784	0.724	0.754	0.511	0.827
	SVM	0.738	0.713	0.725	0.451	0.796
	KNN	0.499	0.501	0.500	0.001	0.727
	LR	0.602	0.807	0.704	0.418	0.789
	XGBoost	0.645	0.697	0.671	0.345	0.722

2. 集成预测器参数分析

为了优化模型的权重 α，给定模型不同的权重，对模型进行了网格搜索 $\alpha \in [0, 0.1, 0.2, 0.3, 0.4, 0.5, 0.6, 0.7, 0.8, 0.9, 1]$。由于全转录模式下 lncRNA 的预测结果相差不大，均大于 0.9，这里只在成熟 RNA 模式下采用集成预测器进行预测。当 $\alpha = 0.3$ 时有最好的预测效果，AUC = 0.835；当 $\alpha = 0$ 时，只有 lncRNA 位点用于训练；当 $\alpha = 1$ 时只考虑 mRNA 位点。这表明相对较少的 lncRNA 位点（1107）在集成预测模型中起主要作用（权重 $\alpha = 0.7$），而非常多的 mRNA 甲基化位点（54476）起次要作用（权重 $\alpha = 0.3$）。分别使用 lncRNA 和 mRNA 数据预测和集成模型的预测结果的比较如表 14.6 所示。

表 14.6　分别使用 lncRNA 和 mRNA 数据预测和集成模型的预测结果比较

预测方法	Sn	Sp	ACC	MCC	AUC
使用 mRNA 数据	0.788	0.608	0.698	0.403	0.807
使用 lncRNA 数据	0.766	0.694	0.730	0.461	0.821
集成模型（$\alpha=0.3$）	0.797	0.689	0.743	0.489	0.835

3. 与现有方法比较

为了进一步验证该算法的有效性，将其与 SRAMP[18]中使用 RF 预测 mRNA m⁶A 位点的方法、MethyRNA[19]中使用相同的序列特征但使用 SVM 预测的方法以及 Gene2vec[20]的深度学习方法进行了比较。这些方法都有可用的预测工具。四种方法的 ROC 曲线如图 14.3 所示，在全转录模式下 LITHOPHONE 的 AUC 为 0.966，如图 14.3（a）所示。在成熟 lncRNA 模式下，LITHOPHONE 的 AUC 为 0.835，如图 14.3（b）所示。结果表明，该方法在预测 lncRNA 甲基化位点方面优于目前主流的方法。

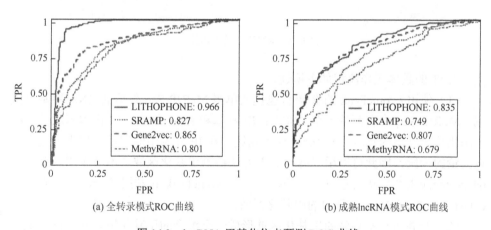

(a) 全转录模式ROC曲线　　　　　　　(b) 成熟lncRNA模式ROC曲线

图 14.3　lncRNA 甲基化位点预测 ROC 曲线

14.4　基于非负矩阵分解的 RNA 共甲基化模式分析

众所周知，表观遗传组是由成千上万的 RNA 甲基化区域组成的。其中，一个调控因子（如 RNA 甲基转移酶和脱甲基化酶）可能调控多个甲基化区域，而一个甲基化区域可能被多个调控因子所调控。本节提出一种基于非负矩阵分解的 RNA 共甲基化模式分析方法[4]。首先通过整合多组 RNA 甲基化数据集，得到甲基化组；然后对甲基化组的表达水平进行量化，作为每个甲基化组的特征；最后通过矩阵分解聚类算法对甲基化区域进行聚类来发现共甲基化模式。

14.4.1 多数据集中 RNA 甲基化水平提取

RMT 工具是一个用于处理多个 MeRIP-Seq 数据集并提取组合表观转录组的 R 语言包，即在一种或多种条件下检测所有 RNA 甲基化区域。RMT 工作流程如图 14.4 所示。它需要输入 BAM 格式的多组 MeRIP-Seq 数据集，输出是所有 RNA 甲基化区域的甲基化水平。

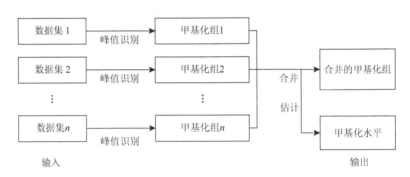

图 14.4　RMT 工具工作流程

RMT 的具体工作流程如下所述。

（1）使用 exomePeak 的 R 语言包提取单组 MeRIP-Seq 数据的 RNA 甲基化区域。MeRIP-Seq 中有两种类型的样本：IP 样本和 Input 样本。IP 样本抓取的是被甲基化片段富集的片段，与 Input 样本相比，在 IP 样本中的甲基化位点附近会出现大量的读段，因此可以用"峰检测"方法检测甲基化区域。本节采用之前开发的 exomePeak[21]R 语言包进行"峰检测"。exomePeak 包利用两个泊松均值[22]的 C-test 方法检测 RNA 分子中的甲基化区域。

（2）合并所有检测到的甲基化区域形成一个组合的甲基化组。在不同情况下 RNA 甲基化是可逆的和动态的，这就需要将识别到的成千上万的 RNA 甲基化位点组合形成一个 RNA 甲基化组。合并规则（combinded methylation group，CMG）如下：①当一个甲基化区域与所有情况下检测到的区域没有重叠时，这个区域就具有上下文特异性以及独特性，那么这个区域将被保留。②当与其他情况下检测到的 RNA 甲基化区域有重叠时，这个区域不具有上下文特异性，可能出现很多次。在这种情况下，只有最宽的甲基化区域被保留。除此之外，在合并形成甲基化组过程中，需要剔除映射不明的区域，即一个读段被映射到多个基因位置上。

（3）RNA 甲基化水平的量化。MeRIP-Seq 数据最常用的 RNA 甲基化水平量化方法是 IP 与 Input 的比值，这个比值被定义为进行测序深度补偿之后 IP 样本和

Input 样本中读段数的比值。然而，当控制样本中没有读段被检测到时，比值可能无限大。因此，对于特异性甲基化区域使用 RNA-Seq 中的 RPKM（reads per kilobase per million mapped reads，每百万读段中来自于某基因每千碱基长度的读段数，用映射到基因的读段数除以映射到基因组上的所有读段数与 RNA 的长度的乘积）计算基因表达的方法来量化 RNA 甲基化水平。RNA 甲基化量化公式如下：

$$x_{m,j} = \log_2\left(\frac{t_{m,j} + 0.01}{c_{m,j} + 0.01}\right) \tag{14.5}$$

其中，$t_{m,j}$ 代表 IP 样本第 j 个样本中第 m 个区域的 RPKM 值；$c_{m,j}$ 代表 Input 样本的 RPKM 值。需要注意的是，在可逆化学反应的理想情况下，甲基化水平与 RNA 丰度（转录调节）无关，仅由甲基化潜能决定。由前面提到的原因可知，共甲基化模式与基因表达无关。因此，当计算 RPKM 值时，R 指的是映射到特异甲基化位点的读段数；K 指的是甲基化区域 1000nt 的长度。

（4）特征选择。进行特征选择时，将选择在不同情况下甲基化水平具有较大方差的那些区域，然后对甲基化水平进行归一化，见式（14.6）：

$$\hat{x}_{m,j} = \frac{x_{m,j} - \mu_m}{s_m} \tag{14.6}$$

其中，μ_m 和 s_m 是第 m 个甲基化区域的均值和标准差。

14.4.2　基于 NMF 的共甲基化模式分析

在提取了 RNA 甲基化组后，对每一个样本来说它们的 RPKM 值就确定了，根据式（14.5）和式（14.6）分别计算了它们的甲基化水平并进行了归一化，且通过特征选择方法确定了需要进行聚类的甲基化区域，被选择的区域在不同情况下甲基化水平有共同的变化趋势。然后通过 NMF 聚类算法对甲基化区域进行聚类来发现共甲基化模式。

为了验证不同聚类效果能够得到一致的共甲基化模式，提出一种用来评估两种聚类方法间一致性的方法。定义两种方法中 N 个元素的聚类结果为 $c = [c_1, c_2, \cdots, c_N]$ 和 $r = [r_1, r_2, \cdots, r_N]$，其中 $c_i, r_i \in \{1, 2, \cdots, K\}$ 表示第 i 个元素的聚类号，K 表示聚类总数。首先将聚类号转化成双向相似矩阵 C 和 R，即对于双向相似矩阵中的元素 $c_{i,j}$ 由 $c = [c_1, c_2, \cdots, c_N]$ 产生，定义：

$$c_{i,j} = \begin{cases} -1, & i = j \\ 1, & i \neq j, c_i = c_j \\ 0, & i \neq j, c_i \neq c_j \end{cases} \tag{14.7}$$

其中，$c_{i,j}$ 表示第 i 个元素和第 j 个元素是否来自同一类。以这种方式，聚类结果被转化成一个矩阵，用于记录是否两个元素属于同一类。除此之外，只要聚类编号无序，那么这种变换就是唯一并且可逆的。当比较聚类结果的一致性时，以聚类结果 $r=[r_1,r_2,\cdots,r_N]$ 为参考聚类结果，定义 $c=[c_1,c_2,\cdots,c_N]$ 聚类结果的灵敏度和特异性如下：

$$\begin{cases} \rho_{\mathrm{Sn}}(c\,|\,r)=p(r_{i,j}=1\,|\,c_{i,j}=1) \\ \rho_{\mathrm{Sp}}(c\,|\,r)=p(r_{i,j}=1\,|\,c_{i,j}=1) \end{cases} \tag{14.8}$$

在这里需要说明的是，随机情况下敏感性和特异性的理想结果为 $1/K$ 和 $(K-1)/K$。另外，聚类号和参考聚类号是不可互换的，如 $\rho_{\mathrm{Sn}}(c\,|\,r)\neq\rho_{\mathrm{Sn}}(r\,|\,c)$。然后，定义一致性得分 ρ 来衡量两种分类结果的一致性，见式（14.9）：

$$\rho(c,r)=\rho(r,c)=\frac{1}{4}\big(\rho_{\mathrm{Sn}}(c\,|\,r)+\rho_{\mathrm{Sp}}(c\,|\,r)\big)+\frac{1}{4}\big(\rho_{\mathrm{Sn}}(r\,|\,c)+\rho_{\mathrm{Sp}}(r\,|\,c)\big) \tag{14.9}$$

通过式（14.9）可以观察到，一致性得分有以下两个优点：①当两种聚类结果完全相同时得分为1，当两种聚类结果完全独立时得分为0.5；②得分是无参的。

14.4.3 实验结果与分析

1. 数据集

数据集来自不同实验条件（如不同的细胞类型、组织或刺激）下的多组MeRIP-Seq 数据，包括使用不同处理方法以及不同抗体的 HEK293T、HepG2、U2OS 细胞系以及脑组织，并且其中一些有超过一个生物性复制样本。原始的 FASTQ 格式从 GEO 直接获得，FASTQ 是一种存储了生物序列（通常是核酸序列）以及相应质量评价的文本格式，如 ASCII 编码，是高通量测序的标准格式。然后使用转录组比对软件 Tophat2[23]将其比对到人类参考基因组 hg19 上，数据信息见表 14.7。

表 14.7　人类 MeRIP-Seq 数据集

组织/细胞	条件	抗体	样本数 IP & Input	读段数/(10^6) IP & Input	来源
HEK293T	Untreated	SYSY Ab	2 & 3	145 & 217	[24]
		NEB Ab	1 & 3	33 & 217	[24]
Brain			1 & 1	22 & 17	[25]
HepG2	Untreated		4 & 3	68 & 85	[25]
	UV		1 & 1	21 & 7	[25]
	HS		1 & 1	34 & 52	[25]
	HGF		1 & 1	33 & 23	[25]
	IFN		1 & 1	47 & 27	[25]
U2OS	Untreated		3 & 3	86 & 83	[26]
	DAA		3 & 3	80 & 87	[26]

2. NMF 聚类结果分析

从不同的数据集中共检测到来自不同实验条件、不同细胞以及不同抗体情况下的共 258465 个 RNA 甲基化区域，采用 CMG 规则将 258465 个 RNA 甲基化区域合并成 42758 个 RNA 甲基化区域，这些区域是唯一的。提取了 RNA 甲基化组后，对每一个样本来说它们的 RPKM 值就确定了，通过特征选择方法确定了 3274 个甲基化区域。

在聚类分析中，很重要的一个预定义参数就是聚类的最优个数，本节使用 k-Means 聚类算法中的聚类剪影进行聚类个数的预定义，最终确定聚类个数为 3。为了验证 NMF 聚类效果的有效性，使用 k-Means 聚类算法、层次聚类（HC）和贝叶斯因子回归模型（BFRM）与 NMF 进行比较。由于四种聚类方法的原理不同，四种分类结果有明显的不同。使用本章提出的一致性比较方法将四种聚类方法进行比较，表 14.8 为一致性比较结果。结果显示，四种聚类结果之间有相互关系，并且得分均大于 0.5。其中，k-Means、HC 和 NMF 成对检测结果均大于 0.7，而唯一与其他方法具有很低一致性的是 BFRM。

表 14.8　一致性聚类结果

方法	k-Means	HC	NMF	BFRM
k-Means	NA	0.772	0.805	0.594
HC	0.772	NA	0.701	0.574
NMF	0.805	0.701	NA	0.584
BFRM	0.594	0.574	0.584	NA

以上对不同聚类结果的高度一致性分析表明使用不同的聚类方法能够获得共甲基化模式。为了确定检测出的共甲基化模式与实际的 RNA 甲基化调控器是否有关，将这些区域与已知的 RNA 去甲基化酶 FTO 的靶基因进行比较[27]。首先使用 exomePeak 包识别来自老鼠正常中脑细胞和 FTO 敲除两种情况下[28]MeRIP-Seq 数据的 FTO 靶位点。由于 m^6A 在人和老鼠之间都是存在的，因此使用 UCSC 中的 LiftOver 工具[29]将 FTO 靶位点转换到人类基因组 hg19 上。经转换，有超过 90% 的 FTO 位点与 RNA 甲基化组重合。本节使用费希尔精确检验（Fisher's exact test，FET）比较检测到的共甲基化模式与 FTO 靶基因重叠的显著性。结果显示，使用 NMF 方法识别的共甲基化模式与 FTO 具有较显著的重叠，其 p-value 为 2.81×10^{-6}，而 FDR 为 3.372×10^{-5}，这表明在当前的数据集中使用 NMF 聚类方法检测表观转录组学中的共甲基化模式比其他三种方法更有效。

表 14.9　FTO 靶点富集分析结果

方法	聚类号	位点数	p-value	FDR
k-Means	Cluster 1	1780	0.012	0.048
	Cluster 2	595	0.977	0.999
	Cluster 3	899	0.884	0.999
HC	Cluster 1	316	0.734	0.999
	Cluster 2	2272	0.051	0.153
	Cluster 3	686	0.963	0.999
NMF	Cluster 1	998	0.999	0.999
	Cluster 2	1597	2.81×10^{-6}	3.372×10^{-5}
	Cluster 3	679	0.995	0.999
BFRM	Cluster 1	1249	0.003	0.018
	Cluster 2	990	0.655	0.999
	Cluster 3	1035	0.999	0.999

由前面的聚类结果可知,由 NMF 得到的 3 类 RNA 甲基化区域可能与表观遗传学的 3 个调控器有关,而这些调控器通过不同的生物分子功能在表观遗传学方面调控甲基化区域。为了揭示这些功能,使用 topGO 的 R 语言包[30]针对生物学过程进行 GO 富集分析。可以发现在每一类富集度排名前 20 的功能中,不同的类间没有重叠,表明在表观遗传层面的调控机制是具有潜在特异性的。而 NMF 聚类结果第二类中的区域与 FTO 的位点是高度一致的。根据各种生物学功能在 GO 富集分析中得到的 p-value 值,发现在第二类中有许多重要的生物学功能富集,包括神经元分化(p-value 为 0.0014)、神经形成(p-value 为 0.0044)等。与之前 FTO 的研究一致的是,这些功能都与神经疾病和癌症高度相关。

14.5　基于机器学习的 RNA 甲基化位点预测平台开发

本节介绍了一个基于机器学习的 RNA 甲基化位点预测平台 WHISTLE-Server[5]。WHISTLE-Server 通过输入基因组坐标,提取 RNA 甲基化位点的序列特征和基因组特征,并提供了五种机器学习方法用于 RNA 甲基化位点预测。

14.5.1　基因组特征编码与基因组坐标

WHISTLE-Server 是一个高精度基于基因组坐标和机器学习的 RNA 甲基化位点预测平台。WHISTLE 服务器的输入是基因组坐标,而不是一级序列,以便下游基因组证据的提取。输入的基因组坐标包括染色体名、范围和链，染色体名指明属于哪一条染色体，范围指明该位点在染色体上的起点和终点，链分为正义链和反义链。

WHISTLE-Server 支持在线批量提取人类和小鼠基因组坐标的 46 个基因组特征。这些基因组特征涵盖了各种生物学证据，包括转录组注释、基因组保守性、转录后调控、与基因类的关联、与序列模体的关联以及传统的一级序列。其基因组特征包括该位点是否与 RNA 转录本上的拓扑区域重叠、剪接连接的距离、甲基化位点的转录区域的长度、RNA 甲基化位点所属的一致性模体、与进化守恒相关的得分、使用 RNAfold 获得 RNA 的二级结构信息等。

14.5.2　基于机器学习的甲基化位点预测模型构建

WHISTLE 服务器根据输入的基因组坐标构建基于机器学习的高精度预测模型。WHISTLE 服务器将输入的基因组坐标看作正样本，在同一条染色体上获取与正样本数相同的负样本，然后进行基因组特征提取，并使用碱基化学性质对碱基进行编码，根据用户选择的分类算法构建预测模型，其分类算法包括 RF、SVM、LR、KNN 以及 XGBoost。

最后，基于基因组特征和序列特征生成并在线部署预测模型，该预测模型可以预测与输入基因组坐标相关的属性。Web 应用的预测性能与 Web 应用页面一起提供，包括 Sn、Sp、ACC、MCC 和 AUC，所有这些都是使用完整的训练数据通过 5 折交叉验证获得的。此外，用户还可以指定部署的 Web 应用是公开可用还是仅供私人使用的。对于私人网络应用，链接将只发送到指定的电子邮件地址；而所有的公共网络应用程序将显示在 WHISTLE 服务器网站上，供所有人使用。

14.5.3　Web 界面实现与编程环境

将超文本标记语言（hyper text marked language，HTML）、层叠样式表（cascading style sheets，CSS）和超文本预处理器（hypertext preprocessor，PHP）应用于 Web 界面的构建。利用新开发的 WHISTLE 软件包，根据输入的基因组坐标，提取人和小鼠的基因组特征。在 R 环境下用定制脚本进行模型构建和性能分析。

14.5.4　实验结果与分析

为了展示额外的基因组特征带来的优势，使用了 WHISTLE 服务器的默认设置（46 个基因组特征，41nt 的化学性质和核苷酸频率编码序列，RF 分类器），并为 8 个修饰中的每一个构建了预测模型。然后，在 5 折交叉验证中比较了基于不同特征集（单独序列特征、单独基因组特征或同时序列和基因组特征）的预测模型的性能，结果如表 14.10 所示。由表可知，基于基因组特征（平均 AUC = 0.9650）的模型比基于序列特征（平均 AUC = 0.8818）更准确。

表 14.10　不同特征集的预测性能

修饰	特征	Sn	Sp	ACC	MCC	AUC
m^{5}C	组合特征	0.9492	0.9030	0.9261	0.8532	0.9688
	序列特征	0.8238	0.8591	0.8414	0.6834	0.9062
	基因组特征	0.9570	0.8990	0.9280	0.8575	0.9639
m^{5}U	组合特征	0.9210	0.9805	0.9508	0.9032	0.9851
	序列特征	0.8469	0.8379	0.8424	0.6850	0.9278
	基因组特征	0.9113	0.9689	0.9401	0.8817	0.9644
m^{6}Am	组合特征	0.9395	0.9526	0.9461	0.8922	0.9798
	序列特征	0.7916	0.8435	0.8175	0.6362	0.9020
	基因组特征	0.9289	0.9563	0.9426	0.8856	0.9743
I	组合特征	0.8543	0.9372	0.8957	0.7942	0.9564
	序列特征	0.6421	0.6525	0.6473	0.2947	0.7080
	基因组特征	0.8149	0.9543	0.8846	0.7768	0.9350
Am	组合特征	0.9302	0.9447	0.9375	0.8751	0.9869
	序列特征	0.8001	0.9560	0.8781	0.7655	0.9345
	基因组特征	0.9227	0.9365	0.9296	0.8595	0.9716
Gm	组合特征	0.9266	0.9429	0.9347	0.8697	0.9850
	序列特征	0.8470	0.9538	0.9004	0.8055	0.9390
	基因组特征	0.9048	0.9123	0.9086	0.8174	0.9662
Cm	组合特征	0.9436	0.9345	0.9390	0.8782	0.9817
	序列特征	0.7279	0.9223	0.8251	0.6629	0.9084
	基因组特征	0.9121	0.9201	0.9161	0.8323	0.9669
Um	组合特征	0.9445	0.9334	0.9390	0.8780	0.9807
	序列特征	0.7923	0.7035	0.7479	0.4978	0.8281
	基因组特征	0.9499	0.9294	0.9396	0.8795	0.9780

为了验证所提模型的有效性，使用 SRAMP 中哺乳动物 m^6A 甲基化的数据来进行测试。如表 14.11 所示，单独的基因组特征比序列特征更强大，这优于 SRAMP 的预测性能，表明基因组特征提供了基于序列的变量的额外信息，并在预测中发挥了更重要的作用。

表 14.11　全转录模式下基于不同特征集的性能

方法	特征	Sn	Sp	ACC	MCC	AUC
	组合特征	0.9763	0.9303	0.9533	0.9076	0.989
WHISTLE	序列特征	0.974	0.9439	0.959	0.9184	0.8034
	基因组特征	0.7283	0.7296	0.7289	0.4579	0.9908

14.6　小　　结

RNA 甲基化是表观遗传学的重要研究内容之一，在调控基因表达、RNA 编辑、RNA 稳定性，以及在多种疾病的发生和发展中起着重要作用，能够通过改变靶基因的表达来调控疾病对药物的影响。本章从 RNA 甲基化位点预测、RNA 甲基化共模分析等方面对 RNA 甲基化修饰的相关问题进行了介绍。主要介绍了基于 CNN 的 mRNA 中 m^6A 甲基化位点预测、基于随机森林的 lncRNA 中 m^6A 甲基化位点预测、基于非负矩阵分解的 RNA 共甲基化模式分析以及基于机器学习的 RNA 甲基化位点预测平台开发。我们还进行了 RNA 甲基化修饰与疾病关联关系预测的研究[31]。这些方法为后面研究以 RNA 甲基化位点为中心的疾病发病机理和药物反应调控机制奠定了基础。随着高通量测序技术的发展，RNA 甲基化研究不断进步发展，RNA 甲基化分析及甲基化机理研究对病理学和病理生理学、临床试验时诊断学、药物生物化学和药物设计等研究具有重要价值，有助于人们进一步揭示细胞发育、疾病等生物学现象，为生物学家提供指导。

参 考 文 献

[1]　Liu S P, Chen L, Zhang Y T, et al. M6AREG：M6A-centered regulation of disease development and drug response[J]. Nucleic Acids Research，2023，51（1）：1333-1344.

[2]　刘恋，张绍武，孟佳，等. 高通量 RNA 甲基化测序数据处理与分析研究进展[J]. 生物化学与生物物理进展，2015，42（10）：891-899.

[3]　刘恋. RNA 差异甲基化与共甲基化模式分析方法研究[D]. 西安：西北工业大学，2018.

[4]　Liu L, Lei X J, Fang Z Q, et al. LITHOPHONE：Improving lncRNA methylation site prediction using an ensemble predictor[J]. Frontiers in Genetics，2020，11：545.

[5]　Liu L, Zhang S W, Zhang Y C, et al. Decomposition of RNA methylome reveals co-methylation patterns induced

by latent enzymatic regulators of the epitranscriptome[J]. Molecular Biosystems，2015，11（1）：262-274.

[6] Liu L，Song B W，Chen K Q，et al. WHISTLE server：A high-accuracy genomic coordinate-based machine learning platform for RNA modification prediction[J]. Methods，2022，203：378-382.

[7] Bastian L，Grozhik A V，Olarerin-George A O，et al. Single-nucleotide resolution mapping of m6A and m6Am throughout the transcriptome[J]. Nature Methods，2015，12（8）：767.

[8] Chen W，Xing P，Zou Q. Detecting n6-methyladenosine sites from RNA transcriptomes using ensemble support vector machines[J]. Scientific Reports，2017，7：40242.

[9] Wuchty S，Fontana W，Hofacker I L，et al. Complete suboptimal folding of RNA and the stability of secondary structures[J]. Biopolymers，1999，49（2）：145-165.

[10] Mathews D H，Sabina J，Zuker M，et al. Expanded sequence dependence of thermodynamic parameters improves prediction of RNA secondary structure[J]. Journal of Molecular Biology，1999，288（5）：911-940.

[11] Mccaskill J S. The equilibrium partition function and base pair binding probabilities for RNA secondary structure[J]. Biopolymers，2010，29（6/7）：1105-1119.

[12] Turner D H，Mathews D H. NNDB：The nearest neighbor parameter database for predicting stability of nucleic acid secondary structure[J]. Nucleic Acids Research，2010，38：280-282.

[13] Zhang M，Sun J W，Liu Z，et al. Improving N(6)-methyladenosine site prediction with heuristic selection of nucleotide physical-chemical properties[J]. Analytical Biochemistry，2016，508：104-113.

[14] Vu L P，Pickering B F，Cheng Y，et al. The n6-methyladenosine(m6A)-forming enzyme METTL3 controls myeloid differentiation of normal hematopoietic and leukemia cells[J]. Nature Medicine，2017，23：1369-1376.

[15] Ke S，Alemu E A，Mertens C，et al. A majority of m6A residues are in the last exons，allowing the potential for 3' UTR regulation[J]. Genes & Development，2015，29（19）：2037-2053.

[16] Ke S，Pandya-Jones A，Saito Y，et al. M(6) a mRNA modifications are deposited in nascent pre-mRNA and are not required for splicing but do specify cytoplasmic turnover[J]. Genes & Development，2017，31（10）：990.

[17] Breiman L. Random forest[J]. Machine Learning，2001，45：5-32.

[18] Zhou Y，Zeng P，Li Y H，et al. SRAMP：Prediction of mammalian n6-methyladenosine(m6A)sites based on sequence-derived features[J]. Nucleic Acids Research，2016：e91.

[19] Chen W，Tang H，Lin H. MethyRNA：A web-server for identification of n-methyladenosine sites[J]. Journal of Biomolecular Structure & Dynamics，2017，35（3）：683-687.

[20] Zou Q，Xing P，Wei L，et al. Gene2vec：Gene subsequence embedding for prediction of mammalian n6-methyladenosine sites from mRNA[J]. RNA，2018，25（2）：205-218.

[21] Meng J，Cui X，Rao M K，et al. Exome-based analysis for RNA epigenome sequencing data[J]. Bioinformatics，2013，29（12）：1565-1567.

[22] Przyborowski J，Wilenski H. Homogeneity of results in testing samples from poisson series：With an application to testing clover seed for dodder[J]. Biometrika，1940，31（3/4）：313-323.

[23] Kim D. TopHat2：Accurate alignment of transcriptomes in the presence of insertions，deletions and gene fusions[J]. Genome Biology，2013，14（4）：R36.

[24] Meyer K D，Saletore Y，Zumbo P，et al. Comprehensive analysis of mRNA methylation reveals enrichment in 3' UTRs and near stop codons[J]. Cell，2012，149（7）：1635-1646.

[25] Dominissini D，Moshitch-Moshkovitz S，Schwartz S，et al. Topology of the human and mouse m6A RNA methylomes revealed by m6A-seq[J]. Nature，2012，485（7397）：201-206.

[26] Fustin J M，Doi M，Yamaguchi Y，et al. RNA-methylation-dependent RNA processing controls the speed of the

circadian clock[J]. Cell，2013，155（4）：793-806.

[27]　Jia G，Fu Y，Zhao X，et al. N6-methyladenosine in nuclear RNA is a major substrate of the obesity-associated FTO[J]. Nature Chemical Biology，2011，7（12）：885-887.

[28]　Hess M E，Hess S，Meyer K D，et al. The fat mass and obesity associated gene（FTO）regulates activity of the dopaminergic midbrain circuitry[J]. Nature Neuroscience，2013，16（8）：1042-1048.

[29]　Michael L，Robert G，Vincent C. Rtracklayer：An R package for interfacing with genome browsers[J]. Bioinformatics，2009，（14）：1841-1842.

[30]　Alexa A，Rahnenfuhrer J. Gene set enrichment analysis with topGO[J]. Computer Science，2006：221206456.

[31]　Liu L，Zhou Y，Lei X. RMDGCN：Prediction of RNA methylation and disease associations based on graph convolutional network with attention mechanism[J]. PLoS Computational Biology，2023，19（12）：e1011677.

第15章 药物发现

15.1 引 言

　　药物发现的过程非常复杂，涉及药理学、医学、生物技术、数理统计学、计算机科学等多科学知识，从最初药物靶标的选择到最终药物批准上市平均需要花费十几年的时间，是一项高投入、长周期、高风险的工作。随着人类基因组计划的完成以及各种高通量筛选方法的实现，传统的基于药物化学结构的发现模式逐渐过渡到了基于人工智能的药物发现模式，成为现代创新药物研发的主流模式，药物靶标、药物相互作用、药物毒性识别已经成为现代药物发现的重要环节。药物与药物相互作用、药物与靶标相互作用的研究明确了疾病症结所在，也确定了新药的研发方向，缩小了筛选范围，进而对已有药物进行重定位，研发出毒性更小、选择性更强及治疗效果更好的新药[1, 2]。

　　本章介绍了使用双重图神经网络的药物相互作用预测[3]、基于残差图卷积神经网络的药物相互作用预测[4]、基于符号图神经网络的药物靶标识别[5]、基于双向门控循环单元（BiGRU）和 GraphSAGE 的药物毒性预测[6]以及基于聚类约束的药物重定位研究[7]。

15.2　基于双重图神经网络的药物和药物相互作用预测

　　药物和药物相互作用（drug-drug interaction，DDI）会改变药物剂量效应关系，从而降低药物疗效或增加毒性，是临床应用中合并用药治疗时重要的考虑因素，因此预测潜在的药物相互作用非常重要。有效的分子表示学习在药物设计研究中起着至关重要的作用，高性能方法的开发有助于学习药物分子表示并解决药物发现中的相关问题。本节采用双重图神经网络来预测 DDI。

15.2.1　药物分子表示

　　简化分子线性输入规范（simplified molecular input line entry specification，SMILES）是基于化学规则对分子拓扑进行编码的一种分子线性表示法[8]。这种表示法虽简单，但容易受到针对特定分子标记数据不足的影响。近年来，GNN 逐渐

成为分子数据建模的有力方法[9]。根据分子的几何形状，分子可以当作二维图形进行处理，其中原子作为结点，化学键作为边。一个 DDI 可以用元组 (d_x, d_y, r) 表示。药物 d_x 和 d_y 均使用 SMILES 字符串表示。本节使用工具包 RDKit[10]将 SMILES 预处理成分子图，如图 15.1（a）所示，其中结点表示原子，网络的边表示原子之间的键。因此，药物通常被定义为一个分子图 $G = (V, E)$，其中 $V = \{v_i\}\big|_{i=1}^n$ 为结点集，$E = \{(v_i, v_j)_s\}\big|_{s=1}^m$ 为边集。结点 v_i 对应的特征向量记为 $x_i \in \mathbb{R}^d$。同理，边 $e_{ij} = (v_i, v_j)$ 的特征向量为 $x_{ij} \in \mathbb{R}^d$。用于原子和键编码的特征如表 15.1 所示。

当一个图被表示为 $G = (V, E)$ 时，GNN 通过消息传递阶段和读出阶段将图 G 映射成向量，$h_G \in \mathbb{R}^d$。如图 15.1（b）和图 15.1（c）所示，消息传递阶段通过聚合邻域结点的消息更新结点特征，而读出阶段通过聚合所有结点特征生成图的特征表示，用于预测图的标签。

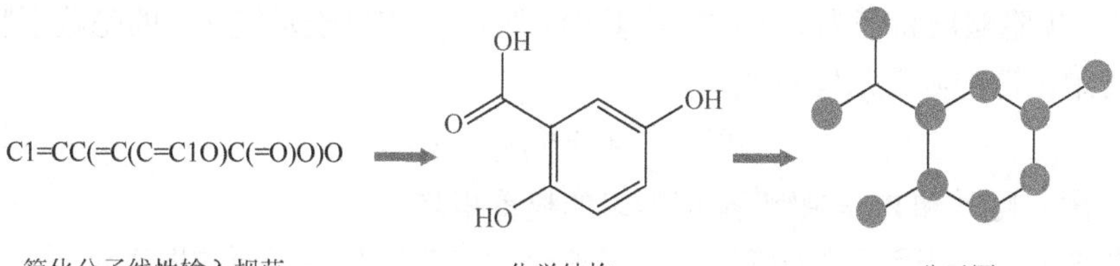

(a) 将SMILES预处理成分子图

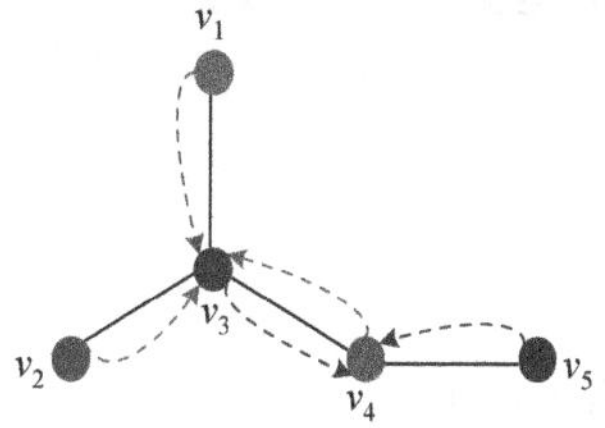

(b) 消息传递阶段

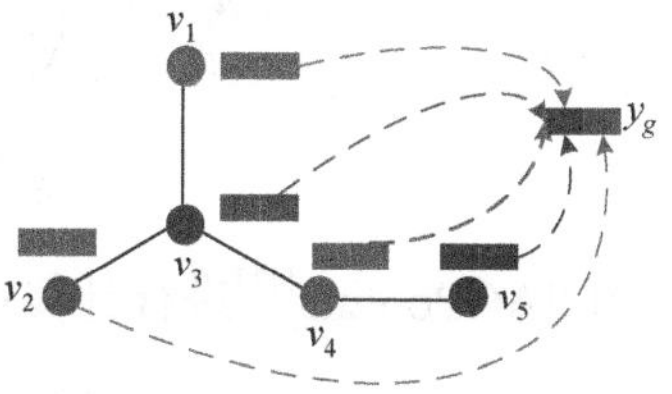

(c) 读出阶段

图 15.1　分子表示和图嵌入

表 15.1　原子和键特征

原子特征	描述	维度
原子类型	[B, C, N, O, F, Si, P, S, Cl, As, Se, Br, Te, I, At, metal]	16（One-hot）
共价键数	[0, 1, 2, 3, 4, 5, 6, 7, 8, 9, 10]	11（One-hot）
杂交反应	[sp, sp2, sp3, sp3d, sp3d2]	5（One-hot）
隐式价	[0, 1, 2, 3, 4, 5, 6]	7（One-hot）
基电子	自由基电子数	1（integer）
形式电荷	原子的形式电荷	1（integer）
是否芳香族体系	0, 1	1（integer）

续表

原子特征	描述	维度
共价键特征	描述	维度
键类型	[single，double，triple，aromatic]	4（One-hot）
共轭性	键是否是共轭系统的一部分	1（integer）
环	键是否是环的一部分	1（integer）

15.2.2　基于 SA-DMPNN 的子结构提取

考虑药物分子子结构大小和形状不规则的特点，构建了具有子结构注意力机制的定向消息传递神经网络（SA-DMPNN）来自适应提取子结构。子结构注意力机制的思想是提取任意大小和形状的子结构，并给每个子结构分配不同的权重，进一步更新结点特征。具体流程如下，设第 t 步时子结构半径为 t；对于每个结点 v_i，第 t 步隐藏层特征为 $h_i^{(t)} \in \mathbb{R}^d$，其中 $h_i^{(0)} = x_i$，$h_{ij}^{(t)}$ 表示键 $e_{i \to j}$ 的隐藏层特征。首先初始化键的隐藏层特征为

$$h_{ij}^{(0)} = W_i x_i + W_j x_j + W_{ij} x_{ij} \tag{15.1}$$

其中，$W_i \in \mathbb{R}^{h \times d}$ 和 $W_{ij} \in \mathbb{R}^{h \times d'}$ 是可学习的权重矩阵。

在第 t 步，利用子结构感知的全局池化方式获得其键层面的图表示 $g^{(t)}$，相应计算方式如下：

$$m_i^{(t)} = \sum_{v_j \in N(v_i)} \beta_{ij} h_{ji}^t, \quad W_j \in \mathbb{R}^{h \times d} \tag{15.2}$$

$$g^{(t)} = \sum_{i=1}^n m_i^{(t)} \tag{15.3}$$

其中，β_{ij} 由 SAGPooling[11]进行计算：

$$\beta_{ij} = \text{Softmax}(\text{GNN}(A, X)) \tag{15.4}$$

对于每个键层面的图表示，每步获得的子结构注意力得分计算如下：

$$e^{(t)} = w^{(t)} \odot \tanh(Wg^{(t)} + b) \tag{15.5}$$

其中，$\odot$ 为点积运算；$w^{(t)}$ 为第 t 步的权重向量。

为了易于比较，使用 Softmax 函数进行归一化：

$$\alpha^{(t)} = \frac{\exp(e^{(t)})}{\sum_{k=1}^T \exp(e^{(k)})} \tag{15.6}$$

其中，$\alpha^{(t)} \in \mathbb{R}^1$ 表示半径为 t 的子结构的重要性。

最终，经过 T 步后，键的加权特征为

$$h_{ji} = \sum_{t=1}^T \alpha^{(t)} h_{ji}^{(t)} \tag{15.7}$$

最后，通过聚合传入键层面的特征，结点 v_i 的特征更新如下：

$$h_i = f\left(x_i + \sum_{v_j \in N(v_i)} h_{ji}\right) \tag{15.8}$$

其中，f 为多层感知器；h_i 包含以 v_i 为中心的来自不同接收域的子结构信息。

15.2.3 DGNN-DDI 算法预测

对于给定的药物 d_x，假设已由 SA-DMPNN 获得图 G_x 每个结点的特征。在第 l 层每个结点的特征表示为 $h_i^{(l)}$，那么子结构 $g_x^{(l)} \in G_x$ 的表示由式（15.9）给出。它通过聚集结点特征来得到。每个结点的特征由一个可学习的系数 β_i 进行加权。β_i 可以通过 SAGPooling 来获得。

$$g_x^{(l)} = \sum_{i=1}^{n} \beta_i h_i^{(l)} \tag{15.9}$$

获得药物 d_x 和 d_y 所有 Multi-GNN 层子结构信息 $g_x^{(l)}$ 和 $g_v^{(l)}$ 后，采用一种共同注意力机制解释每对子结构之间相互作用的重要性，具体如下：

$$\gamma_{ij} = b^{\mathrm{T}} \tanh\left(W_x g_x^{(i)} + W_y g_y^{(j)}\right) \tag{15.10}$$

其中，b 为可学习权重向量；W_x 和 W_y 为可学习权重矩阵。

本节使用不同的权重矩阵来避免相似的子结构被给予高分的情况。此外，通过 γ_{ij} 更新子结构特征 $g_x^{(i)}$、$g_y^{(j)}$ 分别为

$$\hat{g}_x^{(i)} = \sum_{j=1}^{L} \gamma_{ij} g_x^{(i)}, \quad i = 1, \cdots, L \tag{15.11}$$

$$\hat{g}_y^{(j)} = \sum_{i=1}^{L} \gamma_{ij} g_y^{(j)}, \quad j = 1, \cdots, L \tag{15.12}$$

其中，$\gamma_{i\cdot}$、$\gamma_{\cdot j}$ 分别表示与图 G_x 的第 i 个子结构和图 G_y 的第 j 个子结构相关的共同注意力权重。

最后，药物 d_x 的图表示可通过以下方式计算：

$$g_x = \sum_{i=1}^{L} \widehat{g_x^{(i)}} \tag{15.13}$$

药物 d_y 的图表示 g_y 可以通过类似方式计算。给定 DDI 元组 (d_x, d_y, r)，DDI 预测可以表示为如下的联合概率：

$$P(d_x, d_y, r) = \sigma(g_x^{\mathrm{T}} M_r g_y) \tag{15.14}$$

其中，σ 为 Sigmoid 函数；M_r 为相互作用 r 的矩阵表示。模型的优化过程可以通过最小化交叉熵损失函数来实现，其表达式如下：

$$\text{Loss} = -\frac{1}{M} \sum_{(d_x, d_y, r)_i \in M} y_i \log_2(p_i) + (1 - y_i) \log_2(1 - p_i) \tag{15.15}$$

其中，$y_i = 1$ 表示 d_x 和 d_y 之间存在相互作用，反之亦然；p_i 表示预测概率，可由式（15.15）计算。该方法框架图如图 15.2 所示。

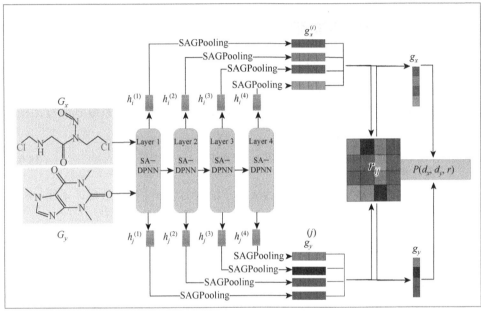

(a) DGNN-DDI流程

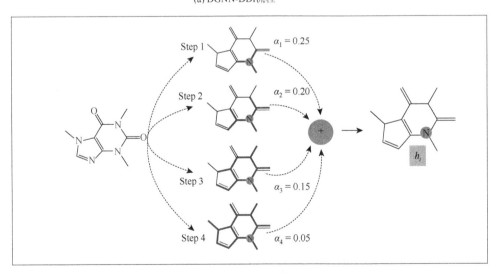

(b) SA-DMPNN更新结点特征的例子

图 15.2 DGNN-DDI 算法框架

15.2.4 实验结果与分析

模型评估使用 DrugBank[12]数据集。DrugBank 数据集涵盖了详细的药物数据和全面的药物靶标信息。该数据集包含 1706 种药物和 191808 种 DDI 元组,共有 86 种相互作用类型。每种药物都由与之相对应的 SMILES 表示,继续使用 RDKit 将其转换为分子图表示形式。在 DrugBank 数据集中,每个药物对只与单一类型的相互作用相关。

数据集随机划分为训练集(60%)、验证集(20%)和测试集(20%)用于 DDI 预测任务。T 的取值范围设定为 $\{1,2,3,4,5\}$,Multi-GNN 层数 $L = \{1,2,3,4,5\}$。本节考虑隐藏层向量 $h_i(h_j)$ 的维数范围为 $\{32, 64, 128\}$,使用 Adam 优化器[13]对 DDI 元组进行训练,批量大小从 $\{128, 256, 512\}$ 中选择最优的,学习率 $\text{lr} = \{1 \times 10^{-2}, 1 \times 10^{-3}, 1 \times 10^{-4}\}$。实验证明,当 $T = L = 3, h_i \in \mathbb{R}^{64}, \text{lr} = 1 \times 10^{-4}$,批量大小为 256 时,模型表现出最佳性能。模型训练迭代次数为 50。为防止过拟合,应用了权重衰减策略 $w = 5 \times 10^{-4}$。采用 ACC、AUC、Precision、Recall、F-measure 以及 AUPR 为性能指标。

DGNN-DDI 与基线方法在 DrugBank 数据集上与 SA-DDI[14]、SSI-DDI[15]、GMPNN-CS[16]、GAT-DDI[16]进行对比,以验证模型的有效性。这些方法仅考虑化学结构信息作为输入,并在学习过程中以某种方式集成 DDI 的信息。表 15.2 总结了所有预测模型的评价得分。结果表明,DGNN-DDI 在 DrugBank 数据集的所有 6 个指标上都优于其他方法,这表明提出的 DGNN-DDI 对 DDI 的预测是有效的。为了进一步分析模型的性能,图 15.3 展示了不同方法的 ACC、AUC、AUPR、F-measure、Precision 和 Recall 结果。图 15.3 清楚地表明,DGNN-DDI 在这些指标上比其他方法有更好的表现。

表 15.2 DGNN-DDI 与基线方法结果

方法	ACC	AUC	AUPR	F-measure	Precision	Recall
GAT-DDI	0.7894	0.8653	0.8398	0.8045	0.7676	0.8682
GMPNN-CS	0.9485	0.9834	0.9785	0.9495	0.9346	0.9725
SSI-DDI	0.9565	0.9868	0.9834	0.9573	**0.9472**	0.9746
SA-DDI	0.8965	0.9541	0.9420	0.8993	0.8763	0.9321
DGNN-DDI	**0.9609**	**0.9894**	**0.9863**	**0.9616**	**0.9472**	**0.9788**

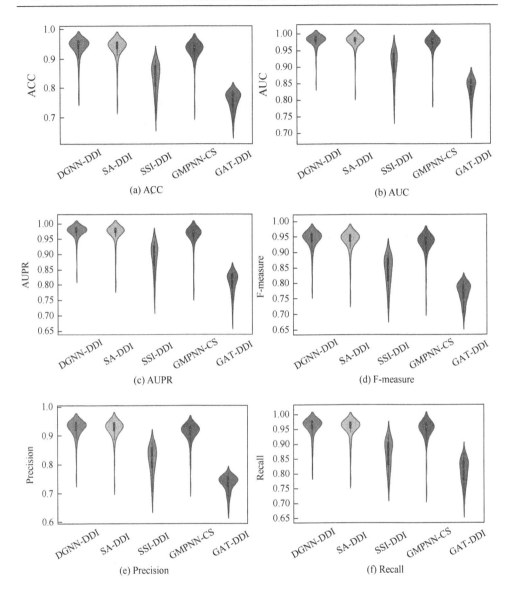

图 15.3　所有方法 6 个指标结果分布图

　　为了进一步证明 DGNN-DDI 的优越性，将所有对比方法的参数 T 和 L 设置为 $T=3$ 或 $L=3$，保持与 DGNN-DDI 的一致性。图 15.4 显示了所有模型的 ROC 曲线和 PR 曲线。显然，DGNN-DDI 在所有方法中表现最好，再次说明其预测 DDI 的效果好。

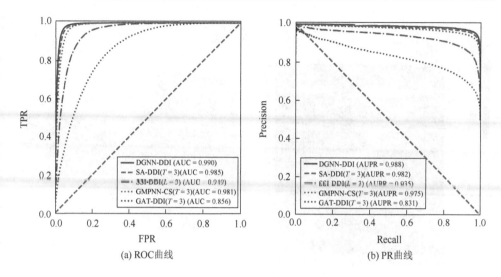

(a) ROC曲线   (b) PR曲线

图 15.4 各方法的 ROC 曲线和 PR 曲线

为了研究分子结构中每个原子的特征向量在学习中的演化过程, 通过计算原子特征向量之间的 Pearson 相关系数得到原子对之间的相似系数。图 15.5 和图 15.6 分别给出了药物西地那非 (Sildenafil) 和苯二酮 (Phenindione) 的原子相似矩阵。从图 15.5 中可以看到, 在开始时原子的排列有一定程度的混乱, 在学习过程中清

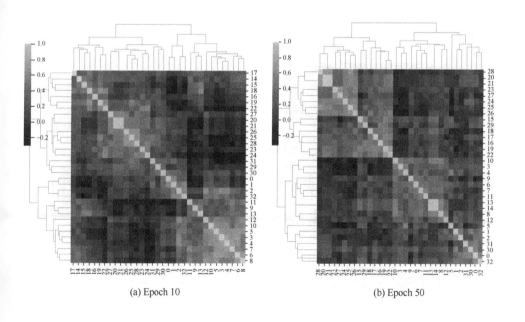

(a) Epoch 10   (b) Epoch 50

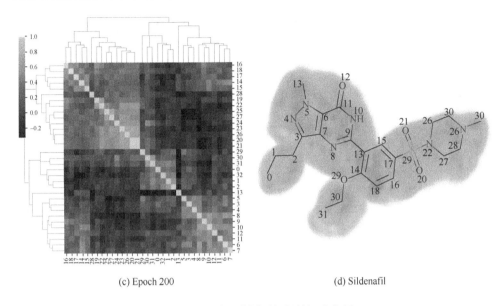

(c) Epoch 200

(d) Sildenafil

图 15.5　西地那非原子相似性矩阵热图

楚地分为多个簇，每个簇相对应的子结构见图 15.5（d）。以图 15.5 为例，西地那非的原子在 50 个 Epoch 时大致分离为三个簇。这些结果表明 DGNN-DDI 可以捕获分子的结构信息。

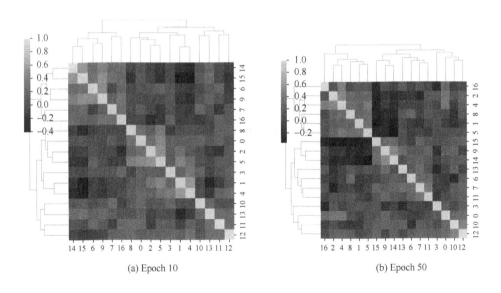

(a) Epoch 10

(b) Epoch 50

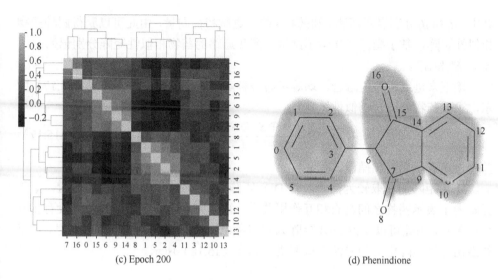

图 15.6　苯二酮原子相似性矩阵热图

15.3　基于残差图卷积神经网络的药物和药物相互作用预测

如今，很多学者将药物相似性作为药物特征从药物相互作用网络中提取药物的潜在特征向量，用于预测 DDI，这类方法展现出了良好的性能，基于异构网络高维度、多结点、多信息的特征，本节将药物相互作用网络与药物相似性网络进行融合构建为异构网络，以此提取药物潜在特征向量，用于 DDI 预测。

15.3.1　多源异构网络构建

药物相似性网络的计算可以考虑药物的多源特征，分别是化学子结构、靶标、通路和酶这四种药物特征。它们分别对应一组描述符，因此每一种药物都可以用一个二进制向量来表示，向量元素如果为 1，则表示对应位置的元素存在，0 表示对应位置的元素不存在。以药物的酶特征为例，在 DrugSet 数据集[17]中有 548 种药物，对应的酶共有 129 种，所以药物可以表示为一个 129 维的二进制向量，以 ID 为 DB01195 的药物为例，包含的酶是 P10635 和 P11712，则 129 维的二进制向量中，有 2 个位置的元素为 1，剩余 127 个位置的元素为 0。因为特征向量的维数较高，并且向量元素大多为 0，所以使用 Jaccard 相似性来衡量药物之间的相似程度。Jaccard 相似性由式（15.16）计算得到：

$$\text{Jaccard}(d_i, d_j) = \frac{|d_i \cap d_j|}{|d_i| + |d_j| - |d_i \cap d_j|} \tag{15.16}$$

其中，d_i 和 d_j 分别表示药物 i 和药物 j 的二进制特征向量，由此可以获得四种药物相似性矩阵，基于靶标、化学子结构、酶和通路的药物相似性矩阵分别记为 S^t、S^s、S^e 和 S^p。

接下来进行相似性融合，均等考虑每种药物特征的重要性，如式（15.17）所示，求取药物的综合相似性矩阵。

$$S = \frac{S^t \oplus S^s \oplus S^e \oplus S^p}{4} \tag{15.17}$$

其中，$\oplus$ 表示元素加操作。

DDI 矩阵的获取较为简单，将 DDI 矩阵表示为 $I^{n \times n}$，n 是药物的数量，矩阵元素为 1 表示药物之间具有相互作用关系，矩阵元素为 0 表示药物之间没有相互作用关系，由此可以获得 DDI 矩阵为完整考虑 DDI 信息和药物相似性信息，可以构造由邻接矩阵定义的多源异构网络，如式（15.18）所示。

$$A = \begin{bmatrix} S & I \end{bmatrix} \tag{15.18}$$

其中，S 是综合相似性网络；I 是药物相互作用网络。

15.3.2 基于 ResGCN 的编码器

GCN 容易出现梯度消失的问题，通常局限于比较浅的模型，鉴于此，我们采用残差图卷积网络 ResGCN 作为编码器对多源异构网络进行编码，以学习药物的潜在特征，并获得药物的高阶邻域信息。定义每层 GCN 的传播规则如式（15.19）所示：

$$H^{(l+1)} = \sigma\left(\tilde{D}^{-\frac{1}{2}} \tilde{A} \tilde{D}^{-\frac{1}{2}} H^{(l)} W^{(l)}\right) \tag{15.19}$$

其中，$H^{(l+1)}$ 表示结点在第 $l+1$ 层的特征向量；$W^{(l)}$ 表示第 l 层可以训练的权重矩阵；$H^{(l)}$ 表示结点在第 l 层的特征向量；σ 表示激活函数；在本模型中 ReLU 函数作为激活函数，而式（15.19）中的 $\tilde{A} = A + I_N$，I_N 表示单位矩阵，$\tilde{D}$ 表示 $\tilde{A}$ 的对角结点度矩阵。

对于 GCN 来说，其第一层非常特殊，如式（15.20）所示，它以异构网络的邻接矩阵 A 作为输入，特征矩阵 X 包含交互特征和相似性特征。

$$H^{(1)} = \sigma(\tilde{A} X W^{(0)}) \tag{15.20}$$

ResGCN 以 GCN 为基础，通过拟合残差映射 F 来学习所需的底层映射 H。G_l 通过残差映射 F 变换后，进行顶点相加，得到 G_{l+1}，如式（15.21）所示，W_l 是 l 层可学习参数的集合，简单来说，就是每一层接收上一层的输出与残差连接作为输入。

$$G_{l+1} = H(G_l, W_l) = F(G_l, W_l) + G_l = G_{l+1}^{\text{res}} + G_l \tag{15.21}$$

需要注意的是，ResGCN 在每层之间的传播还需要考虑每层的维度大小。如式（15.22）所示，如果维度相同，将直接计算。如果维度不同，首先需要用线性映射匹配维度。

$$G_{l+1} = \begin{cases} F(G_l, W_l) + G_l, & \text{相同维度} \\ F(G_l, W_l) + W_s G_l, & \text{不同维度} \end{cases} \qquad (15.22)$$

其中，W_s 是线性映射。基于 ResGCN 的自编码器模块流程如图 15.7 所示。

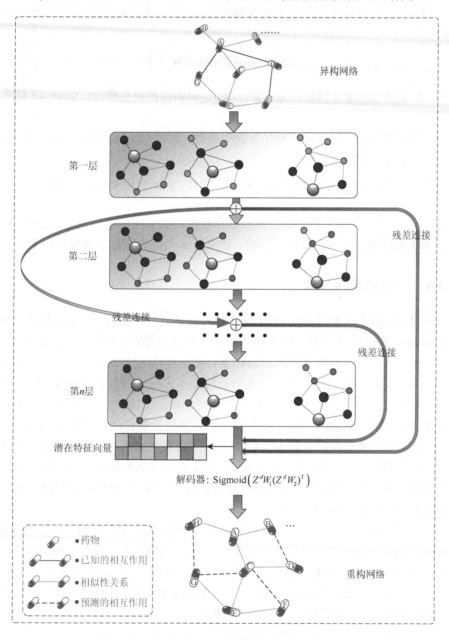

图 15.7　图自编码器模块流程图

15.3.3　MSResG 算法预测

经编码器后可以获得药物的潜在特征向量 Z^d，接下来根据式（15.23）重建 DDI 网络。

$$I = \mathrm{Sigmoid}\left(Z^d W_1 \left(Z^d W_2\right)^{\mathrm{T}}\right) \tag{15.23}$$

其中，Z^d 是药物的潜在特征向量；W_1、W_2 是可训练的权重矩阵；Sigmoid 是激活函数。

该模型采用二元加权交叉熵作为损失函数，如式（15.24）所示，并使用 Adam 优化器对模型进行训练和优化。

$$\mathrm{Loss} = -\sum_{i,j} p(a_{ij})\log_2(q(a_{ij})) \times W_{\mathrm{pos}} + (1-p(a_{ij}))(1-\log_2(q(a_{ij}))) \tag{15.24}$$

式中，$p(a_{ij})$ 是药物 i 和药物 j 之间相互作用情况的真实标签；$q(a_{ij})$ 是解码所得到的 DDI 预测概率；W_{pos} 是权重参数，由负样本数除以正样本数计算得来。

15.3.4　实验结果与分析

将 MSResG 与其他 7 种先进的 DDI 预测方法进行了比较。在标签传播（label propagation，LP）方法[18]中，每个药物结点标签信息根据相似性传播到相邻结点，然后根据相邻结点的标签更新自己的标签，利用样本之间的关系，建立了预测模型。KNN[19]通过考虑最近的 k 个样本对目标样本进行分类。使用药物相似性作为样本距离来预测 DDI。矩阵摄动（matrix perturbation，MP）法[20]是基于一个假设来推断、计算和预测 DDI 网络的，即网络的规则性反映在随机移除小部分链路后前后结构特征不变。对比方法还有 CE 方法[17]，CE 考虑药物的 8 个特征，利用机器学习建立模型，使用贪心算法（greedy algorithm，GA）得到不同药物特征对模型性能的贡献，然后利用加权平均积分规则（称为 CE1）和分类器积分规则（称为 CE2）的集成框架预测 DDI。

Vilar 等提出了两种方法，本节将其命名为 TAN[21]和 IPF[22]。TAN 基于药物分子结构的 Tanimoto 相似性矩阵预测 DDI，IPF 基于药物相互作用指纹图谱测量药物对之间的相似性预测 DDI。上述方法的性能比较如表 15.3 所示。可以看到，MSResG 在 5 个方面取得了最好的性能。事实上，本节的模型取得了更好的结果，因为它考虑了多源特征信息，并借助 ResGCN 学习更深、更多的信息。本节将研究 MSResG 在实际应用中是否有效。使用数据集 DS 进行模型训练和 DDI 预测。可以发现，预测得分排名在前 10 的 DDI 中有 80% 被外界证实为已知的 DDI 对，如表 15.4 所示。

表 15.3 MSResG 与 7 种先进方法的对比结果

方法	ACC	AUC	AUPR	F-measure	Precision	Recall
MSResG	**0.956**	**0.958**	**0.798**	**0.732**	**0.783**	0.687
LP	0.950	0.936	0.761	0.684	0.618	0.768
KNN	0.951	0.938	0.766	0.689	0.679	**0.777**
MP	0.952	0.948	0.781	0.708	0.667	0.754
CE1	0.953	0.948	0.786	0.712	0.775	0.645
CE2	0.954	0.957	0.792	0.723	0.767	0.678
TAN	0.684	0.670	0.273	0.229	0.145	0.535
IPF	0.880	0.872	0.413	0.447	0.377	0.553

表 15.4 预测得分排名在前 10 的 DDI 对

排名	药物 A	结构式	药物 B	结构式	验证来源和 DDI 描述
1	DB00945 乙酰水杨酸		DB01033 巯嘌呤		DrugBank 数据库：巯嘌呤与乙酰水杨酸合用可减少巯嘌呤排泄
2	DB00398 索拉非尼		DB00563 甲氨蝶呤		DrugBank 数据库：当索拉非尼与甲氨蝶呤合用时，不良反应的风险可能会增加
3	DB00853 替莫唑胺		DB00758 氯吡格雷		DrugBank 数据库：当氯吡格雷与替莫唑胺合用时，出血的风险或严重程度会增加
4	DB01193 醋丁洛尔		DB00264 美托洛尔		DrugBank 数据库：美托洛尔可增加醋丁洛尔的致心律失常活性

续表

排名	药物 A	结构式	药物 B	结构式	验证来源和 DDI 描述
5	DB01193 醋丁洛尔		DB00927 法莫替丁		未验证
6	DB01248 多西他赛		DB00864 他克莫司		DrugBank 数据库：他克莫司与多西他赛合用可提高血清浓度
7	DB00862 伐地那非		DB00443 倍他米松		DrugBank 数据库：当与倍他米松合用时，伐地那非的代谢会增加
8	DB00990 依西美坦		DB00635 泼尼松		未验证
9	DB00953 利扎曲坦		DB00178 雷米普利		DrugBank 数据库：利扎曲坦可降低雷米普利的降血压活性
10	DB00571 普萘洛尔		DB01203 纳多洛尔		DrugBank 数据库：普萘洛尔可能会增加纳多洛尔的致心律失常活性

15.4　基于符号图神经网络的药物靶标相互作用预测

药物靶标相互作用（drug-target interaction，DTI）预测无论在药物研发过程中还是在对已有药物的重定位方面都有着重大意义。本节通过对药物靶标的相互作用模式进行分类，并额外提取药物对和靶蛋白对的相互作用，以符号异构网络建模 DTI。然后，提出了符号异质图神经网络（signed heterogeneous graph neural network，SHGNN），并基于此提出了一个端到端的 DTI 符号预测框架，即 SHGNN-DTI。该框架分别考虑了不同的初始输入、嵌入维度和训练模式，对从 DrugBank 和相关数据库中提取的两个数据集进行了实验分析。预测结果在度量指标上表现优异，对两种药物治疗乳腺癌进行的案例研究验证了其可行性。

15.4.1　药物靶标符号图构建

本节将 DTI 预测问题建模为符号异构网络上的符号预测问题。首先考虑符号二部图，然后将其扩展为两层的符号异构网络。通过查询 DrugBank[12]可以发现，药物可以激活或抑制靶蛋白，例如，可以作为靶蛋白的激动剂或拮抗剂、增效剂、阻滞剂、诱导剂或抑制剂等。虽然有不同类型的靶蛋白，如蛋白质、大分子、核酸和小分子等，但药物-靶蛋白作用可以大致分为正负关系，并自然地表示为符号链接[23]。如表 15.5 所示，药物和靶蛋白的作用方式用带符号的链接表示，其中激动剂（agonist）、催化剂（activator）等归为积极作用类型，用标签"+"表示，而抑制剂（inhibitor）、拮抗剂（antagonist）等消极作用类型用"−"表示。例如，匹罗卡品是毒蕈碱乙酰胆碱受体的激活剂，它们之间的链接用"+"表示。比伐卢定作为凝血酶原的抑制剂，通过将凝血酶的催化位点与阴离子结合的外部位点结合来抑制凝血酶的作用，两者之间的链接用"−"表示。

表 15.5　药物靶标作用模式的符号化

边符号类型	DrugBank 中的作用模式
正边（+）	激动剂（agonist）、部分激动剂（partial agonist）、催化剂（activator）、刺激物（stimulator）、诱导物（inducer）、正向变构调节剂（positive allosteric modulator）、增效剂（potentiator）、正向调节剂（positive modulator）
负边（−）	抑制剂（inhibitor）、抑制变构调制器（inhibitory allosteric modulator）、竞争性抑制（inhibitor competitive）、拮抗剂（antagonist）、部分拮抗剂（partial antagonist）、负调控剂（negative modulator）、反向激动剂（inverse agonist）、阻碍物（blocker）、抑制剂（suppressor）、靶标脱敏（desensitize the target）、中和剂（neutralizer）、还原剂（reducer）
其他（0）	上述其他类型

值得注意的是，一些作用模式无法用符号来分类，包括 modulators、binder 和 cleavage 等，因而被标记为"0"。在这种情况下，不用构建药物和靶蛋白之间的边。

图 15.8 展示了符号网络上的 DTI 预测，即确定药物和靶蛋白之间的链接符号，图中"？"$\in \{+,-\}$。给定一组药物 $D = (D_1, D_2, \cdots, D_n)$，一组靶蛋白 $T = (T_1, T_2, \cdots, T_m)$

和它们的符号边 $E_{DT}=\{e_{ij}, i=1,\cdots,n, j=1,\cdots,m)$。图 15.8（a）展示了符号二部图 $G_{DT}=(D,T,E_{DT})$ 的DTI预测。在图15.8(b)中，引入无符号DDI网络 $G_D=(D,A_D,E_D)$ 和PPI网络 $G_T=(T,A_T,E_T)$ 后，需在两层的符号异构网络上预测DTI。

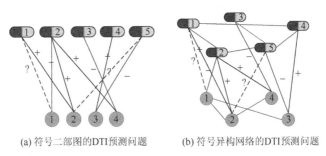

(a) 符号二部图的DTI预测问题　　　　　　　　(b) 符号异构网络的DTI预测问题

图 15.8　符号网络上的 DTI 预测问题

15.4.2　SHGNN 算法预测

正边和负边代表了药物与靶蛋白的两种极化关系，但负性和异质性的共存给现有 GNN 的拓展带来了挑战。目前流行的 GNN 模型主要应用在无符号图上，它将以相同的方式聚合正边和负边的邻居信息。虽然已经开发出了一些符号 GNN，但均假定为同构图或者简单的二部图，不适用于处理药物对和靶蛋白对所带来的复杂符号网络。本节提出了 SHGNN 用于药物靶蛋白网络上 DTI 的预测，即 SHGNN-DTI。该框架不仅适用于符号二部图，而且可以自然地结合 DDI 和 PPI 的辅助信息。所提出的 SHGNN 解决了符号 DTI 网络上的消息传播和聚合问题，并考虑了 DTI、DDI 和 PPI 这 3 个子网的不同训练模式。

基于 SHGNN 的 DTI 预测遵循图 15.9 中所描述的框架。首先，利用 SHGNN 获得药物和靶蛋白的嵌入结果。然后，以药物靶标嵌入对 (z_{D_i}, z_{T_j}) 作为输入，利用判别器预测 DTI 符号。其中，对 SHGNN 和 DTI 判别器的联合训练，依赖于 15.4.2 节描述的损失函数（式（15.41））。

在设计符号 GNN 时，关键问题是如何在 DTI 网络上传播消息，以及如何聚合药物结点和靶蛋白结点的信息。在两层异构图上，每个药物（靶蛋白）具有 3 种不同的与之相连的链路，其中符号链接由药物与靶标间作用模式形成。受到同构网络上的符号图卷积网络（signed graph convolutional network，SGCN[24]）的启发，首先提出了 SHGNN 模型来解决符号药物靶蛋白二部网络上的结点嵌入问题。此外，考虑到 DDI 和 PPI，进一步扩展了 SHGNN，以考虑来自同构的无符号网络的信息，并讨论了它们的合作训练设置。图 15.10 展示了一个说明性的例子，其中图 15.10（a）为药物靶蛋白二部图上的信息传播过程，图 15.10（b）为药物靶蛋白两层异构图上的信息传播过程。

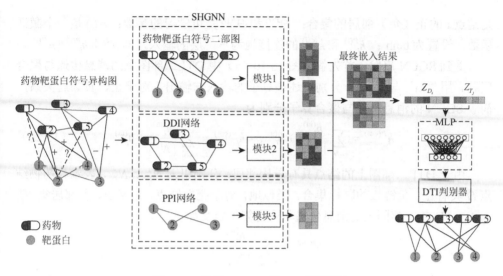

图 15.9 基于 SHGNN 的 DTI 预测框架

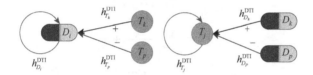

(a) 药物靶蛋白二部图上的信息传播

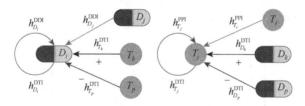

(b) 药物靶蛋白两层异构图上的信息传播

图 15.10 DTI 网络上的信息传播

SGCN[24]是第一个专门用于符号图的 GNN 模型。它的原始版本是建立在平衡理论和同构网络上的,并不直接适用于本节的两层 DTI 符号二部图与两层网络。这里,借用了其变体中的聚合方式,其中 SGCN 的第 l 层是根据相同类型实体之间的符号关系计算的:

$$h_i^{P(l)} \triangleq \sigma\left(\Theta^{P(l)}\left[\sum_{k \in N_i^+} \frac{h_k^{(l-1)}}{|N_i^+|}, h_i^{(l-1)}\right]\right), \quad h_i^{N(l)} \triangleq \sigma\left(\Theta^{N(l)}\left[\sum_{k \in N_i^-} \frac{h_k^{(l-1)}}{|N_i^-|}, h_i^{(l-1)}\right]\right) \quad (15.25)$$

其中, $h_i^{P(l)}$ 和 $h_i^{N(l)}$ 是结点 i 分别聚集了正负邻居信息的第 l 层隐藏表示; $N_i^+ (N_i^-)$

是结点 i 的正（负）邻居的集合；$\Theta^{P(l)}$ 和 $\Theta^{N(l)}$ 是可学习的参数；$\sigma(\cdot)$ 是一个激活函数，设置为 tanh；$h_i^{P(l)}$ 和 $h_i^{N(l)}$ 的连接视为下一层的输入，即 $h_i^{(l)} \triangleq h_i^{P(l)} \| h_i^{N(l)}$。

受到 SGCN 启发，首先解决图 15.10（a）中 DTI 二部图上的消息传递与聚合问题。用"in"与"out"分别描述该算子的输入与输出，对于正、负邻居关系，简版 SGCN 的消息传递与聚合算子分别为

$$h_i^{P(\mathrm{out})} = \sum_{k \in N_i^+} \frac{h_k^{(\mathrm{in})}}{|N_i^+|} + h_i^{(\mathrm{in})}, \quad h_i^{N(\mathrm{out})} = \sum_{k \in N_i^-} \frac{h_k^{(\mathrm{in})}}{|N_i^-|} + h_i^{(\mathrm{in})} \quad (15.26)$$

由于 DTI 二部图上的结点具有异构邻居，分别引入 $N_{D_i}^+$、$N_{D_i}^-$，表示与药物结点 D_i 具有正、负链接的靶标集合。类似地，对于靶标结点，定义正、负邻居集 $N_{T_j}^+$ 与 $N_{T_j}^-$。DTI 二部图上的消息传递与聚合算子定义如下：

$$h_{D_i}^{P(\mathrm{out})} = \sum_{T_k \in N_{D_i}^+} \frac{h_{T_k}^{(\mathrm{in})}}{|N_{D_i}^+|} + h_{D_i}^{(\mathrm{in})}$$

$$h_{D_i}^{N(\mathrm{out})} = \sum_{T_k \in N_{D_i}^-} \frac{h_{T_k}^{(\mathrm{in})}}{|N_{D_i}^-|} + h_{D_i}^{(\mathrm{in})} \quad (15.27)$$

$$h_{T_j}^{P(\mathrm{out})} = \sum_{D_k \in N_{T_j}^+} \frac{h_{D_k}^{(\mathrm{in})}}{|N_{T_j}^+|} + h_{T_j}^{(\mathrm{in})}$$

$$h_{T_j}^{N(\mathrm{out})} = \sum_{D_k \in N_{T_j}^-} \frac{h_{D_k}^{(\mathrm{in})}}{|N_{T_j}^-|} + h_{T_j}^{(\mathrm{in})} \quad (15.28)$$

令 $h_{D_i}^{\mathrm{DTI}(l-1)}$ 和 $h_{T_j}^{\mathrm{DTI}(l-1)}$ 表示第 l 层的输入，在考虑线性变换与激活之后，符号二部图的输出为

$$\begin{cases} h_{D_i}^{P(l)} \triangleq \sigma\left(\Theta_D^{P(l)}\left[\sum_{T_k \in N_{D_i}^+} \frac{h_{T_k}^{\mathrm{DTI}(l-1)}}{|N_{D_i}^+|}, h_{D_i}^{\mathrm{DTI}(l-1)}\right]\right) \\ h_{D_i}^{N(l)} \triangleq \sigma\left(\Theta_D^{N(l)}\left[\sum_{T_k \in N_{D_i}^-} \frac{h_{T_k}^{\mathrm{DTI}(l-1)}}{|N_{D_i}^-|}, h_{D_i}^{\mathrm{DTI}(l-1)}\right]\right) \end{cases} \quad (15.29)$$

$$\begin{cases} h_{T_j}^{P(l)} \triangleq \sigma\left(\Theta_T^{P(l)}\left[\sum_{D_k \in N_{T_j}^+} \frac{h_{D_k}^{\mathrm{DTI}(l-1)}}{|N_{T_j}^+|}, h_{T_j}^{\mathrm{DTI}(l-1)}\right]\right) \\ h_{T_j}^{N(l)} \triangleq \sigma\left(\Theta_T^{N(l)}\left[\sum_{D_k \in N_{T_j}^-} \frac{h_{D_k}^{\mathrm{DTI}(l-1)}}{|N_{T_j}^-|}, h_{T_j}^{\mathrm{DTI}(l-1)}\right]\right) \end{cases} \quad (15.30)$$

其中，$l \in \{1, \cdots, L\}, i \in \{1, \cdots, n\}, j \in \{1, \cdots, m\}$，将它们的连接作为下一层的输入，即

$$h_{D_i}^{\mathrm{DTI}(l)} \triangleq h_{D_i}^{P(l)} \| h_{D_i}^{N(l)}, \quad h_{T_j}^{\mathrm{DTI}(l)} \triangleq h_{T_j}^{P(l)} \| h_{T_j}^{N(l)} \quad (15.31)$$

第 l 层可学习的参数矩阵包括 $\{\Theta_D^{P(l)}, \Theta_T^{P(l)}, \Theta_D^{N(l)}, \Theta_T^{N(l)}\}$。一个 L 层的 SHGNN 生成最终的嵌入结果为

$$z_{D_i} \triangleq h_{D_i}^{P(L)} \| h_{D_i}^{N(L)}, \quad z_{T_j} \triangleq h_{T_j}^{P(L)} \| h_{T_j}^{N(L)} \tag{15.32}$$

算法 15.1 列出了 DTI 二部图上基于 SHGNN 的结点嵌入过程。

算法 15.1　基于 SHGNN 的结点嵌入算法

算法：符号二部图上基于 SHGNN 的药物靶标结点嵌入算法

输入：符号二部网络 $G_{DT} = (D, T, E_{DT})$；$h_{D_i}^{(0)}(i=1,\cdots,n)$；$h_{T_j}^{(0)}(j=1,\cdots,m)$；网络层的数量 L

输出：低维结点表示：Z_D 和 Z_T

初始化：$h_{D_i}^{\mathrm{DTI}(0)} \triangleq h_{D_i}^{(0)}, i=1,\cdots,n;$

　　　　$h_{T_j}^{\mathrm{DTI}(0)} \triangleq h_{T_j}^{(0)}, j=1,\cdots,m;$

for $l \in \{1, 2, \cdots, L\}$ do

　　　根据式（15.29）计算 $h_{D_i}^{P(l)}$ 和 $h_{D_i}^{N(l)}$；

　　　根据式（15.30）计算 $h_{T_j}^{P(l)}$ 和 $h_{T_j}^{N(l)}$；

　　　通过式（15.31）更新 $h_{D_i}^{\mathrm{DTI}(l)}$ 和 $h_{T_j}^{\mathrm{DTI}(l)}$；

输出 $z_{D_i} \triangleq h_{D_i}^{\mathrm{DTI}(L)}, z_{T_j} \triangleq h_{T_j}^{\mathrm{DTI}(L)}$

由于 DDI 或 PPI 包含 DTI 中未表达的信息，因此有必要利用它们作为辅助信息，从而形成了二层的符号异构图。在这里，将所有关系分为 3 个子图，即药物和靶蛋白二部符号网络 G_{DT}、DDI 网络 G_D 和 PPI 网络 G_T。关键问题是如何扩展 SHGNN 以覆盖 G_D 和 G_T，并对它们进行协同训练。在这里，分别在 3 个子图，即药物和靶蛋白二部符号网络 G_{DT}、DDI 网络 G_D 和 PPI 网络 G_T 上定义聚合算子。对于 G_{DT}，沿用 DTI 二部图上定义的符号 GNN 层。分别为 G_D 和 G_T 定义 2 个无符号的 GNN 层，从而解决图 15.10（b）的消息传播。之后，针对这种三模块的 GNN 框架，我们尝试了几种训练模式。

如图 15.9 所示，SHGNN 不仅从模块 1 的 DTI 网络中获得嵌入结果，还分别通过模块 2 和模块 3 从 DDI 网络和 PPI 网络中获得嵌入结果。对于药物 D_i（靶蛋白 T_j）结点，令 $h_{D_i}^{\mathrm{DDI}(l-1)}$（$h_{T_j}^{\mathrm{PPI}(l-1)}$）表示模块 2（3）的第 l 层的输入，$N_{D_i}^D$ 和 $N_{T_j}^T$ 为子网络内结点的邻居集合。模块 1 的嵌入过程迭代计算见式（15.29）和式（15.30），其他两个模块迭代计算见式（15.33）和式（15.34）：

$$h_{D_i}^{D(l)} \triangleq \sigma\left(\Theta_D^{D(l)}\left[\sum_{D_k \in N_{D_i}^D} \frac{h_{D_k}^{\mathrm{DDI}(l-1)}}{|N_{D_i}^D|}, h_{D_i}^{\mathrm{DDI}(l-1)}\right]\right) \tag{15.33}$$

$$h_{T_j}^{\mathrm{T}(l)} \triangleq \sigma\left(\Theta_T^{\mathrm{T}(l)}\left[\sum_{T_k \in N_{T_j}^{\mathrm{T}}} \frac{h_{T_k}^{\mathrm{PPI}(l-1)}}{|N_{T_j}^{\mathrm{T}}|}, h_{T_j}^{\mathrm{PPI}(l-1)}\right]\right) \tag{15.34}$$

其中，$l \in \{1, \cdots, L\}, i \in \{1, \cdots, n\}, j \in \{1, \cdots, m\}$；$\Theta_D^{P(l)}$（$\Theta_T^{P(l)}$），$\Theta_D^{N(l)}$（$\Theta_T^{N(l)}$）和 $\Theta_D^{D(l)}$（$\Theta_T^{\mathrm{T}(l)}$）为可学习的权重矩阵。在 L 层后，将来自所有不同模块的结果连接起来，得到最终的结点嵌入：

$$\begin{cases} z_{D_i}^{\mathrm{DTI}} \triangleq h_{D_i}^{P(L)} \| h_{D_i}^{N(L)}, & z_{D_i}^{\mathrm{DDI}} \triangleq h_{D_i}^{D(L)}, & z_{D_i} \triangleq z_{D_i}^{\mathrm{DTI}} \| z_{D_i}^{\mathrm{DDI}} \\ z_{T_j}^{\mathrm{DTI}} \triangleq h_{T_j}^{P(L)} \| h_{T_j}^{N(L)}, & z_{T_j}^{\mathrm{PPI}} \triangleq h_{T_j}^{\mathrm{T}(L)}, & z_{T_j} \triangleq z_{T_j}^{\mathrm{DTI}} \| z_{T_j}^{\mathrm{PPI}} \end{cases} \tag{15.35}$$

结点的初始特征，即 $h_{D_i}^{\mathrm{DTI}(0)}$、$h_{T_j}^{\mathrm{DTI}(0)}$、$h_{D_i}^{\mathrm{DDI}(0)}$、$h_{T_j}^{\mathrm{PPI}(0)}$ 将在实验结果部分进一步讨论。

对 SHGNN 的训练设置，主要考虑是否共享输入与权重参数矩阵。结点的初始特征，设定 $h_{D_i}^{\mathrm{DTI}(0)} = h_{D_i}^{\mathrm{DDI}(0)} \triangleq h_{D_i}^{(0)}$，$h_{T_j}^{\mathrm{DTI}(0)} = h_{T_j}^{\mathrm{PPI}(0)} \triangleq h_{T_j}^{(0)}$，$i = 1, \cdots, n, j = 1, \cdots, m$。关于药物与靶标的具体输入，将在实验结果部分进一步讨论。对于第 l 层（$l > 1$）输入，分别设置了合作模式或独立模式。此外，3 个模块中同类结点可以共享或不共享权重矩阵。图 15.11 展示了符号异构图 15.8（b）上 $L = 2$ 时 SHGNN 的架构。

（1）合作模式（图 15.11（a）），通过为同类结点设置相同的输入，协同训练 3 个模块：

$$h_{D_i}^{\mathrm{DTI}(l)} = h_{D_i}^{\mathrm{DDI}(l)} \leftarrow h_{D_i}^{P(l)} \| h_{D_i}^{N(l)} \| h_{D_i}^{D(l)} \tag{15.36}$$

$$h_{T_j}^{\mathrm{DTI}(l)} = h_{T_j}^{\mathrm{PPI}(l)} \leftarrow h_{T_j}^{P(l)} \| h_{T_j}^{N(l)} \| h_{T_j}^{\mathrm{T}(l)} \tag{15.37}$$

（2）独立模式（图 15.11（b）），每个模块的输入更新为其各自的上一层嵌入结果：

$$h_{D_i}^{\mathrm{DTI}(l)} \leftarrow h_{D_i}^{P(l)} \| h_{D_i}^{N(l)}, \quad h_{D_i}^{\mathrm{DDI}(l)} \leftarrow h_{D_i}^{D(l)} \tag{15.38}$$

$$h_{T_j}^{\mathrm{DTI}(l)} \leftarrow h_{T_j}^{P(l)} \| h_{T_j}^{N(l)}, \quad h_{T_j}^{\mathrm{PPI}(l)} \leftarrow h_{T_j}^{\mathrm{T}(l)} \tag{15.39}$$

（3）对于上述两种模式，我们进一步考虑同一类型的结点是否共享权重矩阵，即在第 l 层，是否设定 $\Theta_{D_i}^{P(l)} = \Theta_{D_i}^{N(l)} = \Theta_{D_i}^{D(l)}$，$\Theta_{T_j}^{P(l)} = \Theta_{T_j}^{N(l)} = \Theta_{T_j}^{\mathrm{T}(l)}$。为保持相同的嵌入维度，独立模式下的共享权重需将式（15.38）和式（15.39）中的连接"$\|$"替换为"$+$"：

$$\begin{cases} h_{D_i}^{\mathrm{DTI}(l)} \leftarrow h_{D_i}^{P(l)} + h_{D_i}^{N(l)} \\ h_{T_j}^{\mathrm{DTI}(l)} \leftarrow h_{T_j}^{P(l)} + h_{T_j}^{N(l)} \end{cases} \tag{15.40}$$

若设定第 1 层药物嵌入维度均为 32，在独立模式下，DTI 模块中药物分别从正、负边获得 32 维嵌入结果，将它们连接"$\|$"后为 64 维，与 DDI 所得 32 维不一致，从而无法实现第 2 层上输入维度的统一，继而无法共享参数矩阵。

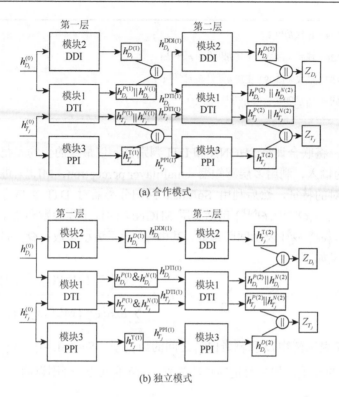

(a) 合作模式

(b) 独立模式

图 15.11　两层 SHGNN 的两种模式

　　下面的算法概述了 SHGNN 在两级 DTI 网络上的过程，如算法 15.2 所示。在图 15.11 中，进一步显示了合作模式或独立模式下的两层 SHGNN，其中图 15.11（b）中的 "&" 为连接操作 "∥" 或者向量求和操作 "+"。

算法 15.2　SHGNN 算法流程

算法：基于 SHGNN 的药物靶标结点嵌入算法

输入：药物靶标符号二部网络 $G_{\mathrm{DT}} = (D, T, E_{\mathrm{DT}})$；DDI 网络 $G_D = (D, A_D, E_D)$；PPI 网络 $G_T = (T, A_T, E_T)$；
　　　卷积层数 L；$h_{D_i}^{(0)}(i = 1, \cdots, n)$；$h_{T_j}^{(0)}(j = 1, \cdots, m)$；

输出：低维结点表示：Z_D 和 Z_T

初始化：$h_{D_i}^{\mathrm{DTI}(0)} = h_{D_i}^{\mathrm{DTI}(0)} \triangleq h_{D_i}^{(0)}, h_{T_j}^{\mathrm{DTI}(0)} = h_{T_j}^{\mathrm{DTI}(0)} \triangleq h_{T_j}^{(0)}$

for $l \in \{1, 2, \cdots, L\}$ do

根据式（15.29）计算 $h_{D_i}^{P(l)}$ 和 $h_{D_i}^{N(l)}$；

根据式（15.30）计算 $h_{T_j}^{P(l)}$ 和 $h_{T_j}^{N(l)}$；

根据式（15.33）计算 $h_{D_i}^{D(l)}$；

根据式（15.34）计算 $h_{T_j}^{\mathrm{T}(l)}$；

通过式（15.36）或式（15.38）更新 $h_{D_i}^{\mathrm{DTI}(l)}$ 和 $h_{D_i}^{\mathrm{DDI}(l)}$；

通过式（15.37）或式（15.39）更新 $h_{T_j}^{\mathrm{DTI}(l)}$ 和 $h_{T_j}^{\mathrm{PPI}(l)}$；

输出 $z_{D_i} \triangleq h_{D_i}^{\mathrm{DTI}(L)} \| h_{D_i}^{\mathrm{DDI}(L)}, z_{T_j} \triangleq h_{T_j}^{\mathrm{DTI}(L)} \| h_{T_j}^{\mathrm{PPI}(L)}$

在这里，将联合训练 SHGNN 和 DTI 判别器。以最终的药物和靶蛋白嵌入向量 (z_{D_i}, z_{T_j}) 为输入，利用多层感知器（multilayer perceptron，MLP）进一步提取药物和靶蛋白对的特征，然后利用 Softmax 回归分类器对 DTI 类型进行判别。令 $\Theta^{\mathrm{NN}} = \{\Theta^{\mathrm{NN}(1)}, \cdots, \Theta^{\mathrm{NN}(L)}, \Theta^{\mathrm{MLP}}\}$ 包括 L 层 SHGNN 的权矩阵参数和 MLP 的权参数 Θ^{MLP}，$\Theta^R = \{\Theta_{+1}^R, \Theta_{-1}^R\}$ 表示回归系数，其中 Θ_{+1}^R 为正边型系数；Θ_{-1}^R 为负边型系数。损失函数定义如下：

$$L(\Theta^{\mathrm{NN}}, \Theta^R) = \sum_{ij} -w_{e_{ij}} \sum_{c \in S} \mathbb{I}(e_{ij} = c) \log_2 \frac{\exp\left(\Theta_c^R\left(\mathrm{MLP}(z_{D_i} \| z_{T_j})\right)\right)}{\sum_{q=1}^{|S|} \exp\left(\Theta_q^R\left(\mathrm{MLP}(z_{D_i} \| z_{T_j})\right)\right)} \quad (15.41)$$

其中，$e_{ij} \in S$ 表示药物 D_i 和靶蛋白 T_j 之间的边类型；$S \in \{+1, -1\}$；$w_{e_{ij}}$ 表示与链接类型 e_{ij} 相关的权重；如果给定的预测为真，$\mathbb{I}(\cdot)$ 返回 1，否则返回 0。

15.4.3　实验结果与分析

本节对两个数据集进行了实验，它们的数据统计显示在表 15.6 中。Torres 等[25] 提供了 DrugBank 早期版本的符号 DTI 网络。在这里，还从 DrugBank 的最新版本[26]中提取了符号 DTI，并从相关数据库中提取了其他信息。

表 15.6　数据集

数据集	药物（特征）	靶标蛋白	DTI	DDI	PPI
数据集 1	1178（—）	578	+：1093 −：1506	—	—
数据集 2	846（881）	685	+：909 −：1859	169162	5820

数据集 1 包含一个符号二部图，其中有 1178 个药物结点，578 个靶蛋白结点，还有 2599 个符号 DTI。数据集 2 包含 DTI 符号二部图，以及药物和靶蛋白的 DDI 和 PPI 网络。其中处理过程如下，根据 DrugBank5.1.7[26]统计，在常用药物中，小分子药物的数量占比很高。因此，首先在 DrugBank 中收集批准的小分子药物，

以及它们的靶蛋白,并提取了一个 DDI 网络,其中 1 表示药物之间存在相互作用,0 表示相互作用未知。此外,从 String11.5[27]数据库中搜索 PPI,获得靶蛋白之间的相互作用信息。药物的化学结构信息从 Pubchem[28]数据库中获取,每种药物用 881 维的二元向量表示,其中 1 值表示药物具有特定的化学结构段。在筛去了 Pubchem 数据库中没有的药物和 String11.5[27]中没有的靶蛋白后,数据集最终包含 846 种药物和 685 个靶蛋白,以及 2768 个符号 DTI(169162 个 DDI 和 5820 个 PPI)。

(1)SHGNN 的设置。考虑了训练过程的超参数、药物和靶蛋白结点的初始特征以及训练模式。对于符号二部图,使用算法 15.1 来计算最终嵌入,这里用 SHGNN_SB 表示 SHGNN。对于图 15.8 中的两层符号异构网络,使用算法 15.2 来计算最终嵌入在合作或独立模式下训练 SHGNN,以及确定权重矩阵是否共享。这里用_C 和_I 来区分两种训练模式,并让_S 表示共享权重的附加设置。对于结点的初始特征,为方便起见,分别用"CS"、"AD"和"AP"表示药物的化学结构对应的情况、药物的链接向量(即邻接矩阵 A_D 中对应药物的一行)和靶蛋白的链接向量(即邻接矩阵 A_T 中对应靶蛋白的一行)。SHGNN 使用两层卷积层和学习率为 0.005 的 Adam 优化器。为简单起见,设置相同的药物和靶蛋白的嵌入维度,并测试维度为{8,16,32,64,128,256}的情况。使用不同的迭代次数训练模型,发现迭代次数为 2000 时足以获得良好的结果。

(2)基线。以典型的传统模型和深度学习框架为基线,包括随机游走在符号网络上的扩展、图卷积网络及其在符号网络上的扩展。一些传统模型,如利用扩展平衡理论推广到符号二部网络上的随机游走(signed bipartite random walk,SBRW)[29]。SBRW 是一种典型的在符号二部网络上进行随机游走的方法,其参数设置为原始文献中描述的最优选择。对于 SBRW,有两组主要参数: ω 和阈值对 δ_p 与 δ_n ,其中 $\omega \in \{1,2,3,4,5\}$ 为使随机游走器偏向真实链接的参数,阈值对 $\delta_p \in \{0,25,50,75,100\}$ 与 $\delta_n \in \{0,-25,-50,-75,-100\}$ 为该方法在构建邻接矩阵时定义矩阵中元素为非零值的阈值。本节测试了所有参数,设置了能使该方法取得最优性能的参数($\omega = 2$, $\delta_p = 50$, $\delta_n = -100$)。选择 GCN 和符号图神经网络模型(signed graph neural network,SBGNN)[30]作为 GNN 基线。由于原始 GCN 适用于无符号网络,所以在无符号二部图上执行它。SBGNN 通过提取同一类型结点中的符号关系,为分析符号二部网络提供了一个新的视角。其源代码由作者提供,它们与 SHGNN 的超参数保持相同设置。采用 AUC、F-measure 和 ACC 指标来评价实验结果。这些指标的值越高表示性能越好。实验进行 5 折交叉验证,即结果为 5 次运行的平均值。

实验的目的是基于 SHGNN 的预测方法在预测 DTI 上的有效性,且其不仅适用于符号二部图,而且适用于两层的异构符号网络。

在表 15.7 和表 15.8 的前 4 行,从数据集 1 和数据集 2 的两个符号二部图的最优值方面观察了四种方法。由于数据集 1 缺少药物属性和靶蛋白属性,使用药物和靶蛋白之间的链接向量作为在数据集 1 上进行实验的结点的初始特征。每种药物用 578 维的二元向量表示,其中 1 值表示药物与某靶蛋白有关联。类似地,每个靶蛋白用 1178 维的二元向量表示。与 SBRW 和 SBGNN 相比,基于 SHGNN 的预测方法(即 SHGNN_SB)显著超过了基线方法,这表明作为两个基线基础的扩展平衡理论在药物与靶蛋白之间并不适用。与忽略链接符号的 GCN 相比,SHGNN_SB 遵循符号聚合来自不同邻居的消息,因此,更好地利用了符号图结构。

表 15.7　数据集 1 中各方法的最优值

方法	AUC	F1-macro	F1-micro	ACC
SBRW	0.777	0.757	0.775	0.775
GCN	0.945	0.868	0.872	0.873
SBGNN	0.928	0.865	0.867	0.867
SHGNN_SB	**0.950**	**0.882**	**0.885**	**0.885**

表 15.8　数据集 2 中各方法的最优值

方法	AUC	F1-macro	F1-micro	ACC
SBRW	0.824	0.738	0.756	0.756
GCN	0.916	0.867	0.869	0.869
SBGNN	0.872	0.849	0.865	0.866
SHGNN_SB	0.935	0.874	0.889	0.889
SHGNN_C	**0.938**	**0.889**	**0.904**	**0.904**
SHGNN_I	0.935	0.884	0.896	0.896

由于 SHGNN_SB 的性能暗示了 SHGNN-DTI 预测方法的可行性,所以进一步用附加的 DDI 和 PPI 网络验证了 SHGNN 的有效性。从表 15.8 的下面两行观察到,无论 SHGNN_C 还是 SHGNN_I 的性能都得到了提升,因此模型受益于来自 DDI 和 PPI 网络的信息。

表 15.9 展示了初始结点特征对 SHGNN_C、SHGNN_I 及其具有共享权重版本的影响。首先,基于 SHGNN 的预测方法对任何初始特征都能保持较高的模型性能。其次,观察到一般以 A_D 的链接向量作为药物的初始特征,以 A_T 的链接向量作为靶蛋白的初始特征时,SHGNN 效果最佳。将化学结构作为特征时效果较差,这可能是由化学结构特征与 DTI 网络不一致造成的。

表 15.9 药物和靶蛋白结点的不同初始特征对基于 SHGNN 预测方法的影响

方法	特征	AUC	F1-macro	F1-micro	ACC
SHGNN_C（_S）	CS&AP	0.931（0.930）	0.884（0.879）	0.897（0.891）	0.891（0.897）
	AD&AP	0.938（0.936）	0.889（0.887）	0.896（0.894）	0.904（0.903）
	CS‖AD&AP	0.935（0.933）	0.887（0.883）	0.899（0.896）	0.899（0.896）
SHGNN_I（_S）	CS&AP	0.927（0.928）	0.880（0.887）	0.893（0.893）	0.893（0.893）
	AD&AP	0.935（0.934）	0.884（0.885）	0.896（0.894）	0.894（0.894）
	CS‖AD&AP	0.933（0.934）	0.884（0.880）	0.892（0.892）	0.892（0.892）

图 15.12～图 15.14 进一步展示了在不同嵌入维度下，SHGNN_C、SHGNN_I 及其共享权重版本的性能，其中结点初始特征为可实现最佳性能的设置（即 AD&AP）。首先，可以观察到具有共享权重的版本更加稳定，其模型性能在任何嵌入维度上都保持较高的水平，指标之间的最大差异不超过 1 个百分点。其次，SHGNN_C 优于 SHGNN_I，这说明当 SHGNN 处于协同训练模式时，模块之间可以相互交互，从而更好地捕获符号异构网络中隐藏的信息。

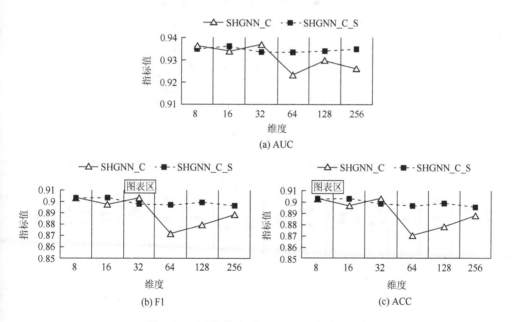

图 15.12 合作模式下 SHGNN 的性能表现

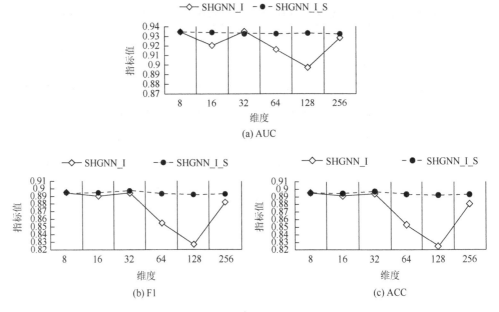

图 15.13　独立模式下 SHGNN 的性能表现

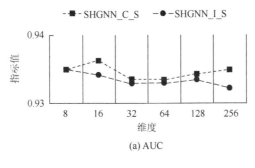

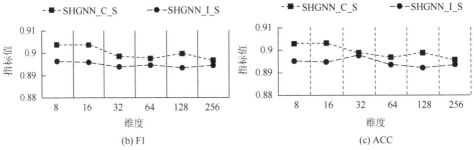

图 15.14　共享权重时 SHGNN 的性能表现

从这些观测中,基于 SHGNN 的预测方法可以得出以下结论:①基于 SHGNN 的预测方法是一种预测有符号 DTI 的有效方法;②DDI 和 PPI 对提高 SHGNN 的性能具有一定的促进作用;③合作模式优于独立模式;④具有共享权重的 SHGNN 在嵌入维度上更具鲁棒性。

考虑两种治疗乳腺癌的药物戈舍瑞林和表柔比星的 DTI,以进一步验证 SHGNN-DTI 方法的有效性。在最佳设置下(即结点的初始特征设置为 AD&AP,维度设置为 32),使用训练好的 SHGNN_C 来预测两种药物与所有靶蛋白间的相互作用。表 15.10 展示了得分前 10 的 DTI,其中一半链接在 DrugBank 或文献中得到证实。

戈舍瑞林是黄体生成素释放激素的合成类似物,通过减少垂体促性腺激素的分泌来治疗乳腺癌。据文献[31]报道,戈舍瑞林可增加凋亡调节蛋白(Bcl-2)蛋白的表达。在预测为正的 DTI 中,Bcl-2 是预测得分最高的靶蛋白。另外两种预测为正的 DTI 在 DrugBank 中得到了证实,戈舍瑞林是一种促性腺激素释放激素受体和促黄体素-绒毛膜促性腺激素受体的激动剂。两种预测为负的 DTI 靶蛋白——血浆卡拉辛蛋白和跨膜蛋白丝氨酸 2,也在文献[32]得到证实。然而,在预测得分前 10 的 DTI 中,戈舍瑞林与突触囊泡糖蛋白 2A、雄激素受体、生长抑素受体、固醇 o-酰基转移酶 1 和骨钙素之间的 DTI 未发现相关证据,有待进一步研究。

表柔比星是一种蒽环类拓扑异构酶 II 抑制剂,用于辅助治疗原发性乳腺癌手术切除患者腋下淋巴结转移。表柔比星与靶蛋白 caspase-3 之间的 DTI 预测为正可以由文献[33]支持,在该文献中表柔比星被证明可以增加 caspase-3 的活性。其与靶蛋白 ATP 结合盒亚家族 G 成员 1 之间的链接符号也被预测为正,这与表柔比星导致 ATP 结合盒亚家族 G 成员 1 mRNA 表达增加的结果一致[34]。在预测为负的 DTI 中,其预计与雌激素受体 α(ERα)和雌激素受体 β(ERβ)相互作用。雌激素拮抗剂和降低雌激素生物合成的药物已成为乳腺癌患者非常成功的治疗药物,雌激素的作用在很大程度上由 ERα 和 Erβ 介导[35]。之前的一项研究[36]表明,表柔比星与 ERα 和 ERβ 结合并导致其活性降低。在 DrugBank 数据库中,DNA 拓扑异构酶 2-α 为表柔比星的抑制剂,这与预测结果一致。在表柔比星的预测结果中仍存在未证实的 DTI,包括脂肪酸结合蛋白、丝氨酸/苏氨酸蛋白激酶 mTOR、核仁和盘体磷酸蛋白 1、突触囊泡糖蛋白 2A 和雌激素磺基转移酶。

此外,突触囊泡糖蛋白 2A 在戈舍瑞林和表柔比星的前 10 个 DTI 中均有,但在相关数据库或文献中未被证实。在 DrugBank 的描述中,左乙拉西坦作为突触囊泡糖蛋白 2A 的激动剂,用于治疗癫痫引起的各种类型的癫痫发作。这意味着戈舍瑞林和表柔比星或许可作为此类疾病的辅助治疗。

表 15.10　SHGNN 在戈舍瑞林和表柔比星中的前 10 的 DTI

药物	靶标	符号	证据
戈舍瑞林	凋亡调节蛋白	+	戈舍瑞林可增加凋亡调节蛋白的蛋白表达[31]
	突触囊泡糖蛋白 2A	+	无
	雄激素受体	+	无
	促性腺激素释放激素受体	+	DrugBank
	促黄体素-绒毛膜促性腺激素受体	+	DrugBank
	血浆卡拉辛蛋白	−	戈舍瑞林抑制 LNCaP 和 C4-2 细胞的细胞生长和血浆促肽酶蛋白分泌[32]
	生长抑素受体	+	无
	跨膜蛋白丝氨酸 2	−	戈舍瑞林和比卡鲁胺联合作用时，跨膜蛋白丝氨酸 2 在良性腺体中被强烈抑制，在恶性腺中被中度抑制[32]
	固醇 o-酰基转移酶 1	−	无
	骨钙素	−	无
表柔比星	Caspase-3	+	表柔比星可增加 Caspase-3 蛋白的活性[33]
	ATP 结合盒亚家族 G 成员 1	+	表柔比星类似物导致 ATP 结合盒亚家族 G 成员 1 mRNA 表达增加[34]
	脂肪酸结合蛋白	+	无
	雌激素受体 α	-	表柔比星结合并导致雌激素受体 α 蛋白活性降低[36]
	丝氨酸/苏氨酸蛋白激酶 mTOR	+	无
	雌激素受体 β	−	表柔比星结合并导致雌激素受体 β 蛋白活性降低[36]
	核仁和盘体磷酸蛋白 1	−	无
	突触囊泡糖蛋白 2A	−	无
	DNA 拓扑异构酶 2-α	−	DrugBank
	雌激素磺基转移酶	−	无

15.5　基于 BiGRU 和 GraphSAGE 的药物分子毒性预测

在药物研发阶段，通过对药物分子进行毒性预测可以快速地筛选出符合毒性要求的药物分子，这极大地降低了药物研发的时间成本。本节提出了 MTBG 算法来预测分子毒性，该模型采用 BiGRU 与 GraphSAGE 技术分别提取分子串与分子图的特征来进行分子毒性预测。

15.5.1 基于 BiGRU 的分子序列特征提取

在自然语言处理中，句子被划分为多个单词来处理一个特定的句子。为了获取分子 SMILES 序列的相关特征，将 SMILES 序列视为自然语言处理中的一个句子，并将 SMILES 序列中的每个单词或符号作为自然语言处理中的一个单词。在本节研究中，将一个药物分子 SMILES 序列"O = (NC)OC = CC"看作一个句子 S_{drug}。首先，将每个 SMILES 符号或字母分成几个单独的个体，并将每个个体转换为一个 One-hot 编码。然后将 One-hot 编码转入特定的嵌入层。因此，会得到每一个符号或者字母的特征向量 a_v。利用式（15.42）和式（15.43）得到每一个符号或者字母的特征表示。

$$a_v = W_{f_1} S_n^T \tag{15.42}$$

$$x_n = W_{f_2} a_v \tag{15.43}$$

其中，f_1 和 $f_2 \in \mathbb{R}^{n \times v}$ 是随机权重矩阵。

我们使用循环神经网络长短期记忆[15]将每个符合或者字母的向量特征整合在一起，得到嵌入分子 $X_n = \{x_1, x_2, \cdots, x_n\}$。

由于每个 SMILES 序列都有不同的长度，所以选择了 RNN 的一种变形——门控神经单元（gated recurrent unit，GRU）[37]来处理可变长度序列并进一步提取特征。它的主要思想是自由地捕获时间序列数据中广泛间隔的依赖关系。设 $X_n = \{x_1, x_2, \cdots, x_n\}$ 为输入序列。输入向量 x_t 是 t 时刻的输入，h_t 是每个 GRU 在 t 时刻的隐藏状态。同时，$t-1$ 时刻的隐藏状态 h_{t-1} 和 t 时刻的候选隐藏状态为 $\tilde{h}$。更新门和复位门的计算方法如下：

$$\begin{cases} r_t = \sigma(x_t W_{xr} + h_{t-1} W_{hr}) \\ z_t = \sigma(x_t W_{xz} + h_{t-1} W_{hz}) \\ h_t = (1 - z_t) \odot h_{t-1} + z_t \odot \tilde{h}_t \\ \tilde{h}_t = \tanh(x_t W_{hx} + (r_t \odot h_{t-1}) W_{hh}) \end{cases} \tag{15.44}$$

其中，t 时刻的重置和更新门分别是 r_t 和 z_t；$\sigma(\cdot)$ 是 Sigmoid 函数，可以将数据转换为 0～1 的值；$\odot$ 是位乘法；W_{xr}、W_{hr}、W_{xz}、W_{hz}、W_{hx} 和 W_{hh} 表示权重系数。

在处理文本信息时，GRU 的单向性使得它不可能从后面向前面进行编码，很可能会导致一些 SMILES 字符序列结构之间的信息丢失。由于大多数药物性质的预测需要更多地关注原子间的结构相互作用信息，因此选择了 BiGRU 神经网络。BiGRU 神经网络由两个单向和相反方向的 GRU 组成。BiGRU 的状态由两个 GRU 的状态共同决定。在每个时刻，输入将同时提供两个相反方向的 GRU，输出由两个单向 GRU 共同决定。隐藏状态的具体计算如下：

$$\begin{cases} \overrightarrow{h_t} = \mathrm{GRU}\left(x_t, \overrightarrow{h_{t-1}}\right) \\ \overleftarrow{h_t} = \mathrm{GRU}\left(x_t, \overleftarrow{h_{t-1}}\right) \\ b_t = W_{f3}\overrightarrow{h_t} + W_{f4}\overleftarrow{h_t} \end{cases} \tag{15.45}$$

其中，GRU($\cdot$)函数表示一个单向的非线性变换；W_{f3}、W_{f4}表示单向隐藏状态的权重系数。

15.5.2 基于 GraphSAGE 的分子结构特征提取

GraphSAGE 是 Hamilton 等提出的一种新的学习模型[38]。GraphSAGE 是随着结点的邻居结点来更新学习新结点的。它的核心思想是采样和聚合。在由药物分子表示的图的结构中，每个结点代表一个原子，每条边代表着两个相邻原子之间的化学键。在本节药物分子图中，定义特征 e_v 是每个结点 v 的特征向量信息。这些特征向量信息包括结点度、中心性和键的类型（单键、双键和三键）。

假设整个药物分子结构具有 k 层批处理集，则采用内外随机抽样的方法进行采样，如图 15.15 所示。对于一阶邻居，对邻居结点进行采样，即二阶邻居。对于二阶邻居，采样为三阶矩阵，以此类推，直到 K 层采样完成。每层的批处理大小为 n_k。β 表示一个批处理样本集。$\aleph_k(v)$ 表示第 k 层结点 v 周围结点的采样集。

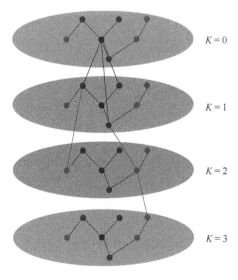

图 15.15 分子采样

聚合方法与抽样方法正好相反。从外到内，使用聚合方法对相邻结点的特征进行聚合，迭代更新结点的表示如图 15.16（d）所示，常用的聚合方法包括最大聚合和平均聚合。经过 K 次迭代，结点 h_v^k 将第 k 层结点表示为式（15.46）～式（15.49）。

平均池化聚合器：

$$h_v^k \sigma \left(W_{uv}^k \text{CONCAT} \left(h_v^{k-1}, h_{\aleph(v)}^k \right) \right) \tag{15.46}$$

$$h_{\aleph(v)}^k \text{MEAN}_k \left(\left\{ h_u^{k-1}, \forall u \in \aleph(v) \right\} \right) \tag{15.47}$$

最大池化聚合器：

$$h_v^k \sigma \left(W_{uv}^k \text{CONCAT} \left(h_v^{k-1}, h_{\aleph(v)}^k \right) \right) \tag{15.48}$$

$$h_{\aleph(v)}^k \text{MAX}_k \left(\left\{ h_u^{k-1}, \forall u \in \aleph(v) \right\} \right) \tag{15.49}$$

其中，$\sigma(\cdot)$ 表示一个非线性激活函数；h_u^{k-1}，$u \in \aleph(v)$ 表示结点 v 的邻居结点 u 在 $k-1$ 层上的嵌入；$h_{\aleph(v)}^k$ 表示第 k 层结点 v 所有的邻居结点的融合特征向量集；h_v^k，$\forall v \in V$ 表示第 k 层结点 v 的特征向量表示；W_{uv}^k 表示结点 u 与结点 v 之间的边权重系数。

15.5.3 MTBG 算法预测

对于每个药物化学分子，使用连接层将从 SMILES 序列中捕获的文本上下文信息特征向量 b_n 与从分子图中捕获的结构特征向量 d_g 结合，得到结合向量 y_m，如式（15.50）所示：

$$y_m = W_{f_6} b_n^{\text{T}} + W_{f_7} d_g^{\text{T}} \tag{15.50}$$

其中，W_{f_6} 和 $W_{f_7} \in \mathbb{R}^{n \times g}$ 是权重矩阵。然后将得到的组合特征向量输入到一个全连接层中。将融合的特征向量 y_m 输入到全连接层中，最后利用 Softmax 函数得到正类的概率 p_i。全连接层是一种特殊的前馈神经网络，一般被放置在网络的末端。每一层的每个结点都被连接到上一层的所有结点，如图 15.16（f）所示，用于对之前提取的特征进行分类。本节首先设置一个阈值（$T = 0.5$），当全连接层的输出结点的输出值大于该阈值时，认为输出结点对应的类为正样本，否则为负样本。

在神经网络中，经常使用损失函数来计算预测结果与真实值之间的差异。由于药物分子毒性的预测任务主要是一个典型的二元分类预测任务，因此选择了交叉熵函数作为目标函数。为了解决过拟合的问题，采用了权重衰减法：

$$\text{Loss} = \sum_i^n -\left(y_i \times \log_2(p_i) + (1-y_i) \times \log_2(1-p_i) \right) \tag{15.51}$$

其中，i 表示第 i 个样本向量；y_i 表示样本毒性标签，正类表示毒性为 1，负类表示无毒性为 0；p_i 表示样本 i 预测阳性类的概率。

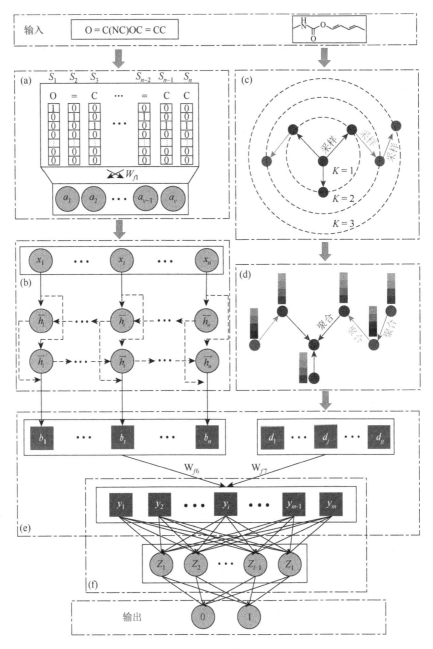

图 15.16　MTBG 模型框架图

15.5.4　实验结果与分析

此外，样品和聚集分子的处理方式是分批进行的，所以批次的大小对于

MTBG 非常重要。如果批量很小，就很难收敛，否则，如果批量太大，会花费很多时间。本节测试了不同的 Batch_size 对 MTBG 方法的影响，如图 15.17 所示。当 Batch_size 等于 32 时，该方法的性能最好。

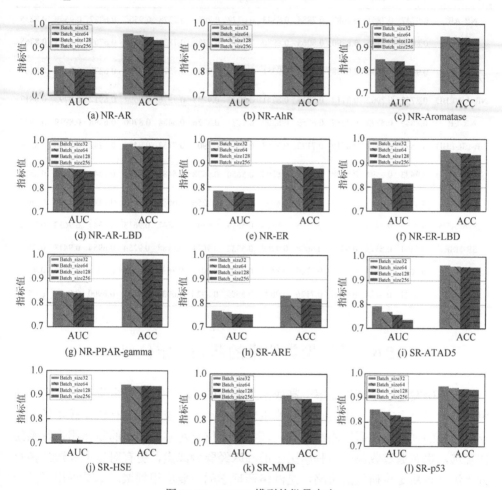

图 15.17　MTBG 模型的批量大小

表 15.11 给出了每个任务中所有基线和 MTBG 的 AUC 和 ACC 值。重复了五次实验，得到了平均结果。在所有预测任务中，基线得分的 AUC 值范围为 0.5332～0.8965。MTBG 评分的 AUC 值范围为 0.7380～0.8965。此外，基线得分的 ACC 值范围为 0.7401～0.9721。MTBG 模型得分的 ACC 值范围为 0.8322～0.9813。可以清楚地看到，通过 MTBG 方法获得的 AUC 和 ACC 值远高于除 NR-AR 外的其他基线方法。图神经网络 MPNN 的 ACC 值略高于 MTBG 的原因是 NR-AR 数据集中正、负样本的分布极不平衡。因此，认为 MTBG 方法具有更高的性能。

表 15.11　MTBG 模型与对比方法结果

任务	KNN		RF		DT		XGBoost		MPNN		MTBG	
	ACC	AUC	ACC	AUC	ACC	AUC	ACC	AUC	ACC	AUC	ACC	AUC
NR-AR	0.8747	0.7851	0.8682	0.7884	0.8543	0.6772	0.9032	0.7378	0.9565	0.6827	0.9549	0.8236
NR-AhR	0.8936	0.7726	0.8890	0.8065	0.8980	0.6644	0.8777	0.7813	0.8815	0.6709	0.9023	0.8365
NR-Aromatase	0.9433	0.6594	0.8498	0.7583	0.9351	0.5779	0.9087	0.7570	0.9302	0.6879	0.9455	0.8468
NR-AR-LBD	0.8759	0.7902	0.8717	0.8218	0.8741	0.7222	0.9253	0.7976	0.9694	0.6912	0.9793	0.8817
NR-ER	0.8849	0.5773	0.8787	0.6759	0.8309	0.5773	0.8726	0.6484	0.8700	0.6398	0.8919	0.7838
NR-ER-LBD	0.8597	0.7317	0.8519	0.7173	0.9364	0.6359	0.8907	0.7153	0.9499	0.7742	0.9540	0.8368
NR-PPAR-gamma	0.9473	0.6594	0.9708	0.7214	0.8594	0.5650	0.9638	0.6482	0.9721	0.7444	0.9813	0.8529
SR-ARE	0.8107	0.6719	0.7401	0.6991	0.8080	0.6024	0.8256	0.6688	0.8294	0.7325	0.8322	0.7688
SR-ATAD5	0.8621	0.7199	0.8622	0.7355	0.8504	0.5674	0.9141	0.6847	0.9613	0.7344	0.9633	0.7927
SR-HSE	0.8451	0.6573	0.8412	0.6608	0.9204	0.5332	0.9031	0.6488	0.9254	0.6954	0.9413	0.7380
SR-MMP	0.8649	0.7674	0.8482	0.7719	0.8454	0.6692	0.9031	0.7685	0.8436	0.7426	0.9056	0.8965
SR-p53	0.9321	0.6184	0.9377	0.7126	0.9092	0.5599	0.8926	0.6936	0.9391	0.6900	0.9469	0.8508

15.6　基于聚类约束的药物重定位研究

新药研发是一个高失败率、高成本且缓慢的过程，药物重定位也就是老药新用，是对已经上市或上市失败的药物重新确定治疗适应证，具有研发成本低、开发时间短的优点。从研发路线上分，药物重定位有对常见药物的新作用进行系统性筛选，也有通过收集一线临床医生的临床经验为线索，更有对过去失败的药物分子进行重新定位研发的策略，是网络药理学的重要应用领域。本节提出了基于GraphSAGE 和聚类约束的方法（DRGCC）探讨了药物重定位问题。

15.6.1　药物与疾病的属性特征提取

生成药物与疾病网络后，就可以提取药物与疾病的属性特征。药物的特征通过其子结构来描述。本节使用 PubChem[28]为化学结构生成子结构指纹。PubChem使用该指纹进行相似性邻近和相似性搜索。一种药物的结构可以用 881 个子结构来描述，一个子结构是化学结构的一个片段。指纹是二进制位（0/1）的有序列表。

每个位的布尔值表示一种化学结构存在与否。为了学习药物的嵌入，本节使用了潜在语义分析[39]。用 N_{sub} 表示所有药物产生的子结构的数量。首先，利用矩阵 $M_{\text{drug-sub}} \in \mathbb{R}^{N_{\text{drug}} \times N_{\text{sub}}}$，$M_{\text{drug-sub}}$ 定义为

$$M_{\text{drug-sub}_{ij}} = \text{tf}(i,j) \cdot \text{idf}(N_{\text{drug}}, j) \tag{15.52}$$

其中，$\text{tf}(i,j)$ 代表第 i 个药物和第 j 个子结构关系的强度，对于药物，如果子结构 j 出现在药物 i 中，那么 $\text{tf}(i,j) = 1/N_{\text{sub}_i}$，其中 N_{sub_i} 代表药物 i 具有的子结构的个数。

$$\text{idf}(N_{\text{drug}}, j) = \log_2 \frac{N_{\text{drug}}}{\left| \{ i \in \text{drug} : \text{tf}(i,j) \neq 0 \} \right|} \tag{15.53}$$

随后，使用奇异值分解（SVD）将矩阵 $M_{\text{drug-sub}}$ 分解为三个矩阵 R、Σ、Q，并且 $M_{\text{drug-sub}} = R\Sigma Q$。$\Sigma \in \mathbb{R}^{N_{\text{drug}} \times N_{\text{sub}}}$ 是一个含矩阵 $M_{\text{drug-sub}}$ 的奇异值的对角矩阵。R 是一个大小为 $N_{\text{drug}} \times N_{\text{drug}}$ 的矩阵，其中每一列 $R_{.j}$ 都是矩阵 $M_{\text{drug-sub}}$ 对应于特征值 Σ_{jj} 的特征向量。之后，为了将特征向量嵌入到低维空间 $\mathbb{R}^{d_{\text{drug}}}$ 中，提取了最多 d_{drug} 个奇异值对应的特征向量组成了新的药物属性特征矩阵 F_{drug}。

疾病属性特征提取使用同样的方法进行。因为疾病的发生往往伴随着大量的症状。Zhou 等在研究疾病之间的共性时建立了疾病和症状网络[40]。他们提供了疾病的 322 种常见症状，并采用术语频率逆文档频率法建立了疾病和症状关系矩阵。之后，我们同样使用 SVD 方法获得了特征空间 $\mathbb{R}^{d_{\text{dis}}}$ 中的疾病和特征矩阵 F_{dis}。

15.6.2　药物与疾病的网络聚类特征提取

在 15.6.1 节中，已经得到了药物和疾病的属性特征。然而，还没有考虑药物与疾病之间的网络特征。此外，大量的网络方法已经证实了生物分子之间存在联系，并且网络呈模块化。因此，本节使用矩阵分解方法来衡量药物与疾病之间关系的特征，并考虑药物与疾病的模块化。本节在矩阵分解中增加了两个约束条件，一个是稀疏性，另一个是聚类属性。稀疏性约束期望在矩阵分解得到的基矩阵中，原始关联矩阵可以用尽可能少的组合表示，可以表示为

$$\min J(U,V) = \min_{U,V} \left\{ \frac{1-2\alpha}{2} \left\| P \odot (Y - UV) \right\|_{\text{F}}^2 + \frac{\alpha}{2} \|U\|_{\text{F}}^2 + \frac{\alpha}{2} \|V\|_{\text{F}}^2 \right\} \tag{15.54}$$

其中，$U \in \mathbb{R}^{N_{\text{drug}} \times k}$，$V \in \mathbb{R}^{k \times N_{\text{dis}}}$ 是药物和疾病的特征矩阵。要满足聚类属性约束，首先需要聚类药物网络和疾病网络中的结点。MCODE[41]是一种非常成熟的网络

聚类方法，已广泛应用于各种网络分析中。本节利用 MCODE 对重构的 DDI 网络和疾病相似网络聚类。将药物网络划分为 8 个子网络，将疾病相似度网络划分为 15 个子网络。在提取药物或疾病的特征时，好的特征应使不同类型的药物或疾病具有较大的区分度。以欧氏距离作为特征间相似度的度量函数，受聚类约束的矩阵分解可表示为

$$\min J(U,V) = \min_{U,V} \frac{1-2\alpha-2\beta}{2} \left\| P \odot \left(Y - UV\right) \right\|_{\mathrm{F}}^2 + \frac{\alpha}{2}\|U\|_{\mathrm{F}}^2 - \frac{\beta}{2}\sum_{i=1}^{c_{\mathrm{drug}}} \left\| \overline{U}^{(i)} - \overline{U}_{\mathrm{all}} \right\|_2^2$$
$$+ \frac{\alpha}{2}\|V\|_{\mathrm{F}}^2 - \frac{\beta}{2}\sum_{i=1}^{c_{\mathrm{dis}}} \left\| \overline{V}^{(i)} - \overline{V}_{\mathrm{all}} \right\|_2^2$$

$$（15.55）$$

其中，c_{drug} 和 c_{dis} 分别表示药物和疾病的聚类簇数；$\overline{U}^{(i)}(\overline{V}^{(i)})$ 表示第 i 个簇中药物（疾病）特征向量的平均向量；$\overline{V}_{\mathrm{all}}$ 表示所有特征向量的平均向量。设第 i 个类型的药物（疾病）的结点编号为 s_i（s_i'），$N_{\mathrm{drug}} = s_1 + s_2 + \cdots + s_{c_{\mathrm{drug}}}$ 和 $N_{\mathrm{dis}} = s_1' + s_2' + \cdots + s_{c_{\mathrm{dis}}}'$，为了应用该式，令 $A_{\mathrm{drug}}^{(i)} = [1/s_i, 1/s_i, \cdots, 1/s_i]_{1 \times s_i}$，$A_{\mathrm{dis}}^{(i)} = [1/s_i', 1/s_i', \cdots, 1/s_i']_{s_i' \times 1}^{\mathrm{T}}$，因此第 i 个簇的样本的特征值的平均可以用下述公式计算：

$$\begin{cases} \overline{U}^{(i)} = A_{\mathrm{drug}}^{(i)} \left[U^{(i)}(1), U^{(i)}(2), \cdots, U^{(i)}(s_i) \right]^{\mathrm{T}} \\ \overline{V}^{(i)} = \left[V^{(i)}(1), V^{(i)}(2), \cdots, V^{(i)}(s_i') \right] A_{\mathrm{dis}}^{(i)} \end{cases} \quad （15.56）$$

由所有簇的均值向量组成的矩阵可以表示为

$$\begin{cases} \overline{U} = \left[\overline{U}^{(1)}, \overline{U}^{(2)}, \cdots, \overline{U}^{(c_{\mathrm{drug}})} \right]^{\mathrm{T}} = A_{z_{\mathrm{drug}}} U \\ \overline{V} = \left[\overline{V}^{(1)}, \overline{V}^{(2)}, \cdots, \overline{V}^{(c_{\mathrm{dis}})} \right] = V A_{z_{\mathrm{dis}}} \end{cases} \quad （15.57）$$

其中

$$A_{z_{\mathrm{drug}}} = \begin{bmatrix} A_{\mathrm{drug}}^{(1)} & & & \\ & A_{\mathrm{drug}}^{(2)} & & \\ & & \ddots & \\ & & & A_{\mathrm{drug}}^{(c_{\mathrm{drug}})} \end{bmatrix}_{c_{\mathrm{drug}} \times N_{\mathrm{drug}}}, \quad A_{z_{\mathrm{dis}}} = \begin{bmatrix} A_{\mathrm{dis}}^{(1)} & & & \\ & A_{\mathrm{dis}}^{(2)} & & \\ & & \ddots & \\ & & & A_{\mathrm{dis}}^{(c_{\mathrm{dis}})} \end{bmatrix}_{N_{\mathrm{dis}} \times c_{\mathrm{dis}}}$$

$$（15.58）$$

矩阵 B_{drug} 和矩阵 B_{dis} 分别定义为

$$B_{\text{drug}} = \begin{bmatrix} 1/N_{\text{drug}} & 1/N_{\text{drug}} & \cdots & 1/N_{\text{drug}} \\ 1/N_{\text{drug}} & 1/N_{\text{drug}} & \cdots & 1/N_{\text{drug}} \\ \vdots & \vdots & & \vdots \\ 1/N_{\text{drug}} & 1/N_{\text{drug}} & \cdots & 1/N_{\text{drug}} \end{bmatrix}_{c_{\text{drug}} \times N_{\text{drug}}}$$

（15.59）

$$B_{\text{dis}} = \begin{bmatrix} 1/N_{\text{dis}} & 1/N_{\text{dis}} & \cdots & 1/N_{\text{dis}} \\ 1/N_{\text{dis}} & 1/N_{\text{dis}} & \cdots & 1/N_{\text{dis}} \\ \vdots & \vdots & & \vdots \\ 1/N_{\text{dis}} & 1/N_{\text{dis}} & \cdots & 1/N_{\text{dis}} \end{bmatrix}_{N_{\text{dis}} \times c_{\text{dis}}}$$

由式（15.57）可得

$$\begin{cases} \left[\overline{U}_{\text{all}}, \overline{U}_{\text{all}}, \cdots, \overline{U}_{\text{all}}\right]^{\text{T}}_{c_{\text{drug}} \times k} = B_{\text{drug}} U \\ \left[\overline{V}_{\text{all}}, \overline{V}_{\text{all}}, \cdots, \overline{V}_{\text{all}}\right]_{k \times c_{\text{dis}}} = V B_{\text{dis}} \end{cases}$$

（15.60）

因此，聚类的约束项可表示为

$$\begin{cases} \sum_{i=1}^{c_{\text{drug}}} \left\| \overline{U}^{(i)} - \overline{U}_{\text{all}} \right\|_2^2 = \text{tr}\left(\left(A_{z_{\text{drug}}} U - B_{\text{drug}} U \right) \left(A_{z_{\text{drug}}} U - B_{\text{drug}} U \right)^{\text{T}} \right) \\ \sum_{i=1}^{c_{\text{dis}}} \left\| \overline{V}^{(i)} - \overline{V}_{\text{all}} \right\|_2^2 = \text{tr}\left(\left(V A_{z_{\text{dis}}} - V B_{\text{dis}} \right)^{\text{T}} \left(V A_{z_{\text{dis}}} - V B_{\text{dis}} \right) \right) \end{cases}$$

（15.61）

至此，约束矩阵分解转化为

$$\begin{aligned} J(U,V) = {} & \frac{1-2\alpha-2\beta}{2}\text{tr}((P^{\text{T}} \odot Y^{\text{T}})(P \odot Y)) - (1-2\alpha-2\beta)\text{tr}((P \odot (UV))(P^{\text{T}} \odot Y^{\text{T}})) \\ & + \frac{1-2\alpha-2\beta}{2}\text{tr}(P \odot (UV)(P^{\text{T}} \odot (V^{\text{T}}U^{\text{T}}))) + \frac{\alpha}{2}\text{tr}(UU^{\text{T}}) + \frac{\alpha}{2}\text{tr}(VV^{\text{T}}) \\ & - \frac{\beta}{2}\text{tr}\left(A_{z_{\text{drug}}} UU^{\text{T}} A_{z_{\text{drug}}}^{\text{T}} \right) + \beta\text{tr}\left(A_{z_{\text{drug}}} UU^{\text{T}} B_{\text{drug}}^{\text{T}} \right) - \frac{\beta}{2}\text{tr}\left(B_{\text{drug}} UU^{\text{T}} B_{\text{drug}}^{\text{T}} \right) \\ & - \frac{\beta}{2}\text{tr}\left(A_{z_{\text{dis}}}^{\text{T}} V^{\text{T}} V A_{z_{\text{dis}}} \right) + \beta\text{tr}\left(A_{z_{\text{dis}}}^{\text{T}} V^{\text{T}} V B_{\text{dis}} \right) - \frac{\beta}{2}\text{tr}\left(B_{\text{dis}}^{\text{T}} V^{\text{T}} V B_{\text{dis}} \right) \end{aligned}$$

（15.62）

然后分别求 U 和 V 的偏导数，并采用梯度下降法对解进行优化：

$$\begin{cases} \begin{aligned} \dfrac{\partial J(U,V)}{\partial(U)} = {} & -(1-2\alpha-2\beta)(P \odot Y)V^{\text{T}} + (1-2\alpha-2\beta)(P \odot (UV))V^{\text{T}} + \alpha U \\ & - \beta A_{z_{\text{drug}}}^{\text{T}} A_{z_{\text{drug}}} U + \beta B_{\text{drug}}^{\text{T}} A_{z_{\text{drug}}} U - \beta B_{\text{drug}}^{\text{T}} B_{\text{drug}} U + \beta A_{z_{\text{drug}}}^{\text{T}} B_{\text{drug}} U \end{aligned} \\ \begin{aligned} \dfrac{\partial J(U,V)}{\partial(V)} = {} & -(1-2\alpha-2\beta)U^{\text{T}}(P \odot Y) + (1-2\alpha-2\beta)U^{\text{T}}(P \odot (UV)) + \alpha V \\ & - \beta V A_{z_{\text{dis}}} A_{z_{\text{dis}}}^{\text{T}} + \beta V B_{\text{dis}} A_{z_{\text{dis}}}^{\text{T}} + \beta V A_{z_{\text{dis}}} B_{\text{dis}}^{\text{T}} - \beta V B_{\text{dis}} B_{\text{dis}}^{\text{T}} \end{aligned} \end{cases}$$

（15.63）

在随机给出初始 U 和 V 后,按以下迭代规则求解,直到满足停止条件。得到药物网络聚类特征 U 和疾病网络聚类特征 V。

$$\begin{cases} U_{ij} \leftarrow U_{ij} \dfrac{\left((1-2\alpha-2\beta)(P \odot Y)V^{\mathrm{T}} + \beta A_{z_{\mathrm{drug}}}^{\mathrm{T}} A_{z_{\mathrm{drug}}} U + \beta B_{\mathrm{drug}}^{\mathrm{T}} B_{\mathrm{drug}} U\right)_{ij}}{\left((1-2\alpha-2\beta)(P \odot (UV))V^{\mathrm{T}} + \alpha U + \beta \left(B_{\mathrm{drug}}^{\mathrm{T}} A_{z_{\mathrm{drug}}} + A_{z_{\mathrm{drug}}}^{\mathrm{T}} B_{\mathrm{drug}}\right)U\right)_{ij}} \\[4mm] V_{ij} \leftarrow V_{ij} \dfrac{\left((1-2\alpha-2\beta)U^{\mathrm{T}}(P \odot Y) + \beta V A_{z_{\mathrm{dis}}} A_{z_{\mathrm{dis}}}^{\mathrm{T}} + \beta V B_{\mathrm{dis}} B_{\mathrm{dis}}^{\mathrm{T}}\right)_{ij}}{\left((1-2\alpha-2\beta)U^{\mathrm{T}}(P \odot (UV)) + \alpha V + \beta V \left(B_{\mathrm{dis}} A_{z_{\mathrm{dis}}}^{\mathrm{T}} + A_{z_{\mathrm{dis}}} B_{\mathrm{dis}}^{\mathrm{T}}\right)\right)_{ij}} \end{cases}$$

$$(15.64)$$

15.6.3 基于 DRGCC 算法的药物重定位

在提取特征后,构建如图 15.18 所示的模型框架 DRGCC 来进行药物疾病的重定位研究。在预测部分,采用 GraphSAGE 可以进行无监督学习[38],但该目标函数完全基于网络的拓扑特性,忽略了结点的原始特征。如果应用到本节中,每个训练都需要使用不同的网络,它的本质可以很好地反映结点间的特征关系,但不能很好地预测结点间的特征关系。因此,本节仍然使用交叉熵函数作为目标函数,并采用 L2-正则化来防止过拟合问题:

$$\mathrm{Loss} = -\sum_{i=1}^{N_{\mathrm{drug}}} \sum_{j=1}^{N_{\mathrm{dis}}} (Y_{ij} \log_2 P_{ij} + (1-Y_{ij}) \log_2 (1-P_{ij})) + \frac{\lambda}{N} \sum_{l=1}^{L} \sum_{w \in W^l} w^2 \quad (15.65)$$

其中,P_{ij} 是药物 i 与疾病 j 之间的关联概率分布;$Y_{ij} \in \{0,1\}$ 是已知的药物和疾病关联;N 是样本容量。由于两个数据库中都没有给出负样本,因此提取可靠的负样本也是实验的重要组成部分。通常的操作是从未知样本中随机选取与阳性样本数量相同的阴性样本,但实际上会干扰模型学习,因此本节使用双随机游走方法来确定负样本。经过随机游走后,将相同数量但得分较小的样本视为负样本。

15.6.4 实验结果与分析

本节将 DRGCC 与 CTD 和 HDVD 数据集上的 6 种最先进的药物重定位方法 LAGCN[42]、BNNR[43]、MBiRW[44]、SCPMFDR[45]、NIMCGCN[46]、DRRS[47]进行了比较。其中,LAGCN 和 NIMCGCN 是两种基于 GCN 的关系预测方法,LAGCN

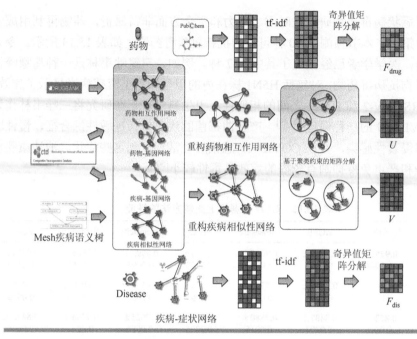

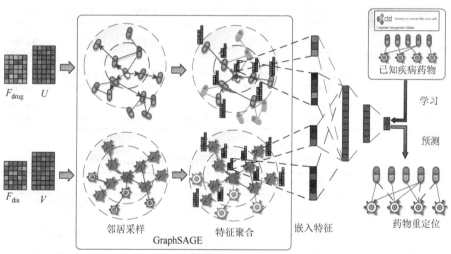

图 15.18 DRGCC 方法框架

采用层注意力图卷积网络，NIMCGCN 将归纳矩阵补全与 GCN 相结合；BNNR 是一种核范数优化方法；DRRS 和 SCPMFDR 基于矩阵分解；MBiRW 是一种网络传播算法。结果表明，它们在药物-疾病预测方面具有良好的预测效果。表 15.12 所示结果表明本节的方法在 CTD 数据集的所有 7 个指标上优于其他方法。

新型冠状病毒药物研发在时间、人力和资金方面非常昂贵，药物再利用成为一种有效策略，本节预测了 10 种可能的抗新冠病毒药物，如表 15.13 所示。令人兴奋的是，医学学者已经报道了其中的 7 种。例如，三氮唑韦林是一种鸟嘌呤核苷酸类似物抗病毒药物，对包括 H5N1 株在内的甲型和乙型流感病毒显示了疗效。鉴于 SARS-CoV-2 和 H5N1 之间的相似性，卫生科学家正在研究将三唑韦林作为对抗 COVID-19 的一种候选[48, 49]。产生曲霉菌的疾病包括过敏性综合征、慢性肺部疾病和侵袭性感染，且在 COVID-19 感染后经常观察到这些症状。泊沙康唑对广泛感染和严重免疫抑制有较好的疗效且毒性较小[50]。

表 15.12   CTD 数据集上比较方法的性能

方法	AUC	AUPR	F-measure	ACC	Specificity	Precision	Recall
LAGCN	0.9259± 0.0044	0.7939± 0.0054	0.8055± 0.0052	0.8843± 0.0035	0.8993± 0.0091	0.7825± 0.0061	0.8314± 0.0119
BNNR	0.9302± 0.0007	0.9479± 0.0004	0.8748± 0.0012	0.8790± 0.0009	0.9120± 0.0052	0.9060± 0.0045	0.8459± 0.0055
MBiRW	0.8524± 0.0006	0.8487± 0.0004	0.7880± 0.0016	0.7730± 0.0026	0.7025± 0.0086	0.7395± 0.0047	0.8435± 0.0046
SCPMFDR	0.9667± 0.0003	0.9734± 0.0002	0.9101± 0.0011	0.9118± 0.0011	0.9304± 0.0036	0.9279± 0.0032	0.8932± 0.0029
NIMCGCN	0.7989± 0.0130	0.7311± 0.0221	0.8172± 0.0081	0.7984± 0.0093	0.71780± 0.0194	0.7727± 0.0173	0.8789± 0.0054
DRRS	0.9647± 0.0006	0.9655± 0.0005	0.9020± 0.0009	0.9010± 0.0012	0.8909± 0.0065	0.8933± 0.0053	0.9111± 0.0045
DRGCC	0.9809± 0.0005	0.9871± 0.0003	0.9661± 0.0006	0.9668± 0.0006	0.9866± 0.0020	0.9861± 0.0020	0.9470± 0.0008

表 15.13   DRGCC 预测的 10 种可能的抗 COVID-19 药物

排名	编号	Drug 名	证据（PMID）
1	DB15622	Triazavirin	32436829 [48] 33249050 [49]
2	DB01263	Posaconazole	34016284 [50]
3	DB00358	Mefloquine	34126913 [51]
4	DB00864	Tacrolimus	33495742 [52]
5	DB15661	EIDD-2801	34271264 [53]
6	DB01601	Lopinavir	NA
7	DB13609	Umifenovir	33336780 [54]
8	DB11758	Cenicriviroc	NA
9	DB01024	Mycophenolic Acid	32639598 [55]
10	DB00822	Disulfiram	NA

在关于可能用于 COVID-19 的药物的报告中，Uddin 等提到甲氟喹可能是一种备选[51]。在 Solanich 等的研究中，甲基强的松龙和他克莫司被认为可能有助于治疗那些严重肺衰竭和全身高炎症综合征的 COVID-19 患者[52]。莫努匹韦（EIDD-2801）最初被用于治疗甲病毒感染，Painter 等认为它演变为一种预防和治疗 COVID-19 的潜在药物[53]。盐酸阿比朵尔能够改善 COVID-19 患者的健康状况，被认为是最有希望的抗病毒药物之一[54]。Lai 等的研究表明，使用霉酚酸可能是一种减少病毒复制的策略[55]。此外，本节还分析了无法验证的药物与受体的对接状态。血管紧张素转换酶 2（ACE2）被认为是 SARS 和其他冠状病毒的重要功能受体[56]。与 SARS-CoV 一样，SARS-CoV-2 通过人细胞表面 s 蛋白和 ACE2 蛋白受体介导的侵袭感染人的呼吸上皮细胞。阻断 ACE2 与病毒的结合已成为预防冠状病毒呼吸道感染的有效手段之一。

分子对接技术使研究人员能够清楚地确定分子之间的结合位点和结合强度[57]。在图 15.19 中，本节检测了四种药物化合物 Triazavirin、Posaconazole、Lopinavir 和 Cenicriviroc 与受体蛋白 ACE2 的结合。Triazavirin 和 ACE2 分别有 4 个氢键与氨基酸 ILE 和 ASP 结合。Lopinavir 有 2 个氢键与 ACE2 中的氨基酸 ARG 结合。Posaconazole 和 Cenicriviroc 与 ACE2 也有结合位点。可以看出，3 种未报道的药物中只有一种没有得到证实。由此可见，这些药物可能对新冠病毒感染的治疗有一定的帮助。

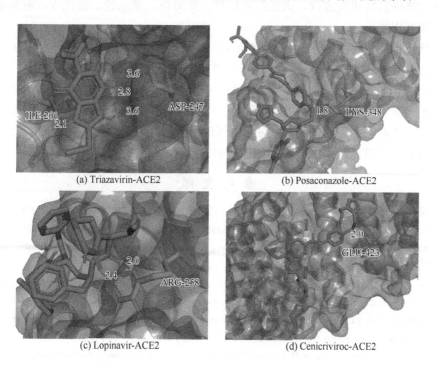

(a) Triazavirin-ACE2

(b) Posaconazole-ACE2

(c) Lopinavir-ACE2

(d) Cenicriviroc-ACE2

图 15.19　预测药物与蛋白质受体 ACE2 之间的配体-蛋白质结合模式

15.7　小　　结

　　传统的药物设计方法学发轫于定量构效关系的研究，药物设计从规则驱动转变为统计学+规则驱动。AlphaFold 的成功宣告了药物设计方法学新时代的到来，AI 给人类认识论带来了颠覆性的转变，基于 AI，我们可以从关注分子整体到关注局部，即从离散数学穿越到连续空间；从关注分子中的原子到关注原子片段，即从关心每个原子到关心每个原子的化学环境。因此，我们要做好研究工作，不仅要重视基础学科，练好基本功，也要充分认识到各学科之间的普遍联系，具备多学科交叉的知识，还要与时俱进，学习最新的 AI 算法和技术，方可取得研究上的突破。

　　本章主要讨论了几种人工智能方法在药物分子研究中的几种应用，主要有药物相互作用预测研究、药物靶标识别、药物毒性预测以及药物重定位研究等。这些都属于现代药物发现中的重要环节，当前很多学者从药物分子以及药物与其他生物实体的相互作用出发，研究了其与疾病之间的关联关系，为药物发现提供了理论依据[58-61]。

　　AI 赋能的靶标发现和药物设计是极具价值的应用方向，为了使用更新颖的 AI 方法，以更高效的方式对药物发现中的各个环节的方法性能进行提升，借助计算方法选择药物研发方向，改进药物特性，如毒性、亲水性、酸性等，避免不良药物相互作用。

　　从技术视角看，目前在 AI 药物研发方向上比较明确的挑战有两个方面：一方面是认知层面，横跨了多个学科，如何提出具有正确的目标导向的问题、用多学科融合的视角思考解决问题；另一方面，数据也是当下该领域面临的一大挑战，如数据的量、质、标准以及孤岛效应等。但 AI 药物研发的前景是光明的，很多学者在该领域取得了重要成果，并对该领域进行了研究展望[62-64]。相信 AI 定会对整个医药研发领域产生重大意义和深远影响。

参 考 文 献

[1]　黄芳，杨红飞，朱迅. 人工智能在新药发现中的应用进展[J]. 药学进展，2021，45（7）：502-511.

[2]　宋弢，曾湘祥，王爽，等. 智能药物研发—新药研发中的人工智能[M]. 北京：清华出版社，2022.

[3]　Ma M，Lei X，Dai C. A dual GNN for drug-drug interaction prediction based on molecular structure and interactions[J]. PloS Computational Biology，2023，19：e1010812.

[4]　Guo L，Lei X，Chen M，et al. MSResG: Using GAE and residual GCN to predict drug-drug interactions based on multi-source drug features[J]. Interdisciplinary Sciences-Computational Life Sciences，2023，15：171-188.

[5]　Chen M，Jiang Y，Lei X，et al. Drug-target interactions prediction based on signed heterogenous graph neural networks[J]. Chinese Journal of Electronics，2024，33（1）：1-15.

[6]　Liu J，Lei X，Zhang Y，et al. MTBG: A novel model for the prediction of molecular toxicity based on BiGRU and GraphSAGE[J]. Computers in Biology and Medicine，2023，153：106524.

[7] Zhang Y, Lei X, Pan Y, et al. Drug repositioning with GraphSAGE and Clustering constraints based on drug and disease networks[J]. Frontiers in Pharmacology, 2022, 13: 872785.

[8] Weininger D, Weininger A, Weininger J L. SMILES. 2. algorithm for generation of unique SMILES notation[J]. Journal of Chemical Information and Computer Sciences, 1989, 29 (2): 97-101.

[9] Duvenaud D K, Maclaurin D, Iparraguirre J, et al. Convolutional networks on graphs for learning molecular fingerprints[J]. Advances in Neural Information Processing Systems, 2015, 28: 1-9.

[10] Bento A P, Hersey A, Félix E, et al. An open source chemical structure curation pipeline using RDKit[J]. Journal of Cheminformatics, 2020, 12 (1): 930-940.

[11] Lee J, Lee I, Kang J. Self-attention graph pooling[C]. International Conference on Machine Learning, Long Beach, 2019: 6661-6670.

[12] Law V, Knox C, Djoumbou Y, et al. DrugBank 4.0: Shedding new light on drug metabolism[J]. Nucleic Acids Research, 2014, 42: 1091-1097.

[13] Kingma D P, Ba J. Adam: A method for stochastic optimization[C]. 2015 International Conference on Learning Representations, San Diego, 2015: 1-15.

[14] Yang Z, Zhong W, Lü Q, et al. Learning size-adaptive molecular substructures for explainable drug-drug interaction prediction by substructure-aware graph neural network[J]. Chemical Science, 2022, 13 (29): 8693-8703.

[15] Nyamabo A K, Yu H, Shi J Y. SSI-DDI: Substructure-substructure interactions for drug-drug interaction prediction[J]. Briefings in Bioinformatics, 2021, 22 (6): bbab133.

[16] Nyamabo A K, Yu H, Liu Z, et al. Drug-drug interaction prediction with learnable size-adaptive molecular substructures[J]. Briefings in Bioinformatics, 2022, 23 (1): bbab441.

[17] Zhang W, Chen Y, Liu F, et al. Predicting potential drug-drug interactions by integrating chemical, biological, phenotypic and network data[J]. BMC Bioinformatics, 2017, 18 (1): 18.

[18] Zhang P, Wang F, Hu J, et al. Label propagation prediction of drug-drug interactions based on clinical side effects[J]. Scientific Reports, 2015, 5: 12339.

[19] Abeywickrama T, Cheema M, Taniar D. K-nearest neighbors on road networks: A journey in experimentation and in-memory implementation[J]. Proceedings of the VLDB Endowment, 2016, 9 (6): 492-503.

[20] Lü L, Pan L, Zhou T, et al. Toward link predictability of complex networks[J]. Proceedings of the National Academy of Sciences of the United States of America, 2015, 112 (8): 2325-2330.

[21] Vilar S, Harpaz R, Uriarte E, et al. Drug-drug interaction through molecular structure similarity analysis[J]. JAMIA, 2012, 19: 1066-1074.

[22] Vilar S, Uriarte E, Santana L, et al. Detection of drug-drug interactions by modeling interaction profile fingerprints[J]. PloS One, 2013, 8 (3): e58321.

[23] Pan Y, Lei X, Zhang Y. Association predictions of genomics, proteinomics, transcriptomics, microbiome, metabolomics, pathomics, radiomics, drug, symptoms, environment factor, and disease networks: A comprehensive approach[J]. Medicinal Research Reviews, 2022, 42 (1): 441-461.

[24] Derr T, Ma Y, Tang J. Signed graph convolutional networks[C]. 2018 IEEE International Conference on Data Mining, Singapore, 2018: 929-934.

[25] Torres N B, Altafini C. Drug combinatorics and side effect estimation on the signed human drug-target network[J]. BMC Systems Biology, 2016, 10 (1): 1-12.

[26] Wishart D, Feunang Y, Guo A, et al. DrugBank 5.0: A major update to the drugbank database for 2018[J]. Nucleic

Acids Research，2018，46（1）：1074-1082.

[27]　Szklarczyk D，Gable A，Nastou K，et al. The string database in 2021：Customizable protein-protein networks，and functional characterization of user-uploaded gene/measurement sets[J]. Nucleic Acids Research，2021，49（18）：10800.

[28]　Kim S，Chen J，Cheng T，et al. PubChem in 2021：New data content and improved web interfaces[J]. Nucleic Acids Research，2021，49（1）：1388-1395.

[29]　Derr T，Johnson C，Chang Y，et al. Balance in signed bipartite networks[C]. 28th ACM International Conference on Information and Knowledge Management，Beijing，2019：1221-1230.

[30]　Huang J，Shen H，Cao Q，et al. Signed bipartite graph neural networks[C]. 30th ACM International Conference on Information & Knowledge Management，Queensland，2021：740-749.

[31]　Baytur Y，Ozbilgin K，Cilaker S，et al. A comparative study of the effect of raloxifene and gosereline on uterine leiomyoma volume changes and estrogen receptor，progesterone receptor，bcl-2 and p53 expression immunohistochemically in premenopausal women[J]. European Journal of Obstetrics & Gynecology and Reproductive Biology，2007，135（1）：94-103.

[32]　Mostaghel E，Nelson P，Lange P. Targeted androgen pathway suppression in localized prostate cancer：A pilot study[J]. Journal of Clinical Oncology，2014，32（3）：229-237.

[33]　Lo Y，Wang W. Formononetin potentiates epirubicin-induced apoptosis via ROS production in HeLa cells in vitro[J]. Chemico-Biological Interactions，2013，205（3）：188-197.

[34]　Lo Y，Tu W. Co-encapsulation of chrysophsin-1 and epirubicin in PEGylated liposomes circumvents multidrug resistance in HeLa cells[J]. Chemico-Biological Interactions，2015，242：13-23.

[35]　Hua H，Zhang H，Kong Q，et al. Mechanisms for estrogen receptor expression in human cancer[J]. Experimental Hematology & Oncology，2018，7：24.

[36]　Fan F，Hu R，Munzli A，et al. Utilization of human nuclear receptors as an early counter screen for off-target activity：A case study with a compendium of 615 known drugs[J]. Toxicological Sciences，2015，145（2）：283-295.

[37]　Chung J，Gulcehre C，Cho K，et al. Empirical evaluation of gated recurrent neural networks on sequence modeling[J]. arXiv preprint arXiv：1412.3555，2014.

[38]　Hamilton W，Ying R，Leskovec J. Inductive representation learning on large graphs[C]. 31st International Conference on Neural Information Processing Systems，Red Hook，2017：1025-1035.

[39]　Deerwester S，Dumais S T，Furnas G W，et al. Indexing by latent semantic analysis[J]. Journal of the American Society for Information Science，1990，41（6）：391-407.

[40]　Zhou X，Menche J，Barabási A L，et al. Human symptoms-disease network[J]. Nature Communications，2014，5：4212.

[41]　Bader G，Hogue C. An automated method for finding molecular complexes in large protein interaction networks[J]. BMC Bioinformatics，2003，4：2.

[42]　Yu Z，Huang F，Zhao X，et al. Predicting drug-disease associations through layer attention graph convolutional network[J]. Briefings in Bioinformatics，2020，22（4）：bbaa243.

[43]　Yang M，Luo H，Li Y，et al. Drug repositioning based on bounded nuclear norm regularization[J]. Bioinformatics，2019，35（14）：455-463.

[44]　Luo H，Wang J，Li M，et al. Drug repositioning based on comprehensive similarity measures and bi-random walk algorithm[J]. Bioinformatics，2016，32（17）：2664-2671.

[45]　Meng Y，Jin M，Tang X，et al. Drug repositioning based on similarity constrained probabilistic matrix

factorization: COVID-19 as a case study[J]. Applied Soft Computing, 2021, 103: 107135.

[46] Li J, Zhang S, Liu T, et al. Neural inductive matrix completion with graph convolutional networks for miRNA-disease association prediction[J]. Bioinformatics, 2020, 36 (8): 2538-2546.

[47] Luo H, Li M, Wang S, et al. Computational drug repositioning using low-rank matrix approximation and randomized algorithms[J]. Bioinformatics, 2018, 34 (11): 1904-1912.

[48] Shahab S, Sheikhi M. Triazavirin-potential inhibitor for 2019-nCoV coronavirus M protease: A DFT Study[J]. Current Molecular Medicine, 2021, 21 (8): 645-654.

[49] Valiulin S V, Onischuk A A, Dubtsov S N, et al. Aerosol inhalation delivery of triazavirin in mice: Outlooks for advanced therapy against novel viral infections[J]. Journal of Pharmaceutical Sciences, 2021, 110 (3): 1316-1322.

[50] Cadena J, Thompson G R, Patterson T F. Aspergillosis: Epidemiology, diagnosis, and treatment[J]. Infectious Disease Clinics of North America, 2021, 35 (2): 415-434.

[51] Uddin E, Islam R, Ashrafuzzaman B, et al. Potential drugs for the treatment of COVID-19: synthesis, brief history and application[J]. Current Drug Research Reviews, 2021, 13 (3): 184-202.

[52] Solanich X, Antolí A, Padullés N, et al. Pragmatic, open-label, single-center, randomized, phase ii clinical trial to evaluate the efficacy and safety of methylprednisolone pulses and tacrolimus in patients with severe pneumonia secondary to COVID-19: The TACROVID trial protocol[J]. Contemporary Clinical Trials Communications, 2021, 21: 100716.

[53] Painter G R, Natchus M G, Cohen O, et al. Developing a direct acting, orally available antiviral agent in a pandemic: The evolution of molnupiravir as a potential treatment for COVID-19[J]. Current Opinion in Virology, 2021, 50: 17-22.

[54] Trivedi N, Verma A, Kumar D. Possible treatment and strategies for COVID-19: Review and assessment[J]. European Review for Medical and Pharmacological Sciences, 2020, 24 (23): 12593-12608.

[55] Lai Q, Spoletini G, Bianco G, et al. SARS-CoV2 and immunosuppression: A double-edged sword[J]. Transplant Infectious Disease, 2020, 22 (6): e13404.

[56] Li W, Moore M J, Vasilieva N, et al. Angiotensin-converting Enzyme 2 is a functional receptor for the SARS Coronavirus[J]. Nature, 2003, 426 (6965): 450-454.

[57] Meng X Y, Zhang H X, Mezei M, et al. Molecular docking: A powerful approach for structure-based drug discovery[J]. Current Computer-Aided Drug Design, 2011, 7 (2): 146-157.

[58] Lei S, Lei X, Liu L. Drug repositioning based on heterogeneous networks and variational graph autoencoders[J]. Frontiers in Pharmacology, 2022, 13: 5431.

[59] Xu Z, Lei X, Ma M, et al. Molecular generation and molecular properties optimization using a transformer model[J]. Big Data Mining and Analytics, 2023, DOI: 10.26599/BDMA.2023.9020009.

[60] Chen M, Pan Y, Ji C. Predicting drug-drug interactions by signed graph filtering-based convolutional networks[C]. Bioinformatics Research and Applications: 17th International Symposium, ISBRA 2021, Shenzhen, 2021.

[61] Chen M, Jiang W, Pan Y, et al. SGFNNs: Signed graph filtering-based neural networks for predicting drug-drug interactions[J]. Journal of Computational Biology, 2022, 29 (10): 1104-1116.

[62] 李洪林, 郑明月, 朱峰, 等. 人工智能与药物设计[M]. 北京: 化学工业出版社, 2023.

[63] Askr H, Elgeldawi E, Aboul E, et al. Deep learning in drug discovery: An integrative review and future challenges[J]. Artificial Intelligence Review, 2023, 56 (7): 5975-6037.

[64] Ma M, Lei X, Zhang Y. A review of drug related molecular associations prediction based on artificial intelligence methods[J]. Current Bioinformatics, 2023, DOI: 10.2174/1574893618666230707123817.